JN441680

undamentals of
emiconductor Fabrication

Gary S. **May**
Simon M. **Sze**

반도체 집적 공정

| 박재근 • 곽계달 • 김태환 • 박종완 • 전형탁 옮김 |

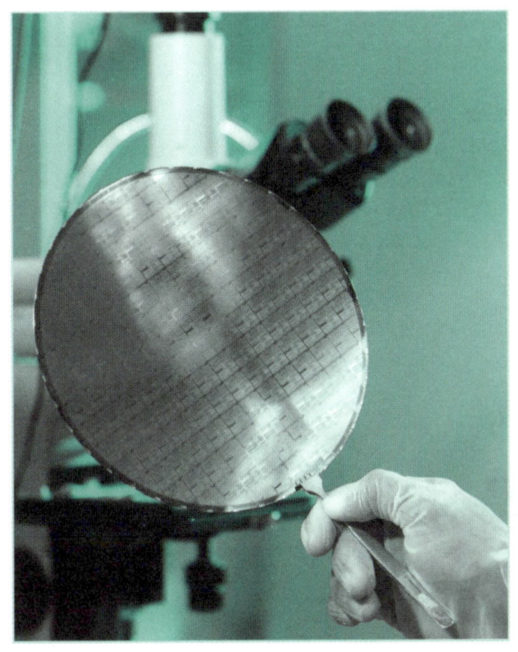

WILEY

TEXT BOOKS
텍스트북스

Fundamentals of Semiconductor Fabrication
Gary S. May, Simon M. Sze

ISBN 978-04-71232-79-7

옮긴이 소개

박재근 한양대학교
곽계달 한양대학교
김태환 한양대학교
박종완 한양대학교
전형탁 한양대학교

반도체 집적 공정

발행일 2024년 3월 10일 1판 1쇄 발행
지은이 Gary S. May, Simon M. Sze
옮긴이 박재근, 곽계달, 김태환, 박종완, 전형탁
발행인 임은정 발행처 ㈜텍스트북스
주소 서울시 영등포구 양평로 30길 14, 세종앤까뮤스퀘어 1109호
전화 02-702-5725 팩스 02-702-5727 웹사이트 www.textbooks.co.kr
등록번호 제2022-000098호
ISBN 979-11-91679-20-5 93560
정가 35,000원

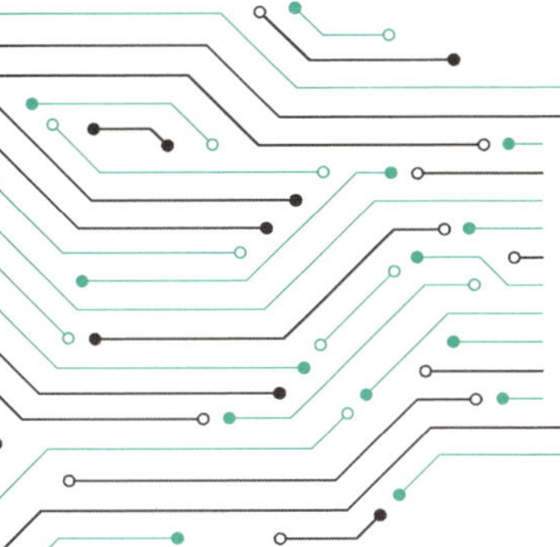

지은이 머리말

Preface

이 책은 결정 성장에서 소자와 회로의 집적까지의 반도체 제조 기술에 대한 개요를 제공한다. 제조 순서에 있는 모든 주요 단계의 이론적인 면과 실질적인 양상들에 대하여 언급한다. 이 책은 물리학, 화학, 전기 및 전자 공학, 화학 공학과 재료 공학을 전공하는 대학 4학년 혹은 대학원 1년차 학생들을 위한 교재로 기획되었다. 이 책은 집적 회로 제조에 관한 한 학기 과정에 편리하게 사용할 수 있도록 되어 있다. 이러한 과정에는 동반 필수 실습 시간이 필요하거나 필요하지 않을 수 있다. 이 책은 반도체 산업계의 실무 기술자 및 과학자를 위 한 참고 문헌으로 사용될 수 있다.

1장은 기본적인 제조 단계의 개요뿐만 아니라 주요 반도체 소자들과 중요 기술 개발 결과들에 대하여 간략한 역사적인 개관을 제공한다. 2장은 결정 성장 기법을 다룬다. 3장은 실리콘 산화 공정을 설명한다. 광 노광 공정과 식각 공정이 각각 4장과 5장에서 논의된다. 6장과 7장은 도판트 도입에 대한 중요한 기법을 다룬다. 확산 및 이온 주입. 단위 공정 단계의 마지막 장인 8장은 박막 증착 공정의 여러 가지 방법들을 다룬다. 마지막 세 개의 장은 개괄적인 주제에 집중한다. 9장은 단위 공정 단계들을 집적하여 중요한 공정 기술들, 집적된 소자들, 그리고 극소 전자 공작 시스템(MEMS)에 관련된 공정 흐름을 언급한다. 10장에서는 전기적 시험, 패키징, 공정 제어 및 수율 등을 포함하는 집적 회로의 양산 체제에서 다루는 높은 수준의 쟁점들을 소개한다. 마지막으로 11장은 반도체 산업의 장래 전망과 도전을 검토한다.

각 장은 개요와 학습 목표의 목록으로 시작하며, 중요한 개념에 대한 요약으로 결론을 맺는다. 풀이가 있는 예제들이 본문 중간에 주어져 있고, 각 장의 끝에는 숙제가 가능한 연습 문제들이 수록되어 있다. 공정 모의 실험의 개념이 대중적인 SUPREM과 PROLITH 소프트웨어 패키지를 응용 수단으로 이용하여 여러 장에 제시되었다. 이들 소프트웨어의 숙달은 극소 전자 공정에 관련된 근본적인 개념을 배우는 보완 방법이 되도록 구성 되었다.

각 장의 끝에 수록된 문제들의 자세한 해답집이 준비되어 있다. 해답집은 이 책을 교재로 채택하는 모든 교수진에게 제공 가능하다. 교재 안의 그림들은 전자 양식으로 다음의 웹 사이트에서 얻을 수 있다.

http://www.wiley.com/college/may.

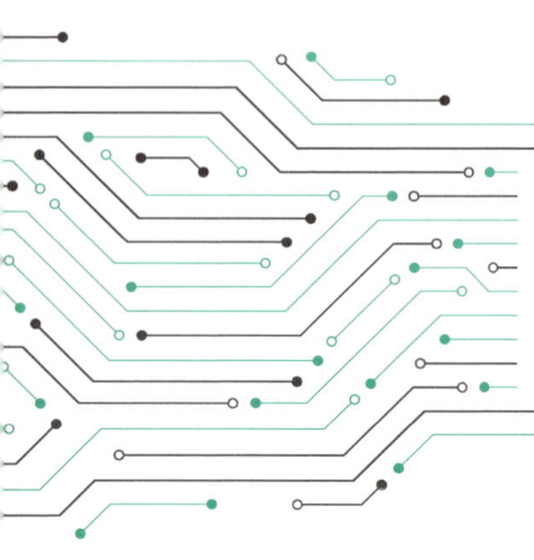

옮긴이 머리말

Preface

반도체 공정은 전자 공학 및 재료 공학 등 응용 분야에서도 중요하며, 반도체의 기본을 다루는 물리학과 화학 분야 등의 학부 고학년과 대학원생들이 반도체의 응용을 이해하는 데도 대단히 필요합니다. 지금까지 반도체 공정에 대한 훌륭한 교재들이 출판되었지만, Gary S. May와 Simon M. Sze의 Fundamentals of Semiconductor Fabrication이 반도체 공정에 대한 저자들의 오랜 연구 경험을 바탕으로 한 최신 반도체 제조 공정 내용을 포함하고 있기 때문에 우리말 교재로 번역하게 되었습니다. 특히 최근에는 산업체에 반도체 공정 기술 인력이 부족하여 번역의 필요성을 절실하게 느꼈습니다.

이 교재는 기존에 나온 교과서와 비교하여 비교적 간결하면서도 중요한 부분이 대부분 언급되어 있다는 장점을 가지고 있습니다. 번역에는 그 동안 대학 및 산업체에서 10년 이상 반도체 공정을 강의하거나 산업 현장에서 실무 경험을 쌓은 역자들이 참여하였습니다. 역자 5명이 각자의 연구 분야에 가까운 부분으로 나누어 번역한 후, 최종적으로 공동 교정 작업을 통하여 일관성을 가지도록 노력하였습니다. 이 책에서 사용된 전문 용어는 새로 개정된 우리말 용어로 통일하도록 노력하였습니다. 번역에 있어 원서에서 나타내고자 하는 뜻을 가능한 한 살렸으며, 필요에 따라 이해하기 쉽도록 풀어 쓰기도 하였습니다.

이 번역판의 출판에 적극적으로 협조하여 주신 (주)텍스트북스와 수고를 아끼지 않은 편집부 여러분께 고마움을 표하며, 번역에 많은 도움을 주신 여러분께 감사드립니다.

이번 새로운 번역판이 반도체 공정을 공부하는 학생들과 반도체 공정 관련 산업체에서 근무하시는 분들에게 많은 도움이 되기를 바라며, 언젠가는 역자들이 반도체 공정에 대한 교과서를 직접 집필할 때가 오기를 기대합니다. 수정할 부분과 보충할 점을 역자들에게 알려 주시면 대단히 감사하겠습니다.

2023년 12월 27일
옮긴이 적음

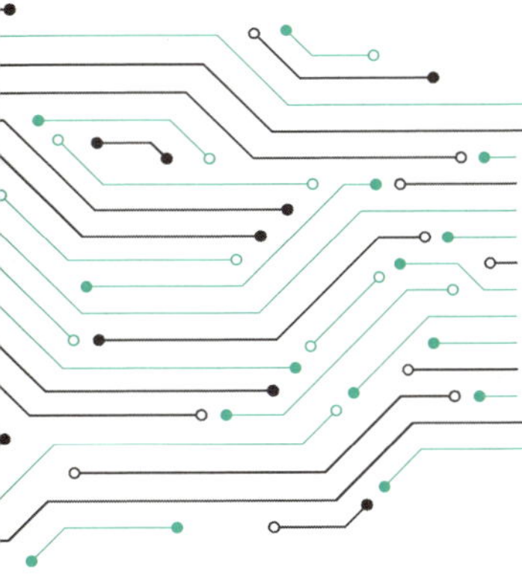

차례

Contents

제7장 이온 주입 *145*

제8장 박막 증착 *167*

제9장 집적 공정 211

제10장 IC 제조 *261*

제11장 미래의 추세와 도전 *299*

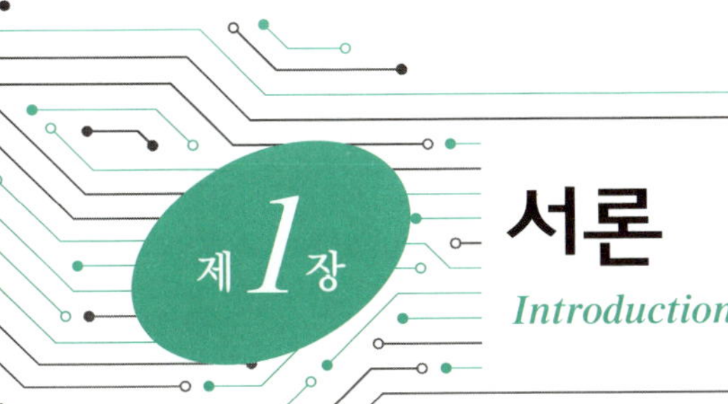

서론

Introduction

반도체 소자는 전 세계적으로 1998년 이후 1조 달러 이상의 수익을 나타내는 세계에서 가장 큰 산업인 전자 산업의 기본이 되는 것이다. 그림 1.1은 반도체 소자를 기본으로 한 전자 산업의 지난 20년 동안의 판매량, 그리고 2010년까지의 예상 판매량을 나타내고 있다. 또 세계 총생산(GWP)과 자동차, 철강, 반도체 산업의 판매량을 함께 나타내고 있다.[1,2] 1998년을 기점으로 전자 산업이 자동차 산업을 앞지르고 있으며, 이런 추세가 계속된다면 전자 산업의 판매량은 2010년에 이르러서는 3조 달러에 육박할 것이며 이것은 세계 총생산의 10%를 차지하는 수치가 될 것이다. 전자 산업 중의 하나인 반도체 산업 또한 성장률이 크게 증가하고 있으며 21세기 초반에 철강 산업을 앞지를 것으로 예상하고 있으며 2010년에는 전자 산업의 25%를 차지할 수 있을 것이라 예상된다.

수조 달러의 판매량을 나타내는 전자 산업은 기본적으로 반도체 집적 회로(IC: semiconductor integrated circuit)의 제조에 크게 의존하고 있다. solid-state computing, 통신, 우주 항공, 자동차 산업 등 대부분의 산업도 이런 소자를 활용하고 있다.

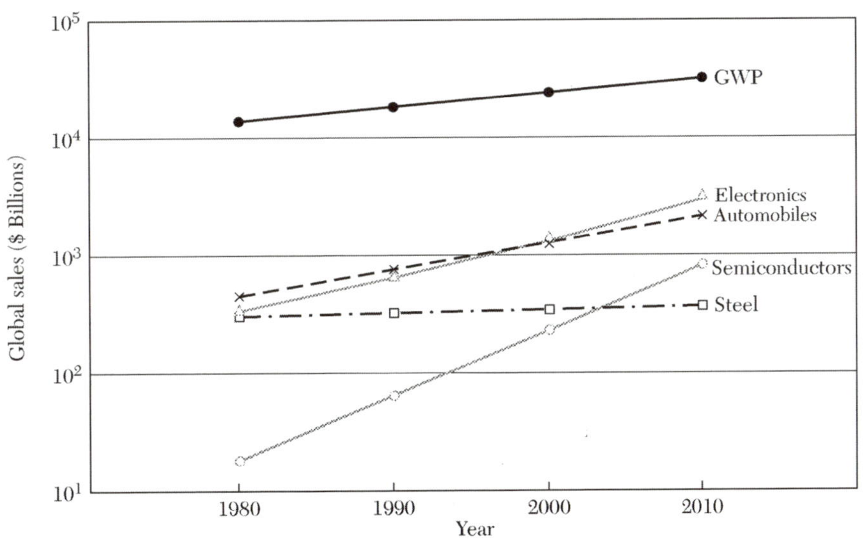

그림 1.1 세계 총생산과 전자 소자, 자동차, 반도체, 철강 산업의 1980년부터 2000년까지의 판매량 및 2010년까지의 예상값.[1,2]

그렇기 때문에 최신의 전자 제품을 이해하기 위해서는 반도체 **물질**(material), **소자**(device), 그리고 반도체 **공정**(process)에 대한 기본적인 지식이 필수적이다. 이 교재가 집적 회로 제조와 관련된 기본 공정을 다루고 있지만 위에서 말한 반도체의 기본이 되는 물질과 소자 그리고 공정에 관해서 간단히 역사를 고찰해 보고자 한다.

1.1 반도체 물질

게르마늄(Ge)은 반도체 소자에 가장 먼저 사용한 물질이다. 사실 이 물질은 1947년에 Bardeen, Brattain 및 Shockley에 의해 처음으로 트랜지스터가 개발되었을 때 사용된 물질이기도 하다. 그러나 게르마늄은 1960년대 초부터 실리콘(Si)으로 대체되기 시작했고 실리콘이 가지고 있는 몇 가지 장점들로 인해 유일한 물질로 인정받게 되었다. 첫째, 실리콘은 산화에 의해 고품질의 실리콘 산화물(SiO_2) 절연막을 쉽게 형성할 수 있다는 장점이 있다. 실리콘 산화물은 집적 회로 제조의 선택적 확산 공정에서 탁월한 확산 방지층으로 적용되고 있다. 두 번째로 실리콘은 게르마늄에 비해 넓은 밴드 갭을 가지고 있어서 높은 온도에서도 동작할 수 있다는 장점이 있다. 마지막으로 가장 큰 장점은 보통 모래의 주성분으로서 자연에 풍부하게 존재하며 값싸게 구할 수 있다는 것이다. 따라서 공정상의 이점에 이어 실리콘은 아주 저렴한 원료 물질로 인정받게 되었다.

실리콘과 게르마늄 다음으로 유명한 물질이 갈륨 아세나이드(GaAs: gallium arsenide)이다. 갈륨 아세나이드는 실리콘보다 높은 전자 이동도를 가지고 있지만 열처리 공정(thermal process) 중 안정성 문제, 약한 자연 산화막, 높은 가격 및 높은 결함 밀도(defect density) 때문에 사용에 제약을 받고 있다. 이러한 종합적인 이유 때문에 실리콘이 반도체 물질로 가장 많이 사용되고 있다. 하지만 아주 특별한 경우 즉, 매우 빠른 속도(1 GHz 이상)로 동작을 하지만 집적도가 그리 높지 않은(low to moderate level) 회로제작에 갈륨 아세나이드가 사용된다.

1.2 반도체소자

반도체 물질의 독특한 특성은 우리의 세상을 변화시킨 다양한 독창적 소자의 개발을 가능하게 하였다. 이 소자들은 125년 이상 연구되어 왔다.[3] 현재까지 60여 개의 중요 소자가 만들어졌고 이것들과 관련된 100여 개의 소자가 변형된 형태로 개발되었다.[4] 표 1.1에 이러한 중요한 반도체 소자를 연도순으로 표시하였다.

초창기의 금속-반도체 접촉(metal-semiconductor contact)에 관한 연구는 1874년 Braun[5]이 금속과 황화 금속(metal sulfide)에 인가되는 전압의 크기와 극성(polarity)에 따라 접촉 저항이 달라지는 것을 관찰한 후 시작되었다. 1907년에 Round[6]에 의해 전계 발광 현상(light emitting diode)이 발견되었고 이때 두 개의 포인트에 10 V의 전압을 가했을 때 카보런덤(carborundom) 결정으로부터 노란색 계통의 빛이 생기는 것이 관찰되었다.

1947년 점 접촉(point-contact) 트랜지스터가 Bardeen과 Brattain[7]에 의해 발명

표 1.1 **중요반도체 소자**

Year	Semiconductor Device	Author(s)/Inventor(s)	Ref.
1874	Metal-semiconductor contact[a]	Braun	5
1907	Light emitting diode[a]	Round	6
1947	Bipolar transistor	Bardeen and Brattain ; Shockley	7, 8
1949	*p-n* junction[a]	Shockley	8
1952	Thyristor	Ebers	9
1954	Solar cell[a]	Chapin, Fuller, and Pearson	10
1957	Heterojunction bipolar transistor	Kroemer	11
1958	Tunnel diode[a]	Esaki	12
1960	MOSFET	Kahng and Atalla	13
1962	Laser[a]	Hall et al.	15
1963	Heterostructure lasei[a]	Kroemer ; Alferov and Kazarinov	16, 17
1963	Transferred-electron diodea	Gunn	18
1965	IMPATT diode[a]	Johnston, DeLoach, and Cohen	19
1966	MESFET	Mead	20
1967	Nonvolatile semiconductor memory	Kahng and Sze	21
1970	Charge-coupled device	Boyle and Smith	23
1974	Resonant tunneling diode[a]	Chang, Esaki, and Tsu	24
1980	MODFET	Mimura et al.	25
1994	Room-temperature single-electron	Yano et al.	22
	memory cell		
2001	15-nm MOSFET	Yu et al.	14

MOSFET, metal-oxide-semiconductor field-effect transistor; MESFET, metal-semiconductor field-effect transistor; MODFET, modulation-doped field-effect transistor.

[a]Denotes a two-terminal device; otherwise, it is a three- or four-terminal device.

되었다. 그 이후에 p–n 접합과 쌍극성(bipolar) 트랜지스터에 관한 논문이 Shockley[8]에 의해 1949년에 나오게 되었다. 그림 1.2는 최초의 트랜지스터를 보여 주는 그림이다. 삼각형 석영 결정의 바닥에 위치한 두 개의 점 접촉은 약 50 μm(1 μm = 10^{-4} cm) 간격으로 격리되어 있으며 반도체 표면에 압착된 두 개의 금박줄로 만들어졌다. 사용된 물질은 게르마늄이었다. 한쪽 금 접촉은 순방향 접촉(즉, 세 번째 터미널 대비 양의 전압)이고 다른 쪽은 역방향 접촉일 때 트랜지스터가 작동되어 입력 신호가 증폭되었다. 쌍극성 트랜지스터는 핵심 반도체 소자이며 현대 전자 시대를 연 안내자 역할을 하였다.

1952년에 Ebers[9]는 사이리스터(thyristor: 교류를 직류로 바꾸어 주는 전력용 소자)의 기본 모델을 개발 하였는데 이것은 용도가 극히 다양한 스위칭(switching) 소자이다. 태양 전지(solar cell)는 실리콘 p–n 접합을 이용해서 1954년 Chapin 등[10]에 의해 개발되었는데, 태양 전지는 태양 빛을 직접적으로 전기 에너지로 변환시켜 주고 친환경적이기 때문에 태양 에너지를 얻을 수 있는 아주 기대가 큰 소자이기도 하

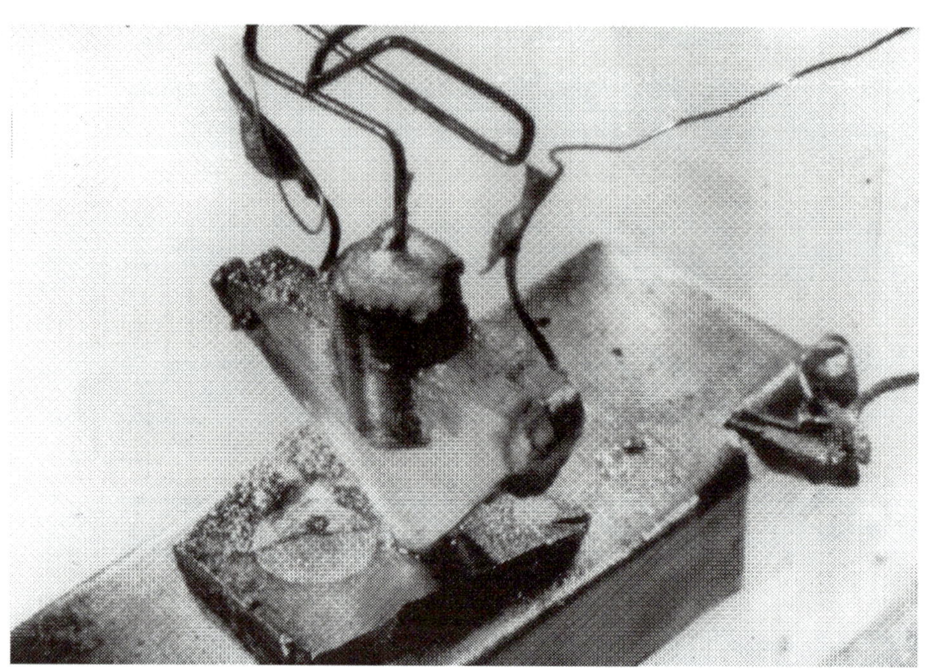

그림 1.2 최초의 트랜지스터.[7] (Bell 연구소 제공.)

다. 1957년 Kroemer[11]는 트랜지스터의 성능을 향상시키기 위해서 이종 접합 쌍극성 트랜지스터를 제안하였다. 이 소자는 잠재적으로 가장 빠른 소자 중의 하나이다. 1958년 Esaki[12]가 도핑이 많이 된 p–n 접합(heavily doped p–n junction)에서 음성 저항(negative resistance) 특성을 발견하였고 결국 이것을 통해 터널 다이오드(tunnel diode)를 발명하게 되었다. 터널 다이오드나 터널링 현상은 박막의 옴 접촉(비정류성 접촉)이나 캐리어 이동과 관련하여 중요한 현상 중의 하나이다.

진보된 집적 회로에서 가장 중요한 소자는 1960년에 Kahng과 Atalla[13]에 의해서 보고된 금속 산화물 반도체 전계 효과 트랜지스터(MOSFET: metal-oxide-semiconductor field-effect transistor)이다. 그림 1.3은 산화된 실리콘 기판을 이용하여 만든 첫 번째 소자를 보여 주고 있다. 소자의 게이트(gate) 길이는 20 μm이고 게이트 산화물의 두께는 100 nm(1 nm = 10^{-7} cm)이다. 이 소자에서 중요한 열쇠는 소스(source)와 드레인(drain) 접촉이며 상부에 길게 드리워진 지역은 금속 마스크를 사용하여 증착된 알루미늄 게이트이다. 현재는 MOSFET 구조의 크기가 작아져 디프 서브마이 크론(deep-submicron) 정도의 수준까지 이르게 되었지만, 첫 MOSFET을 만들었을 때의 실리콘과 실리콘 산화물은 현재까지도 가장 중요한 물질의 조합으로 인식되고 있다. MOSFET과 이와 관련된 집적 회로가 반도체 소자 시장의 90% 정도를 차지하고 있다. 최근의 극소형 MOSFET은 채널 길이가 15 nm이며[14] 1조(10^{12}) 개 이상의 소자를 갖는 최첨단 집적회로 칩의 근간이 되고 있다.

1962년에 Hall 등[15]이 처음으로 유도 방출에 성공하였으며 1963년 Kroemer[16]와 Alferov 및 Kazarinov[17]가 이종 구조 레이저를 제안하였다. 그때의 제안이 상온에서

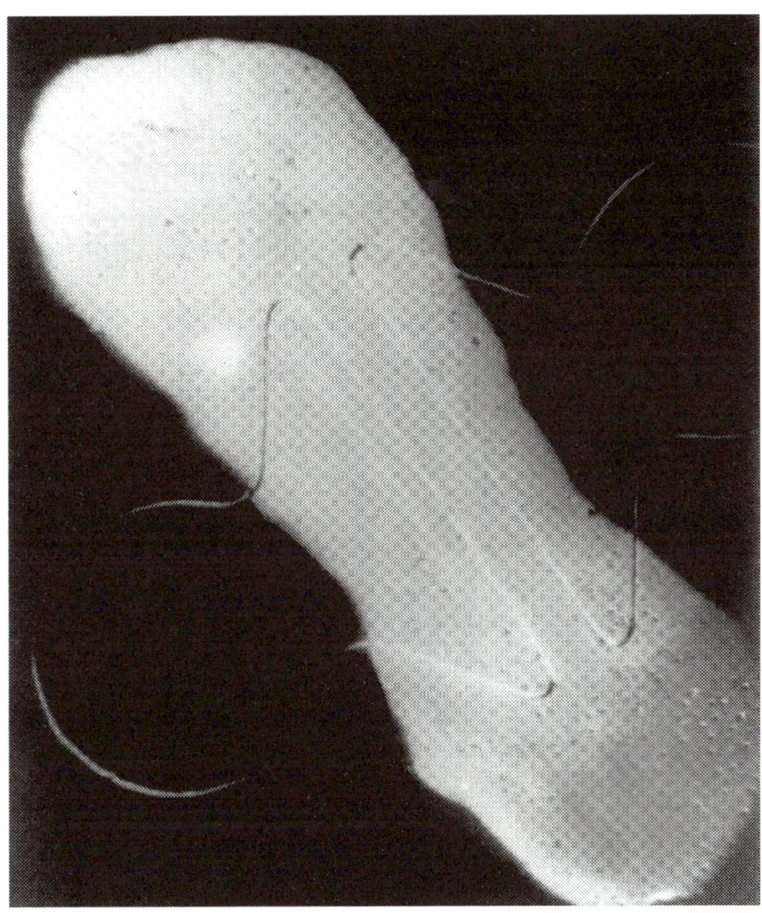

그림 1.3 최초의 MOSFET.[13] (Bell 연구소 제공.)

연속적으로 작동할 수 있는 현대 레이저 다이오드의 기본이 되었다. 레이저 다이오드는 디지털 비디오 디스크, 광섬유 통신, 레이저 프린팅, 대기 오염 모니터링과 같이 넓은 분야에 아주 유용하게 사용되는 핵심 구성품이다.

3개의 중요한 마이크로파 소자가 그 다음 3년 동안에 개발되었다. 첫 번째 소자는 1963년 Gunn[18]에 의해서 발명된 전송 전자 다이오드(TED: transferred-electron diode, 또는 Gunn diode)이다. 전송 전자 다이오드는 검출기, 원격 조정, 마이크로파 테스트기와 같은 밀리미터파 응용에 광범위하게 사용된다.

두 번째 소자는 IMPATT 다이오드(충격 애벌랜치 주행 시간 다이오드)이다. 이것은 1965년 Johnston 등[19]에 의해 처음으로 개발되었는데 이것은 밀리미터파 주파수 대역에서 반도체 소자 중 최고의 연속 파형(CW: continuous-wave) 전력을 제공해 주고 레이더 시스템과 알람 시스템에 사용된다. 세 번째 소자는 1966년 Mead[20]에 의해서 발명된 금속 반도체 전계 효과 트랜지스터(MESFET: metal-semiconductor field-effect transistor)이다. MESFET은 모놀리식 마이크로파 집적 회로(MMIC: monolithic microwave IC)의 핵심 소자이다.

Kahng과 Sze[21]에 의해서 1967년에 발명된 중요한 반도체 기억 소자로서 비휘발성 반도체 메모리 소자(NVSM: nonvolatile semiconductor memory)라고 부르는 이 소자는 전원이 꺼져 있어도 입력된 정보가 유지된다. 그것의 구조는 일반적으로 MOSFET과 비슷하기는 하나 '부유 게이트(floating gate)'가 있어서 전하 저장이 가능하다는 점이 다르다. 비휘발성, 높은 소자 밀도, 낮은 전력 소모 및 반복 기록성[저장된 정보는 제어 게이트(control gate)에 전압을 가함으로써 지울 수 있다] 등으로 인해 NVSM은 휴대폰, 노트북, 디지털 카메라, 스마트 카드 등과 같은 휴대형 전자 시스템의 중요 기록 소자가 되고 있다.

부유 게이트 NVSM의 한 극한적인 경우는 부유 게이트의 길이를 10 nm 정도로 극히 작게 하여 만든 단전자 기억 소자 셀(SEMC: single-electron memory cell)이다. 이러한 치수에서는 하나의 전자가 부유 게이트로 이동하게 되면 다른 전자는 들어올 수 없도록 게이트 전압이 바뀌게 된다. 우리가 궁극적으로 원하는 것은 하나의 전자를 이용하여 정보를 저장하는 것이기 때문에 SEMC는 궁극적인 부유 게이트 메모리 소자인 것이다. SEMC의 상온 작동은 1994년 Yano 등[22]에 의해서 처음으로 입증되었다. SEMC는 1조 비트 이상의 최첨단 반도체 메모리 소자로서 중요한 역할을 하고 있다.

전하 결합 소자(CCD: charge-coupled device)는 1970년에 Boyle과 Smith[23]에 의해 발명되었다. CCD는 현재 비디오 카메라 및 광학 센서 소자에 광범위하게 사용되고 있다. 공명 터널 다이오드(RTD: resonant tunneling diode)는 처음으로 1974년에 Chang 등[24]에 의해 연구되었다. RTD는 최소한의 소자 수로 소기의 회로 기능을 할 수 있기 때문에 높은 밀도, 초고속 작동 속도 및 향상된 기능을 갖는 대부분의 양자 효과 소자의 기본이 된다. 1980년에 Mimura 등[25]이 변조 도핑 전계 효과 트랜지스터(MODFET: modulation-doped field-effect transistor)를 개발하였는데, 이종 접합 물질을 적절히 선택하여 구성한 소자이므로 MODFET은 가장 빠른 전계 효과 트랜지스터이다.

1947년 쌍극성 트랜지스터가 발명된 후 첨단 기술, 새로운 물질 및 폭넓은 지식이 새로운 소자 개발에 활용됨에 따라 여러 가지 반도체 소자가 본격적으로 개발되고 있다. 그러나 한 가지 강한 의문은 기본적인 반도체 물질을 사용하여 어떤 방법으로 이러한 훌륭한 소자를 제조하는가이다.

1.3 반도체공정 기술

1.3.1 핵심반도체 기술

많은 반도체 기술은 아주 오랜 옛날부터 전해져 내려오는 기술이라 할 수 있다. 예를 들면, 노(furnace)에서 금속 결정을 성장시키는 방법은 2000여 년 전 빅토리아 호수의 서쪽 해변에 살고 있던 아프리카 인들에 의해 개척되었다.[26] 이 공정을 통해 예열된 노로부터 탄소강을 생산하였다. 다른 예로 노광(lithography) 공정은 1798년 처음 발명되었는데, 원래는 돌(stone plate, *litho*)로부터 패턴이나 이미지가 옮겨지는 공정이었다.[27] 이 절에서는 반도체 공정이나 반도체 소자에 적용되는 여러 가지 기술에 관하여

표 1.2 반도체 공정의 핵심 기술

Year	Technology	Author(s)/Inventor(s)	Ref.
1918	Czochralski crystal growth	Czochralski	28
1925	Bridgman crystal growth	Bridgman	29
1952	III-V compounds	Welker	30
1952	Diffusion	Pfann	32
1957	Lithographic photoresist	Andrus	33
1957	Oxide masking	Frosch and Derrick	34
1957	Epitaxial CVD growth	Sheftal, Kokorish, and Krasilov	35
1958	Ion implantation	Shockley	36
1959	Hybrid integrated circuit	Kilby	37
1959	Monolithic integrated circuit	Noyce	38
1960	Planar process	Hoemi	39
1963	CMOS	Wanlass and Sah	40
1967	DRAM	Dennard	41
1969	Polysilicon self-aligned gate	Kerwin, Klein, and Sarace	42
1969	MOCVD	Manasevit and Simpson	43
1971	Dry etching	Irving, Lemons, and Bobos	44
1971	Molecular beam epitaxy	Cho	45
1971	Microprocessor (4004)	Hoff et al.	46
1982	Trench isolation	Rung, Momose, and Nagakubo	47
1989	Chemical mechanical polishing	Davari et al.	48
1993	Copper interconnect	Paraszczak et al.	49

CVD, chemical vapor deposition; CMOS, complementary metal-oxide-semiconductor field-effect transistor; DRAM, dynamic random access memory; MOCVD, metalorganic CVD.

논해 보고자 한다.

표 1.2에 핵심 반도체 기술에 관한 목록이 연도순으로 나열되어 있다. 1918년 Czochralski[28]에 의해 액체-고체 단일 조성 성장 기술이 개발되었다. Czochralski 방법은 대부분의 단결정을 성장시키는 데 사용되고 이렇게 성장한 결정을 이용하여 실리콘 웨이퍼를 만든다. 또 다른 방법은 1925년 Bridgman[29]에 의해 개발되었는데 이 방법은 갈륨 아세나이드 및 관련 화합물 반도체를 성장시키는 방법으로 사용되었다. 1940년 초부터 실리콘과 관련된 반도체의 특성은 연구가 많이 된 반면 화합물 반도체에 관한 연구는 오랫동안 이루어지지 못하였다. 1952년 Welker[30]는 갈륨 아세나이드와 관련 III-V족 화합물이 반도체임을 지적하였으며 그들의 특성을 밝혀 내고 실험적으로 증명해 보였다. 그 이후 이런 화합물 반도체에 관한 기술적 접근, 소자의 적용에 관한 노력들이 이루어졌다.

반도체 내 불순물 원소의 확산은 반도체 공정에 있어서 아주 중요한 공정이다. 이런 확산에 관련된 기본적인 이론은 1855년 Fick[31]에 의해 확립되었다. 이런 확산 공정을 바탕으로 실리콘의 전도 타입을 바꾸어 주는 내용이 1952년 Pfann[32]의 특허에 의해 알려지게 되었다. 1957년 아주 오래 전에 사용한 노광 공정을 반도체 소자에 적용한 사람은 Andrus[33]이고 그는 감광 특성을 갖는 식각 저항 폴리머(감광제)를 사용하여 형상을 전사시켰다. 노광 공정은 반도체 산업에 있어서 핵심 기술이다. 산업의 지속적인 성장이 바로 노광 기술의 발전에 힘입은 바 크다. 또한 노광 공정은 생산 원가에도 큰 변수로 작용하고 있으며 일반적으로 집적 회로를 제조하는 단가의 35%를 차지한다.

산화물 마스킹(oxide masking) 방법은 1957년 Frosch와 Derrick[34]에 의해 처음 개발되었다. 그들은 산화 층이 불순물 원자의 확산을 막는다는 것을 발견하였다. 같은 해 Sheftal 등[35]에 의해 화학 기상 증착 기술을 바탕으로 한 에피택시얼 성장 공정이 개발되었다. 'epitaxy'는 '위'를 뜻하는 *epi*와 '배열'을 의미하는 *toxis*의 그리스어 조합이다. 동일한 구조를 가지는 격자 구조의 표면에 반도체 결정 박막을 형성시키는 '결정 성장 기법'을 설명한다. 이 방법은 소자의 특성을 향상시키는 데 있어 아주 큰 역할을 하고 특히 고성능 소자를 만드는 데 매우 중요하다. 1959년 Kilby[37]에 의해 rudimentary 집적 회로가 만들어졌다. 그것은 하나의 쌍극성 트랜지스터와 3개의 저항 및 하나의 축전기(capacitor)로 구성되어 있으며 모두 게르마늄을 이용해서 만들었고 선 접속으로 연결되어 있다—하이브리드 회로. 또한 1959년 Noyce[38]가 모놀리식 집적 회로를 제안하였다(*monolithic*은 'single stone'을 의미). 모놀리식 집적 회로는 모든 소자가 단일 반도체 기판 위에 알루미늄 배선을 통하여 연결되어 있다. 그림 1.4는 6개의 소자를 포함하고 있는 최초의 플립-플롭 모놀리식 집적 회로를 보여 주고 있다. 알루미늄 배선은 노광 기술을 이용하여 산화막 위에 적층된 알루미늄 층을 식각하여 형성하였다. 이 발명은 마이크로 전자 산업의 성장에 크게 기여하였다.

평면 공정(planar process)은 1960년 Hoerni[39]에 의해 발명되었다. 이 공정을 통해 산화 층이 반도체 표면에 형성되고 노광 과정의 도움을 받아 필요 없는 부분의 산화 층이 제거되어 창이 만들어진다. 그런 후 불순물 원자가 노출된 표면을 통해서 확산되고 창이 있는 지점에 p–n 접합의 소자가 형성된다.

집적 회로는 구조 복잡성이 점차 증가함에 따라 NMOS (n-channel MOSFET)에서 NMOS와 PMOS (p-channel MOSFET) 가 같이 사용되는 상보형 MOSFET (CMOS: complementary MOSFET)으로 바뀌고 있다. CMOS의 아이디어는 1963년 Wanlass와 Sah[40]에 의해서 제안되었다. CMOS 기술의 장점은 논리 소자가 한 상태에서 다른 상태로(즉, 0에서 1로) 변화할 때만 많은 양의 전류를 소모하고 상태 변화가 없을 때는 극히 적은 전류를 소모하기 때문에 소자의 전력 소모가 최소화된다는 것이다. 그래서 CMOS 기술은 첨단 집적 회로의 지배적인 기술이라 할 수 있다.

1967년에 2개의 요소로 구성된 아주 획기적인 회로가 Dennard[41]에 의해서 발명되었는데, 이것은 랜덤 접근 방식 기억 소자(DRAM: dynamic random access memory)라고 하는 것으로서 하나의 MOSFET과 하나의 전자 저장 축전기로 구성되어 있다. MOSFET은 축전기의 충전과 방전의 스위칭 역할을 하게 된다. 비록 DRAM은 휘발성이고 상대적으로 큰 전력을 소모함에도 불구하고 가까운 장래에 비휴대용 전자 제품 시스템에서 기타 반도체 메모리 소자를 제치고 더욱 널리 사용되리라고 본다.

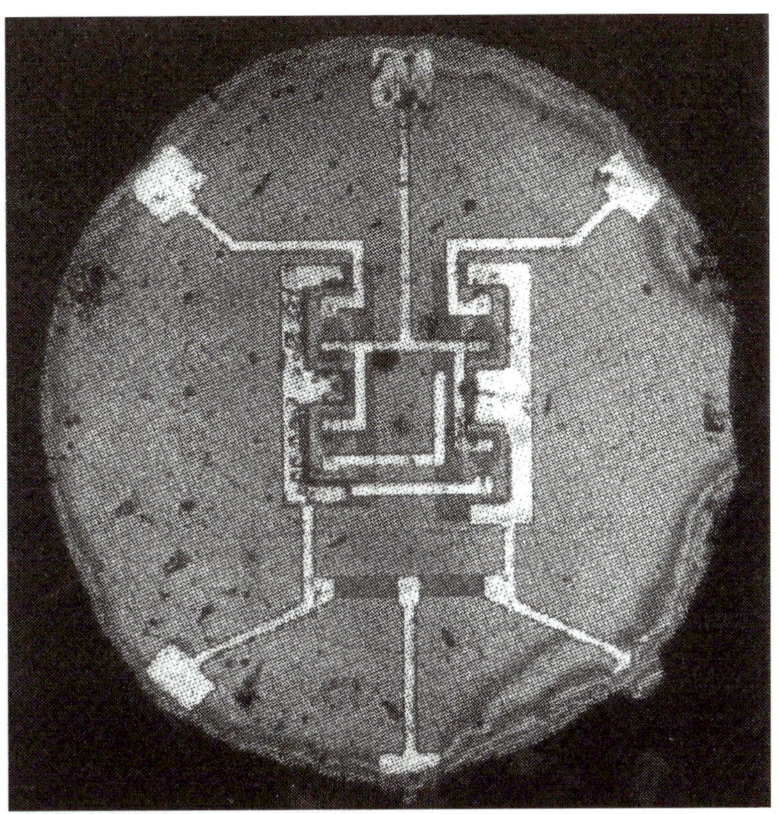

그림 1.4 최초의 모놀리식 집적 회로.[37] (Dr. G. Moore 제공.)

소자의 성능을 향상시키기 위해서 1969년 Kerwin 등[42]이 다결정 실리콘 자기 정렬 게이트(self-aligned gate) 공정을 제안하였다. 이 공정은 소자의 신뢰성을 향상시킬 뿐만 아니라 기생 정전 용량(parasitic capacitance)을 줄이는 데 큰 공헌을 하였다. 또한 1969년에 금속 유기물 화학 기상 증착(MOCVD: metalorganic chemical vapor deposition) 방법이 Manasevit와 Simpson[43]에 의해서 개발되었다. 이것은 갈륨 아세나이드와 같은 화합물 반도체의 에피택시얼 성장에 있어서 중요한 공정 기술이다.

소자의 크기가 작아지면 작아질수록 고정밀 패턴 전사를 위한 화학적 식각 방법의 한계가 드러나게 되고 이러한 한계를 극복하기 위해서 건식 식각 방법이 개발되었다. 이 방법은 1971년 Irving 등[44]에 의해 처음 시도되었는데 CF_4/O_2 혼합 가스를 이용하여 실리콘 기판을 식각하였다. 또 다른 중요한 기술이 같은 해 Cho[45]에 의해 제안되었는데 바로 분자 빔 에피택시(molecular beam epitaxy)이다. 이 기술은 수직 방향으로 조성을 완벽하게 조절할 수 있고 원자 단위로 도핑이 가능하다는 장점을 가지고 있다. 이에 의해 많은 광소자 및 양자 효과 소자가 만들어질 수 있었다.

1971년 Hoff 등[46]에 의해 첫 번째 마이크로프로세서(microprocessor)가 만들어졌다. 그는 한 개의 소규모 컴퓨터의 모든 중앙 처리 장치(central processing unit)를 한 개의 칩(chip)에 장착시켰다. 그림 1.5는 3 mm × 4 mm의 칩 크기와 2300개의 MOSFET을 가지고 있는 4비트 마이크로프로세서(Intel 4004)이다. 이 소자는 8 μm

그림 1.5 최초의 마이크로프로세서.[46] (인텔사 제공.)

디자인 기준을 적용하여 p-채널 폴리실리콘 게이트 공정에 의해 제조되었다. 이 마이크로 프로세서는 30만 달러에 상당하는 1960년대 초 IBM 컴퓨터들과 거의 동일한 기능을 나타내었다. 그 당시의 컴퓨터는 각각 큰 책상 크기의 CPU를 필요로 하였다. 이 마이크로프로세서의 개발은 반도체 산업의 큰 돌파구가 되었다.

1980년대 초부터 배선 크기의 계속적인 축소 요구에 부응하기 위하여 새로운 기술이 많이 개발되어 왔다. 세 가지 핵심 기술은 트렌치 격리(trench isolation), 화학적 기계적 연마(CMP: chemical mechanical polishing) 및 구리 집적(copper integration)이다. CMOS 소자의 격리를 위한 트렌치 격리는 1982년 Rung 등[47]에 의해 처음 소개되었다. CMP 기술은 1989년 Davari 등[48]에 의해 층 간 유전체를 평탄화하기 위해서 개발되었다. 이것은 층 간 배선의 핵심 기술이다. 서브마이크론 수준에서 파괴 현상의 주원인은 전자 이탈(electromigration)이다. 간단히 말하면 전류가 흘러가면서 금속 이온이 함께 이동하기 때문에 생기는 문제이다. 1960년 이후 금속 배선으로 알루미늄이 계속적으로 사용되어 왔지만 높은 전류에서 전자 이탈과 같은 문제가 발생하여 소자의 특성이 저하됨에 따라, 100 nm에 근접하는 배선 크기에서 알루미늄을 대체하기 위하여 1993년 Paraszczak 등[49]에 의해 구리 배선이 소개되었다. 이 책에서는 표 1.2에 나와 있는 모든 기술을 고려한다.

1.3.2 기술동향

마이크로 전자 공학 시대가 시작된 이래로, 집적 회로의 가장 작은 선 폭(최소 배선 길이)은 해마다 약 13%씩 감소되어 왔다.[50] 그 비율로 2010년에 최소 배선 길이는 약 50 nm로 감소할 것이다. 소자 소형화의 결과 단위 회로 기능당 단가가 감소하게 된다. 예를 들면, DRAM 회로의 발전과 함께 메모리 칩의 비트당 가격은 2년마다 반감되어 왔다. 소자 치수가 감소함에 따라서, 진성 스위칭 시간도 감소한다. 소자 속도는 1959년 이래로 10,000배 이상 빨라졌다. 더 빠른 속도는 집적 회로 기능의 처리율을 증가시킨다. 미래에 디지털 집적 회로는 초당 1조 비트 속도로 데이터 처리와 수치 계산을 할 수 있다. 소자가 더 작아지면 적은 전력을 소비하므로 소자 소형화는 각 스위칭(switching) 동작을 위해 사용되는 에너지를 감소시킨다. 논리 게이트(logic gate)당 에너지 손실은 1959년 이래로 백만분의 1로 감소하였다.

그림 1.6은 DRAM이 처음 생산된 1978년부터 2000년까지 DRAM 밀도의 기하급수적인 증가를 보여 준다. 밀도는 18개월마다 2배씩 증가하고 있다. 이 동향이 계속된다면 DRAM 밀도는 2005년 안에 8 Gb로, 2012년 내에는 64 Gb로 증가할 것이다. 그림 1.7은 마이크로프로세서의 연산 능력의 증가를 보여 주며, 이 또한 18개월에 2배씩 증가하고 있다. 현재 펜티엄 기반의 개인용 컴퓨터는 1960년대 후반에 나왔던 CRAY1 슈퍼컴퓨터의 1000분의 1 크기를 가지면서도 같은 연산 능력을 가지고 있다. 그 동향이 계속된다면 2010년 안에 100 GIP(초당 10^9개의 명령)에 도달할 수 있을 것이다.

그림 1.8은 여러 가지 주도 기술의 성장 곡선을 나타낸다.[51] 현대 전자 산업 시대(1950~1970)의 초기에는 쌍극자 트랜지스터가 주도 기술이었다. 1970년에서 1990년까지, 개인용 컴퓨터의 빠른 성장과 전자 공학 시스템의 발전으로 인해 MOS 소자를 기반으로 한 DRAM과 마이크로프로세서가 주도 기술이 되었다. 1990년 이래로 주로 휴대 전자기기의 빠른 발전 때문에 비휘발성 반도체 메모리가 주도 기술이 되고 있다.

1.4 기본제작 단계

오늘날 평면 기술은 IC 제조를 위해서 광범위하게 사용되고 있다. 그림 1.9와 1.10은 평면 공정의 중요한 단계를 보여 준다. 이는 산화, 광 노광 공정, 식각, 이온 주입, 금속화 공정을 포함한 단계이다. 이 절에서는 이 단계들을 간단히 기술하고, 3~8장에서 더 상세히 설명한다. 9장은 반도체 소자 형성을 위한 단위 공정의 집적 기술을 다룬다.

1.4.1 산화

고품질 실리콘 산화물의 발전은 상업용 IC 생산에서 실리콘의 우월성을 확고하게 해

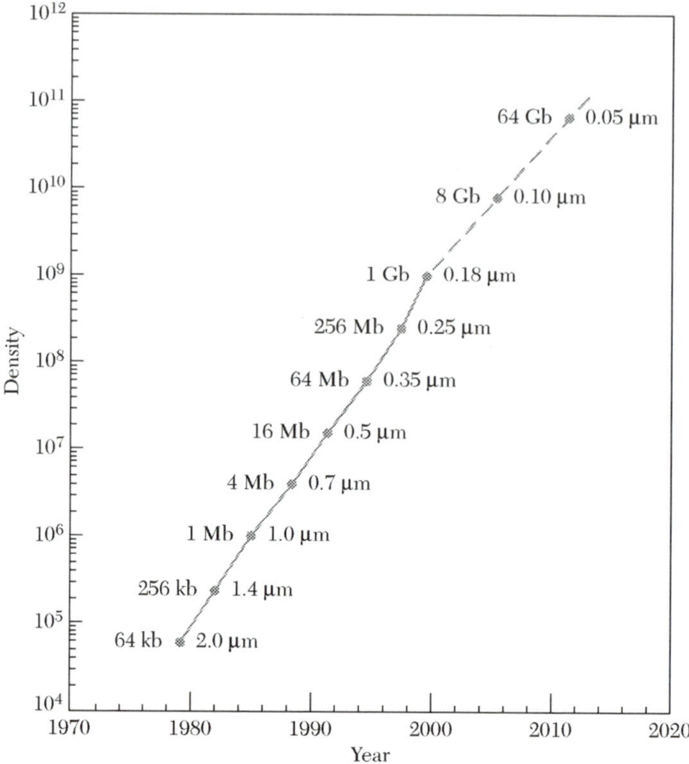

그림 1.6 반도체 산업 연합(Semiconductor Industry Association) 로드맵을 기초로 한 연도에 따른 DRAM 밀도의 기하급수적 증가.[50]

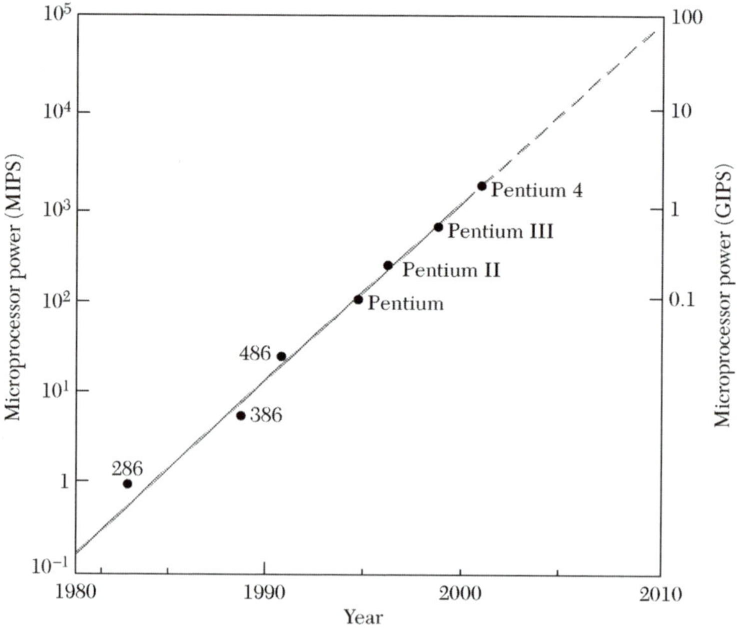

그림 1.7 연도에 따른 마이크로프로세서 연산 능력의 기하급수적 증가.

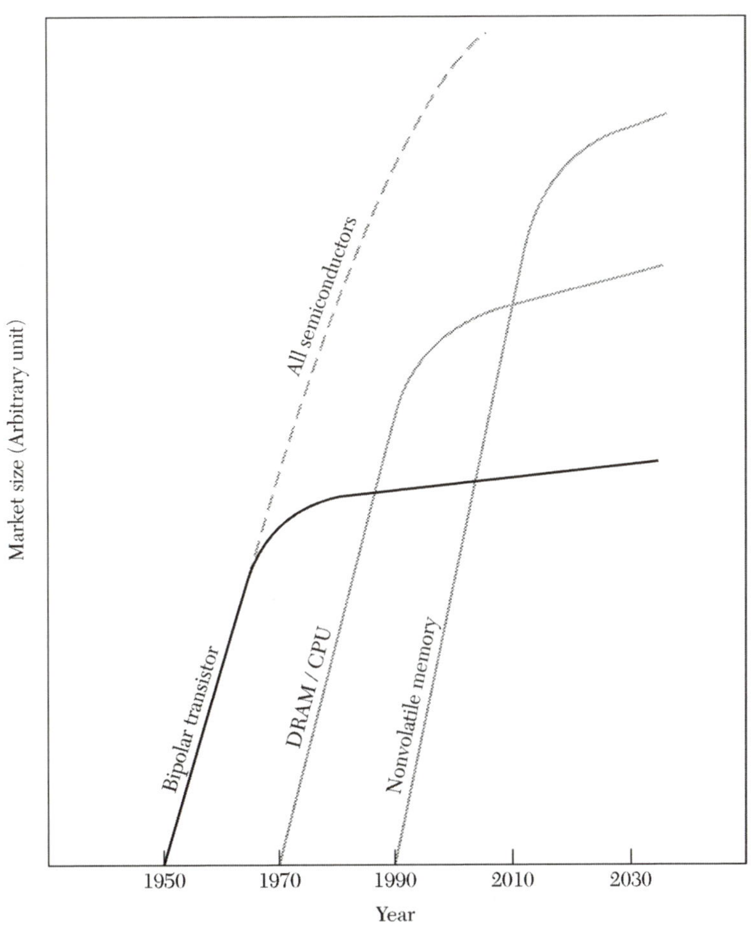

그림 1.8 여러 가지 주도 기술의 성장 곡선.[51]

주고 있다. 일반적으로 실리콘 산화물은 수많은 소자 구조에서 절연체 또는 소자 제작 중에 확산 또는 주입 공정에서 방지막 역할을 한다. *p–n* 접합(그림 1.9)의 제조에서 실리콘 산화물 박막은 접합 지역을 정의하는 데 사용된다.

실리콘 산화물 성장은 건식 산소 또는 수증기를 사용하는 것에 따라 건식 산화와 습식 산화의 두 가지 방법으로 수행할 수 있다. 건식 산화는 보통 우수한 Si–SiO_2 표면 특성 때문에 소자 구조에서 얇은 산화물을 형성할 때 사용되며, 습식 산화는 빠른 성장 속도로 인해 두꺼운 층을 형성할 때 사용된다. 그림 1.9*a*는 산화를 위한 초기 실리콘 웨이퍼를 보여 준다. 산화 공정 후, 실리콘 산화물 층은 웨이퍼 표면 전체에 형성된다. 그림 1.9*b*는 산화된 웨이퍼의 상부 표면을 간략히 보여 준다. 산화에 대한 더 상세한 내용은 3장에 나와 있다.

1.4.2 광 노광 공정과 식각

광 노광 공정(photolithography)이라 부르는 또 다른 기술은 *p–n* 접합의 형상을 정의하는 데 사용된다. 실리콘 산화물 형성 후 자외선 빛에 민감한 재료인 **감광제**(photore-

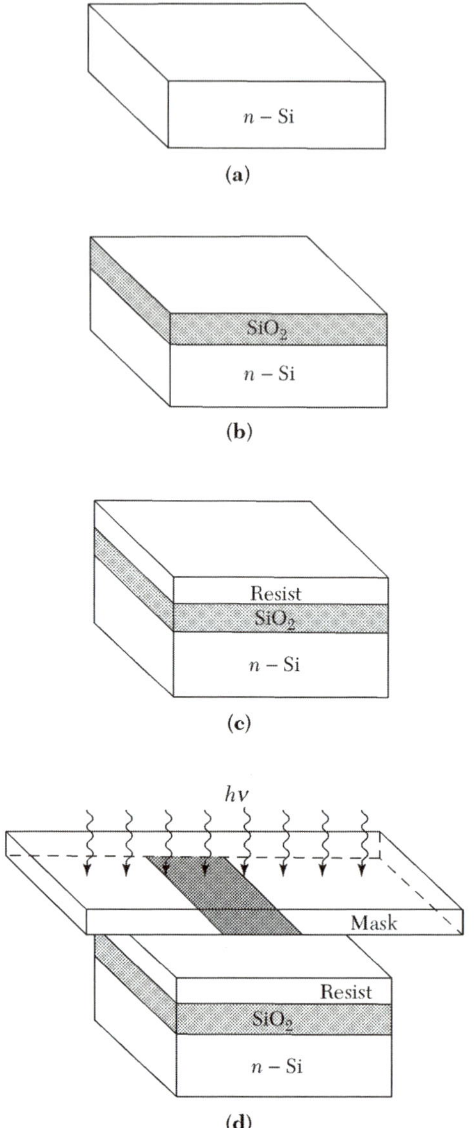

그림 1.9 (*a*) *n*형 Si 웨이퍼. (*b*) 건식 또는 습식 방법에 의해 산화된 Si 웨이퍼. (*c*) 감광제 도포. (*d*) 마스크를 통한 감광제 노광.

sist)를 고속의 스피너(spinner)를 이용해서 웨이퍼 표면에 뿌려 주어 웨어퍼를 코팅한다. 그 후 웨이퍼는 감광제 내의 용매를 제거하고, 감광제를 단단히 하여 접착성을 증진시키기 위해서 약 80~100°C에서 굽는다(그림 1.9*c*).

그림 1.9*d*는 패터닝된 마스크를 통하여 자외선이 통과하여 웨이퍼에 조사되는 다음의 단계를 보여 준다. 감광제가 코팅된 웨이퍼에 자외선이 조사된 지역은 감광제의 종류에 따라 화학 작용이 일어난다. 자외선이 조사된 지역은 중합이 일어나고 부식제에서 제거되기가 어렵다. 웨이퍼가 현상액에 들어가면 중합된 곳은 남아 있지만, 노출되지 않은 지역(빛이 통과하지 않은 지역)은 분해되어 제거된다.

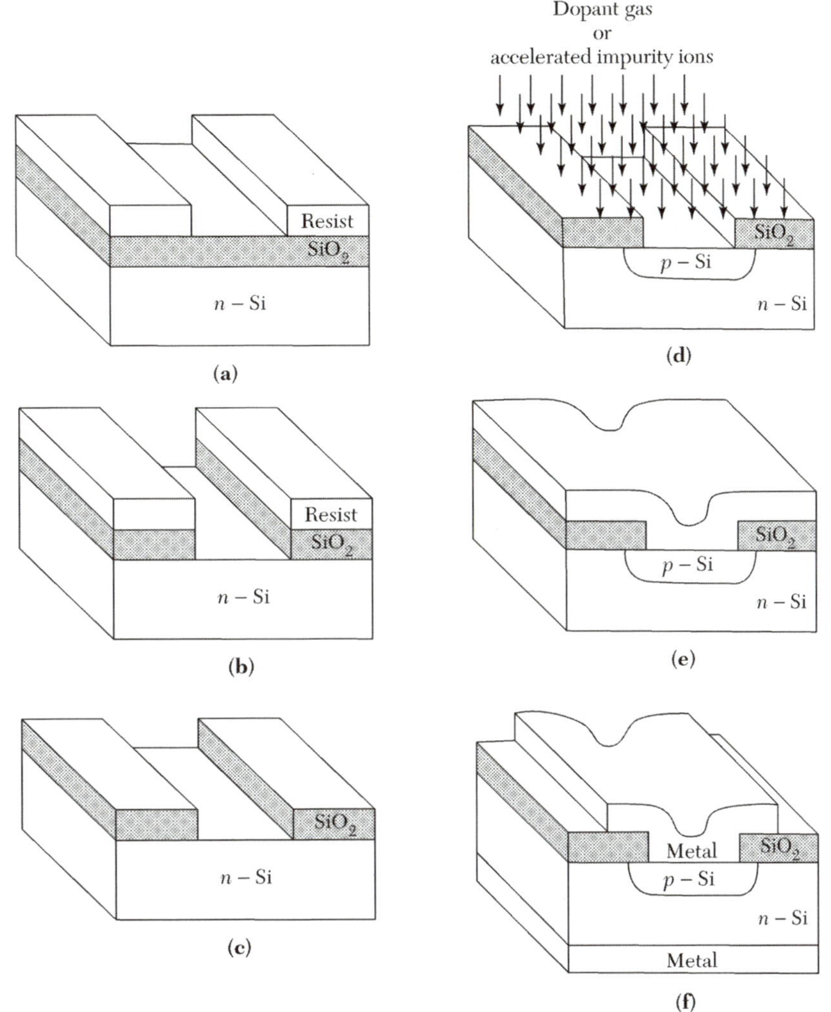

그림 1.10 (*a*) 현상 후 웨이퍼. (*b*) 실리콘 산화물 제거 후의 웨이퍼. (*c*) 노광 공정을 완성한 후 마지막 결과. (*d*) *p–n* 접합은 확산 또는 주입 공정으로 형성된다. (*e*) 금속화 공정 후 웨이퍼. (*f*) 완성된 공정 후 *p–n* 접합.

그림 1.10*a*는 현상(development) 후 웨이퍼를 보여 준다. 웨이퍼는 접착성 증진과 다음 식각 공정에 대한 내식성을 향상시키기 위해서 다시 120°C와 180°C 사이에서 20분 동안 굽는다. 그런 후 완충 불산(HF)을 사용하여 보호되지 않는 실리콘 산화물 표면을 식각하여 제거한다(그림 1.10*b*). 마지막으로 감광제는 화학 용액 또는 산소 플라즈마 시스템에 의해서 제거한다. 그림 1.10*c*는 광 노광 공정 후에 산화물이 없는 곳[창(window)]의 최종 결과를 보여 준다. 이제 웨이퍼는 확산 또는 이온 주입 공정에 의해서 *p–n* 접합 형성을 할 준비가 된 것이다. 광 노광 공정과 식각은 각각 4장과 5장에 더 자세히 기술되어 있다.

1.4.3 확산과 이온 주입

확산 방법에서 산화물에 의해 보호되지 않는 반도체 표면은 고농도의 상반된 형태의 불순물을 가지는 원료에 노출된다. 불순물은 고체 상태 확산에 의해서 반도체 결정 안으로 이동한다. 이온 주입 공정에서 의도된 불순물은 높은 에너지 수준으로 가속된 후, 반도체에 이온 주입된다. 실리콘 산화물 층은 불순물 확산 또는 이온 주입 공정에서 방지막으로 활용된다. 그림 1.10*d*에서 보듯이 확산 또는 이온 주입 공정 후에, p–n 접합이 형성된다. 불순물의 횡방향 확산과 주입된 이온의 횡적 분포 편차 때문에, p 지역의 폭은 창보다 약간 더 넓어진다. 확산과 이온 주입은 각각 6장과 7장에서 상세히 설명한다.

1.4.4 금속화 공정

확산 또는 이온 주입 후, 금속화 공정은 옴 접촉과 상호 연결 형성을 위해 사용된다(그림 1.10*e*). 금속 박막은 물리 기상 증착(PVD) 또는 화학 기상 증착(CVD)에 의해서 형성된다. 그림 1.10f에 나타낸 바와 같이 광 노광 공정은 전면 접촉을 형성하기 위해 다시 사용되며, 비슷한 금속화 공정 작업이 광 노광 공정없이 후면 접촉에 수행된다. 일반적으로, 저온(≤500°C) 열처리는 금속 층과 반도체 사이의 계면에서 저저항 접촉을 촉진시키기 위해서 실행된다. 금속화 공정은 8장에 더 상세히 나와 있다.

1.5 요약

반도체 소자는 세계에서 가장 거대한 산업인 전자 산업의 기반을 제공하기 때문에 우리 사회와 세계 경제에 막대한 영향을 미친다.

이 장은 1874년 금속–반도체 접촉에 대한 최초의 연구에서부터 2001년 극소형 15 nm MOSFET 제조에 이르는 중요한 반도체 소자에 대한 역사를 소개하였다. 특히 중요한 것은 1947년 현대 전자 공학 시대를 열어 준 쌍극성 트랜지스터의 발명, 1960년 집적 회로에서 가장 중요한 소자인 MOSFET의 개발과 1990년 이래 전자 산업의 선도 기술이 된 1967년의 비휘발성 반도체 메모리의 발명이다.

또한 이 장에서는 중요한 핵심 반도체 기술을 설명하였다. 이들 기술의 기원은 2000년보다 훨씬 더 과거로 거슬러 올라간다. 특히 중요한 것은 1957년 노광 감광제의 개발이며, 이것은 반도체 소자들을 위한 기초 패턴 전이 공정을 확립하였으며, 1959년 집적 회로의 발명은 마이크로 전자 산업의 빠른 성장을 위한 중요한 사건이었다. 1967년의 DRAM과 1971년에 개발된 마이크로프로세서는 반도체 산업의 가장 큰 두 영역이 되었다.

이 책에서 각 장은 핵심 IC 제조 공정과 연속 단계를 다루었다. 각 장은 원문헌에 크게 의존하지 않고 일괄된 방법으로 표현하였다. 그러나 일부 중요한 논문은 학습에 도움이 되도록 각 장의 끝에 실어 놓았다.

참고 문헌

1. *2000 Electronic Market Data Book*, Electron. Ind. Assoc., Washington, DC, 2000.
2. *2000 Semiconductor Industry Report*, Ind. Technol. Res. Inst., Hsinchu, Tai-

wan, 2000.

3. Most of the classic device papers are collected in S. M. Sze, Ed., *Semiconductor Devices: Pioneering Papers*, World Sci., Singapore, 1991.

4. K. K. Ng, *Complete Guide to Semiconductor Devices*, McGraw-Hill, New York, 1995.

5. F. Braun, "Uber die Stromleitung durch Schwefelmetalle," *Ann. Phys. Chem.*, **153**, 556 (1874).

6. H. J. Round, "A Note on Carborundum," *Electron. World*, **19**, 309 (1907).

7. J. Bardeen and W. H. Brattain, "The Transistor, a Semiconductor Triode, *Phys. Rev.*, **71**, 230 (1948).

8. W. Shockley, "The Theory of *p–n* Junction in Semiconductors and *p–n* Junction Transistor," *Bell Syst. Tech. J.*, **28**, 435 (1949).

9. J. Ebers, "Four Terminal *p–n–p–n* Transistors," *Proc. IRE*, **40**,1361 (1952).

10. D. M. Chapin, C. S. Fuller, and G. L. Pearson, "A New Silicon p-n Junction Photocell for Converting Solar Radiation into Electrical Power," *J. Appl. Phys.*, **25**, 676 (1954).

11. H. Kroemer, "Theory of a Wide-Gap Emitter for Transistors," *Proc. IRE*, **45**, 1535 (1957).

12. L. Esaki, "New Phenomenon in Narrow Germanium *p–n* Junctions," *Phys, Rev.*, **109**, 603 (1958).

13. D. Kahng and M. M. Atalla, "Silicon-Silicon Dioxide Surface Device, in *IRE Device Research Conference*, Pittsburgh, 1960. (The paper can be found in Ref. 3.)

14. B. Yu, et al., "15 nm Gate Length Planar CMOS Transistor," *IEEE IEDM Technical Digest*, Washington, DC, p. 937 (2001).

15. R. N. Hall, et al., "Coherent Light Emission from GaAs Junctions," *Phys. Rev. Lett.*, **9**, 366 (1962).

16. H. Kroemer, "A Proposed Class of Heterojunction Injection Lasers," *Proc. IEEE*, **51**,1782 (1963).

17. I. Alferov and R. F. Kazarinov, "Semiconductor Laser with Electrical Pumping," U.S.S.R. Patent 181, 737 (1963).

18. J. B. Gunn, "Microwave Oscillations of Current in III-V Semiconductors," *Solid State Commun.*, **1**, 88 (1963).

19. R. L. Johnston, B. C. DeLoach, Jr., and B. G. Cohen, A Silicon Diode Microwave Oscillator,' *Bell Syst. Tech. J.*, **44**, 369 (1965).

20. C. A. Mead, "Schottky Barrier Gate Field Effect Transistor," *Proc. IEEE*, **54**, 307 (1966).

21. D. Kahng and S. M. Sze, "A Floating Gate and Its Application to Memoiy Devices," *Bell Syst. Tech. J.*, **46**,1283 (1967).

22. K. Yano, et al., "Room Temperature Single-Electron Memory," *IEEE Trans. Electron Devices*, **41**, 1628 (1994).

23. W. S. Boyle and G. E. Smith, "Charge Coupled Semiconductor Devices," *Bell Syst. Tech. J.*, **49**, 587 (1970).

24. L. L. Chang, L. Esaki, and R. Tsu, "Resonant Tunneling in Semiconductor Double Barriers," *Appl. Phys. Lett.*, **24**, 593 (1974).

25. T. Mimura, et al., "A New Field-Effect Transistor with Selectively Doped GaAs/n-Al_xGa_{1-x} as Heterojunction," *Jpn. J. Appl. Phys.*, **19**, L225 (1980).

26. D. Shore, 'Steel-Making in Ancient Africa," in I. Van Sertima, Ed., *Blacks in Science: Ancient and Modem*, New Brunswick, NJ: Transaction Books, 157 (1986).

27. M. Hepher, "The Photoresist Story," *J. Photo. Sci.*, **12**, 181 (1964).

28. J. Czochralski, "Ein neues Verfahren zur Messung der Kristallisationsgeschwindigkeit der Metalle," *Z. Phys. Chem.*, **92**, 219 (1918).

29. P. W. Bridgman, "Certain Physical Properties of Single Crystals of Tungsten, Antimony, Bismuth, Tellurium, Cadmium, Zinc, and Tin," *Proc. Am. Acad. Arts Sci.*, **60**, 303 (1925).

30. H. Welker, "über Neue Halbleitende Verbindungen," *Z. Naturforsch.*, **7a**, 744 (1952).

31. A. Fick, "Ueber Diffusion," *Ann. Phys. Lpz.*, **170**, 59 (1855).

32. W. G. Pfann, "Semiconductor Signal Translating Device, U.S. Patent 2,597,028 (1952).

33. J. Andrus, "Fabrication of Semiconductor Devices," U.S. Patent 3,122,817 (filed 1957; granted 1964).

34. C. J. Frosch and L. Derrick, "Surface Protection and Selective Masking during Diffusion in Silicon," *J. Electrochem. Soc.*, **104**, 547 (1957).

35. N. N. Sheftal, N. P. Kokorish, and A. V. Krasilov, "Growth of Single-Crystal Layers of Silicon and Germanium from the Vapor Phase, *Bull. Acad. Sci. U.S.S.R., Phys. Ser.*, **21**,140 (1957).

36. W. Shockley, "Forming Semiconductor Device by Ionic Bombardment," U.S. Patent 2,787,564 (1958).

37. J. S. Kilby, "Invention of the Integrated Circuit, *IEEE Trans. Electron Devices*, **ED-23**, 648 (1976); U.S. Patent 3,138,743 (filed 1959; granted 1964).

38. R. N. Noyce, "Semiconductor Device-and-Lead Structure, U.S. Patent 2,981,877 (filed 1959; granted 1961).

39. J. A. Hoemi, "Planar Silicon Transistors and Diodes, *IRE Int. Electron Devices Meet.*, Washington, DC (1960).

40. F. M. Wanlass and C. T. Sah, "Nanowatt Logics Using Field-Effect Metal-Oxide Semiconductor Triodes," *Tech. Dig. IEEE Int. Solid-State Circuit Conf.*, p. 32 (1963).

41. R. M. Dennard, "Field Effect Transistor Memory," U.S. Patent 3,387,286 (filed 1967; granted 1968).

42. R. E. Kerwin, D. L. Klein, and J. C. Sarace, "Method for Making MIS Structure," U.S. Patent 3,475,234 (1969).

43. H. M. Manasevit and W. I. Simpson, "The Use of Metal-Organic in the Preparation of Semiconductor Materials. I. Epitaxial Gallium-V Compounds," *J. Electrochem. Soc.*, **116**,1725 (1969).

44. S. M, Irving, K. E. Lemons, and G. E. Bobos, "Gas Plasma Vapor Etching Process," U.S. Patent 3,615,956 (1971).

45. A. Y. Cho, "Film Deposition by Molecular Beam Technique," *J. Vac. Sci. Technol.*, **8**, S31 (1971).

46. The inventors of the microprocessor are M. E. Hoff, F. Faggin, S. Mazor, and M. Shima. For a profile of M. E. Hoff, see *Portraits in Silicon* by R. Slater, p. 175, MIT Press, Cambridge, 1987.

47. R. Rung, H. Momose, and Y. Nagakubo, "Deep Trench Isolated CMOS Devices," *Tech. Dig. IEEE Int. Electron Devices Meet.*, p. 237 (1982).

48. B. Davari, et al., "A New Planarization Technique, Using a Combination of RIE and Chemical Mechanical Polish (CMP)," *Tech. Dig. IEEE Int. Electron Devices Meet.*, p. 61 (1989).

49. J. Paraszczak, et al., "High Performance Dielectrics and Processes for ULSI Interconnection Technologies," *Tech. Dig. IEEE Int. Electron Devices Meet.*, p. 261 (1993).

50. *The International Technology Roadmap for Semiconductor*, Semiconductor Ind. Assoc., San Jose, 1999.

51. F. Masuoka, "Flash Memory Technology," *Proc. Int. Electron Devices Mater. Symp.*, 83, Hsinchu, Taiwan (1996).

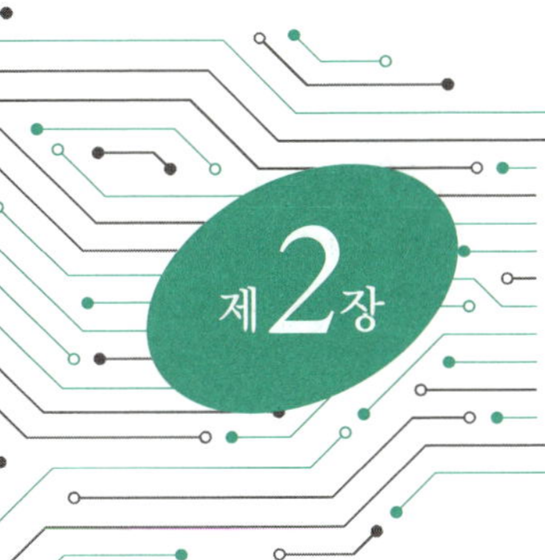

제2장

결정 성장

Crystal Greowth

개별 소자와 IC(집적 회로)에서 가장 중요한 두 가지 반도체 재료는 실리콘(Si)과 갈륨 아세나이드(GaAs)이다. 이 장에서는 이 두 반도체 재료의 단결정(single crystal) 성장에 관한 일반적인 기술에 관해 설명하도록 하겠다. 원재료에서 연마된 웨이퍼에 이르기까지 기본 공정도를 그림 2.1에 나타내었다. 원재료-실리콘 웨이퍼용 실리콘 산화물, 갈륨 아세나이드 웨이퍼용 갈륨(Ga)과 비소(As)는 단결정을 키우기 위한 고순도의 다결정체를 만들기 위해 화학 공정을 거친다. 단결정 괴(ingot)는 적당한 지름의 원통형으로 성장되고 절단되어 낱개의 웨이퍼로 만들어진다. 이 웨이퍼들은 소자가 제조될 수 있도록 평탄하고 매끄러운 표면을 만들기 위해 식각(etching)과 연마(polishing) 과정을 거친다. 이 장에서는 아래의 주제들을 다룰 것이다.

- 실리콘과 갈륨 아세나이드의 단결정 괴 주조의 기초 기술
- 괴에서 웨이퍼에 이르는 제조 공정
- 웨이퍼의 전기적 기계적 특성 분석

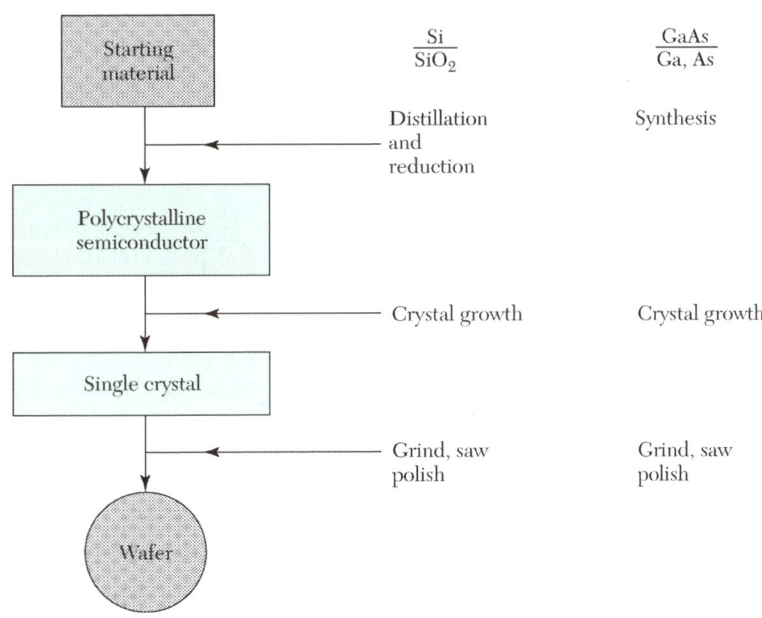

그림 2.1 원자재에서 웨이퍼에 이르는 제조 공정도.

2.1 액상 용탕으로부터의 실리콘 결정 성장

액상 용탕으로부터 실리콘 결정을 성장시키는 기초 기술은 **Czochralski 법**(Czochralski technique)이다. 반도체 산업에서 쓰이는 실리콘 결정의 대략 90% 이상이 Czochralski 법으로 제조된다. 그리고 실질적으로 이 모든 실리콘이 IC 제조에 사용된다.

2.1.1 원재료

실리콘의 원재료는 규암(quartzite)이라 부르는 비교적 순수한 모래(SiO_2)이다. 규암을 다양한 형태의 탄소(석탄, 코크스, 그리고 숯)와 함께 노에 집어넣는다. 비록 다수의 반응이 노 안에서 일어나지만 전반적인 반응은 다음과 같다.

$$SiC(solid) + SiO_2(solid) \rightarrow Si(solid) + SiO(gas) + CO(gas) \quad (1)$$

이 과정에서 대략 순도 98% 정도의 금속급 수준의 실리콘이 얻어진다. 다음으로 여기서 얻어진 실리콘을 삼염소산실리콘($SiHCl_3$)으로 형성시키기 위해 분말로 만들어 염산(HCl)과 300°C에서 처리한다.

$$Si(solid) + 3HCl(gas) \rightarrow SiHCl_3(gas) + H_2(gas) \quad (2)$$

삼염소산실리콘(trichlorosilane)은 상온에서 액체로 존재한다(끓는점 32°C). 액체 분별 증류를 통해 원하지 않는 불순물을 제거한다. 순도를 높인 $SiHCl_3$는 수소 환원 반응에 의해 전자급 수준의 실리콘(EGS: electronic-grade silicon)으로 준비 된다.

$$SiHCl_3(gas) + H_2(gas) \rightarrow Si(solid) + 3HCl(gas) \quad (3)$$

이 반응은 저항 가열된 실리콘 막대가 장착된 반응기에서 이루어진다. 실리콘 막대는 실리콘의 증착을 위한 핵 생성 위치를 제공한다. EGS, 즉 고순도의 다결정체는 소자 수준의 단결정 실리콘을 만들기 위한 기본 재료가 된다. 순수한 EGS는 일반적으로 ppb(10억 분의 일) 단위 의 불순물 농도를 갖는다.[1]

2.1.2 Czochralski 법

Czochralski 법은 **결정 성장 장치**(crystal puller)라고 부르는 장치를 사용한다. 이 장치를 단순화한 모형이 그림 2.2에 나타나 있다. 이 결정 성장 장치는 크게 세 부분으로 구성된다. (a) 가열로(fumace): 용융된 실리콘 산화물(SiO_2), 도가니, 흑연 자화기(susceptor), 회전 장치(시계 방향), 열선, 전원으로 구성, (b) 결정 성장 장치: 결정 씨앗 고정 장치, 회전 장치(반시계 방향), 그리고 (c) 대기 조절 장치(ambient control), 가스 공급원(아르곤 등), 유량 장치, 배출 장치. 거기에 더해서 이 장치는 온도, 결정체의 지름, 성장 속도, 회전 속도 등의 공정 변수를 조절하고 각 단계를 프로그램화한 미세 반응 공정 조절 장치도 가지고 있다. 다양한 센서와 피드백(feedback) 과정은 이 조절 장치가 자동적으로 대응하도록 도와 주고 또 작업자의 공정 개입을 줄여 준다.

결정 성장 공정에서 다결정 실리콘(EGS)이 도가니에 담기고 가열로는 실리콘의

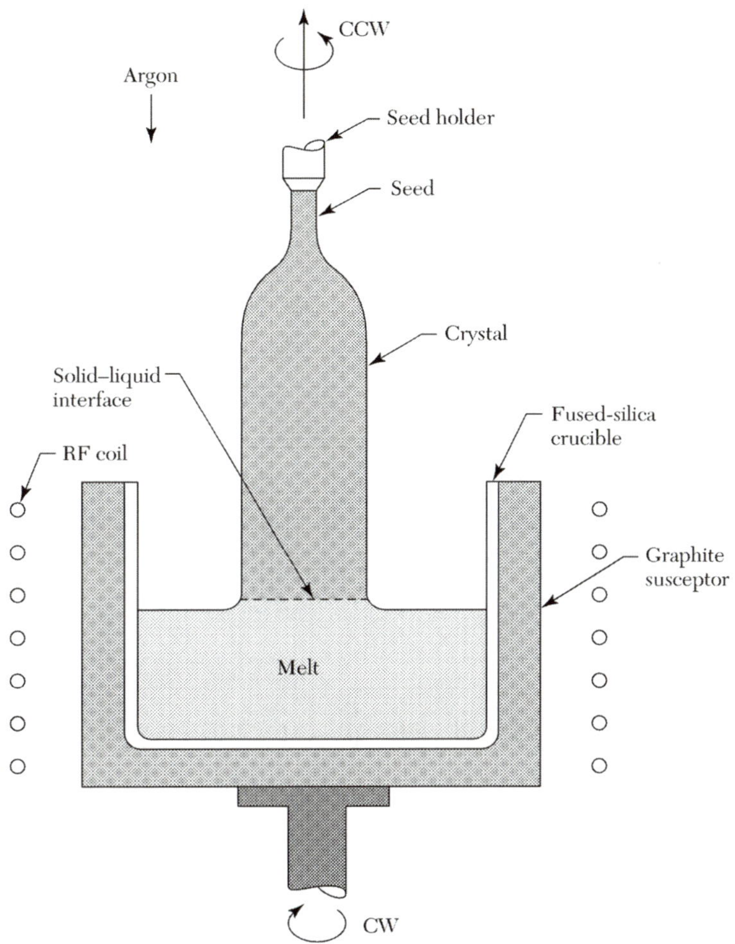

그림 2.2 Czochralski 결정 성장 장치. CW: clockwise, 시계 방향. CCW: counterclockwise, 반시계 방향.

용융 온도까지 가열된다. 적절한 방향(예, <111>)을 갖는 씨앗(seed)이 도가니 위의 씨앗 고정 장치에 장착된다. 씨앗 결정이 용탕에 담겨지고 그 일부가 녹는다. 하지만 남아 있는 씨앗 결정은 여전히 용탕의 표면에 닿아 있다. 씨앗이 서서히 끌어올려지면 점진적으로 고상과 액상 사이의 계면에서 냉각이 일어나고 큰 단결정체가 성장된다. 일반적인 성장 속도는 분당 수 밀리미터이다. 지름이 큰 실리콘 강괴를 얻기 위해서 외부로부터 자기장이 Czochralski 장치에 걸린다. 외부 자기장을 걸어 주는 목적은 결함, 불순물, 산소의 농도를 조절하기 위해서이다.[2] 그림 2.3은 300 mm(12 in.)와 400 mm(16 in.)의 Czochralski 법으로 제조된 실리콘 괴를 보여 준다.

2.1.3 도판트의 분산

결정 성장 시 성장된 결정에서 원하는 도핑 농도를 얻기 위해 적절한 양의 도판트(dopant)를 액상 용탕에 넣는다. 실리콘에 대해 붕소(B)와 인(P)은 각각 가장 일반적인 p형과 n형의 도판트이다.

결정이 용탕으로부터 끌어올려짐에 따라, 결정에 포함된 도핑 농도는 대개 계면에서의 용탕의 도핑 농도와 다르다. 이 두 농도의 비는 **평형 편석 계수**(equilibrium segregation coefficient) k_0로 정의된다.

$$k_0 \equiv \frac{C_s}{C_l} \tag{4}$$

여기서 C_s와 C_l은 각각 계면 근처에서의 고상과 액상 내 도판트의 평형 농도이다. 일반적으로 실리콘에 사용되는 도판트의 k_0 값을 표 2.1에 나열하였다. 대부분의 값이 1 이하임에 주목하라. 즉, 결정이 성장하는 동안 도판트가 용탕으로 빠져나감을 알 수 있다. 결론적으로 결정이 성장함에 따라 용탕의 도판트의 농도가 증가하게 된다.

초기 질량이 M_0, 도핑농도가 C_0(용탕 1 g당 도판트의 질량)인 용탕으로부터 결정을 성장시킨다고 가정해 보자. 주어진 시점에서 결정체의 질량을 M, 용탕 내 남아 있는 도판트의 질량을 S라 하자. 결정체의 질량 증가량 dM에 대해 용탕 내의 상대적 도핑 첨가물 감소량 $-dS$는 $C_s dM$으로 정의 할 수 있다.

여기서 C_s는 결정의 도핑 농도(무게)이다.

$$-ds = C_s dM \tag{5}$$

이제 잔류 용탕의 질량은 $M_0 - M$이고 액상의 도핑 농도 C_l은 다음과 같다.

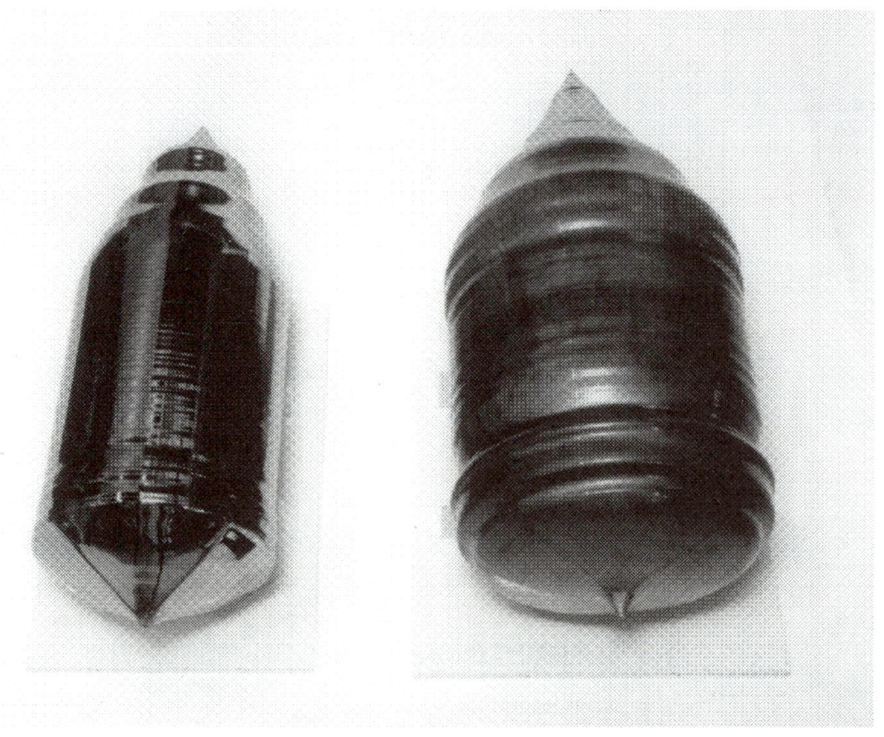

그림 2.3 Czochralski 법으로 성장된 300 mm(12 in.)와 400 mm(16 in.)의 실리콘 괴. (사진은 Shin-Etsu Handotai Co., Tokyo에서 제공.)

$$C_l = \frac{S}{M_0 - M} \tag{6}$$

방정식 (5)와 (6)을 합하고, $C_s/C_l = k_0$로 치환하면 다음과 같은 식을 얻는다.

$$\frac{dS}{S} = -k_0\left(\frac{dM}{M_0 - M}\right) \tag{7}$$

초기 도핑 첨가물의 질량 C_0M_0이 주어지면 식 (7)을 적분할 수 있다.

$$\int_{C_0M_0}^{S} \frac{dS}{S} = k_0\int_0^M \frac{-dM}{M_0 - M} \tag{8}$$

식 (8)을 풀어 식 (6)과 합하면 다음과 같다.

$$C_s = k_0C_0\left(1 - \frac{M}{M_0}\right)^{k_0-1} \tag{9}$$

그림 2.4는 몇몇 편석 계수에 대한 고체 분율(M/M_0)에 따른 도핑 분포를 나타낸다.[3,4] 결정체가 성장함에 따라 조성은 초기 k_0C_0에서 $k_0 < 1$ 경우에는 지속적으로 증가하고, $k_0 > 1$ 경우에는 지속적으로 감소한다. 그리고 $k_0 \cong 1$ 경우에는 균일한 불순물 농도를 얻을 수 있다.

예제 2.1

실리콘 괴가 10^{16} 붕소 원자/cm^3의 농도로 Czochralski 법으로 제조된다. 이 농도로 괴가 제조되기 위한 용탕 내의 붕소 원자의 농도는 얼마인가? 도가니 내의 초기 실리콘 질량이 60 kg이라면 얼마나 많은 붕소(원자량 10.8)를 넣어야 하는가? 용융 실리콘의 밀도는 2.53 g/cm^3이다.

풀이

표 2.1에서 붕소의 편석 계수(segregation coefficient)를 찾으면 0.8이다. 성장하는 동

표 2.1 실리콘 내 도판트들의 평형 편석 계수

Dopant	k_0	Type	Dopant	k_0	Type
–	8×10^{-1}	*P*	As	3.0×10^{-1}	*n*
Al	2×10^{-3}	*P*	Sb	2.3×10^{-2}	*n*
Ga	8×10^{-3}	*P*	Te	2.0×10^{-4}	*n*
In	4×10^{-4}	*P*	Li	1.0×10^{-2}	*n*
O	1.25	*n*	Cu	4.0×10^{-4}	—[a]
C	7×10^{-2}	*n*	Au	2.5×10^{-5}	—[a]
P	0.35	*n*			

[a]Deep-lying impurity level.

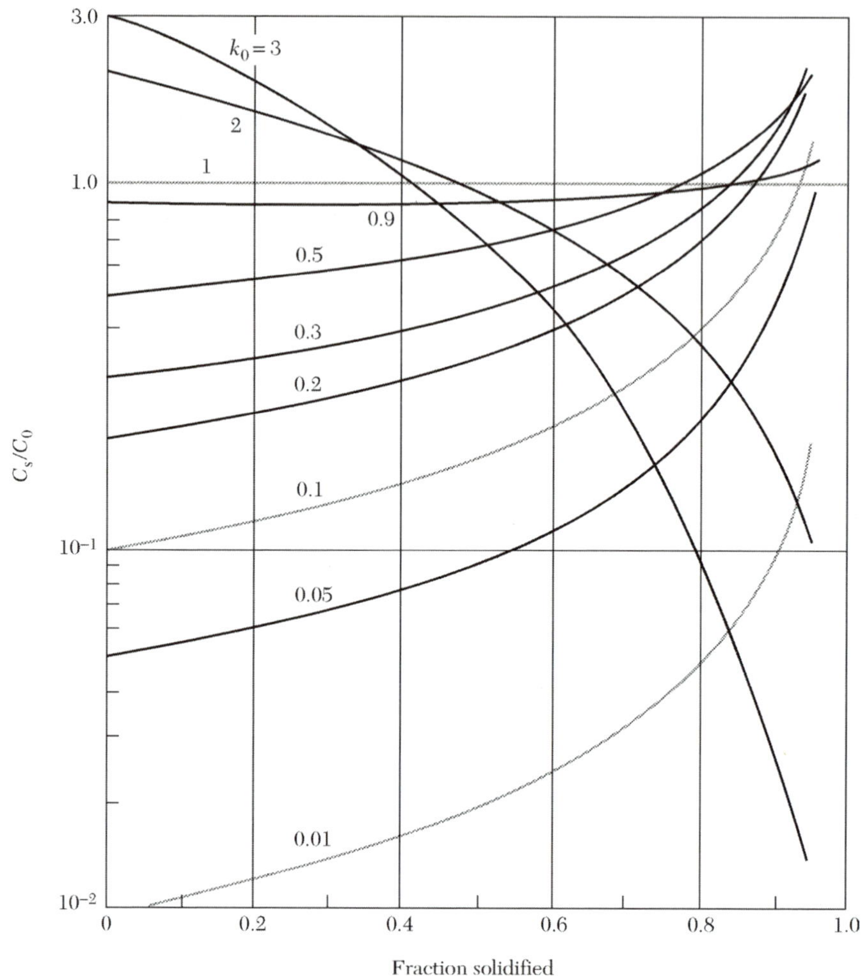

그림 2.4 액상으로부터 성장하는 응고 비율에 따른 고상 내의 도핑 농도를 나타내는 결정 성장 곡선.[4]

안 $C_s = k_0 C_1$이라 가정하자. 따라서 용탕의 초기 붕소의 농도는 다음과 같다.

$$\frac{10^{16}}{0.8} = 1.25 \times 10^{16} \text{ 붕소원자 /cm}^3$$

붕소의 양이 미미하기 때문에 용탕의 부피는 실리콘의 무게로부터 구할 수 있다. 그러므로 60 kg의 실리콘의 부피는 다음과 같다.

$$\frac{60 \times 10^3}{2.53} = 2.37 \times 10^4 \text{cm}^3$$

용탕 내 붕소의 총 원자 수는 다음과 같다.

$$1.25 \times 10^{16} \text{ atoms/cm}^3 \times 2.37 \times 10^4 \text{ cm}^3 = 2.96 \times 10^{20} \text{ 붕소 원자}$$

따라서, 다음과 같이 계산된다.

$$\frac{2.96\times10^{20}\ \text{atoms}\times10.8\ \text{g/mol}}{6.02\times10^{23}\ \text{atoms/mol}}=5.31\times10^{-3}\ \text{g of boron}=5.31\ \text{mg of boron}$$

많은 양의 실리콘을 도핑하는 데 매우 적은 양의 붕소가 사용되었음에 주목하라.

2.1.4 유효 편석 계수

결정이 성장하는 동안 k_0 > 1인 경우, 도판트는 계속적으로 용탕 속으로 배출된다. 용출 속도가 확산이나 교반에 의해 이동되는 속도보다 빠를 경우, 그림 2.5와 같이 계면에서 농도 구배가 발생할 것이다. 앞 절(2.1.3)에서 다루었듯이 편석 계수는 $k_0 = C_s/C_l(0)$로 주어진다. 우리는 유효 편석 계수 k_e를 C_s와 계면으로부터 멀리 떨어진 곳의 불순물 농도의 비로 정의할 수 있다.

$$k_e \equiv \frac{C_s}{C_l} \tag{10}$$

폭 δ를 갖는 가상의 작은 정체된 용탕의 층을 고려해 보자. 유일한 도판트의 흐름은 용탕으로부터 끌어올려지는 결정체를 만들기 위한 흐름뿐이다. 이 정체 층 외부의 도핑 농도는 일정한 값의 C_l을 갖는다. 층 내부의 도핑 농도는 정상 상태 연속 방정식에 의해 묘사될 수 있다.

$$0 = v\frac{dC}{dx} + D\frac{d^2C}{dx^2} \tag{11}$$

여기서 D는 용탕 내 도판트의 확산 계수(diffusion coefficient)이고 v는 결정 성장 속도, 그리고 C는 용탕 내 도핑 농도이다.

방정 식 (11)의 해는 다음과 같다.

$$C = A_1e^{-vx/D} + A_2 \tag{12}$$

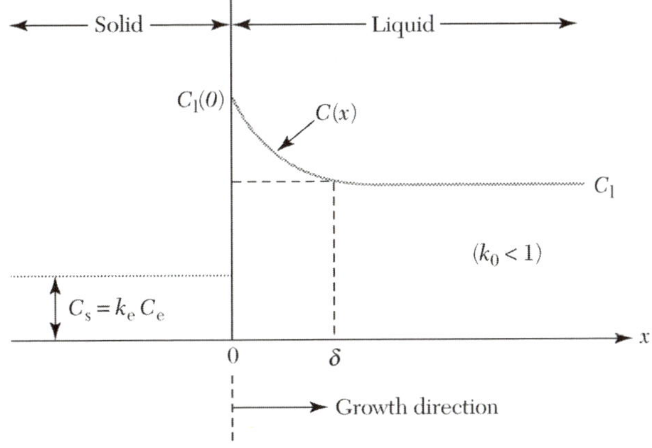

그림 2.5 액상과 고상 계면 근처의 도판트 분포.

여기서 A_1과 A_2는 경계 조건에 의해 정의되는 상수이다. 첫 번째 경계 조건은 $x = 0$일 때 $C = C_l(0)$이다. 두 번째 경계 조건은 총 도판트의 양은 보존된다는 것이다. 즉, 계면에서 도핑 첨가물의 유동의 합은 영(0)이 되어야 한다. 용탕 내 도판트 원자의 확산을 고려한다면(고체 내 확산은 무시), 다음 식을 얻을 수 있다.

$$D\left(\frac{dC}{dx}\right)_{x=0} + \left[C_l(0) - C_s\right]v = 0 \quad (13)$$

이 경계 조건들을 식 (12)에 치환 대입하고 $x = \delta$에서 $C = C_l$라고 하면 다음과 같다.

$$e^{-v\delta/D} = \frac{C_l - C_s}{C_l(0) - C_s} \quad (14)$$

그러므로

$$k_e \equiv \frac{C_s}{C_l} = \frac{k_0}{k_0 + (1 - k_0)e^{-v\delta/D}} \quad (15)$$

이다. 결정의 도핑 비율은 k_0가 k_e로 대체되는 것을 제외하면 식 (9)와 유사하게 표현된다. k_e의 값은 k_0보다 크고 성장 변수 $\delta v/D$의 값이 클 경우 1에 근접한다. 결정 내 균일한 도핑 분포($k_e \to 1$)는 높은 성장 속도와 낮은 회전 속도를 갖는 경우에 얻을 수 있다(왜냐하면 δ는 회전 속도에 반비례함). 균일 도핑을 위한 또 다른 방법은 초기의 도판트 농도를 유지시키기 위하여 매우 높은 순도의 실리콘을 용탕에 계속적으로 첨가하는 것이다.

2.2 실리콘 부유 대역 공정

부유 대역 공정(float-zone process)은 Czochralski 법에 의해 얻어진 괴보다 낮은 불순물 함량을 갖는 실리콘 결정을 만드는 데 이용될 수 있다. 개략적인 부유 대역 공정의 진행도를 그림 2.6*a*에 나타내었다. 씨앗 결정을 바닥에 부착한 고순도의 다결정 질봉을 수직으로 매달고 회전시킨다. 봉을 불활성 분위기(Ar)가 유지되는 석영틀에 넣는다. 공정 중에 좁은 폭(수 cm 정도)의 결정을 *RF*(radio frequency) 가열기로 지속적으로 용융시킨다. 이 용융 영역은 씨앗 결정으로부터 위로 이동되고 따라서 이 **부유 대역**(floating zone)은 봉의 길이 방향으로 왕복된다. 용융된 실리콘은 용융 대역과 새로 성장하는 고체 실리콘 사이에서 표면 장력에 의해 유지된다. 부유 대역이 위로 이동함에 따라 단결정 실리콘이 부유 대역 뒤 끝부분에서 고체화되고 씨앗 결정의 연장으로서 성장한다. Czochralski 법보다 부유 대역 공정에 의해 더 높은 전기 저항을 갖는 재료가 얻어진다. 왜냐하면 부유 대역 공정으로 결정을 정제하는 것이 더 쉽기 때문이다. 게다가 도가니가 사용되지 않기 때문에 Czochralski 법에서처럼 도가니로부터 불순물이 유입되지 않는다. 현재 부유 대역 공정은 고전류, 고전압에서 사용되는 고저항의 재료를 만드는 데 주로 사용된다.

부유 대역 공정의 도핑률을 측정하기 위하여 그림 2.6*b*와 같은 단순 모형을 생각

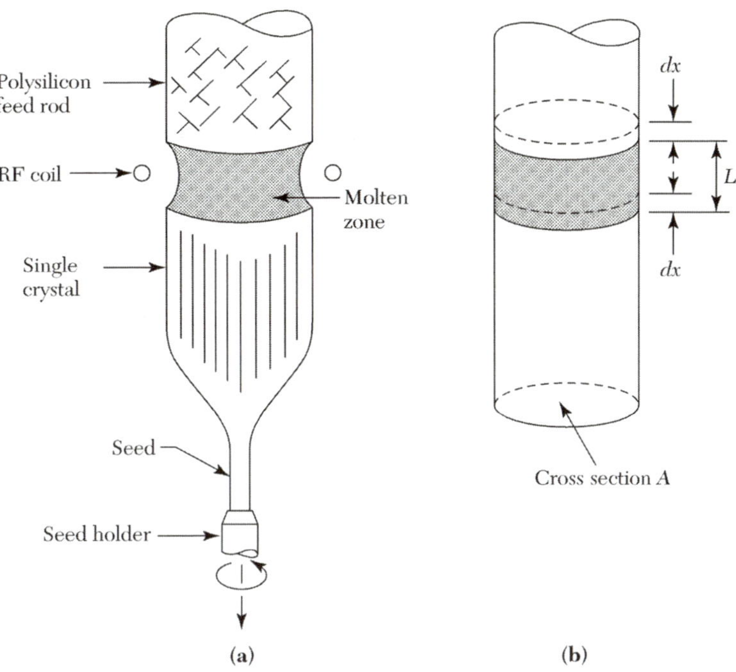

그림 2.6 부유 대역 공정. (*a*) 개략적 구성도. (*b*) 도판트 측정을 위한 단순 모형.

해 보자. 봉의 균일한 초기 도핑 농도를 C_0(무게), 봉을 따라 길이 x에 있는 용융 대역의 길이를 L, 봉의 단면적을 A, 실리콘의 고유 밀도를 ρ_d, 용융 영역의 도판트 양을 S라 하자. 용융 대역이 dx만큼 이동함에 따라 진행 방향 끝단에서 첨가되는 도핑 첨가물의 양은 $C_0\rho_d A\,dx$로 나타내고, 진행 반대 방향의 후면 끝단에서 빠져 나가는 도판트의 양은 $k_e(S\,dx/L)$로 나타낼 수 있다. 여기서 k_e는 유효 편석 계수이다. 따라서

$$dS = C_0\rho_d A\ dx - \frac{k_e S}{\mathrm{L}}dx = \left(C_0\rho_d A - \frac{k_e S}{\mathrm{L}}\right)dx \qquad \textbf{(16)}$$

이고, 그래서

$$\int_0^x dx = \int_{S_0}^{S} \frac{dS}{C_0\rho_d A - (k_e S/\mathrm{L})} \qquad \textbf{(16a)}$$

여기에서 $S_0 = C_0\rho_d A\,L$은 봉 전면 끝단의 처음 생성 영역 내 도판트의 양이다. 식 (16a)로부터

$$\exp\left(\frac{k_e x}{L}\right) = \frac{C_0\rho_d A - (k_e S_0/L)}{C_0\rho_d A - (k_e S/L)} \qquad \textbf{(17)}$$

또는

$$S = \frac{C_0 A\rho_d L}{k_e}\left[1 - (1 - k_e)^{-k_e x/L}\right] \qquad \textbf{(17a)}$$

를 얻을 수 있다. C_s(결정화되는 후면 끝단의 도핑 농도)는 $C_s = k_e(S/A\rho_d L)$로 주어진다. 따라서

$$C_s = C_0\left[1-1(1-k_e)^{-k_e x/L}\right] \tag{18}$$

그림 2.7은 다양한 값의 k_e에 대한 고상 영역의 길이에 따른 도핑 농도를 나타낸다.

이들 두 가지 결정 성장 기술(Czochralski 법과 부유 대역 공정)은 모두 불순물을 제거하기 위하여 사용될 수 있다. 그림 2.7과 그림 2.4를 비교해 보면 1회 부유 대역 공정을 거친 봉은 단일 Czochralski 법에 의해 성장된 괴만큼의 순도를 갖지 못한다. 예를 들면, $k_0 = k_e = 0.1$에 대해 C_s/C_0은 Czochralski 법에 의해 성장한 대부분의 경우에 더 작은 값을 갖는다. 그러나 부유 대역 공정을 여러 번 수행하는 것은, 결정을 성장시키고 끝단을 절단하고 용탕으로부터 다시 성장시키는 Czochralski 법보다 쉽게 이루

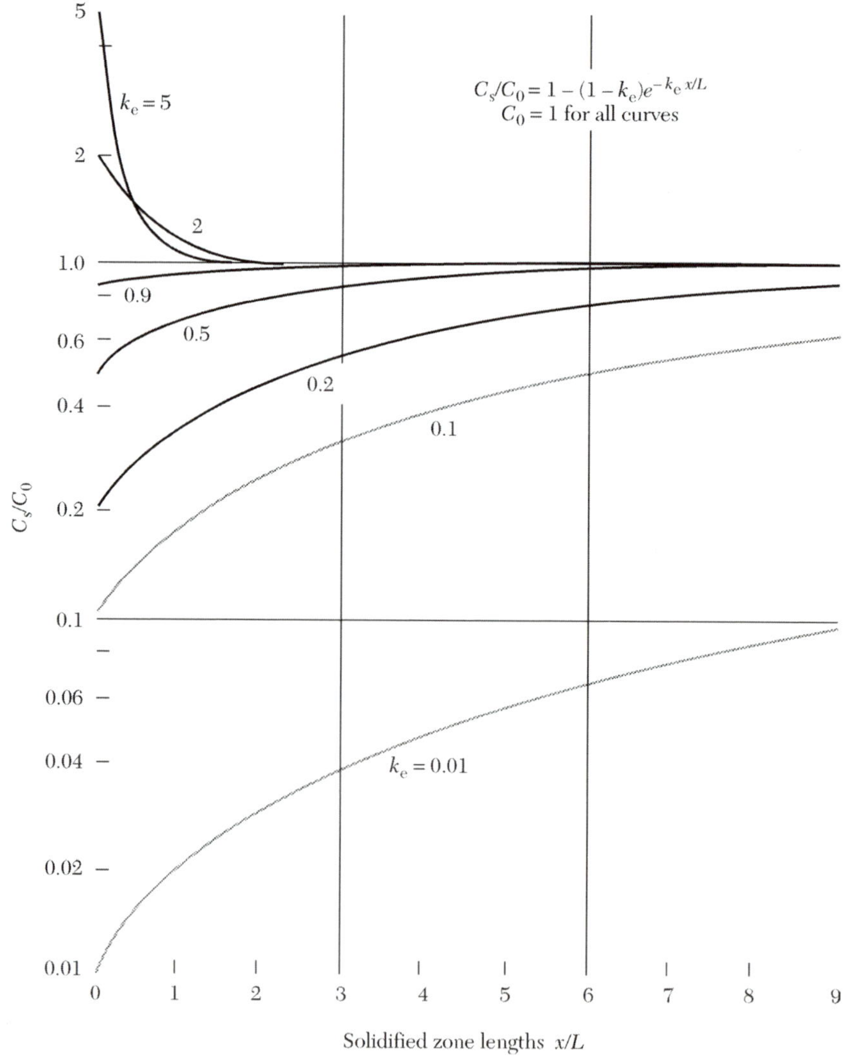

그림 2.7 부유 대역 공정에서 응고 영역의 길이에 따른 도판트의 농도 곡선.[4]

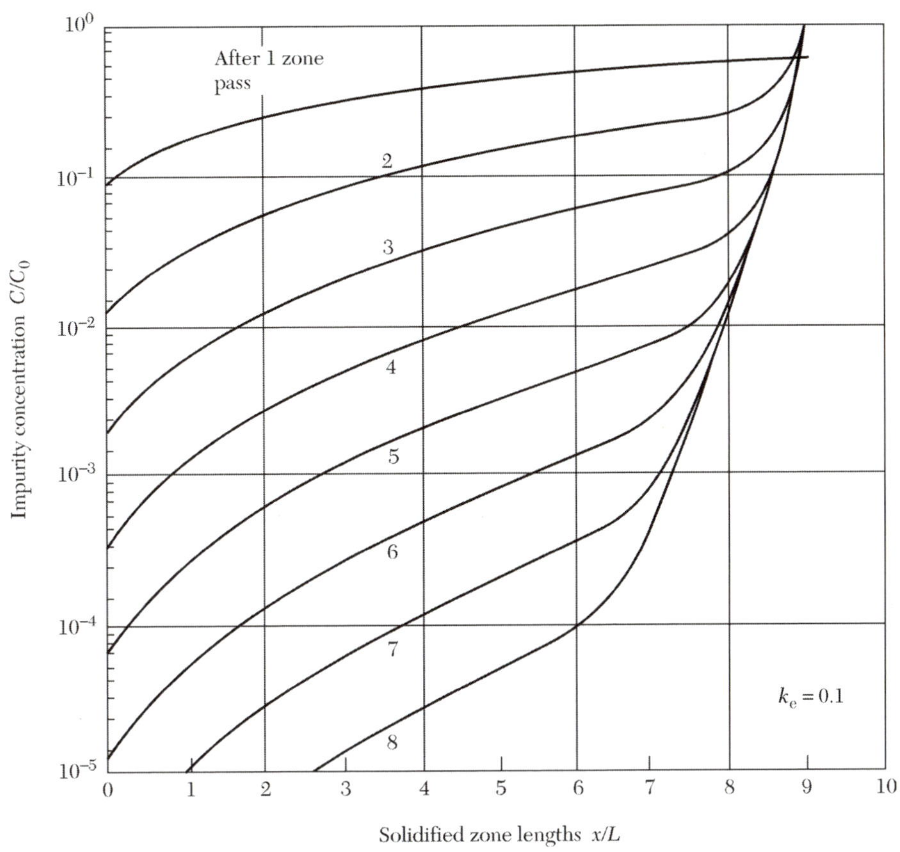

그림 2.8 공정 수행 횟수에 따른 상대적 불순물 농도(L은 영역의 길이).[4]

어 질 수 있다. 그림 2.8은 봉의 길이 방향으로 여러 번의 연속적인 부유 대역 공정 수행 후 k_e = 0.1을 갖는 불순물의 농도 분포를 보여 준다.[4] 매 공정 수행 후 불순물 농도의 실질적인 감소가 있었음에 주목하라. 따라서 부유 대역 공정은 결정 정제에 이상적인 방법이다. 이 공정을 **부유 대역 정제**(zone-refining)라고도 부르며 , 이 기술은 매우 높은 순도의 원재료를 만드는 데 활용된다.

만약에 봉의 순도를 높이기보다 봉에 도핑을 하고자 한다면, 처음 영역의 도판트의 총량($S_0 = C_1 A\rho_d L$)이 주어지고 초기 농도(주가 거의 무시할 만큼 작은 경우를 고려한다. 식 (17)로부터

$$S_0 = S\exp\left(\frac{k_e x}{L}\right) \tag{19}$$

$C_s = k_e(S/A\rho_d L)$이므로 식 (19)로부터

$$C_s = k_e C_1 e^{-k_e x/L} \tag{20}$$

를 구할 수 있다. 따라서 $k_e x/L$이 작은 값을 갖는다면 아는 마지막으로 응고된 끝단을 제외하면 거리에 무관하게 거의 일정한 값을 갖는다.

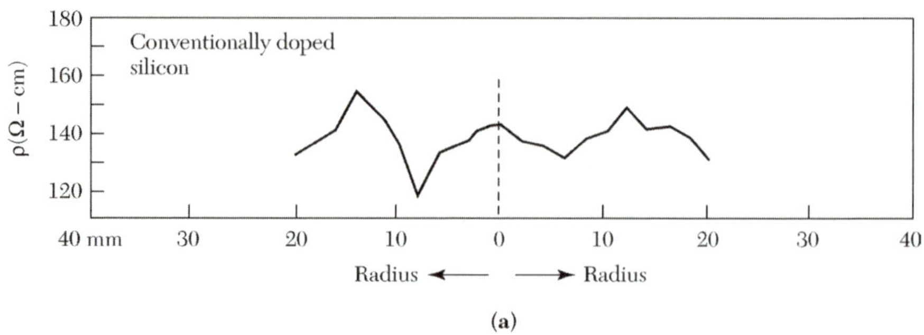

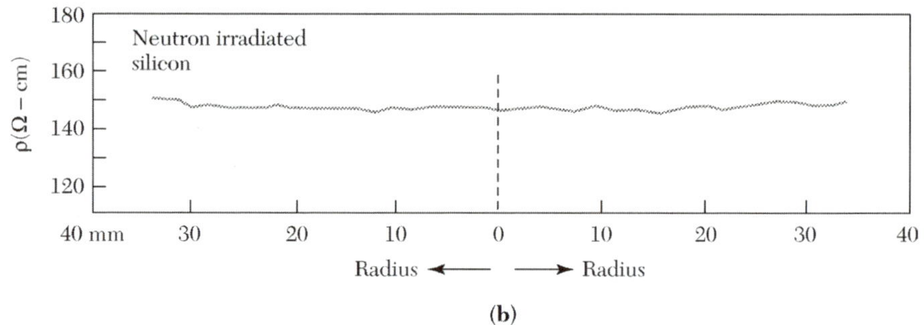

그림 2.9 (*a*) 일반적인 방법에 의해 도핑된 실리콘의 전형적인 측면 저항 분포도. (*b*) 중성자 방사법에 의해 도핑된 실리콘의 측면 저항 분포도.[5]

고전압 사이리스터와 같은 스위칭 소자에서는 넓은 칩(chip) 영역이 사용된다-종종 하나의 웨이퍼 전체가 소자가 되기도 한다. 이 크기는 초기 재료의 균일성이 강하게 요구된다. 균일하게 분포된 도핑 첨가물을 얻기 위해서 요구량보다 훨씬 더 적게 도핑된 부유 대역 공정 실리콘 기판을 사용한다. 이 기판에 열 중성자가 조사된다. **중성자 방사**(neutron irradiation)라고도 하는 이 공정은 부분적으로 실리콘을 인(P)으로 대체시켜 유형으로 도핑시킨다.

$$Si_{14}^{30} + \text{neutron} \rightarrow Si_{14}^{31} + \gamma\,\text{ray} \rightarrow P_{15}^{31} + \beta\,\text{ray} \qquad (21)$$

중간 원소인 Si_{14}^{31}의 반감기는 2.62시간이다. 중성자의 투과 깊이는 약 100 cm이므로, 기판 전체에 매우 고르게 도핑된다. 그림 2.9에 일반적인 방법으로 도핑된 실리콘 기판과 중성자 방사로 도핑된 실리콘 기판의 측면 저항을 비교하였다.[5] 중성자 방사로 도핑된 기판의 저항이 일반적으로 도핑된 기판에 비해 훨씬 작은 편차를 나타냄에 주목하라.

2.3 GaAs 결정 성장 기술

2.3.1 원재료

다결정 갈륨 아세나이드의 합성을 위한 기본적인 원재료는 화학적으로 순수한 갈륨(Ga)과 비소(As)이다. 갈륨 아세나이드는 두 재료의 화합물이기 때문에, 실리콘과 같

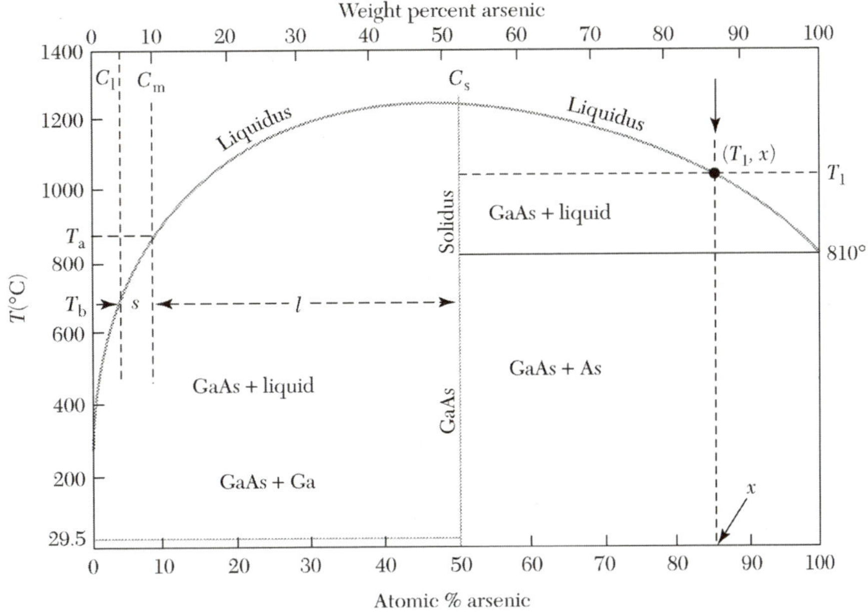

그림 2.10 Ga-As 계 상태도.[6]

은 단일 물질과는 다른 거동을 보인다. 화합물의 거동은 상태도에 의해 묘사된다. **상**(phase)은 재료가 존재하는 어떤 상태(예를 들면 고체, 액체, 기체)이다. **상태도**(phase diagram)는 두 가지 성분(갈륨과 비소) 사이의 관계를 온도의 함수로서 보여 준다.

그림 2.10은 갈륨-비소 계의 상태도를 보여 준다. 가로축은 두 성분 간의 다양한 조성을 원자 비(하단) 또는 중량 비(상단)로 표현한다.[6,7] x의 초기 조성을 가진 성분(그림 2.10에서 원자 비 85%의 비소)의 용탕을 고려해 보자. 온도가 낮아지면 용탕의 조성은 액상선을 만날 때까지 고정된 채로 남아 있을 것이다. (T_1, x)점에서 50%의 비소 원자 비를 가진 재료(즉, 갈륨 아세나이드)가 응고를 시작할 것이다.

예제 2.2

그림 2.10에서 C_m(중량 비 단위)의 초기 조성을 가진 재료가 T_a의 온도에서 T_b의 온도로 냉각되는 경우를 고려해 보자. 용탕 중 응고되는 부분의 비를 구하라.

풀이

온도 T_b에서 M_l은 액체의 중량이고 M_s는 고체(즉, GaAs)의 중량이고, C_l과 C_s는 액체와 고체 속의 도판트의 농도이다. 그러므로 액체와 고체 내의 비소의 중량은 각각 M_lC_l과 M_sC_s이다. 비소의 총 중량이$(M_l + M_s)C_m$이기 때문에 다음의 식을 얻는다.

$$M_lC_l + M_sC_s = (M_l + M_s)C_m$$

$$\frac{M_s}{M_l} = \frac{\text{Weight of GaAs at } T_b}{\text{Weight of liquid at } T_b} = \frac{C_m - C_l}{C_s - C_m} = \frac{s}{l}$$

여기서 s와 l은 각각 C_m의 조성으로부터 액상선과 고상선까지 측정된 두 선의 길이이

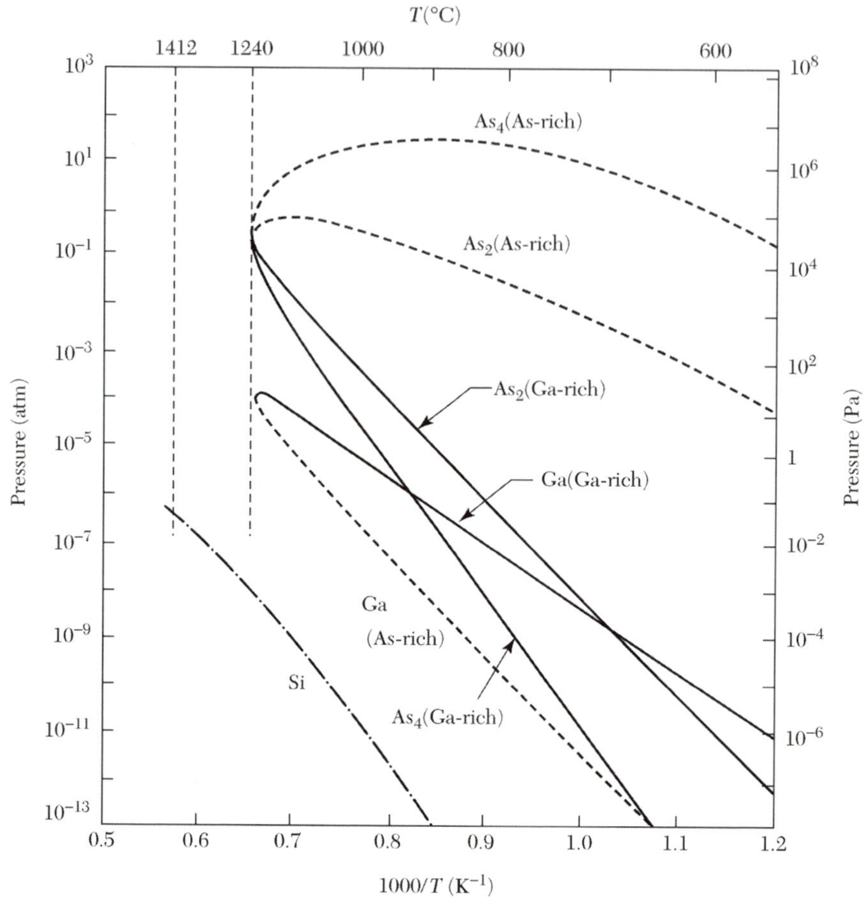

그림 2.11 온도에 따른 갈륨 아세나이드에 대한 갈륨과 비소의 분압[8]과 실리콘의 분압.

다. 그림 2.10으로부터 용탕의 약 10%가 응고된다는 사실을 알 수 있다.

녹는점에서 낮은 증기압을 갖는 실리콘(1412°C에서 대략 10^{-6}atm)과 달리 갈륨 아세나이드의 녹는점(1240,0)에서 비소의 증기압은 훨씬 높다. 기체상에서 비소의 주종은 As_2와 As_4이다. 그림 2.11은 갈륨과 비소의 액상선을 따르는 증기압을 실리콘 증기압과 비교하여 보여 준다.[8] GaAs의 증기압은 두 개의 곡선을 가진다. 점선은 비소가 풍부한 갈륨 아세나이드 용탕(그림 2.10의 오른쪽 액상선)의 곡선이고, 실선은 갈륨이 풍부한 갈륨 아세나이드 용탕(그림 2.10의 왼쪽 액상선)의 곡선이다. 비소가 풍부한 용탕은 갈륨이 풍부한 용탕보다 비소의 양이 더 많아서, 더 많은 비소(As_2와 As_4)가 기체화되어 그 결과 더 높은 증기압을 보인다. 유사한 원리로 갈륨이 풍부한 용탕에서 갈륨의 증기압이 더 높은 것을 설명할 수 있다. 녹는점에 다다르기 훨씬 이전에, 액체 갈륨 아세나이드의 표층부는 갈륨과 비소로 분해될 것이다. 왜냐하면 갈륨과 비소의 증기압이 달라서 좀 더 휘발성이 강한 비소가 우선적으로 손실되어, 액체는 갈륨이 풍부해질 것이기 때문이다.

GaAs의 합성에는 두 가지 온도 대역의 노로 구성된 진공 봉합 석영 튜브 시스템이 일반적으로 사용된다. 고순도의 비소를 흑연 보트에 놓고 610~620°C로 가열한다. 고순도의 갈륨을 또 다른 흑연 보트에 놓고 갈륨 아세나이드의 녹는점(1240~1260°C)보다 조금 높게 가열한다. 이러한 조건에서 비소의 분압을 높임으로써 (a) 비소 증기가 용해된 갈륨으로 이동하여 갈륨 아세나이드를 형성시키고, (b) 갈륨 아세나이드가 노에서 형성되는 동안 갈륨 아세나이드의 분해를 막는다. 용탕이 냉각되면 고순도의 다결정 갈륨 아세나이드가 형성되고, 이를 원재료로 하여 갈륨 아세나이드의 단결정을 성장시킨다.[7]

2.3.2 결정 성장기술

GaAs 결정을 성장시키는 방법에는 Czochralski 법과 **브리즈만 법**(Bridgman technique)이 있다. 이 중 브리즈만 법이 주로 사용되고 있지만, 좀더 큰 지름의 갈륨 아세나이드 괴를 성장시키는 데에는 Czochralski 법이 좀더 보편화되어 있다.

Czochralski 법에 의한 갈륨 아세나이드 결정 성장에 있어, 기본적인 성장 장치는 실리콘의 경우와 동일하다. 그러나 결정 성장 과정 중 용탕이 분해되는 것을 막기 위해 액상 캡슐 보호(liquid encapsulation) 방법이 적용되었다. 액상 캡슐 보호제로는 약 1 cm 정도의 두께를 갖는 용융 B_2O_3 층을 사용한다. 용융 B_2O_3는 갈륨 아세나이드 표면과 반응을 하지 않을 뿐만 아니라 용탕을 덮기 위한 덮개의 역할을 한다. 이 덮개가 갈륨 아세나이드의 표면에 1 atm보다 높은 기압을 유지시킬 때 갈륨 아세나이드의 분해를 막아 준다. B_2O_3는 실리콘 산화물을 녹일 수 있기 때문에, 용융 실리카 노를 쓰지 않고 탄소계 노를 사용한다.

GaAs 결정 성장에 있어 원하는 도핑 농도를 얻기 위해, 주로 Cd과 Zn이 p형 도판트로, Se, Si, Te는 n형 도판트로 사용된다. GaAs를 반절연시키기 위해서, 재료는 도핑이 안 된 상태여야 한다. GaAs에 사용되는 도판트의 평형 편석 계수는 표 2.2에 나

표 2.2 GaAs에서 도판트의 평형 편석 계수

Dopant	k_0	Type
Be	3	p
Mg	0.1	p
Zn	4×10^{-1}	p
C	0.8	n/p
Si	1.85×10^{-1}	n/p
Ge	2.8×10^{-2}	n/p
S	0.5	n
Se	5.0×10^{-1}	n
Sn	5.2×10^{-2}	n
Te	6.8×10^{-2}	n
Cr	1.03×10^{-4}	Semiinsulating
Fe	1.0×10^{-3}	Semiinsulating

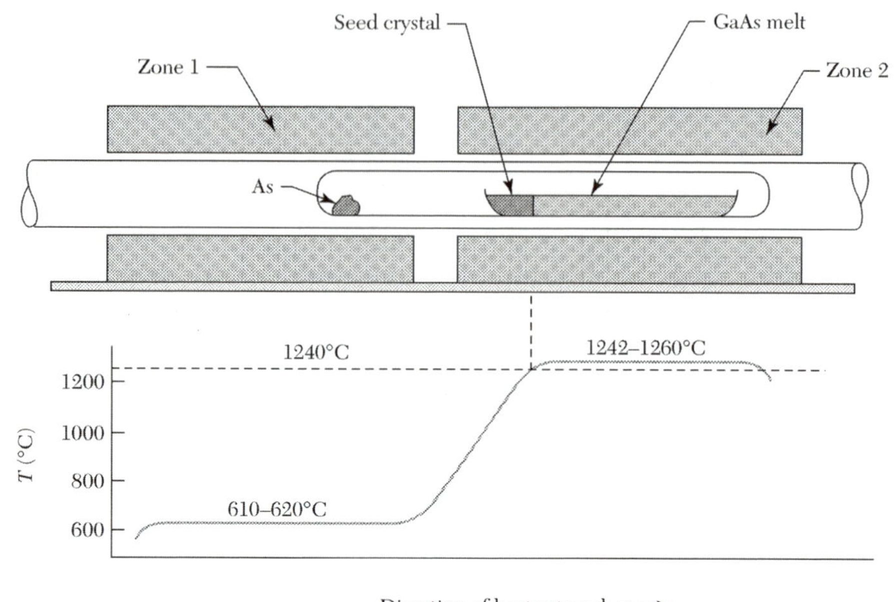

그림 2.12 브리즈만 법에 의한 GaAs 단결정 제조와 노의 온도 분포.

타내었다. Si의 경우와 같이, 거의 모든 경우에 그 값은 1보다 작다. 앞의 Si을 위한 식 (4)~(15)는 GaAs에서도 적용될 수 있다.

그림 2.12는 GaAs 단결정 성장에 사용된 두 대역의 노를 사용한 브리즈만 법을 보여 준다. 그림에서 왼쪽은 비소의 과압을 유지하기 위해 온도(대략 610°C)를 유지하며, 오른쪽은 GaAs의 녹는점(1240°C) 이상으로 유지한다. 밀봉된 튜브는 석영으로 만들고, 보트는 흑연으로 만든다. 제작에 있어, 보트에는 다결정 갈륨 아세나이드가, 반대편 튜브에는 비소가 위치한다.

노가 오른쪽으로 이동함에 따라 용탕은 한쪽부터 냉각된다. 일반적으로, 특정한 결정 방향을 만들기 위해 보트의 왼쪽 끝에 씨앗 결정을 놓아 둔다. 용탕의 고상화는 액상/고상 계면에서 단결정이 성장할 수 있게 한다. 최종적으로 GaAs의 단결정이 성장하게 된다. 불순물의 분포는 식 (9)와 식 (15)로부터 효과적으로 알 수 있다. 성장 속도는 노의 횡단 속도에 의해 주어진다.

2.4 재료 특성

2.4.1 웨이퍼 성형

결정이 성장된 후, 초기 성형 공정은 씨앗 결정과 괴의 말단을 제거하는 것이다.[1] 다음 공정은 표면을 연마하는 것으로, 웨이퍼의 지름이 결정된다. 이 과정 후에, 하나 혹은 그 이상의 평평한 지역이 괴의 길이 방향을 따라 연마된다. 이러한 **평면**(flat)은 괴의 특정 결정 방향과 물질의 전도 형태를 구분짓는다. 가장 큰 평면, 즉 **주 평면**(primary flat)은 자동 공정 장비에서 웨이퍼가 위치 할 수 있도록 하며 소자 형성 지점과 방향을

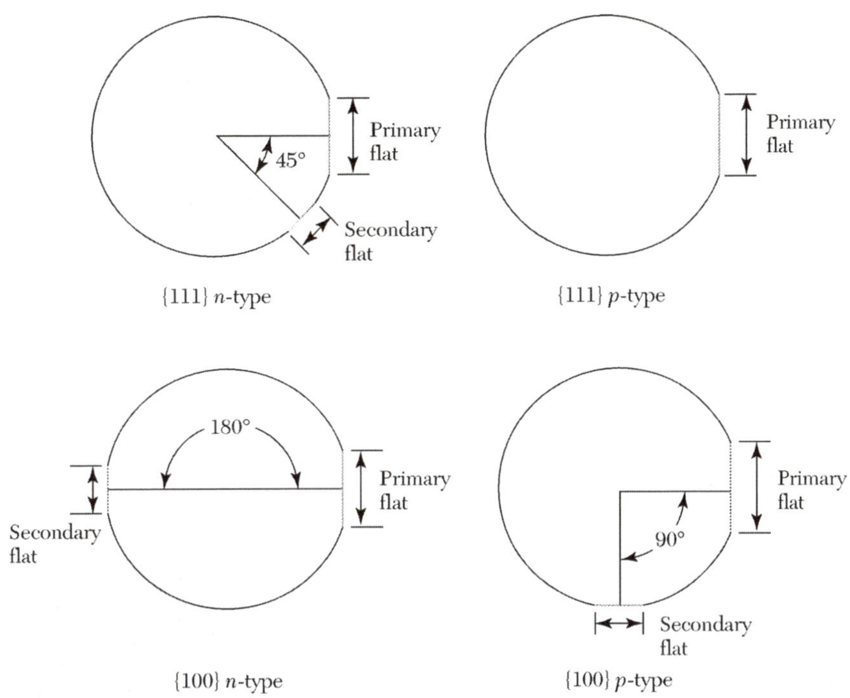

그림 2.13 반도체 웨이퍼에서의 평면 구분.

잡을 수 있도록 한다. 또 다른 좁은 면, 즉 **부 평면**(secondary flat)은 그림 2.13에서 볼 수 있는 것처럼 방향과 전도 형태를 구별하기 위해 연마된다. 200 mm 이상 혹은 비슷한 크기의 지름을 갖는 결정들은 평면을 연마하지 않는다. 대신, 작은 홈을 괴의 길이 방향으로 새겨 놓는다.

괴는 다이아몬드 톱으로 절단될 준비를 한다. 절단 공정은 다음의 4가지 변수를 결정 한다: **표면 방향**(surface orientation, 예를 들어 <111> 또는 <100>), **두께**(thickness, 예를 들어 0.5~0.7 mm, 웨이퍼 길이에 의존), **테이퍼**(taper, 웨이퍼의 한쪽 끝에서 다른 쪽 끝까지의 두께 편차), 그리 고 웨이퍼의 중앙부와 가장자리 사이에 측정된 표면 곡률인 **휨**(bow).

절단 후, 2 μm 내외의 균일도를 갖는 웨이퍼를 생산하기 위해 Al_2O_3와 글리세린의 혼합물을 사용하여 웨이퍼의 양면을 갈아 낸다. 일반적으로 이 래핑(lapping) 공정은 웨이퍼 표면과 가장자리에 손상과 오염을 유발한다. 상하거나 오염된 부분은 화학 식각(5장 참조)으로 제거될 수 있다. 웨이퍼 성형의 최종 단계는 연마(polishing)이며, 이 공정에서 광 노광 공정에 의해 소자를 형성시킬 수 있는 매끄럽고 거울 같은 표면을 만든다(4장 참조). 그림 2.14는 연마가 끝난 200 mm(8 in.)와 400 mm(16 in.) 웨이퍼를 각각 보여 주고 있다. 표 2.3은 SEMI(Semiconductor Equipment and Materials Institute)에서 만든 125, 150, 200, 그리고 300 mm 지름의 연마된 웨이퍼에 대한 설명이다. 앞서 언급한 바와 같이, 큰 결정(≥200 mm)에서는 평탄면 연마를 하지 않는 대신 위치 선정과 방향 선정을 위해 웨이퍼 끝에 홈을 만들었다.

표 2.3 연마된 단결정 실리콘 웨이퍼의 특성

Parameter	125 mm	150 mm	200 mm	300 mm
Diameter (mm)	125 ± 1	150 ± 1	200 ± 1	300 ± 1
Thickness (mm)	0.6~0.65	0.65~0.7	0.715~0.735	0.755~0.775
Primary flat length (mm)	40~45	55~60	NA	NA
Secondary flat length (mm)	25~30	35~40	NA	NA
Bow (μm)	70	60	30	< 30
Total thickness variation (μm)	65	50	10	< 10
Surface orientation	(100) ± 1°	Same	Same	Same
	(111) ± 1°	Same	Same	Same

NA, not available.

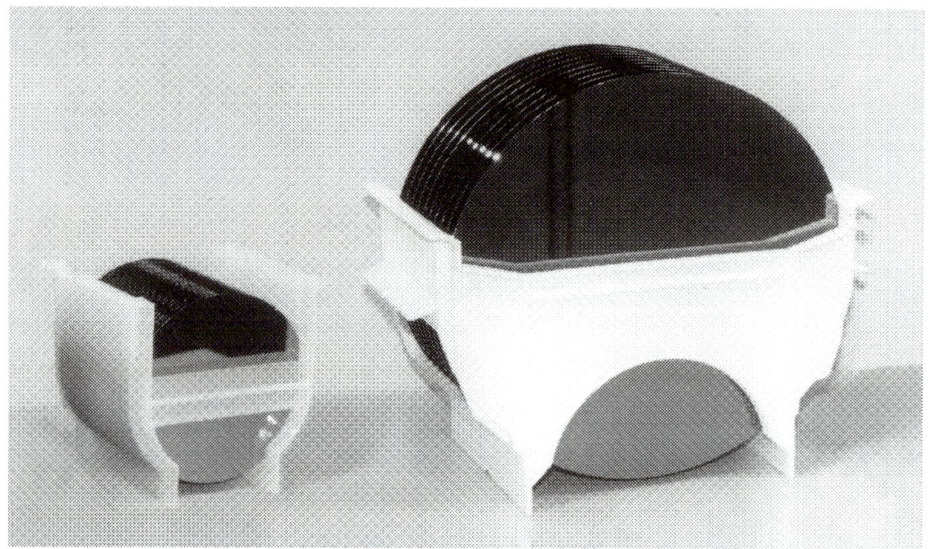

그림 2.14 연마된 200 mm(8 in.)와 400 mm(16 in.) 실리콘 웨이퍼. (Shin-Etsu Handotai Co., Tokyo에서 제공된 사진.)

GaAs는 실리콘보다 더 깨지기 쉽다. 기본적인 GaAs의 성형 공정이 실리콘과 비슷함에도 불구하고, GaAs 웨이퍼 준비 과정에서는 좀더 세심한 주의가 요구된다. 그러나 III-V족 화합물의 기술은 실리콘 기술의 진보에 힘입어 부분적으로 발전해 가고 있다.

2.4.2 결정 특성

결정 결함

실리콘 웨이퍼와 같은 실제의 결정과 이상적인 결정은 몇 가지 면에서 다르다. 한정되어 있지만, 표면 원자들은 불완전하게 결합되어 있다. 더 나아가 표면 원자들은 결함들

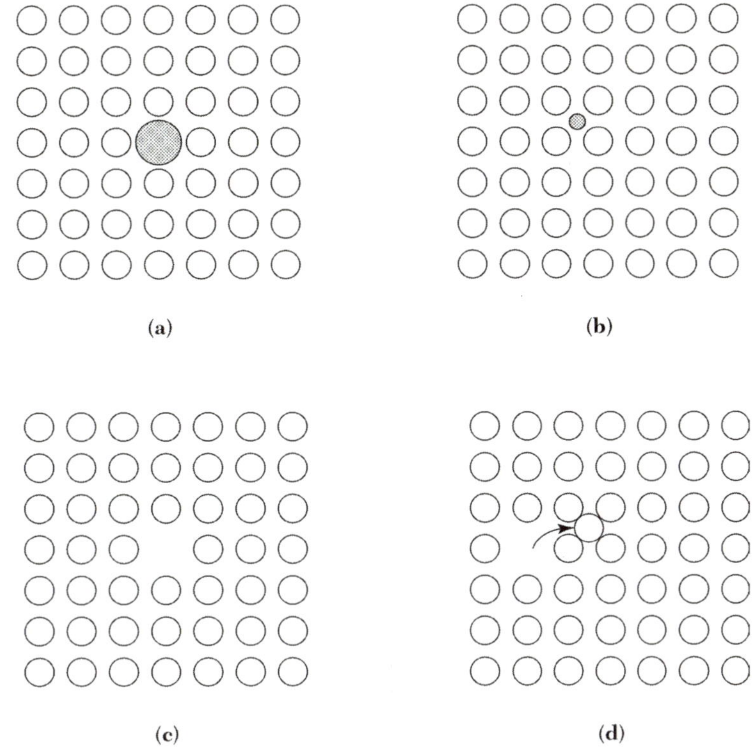

그림 2.15 점 결함. (*a*) 치환형 불순물. (*b*) 침입형 불순물. (*c*) 격자 공공. (*d*) Frenkel 형 결함.[9]

을 갖고 있는데, 이는 반도체의 전기적, 기계적, 그리고 광학적 물성에 크게 영향을 미친다. 이러한 결함들에는 점 결함(point defect), 선 결함(line defect), 면 결함(area defect), 그리고 체적 결함(volume defect)이 있다.

그림 2.15는 다양한 형태의 **점 결함**(point defect)[1,9]을 보여 주고 있다. 격자 내 치환형 위치(substitutional site, 그림 2.15*a* 정규 격자 위치) 혹은 침입형 위치(interstitial site, 그림 2.15*b* 정규 격자와 격자의 사이)에 들어온 모든 이종의 원자는 점 결함이다.

격자로부터 원자가 빠져 나가면 격자 내에 공공(vacancy)을 형성하는데 이 또한 점 결함이다(그림 2.15*c*). 규칙적인 격자 사이에 위치하고 공공과 인접한 호스트 원자는 **Frenkel 결함**(Frenkel defect)이라 한다(그림 2.15*d*). 점 결함들은 산화 및 확산 공정에 있어 매우 중요한 주제이다. 이러한 주제들에 관해서는 3장과 6장에서 자세히 다룰 것이다.

다음의 결함은 **선 결함**(line defect)으로 **전위**(dislocation)라고도 한다.[10] 전위에는 칼날(edge) 전위와 나선(screw) 전위의 두 가지 종류가 있다. 그림 2.16*a*는 입방체 격자 내에 있는 칼날 전위의 개략도로, 원자 AB의 잉여 면은 격자 내에 삽입된다. 전위선은 지면에 수직으로 있을 것이다. 나선 전위는 그림 2.16*b*에서 볼 수 있는 것처럼 결정을 부분적으로 자르고 윗부분을 밑부분에 비해 하나의 격자 공간만큼 밀어냄으로써 생성되는 것으로 볼 수 있다. 소자에서의 선결함은 원치 않는 결함으로 이러한 선 결함

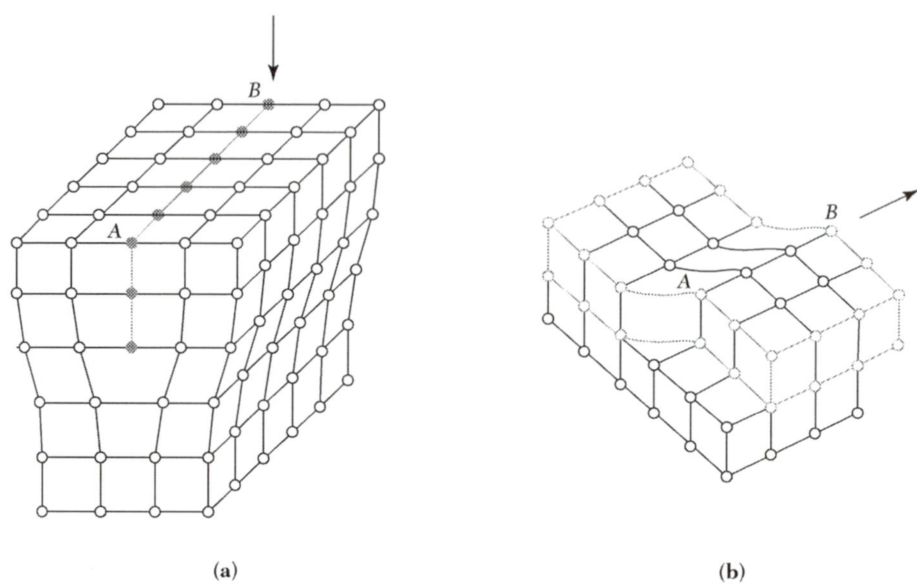

그림 2.16 입방체 결정에서의 (*a*) 칼날 전위와 (*b*) 나선 전위 형성.[10]

은 소자의 특성을 열화시키는 금속성 불순물의 석출 자리가 된다.

면 결함(area defect)은 격자 내에서 넓은 면에 걸쳐 나타나는 불연속성을 말하며, 쌍정과 결정립계(grain boundary)가 전형적인 결함이다. **쌍정화**(twinning)는 한 면을 가로질러 대칭으로 형성된 결정성의 변화를 말하며, 결정립계는 특별한 방향성 상관관계를 갖고 있지 않는 결정 사이의 경계를 말한다. 그리고 이러한 결함들은 결정 성장 과정 중에 발생한다. **적층 결함**(stacking faulty은 또 하나의 면 결함으로, 이러한 결함에서는 원자 층의 적층 순서가 뒤틀리게 된다. 그림 2.17을 보면, 원자들의 적층 순서는 *ABCABC*...이다. 여기서 *C*층의 일부가 사라질 때 이를 진성 적층 결함(intrinsic stacking fault)이라 한다(그림 2.17*a*). 반대로 잉여 면 *A*가 B층과 *C*층 사이에 삽입되는 경우를 외인성 적층 결함(extrinsic stacking fault)이라 한다(그림 2.17*b*). 이러한 결함들은 결정 성장 중에 발생할 수 있으며, 이러한 결함을 가지고 있는 결정은 IC 제조에 사용될 수 없어 폐기된다.

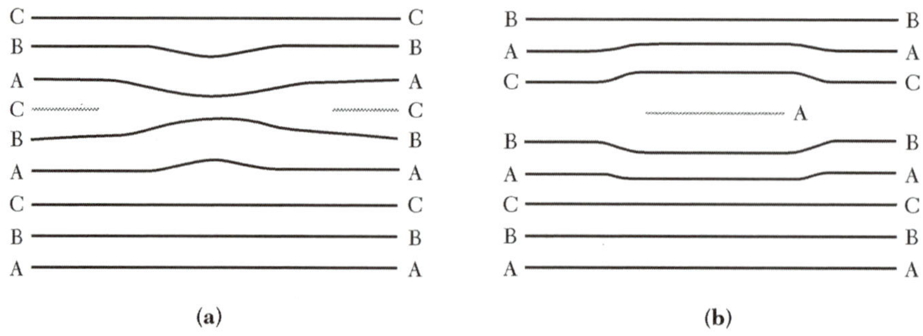

그림 2.17 반도체 내 적층 결함. (*a*) 진성 적층 결함. (*b*) 외인성 적층 결함.[9]

불순물 혹은 도판트 원자들의 석출은 4번째 결함인 **체적 결함**(volume defect)이라고 한다. 이러한 결함들은 호스트 격자에서의 불순물에 대한 고유의 용해도로 인해 발생된다. 즉, 호스트와 불순물의 고용체에서 호스트 격자가 받아들일 수 있는 불순물 체적 농도의 한계가 있다. 그림 2.18은 실리콘에서 여러 원자의 온도에 따른 용해도를 나타낸다.[11] 대부분 불순물의 용해도는 온도가 감소함에 따라 감소한다. 불순물이 주어진 온도에서 최대 농도로 녹아 있는 결정이 낮은 온도로 냉각된다면, 결정은 용해도를 초과한 불순물을 석출하는 방법으로만 평형 상태를 유지 할 수 있다. 그러나 호스트 격자와 석출물 사이의 체적 불일치는 전위를 유발한다.

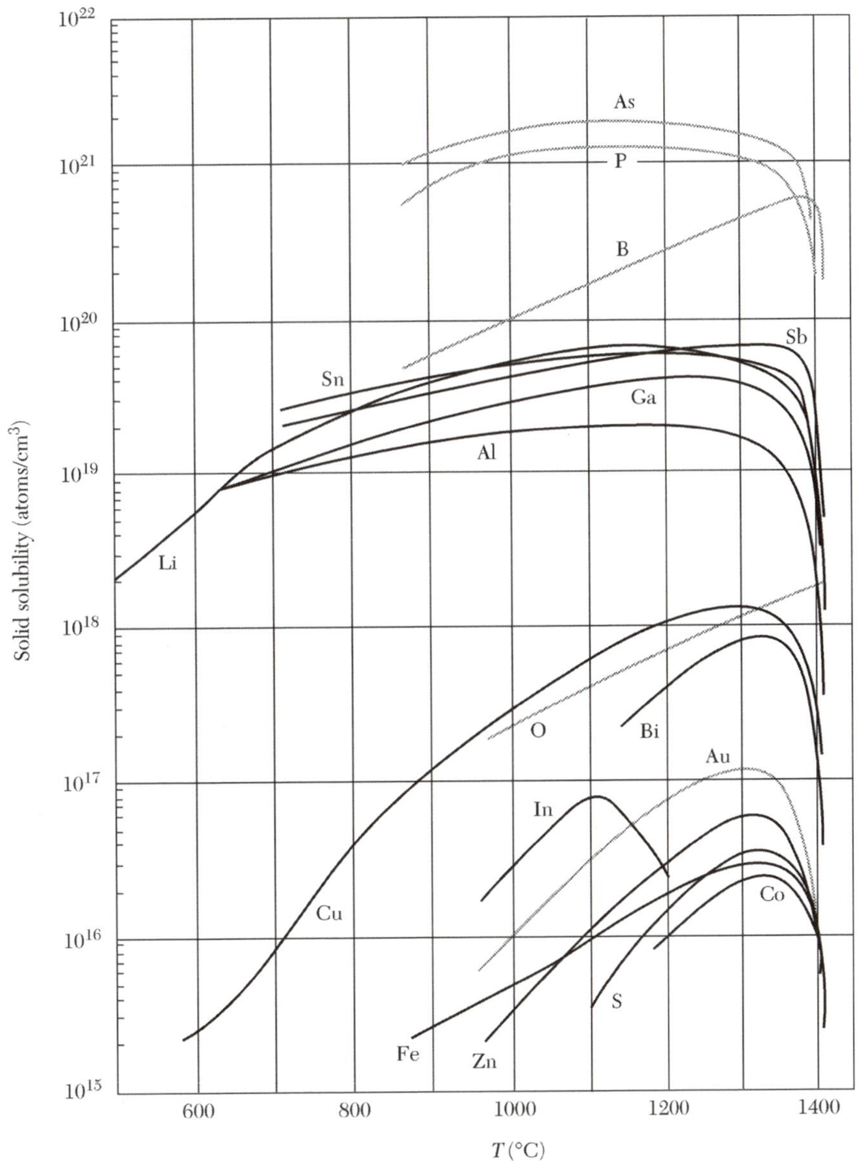

그림 2.18 실리콘 내 불순물의 고용도.[11]

재료 성질

표 2.4는 실리콘 특성과 10^7개의 구성 요소를 갖는 **극초 대규모 집적**(ULSI: ultralarge-scale integration)이라고 하는 IC 기술의 요구 사항을 비교한 것이다.[12,13] 표 2.4에 나열한 반도체 재료의 물성은 다양한 방법을 통해 측정 할 수 있다. 저항은 **4점 탐침 기법**(four-point probe method)[14]으로, 산소 및 탄소와 같은 불순물은 6장에 설명된 SIMS 기법(secondary ion mass spectroscopic technique)으로 분석 할 수 있다. 현재의 기술력으로 표 2.3에 실린 웨이퍼의 거의 모든 사항을 만족시킬 수는 있지만, ULSI 기술의 엄격한 요구 사항을 만족시키기 위해서는 아직 많은 진보가 필요하다는 사실을 주목해야 한다.[13]

Czochralski 법으로 만든 결정은 결정 성장 시 흑연 자화기로부터 탄소가 용탕으로 이동하고 실리 카도가니로부터 산소가 용해되어 유입되므로 산소와 탄소 농도가 부유 대역 결정보다 더 높다. 일반적으로 탄소의 농도는 10^{16}~10^{17} atoms/cm^3 정도이며, 실리콘 내의 탄소 원자들은 치환형 자리를 점유하게 된다. 탄소 원자는 결함 형성을 유발하기 때문에 탄소는 없는 것이 좋다. 그리고 산소의 농도는 10^{17}~10^{18} atoms/cm^3 정도이지만, 산소 원자는 장단점을 모두 갖고 있다. 즉, 의도적으로 도핑하여 결정 비저항을 왜곡시킴으로써 도너(donor)로서의 역할을 한다. 반면, 침입형 자리에 놓인 산소 원자들은 실리콘의 항복 강도를 증가시킨다.

추가적으로 용해도 효과에 의한 산소의 석출은 게터링에 사용될 수 있다. **게터링**(gettering)은 소자를 만들 수 있는 웨이퍼로부터 해로운 불순물 및 결함 등을 제거하는 공정을 말한다. 웨이퍼를 고온 열처리(즉, N_2 분위기 1050°C)하게 되면, 산소는 표

표 2.4 실리콘의 재료 특성과 ULSI 위한 요구 사항과의 비교

Property	Characteristics		Requirements for ULSI
	Czochralski	Float Zone	
Resistivity (phosphorus) n-type (ohm-cm)	1-50	1-300 and up	5-50 and up
Resistivity (antimony) n-type (ohm-cm)	0.005-10	—	0.001-0.02
Resistivity (boron) p-type (ohm-cm)	0.005-50	1-300	5-50 and up
Resistivity gradient (four-point probe) (%)	5-10	20	< 1
Minority carrier lifetime (μs)	30-300	50-500	300-1000
Oxygen (ppma)	5-25	Not detected	Uniform and controlled
Carbon (ppma)	1-5	0.1-1	< 0.1
Dislocation (before processing) (per cm^2)	≤ 500	≤ 500	≤ 1
Diameter (mm)	Up to 200	Up to 100	Up to 300
Slice bow (μm)	≤ 25	≤ 25	< 5
Slice taper (μm)	≤ 15	≤ 15	< 5
Surface flatness (μm)	≤ 5	≤ 5	< 1
Heavy-metal impurities (ppba)	≤ 1	≤ 0.01	< 0.001

ppma, parts per million atoms; ppba, parts per billion atoms.

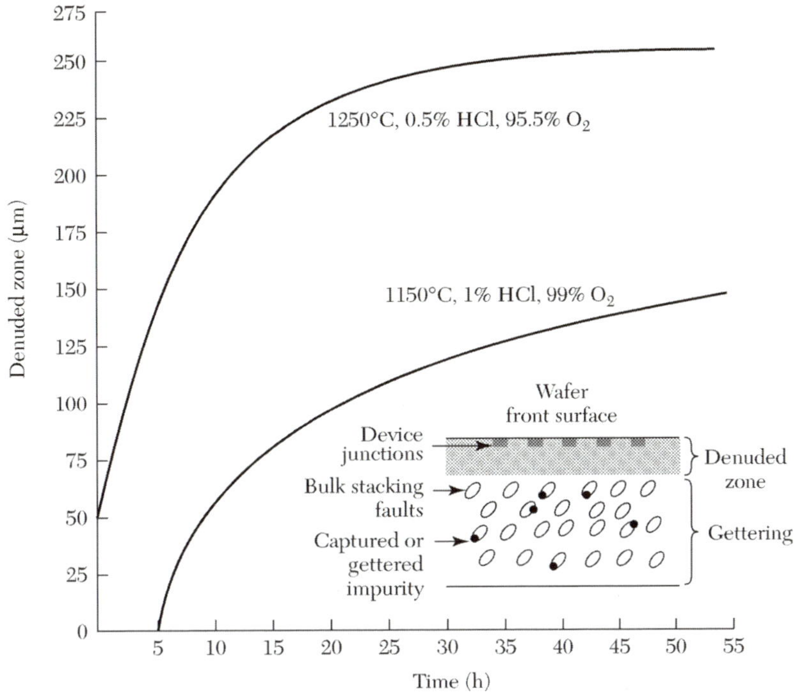

그림 2.19 공정 조건에 따른 무결점 지역 폭. 삽화는 웨이퍼 단면의 게터링 자리 및 무결점 지역의 개략도를 나타내고 있다.[1]

면으로부터 증발하게 된다. 즉, 표면 근처에서의 산소의 양을 줄일 수 있게 된다.

그림 2.19에서 볼 수 있는 것처럼, 이런 처리를 통해 소자 제조에 있어 중요한 **무결점**(denuded) 지역을 만들 수 있다.[1] 추가적인 열 주기는 웨이퍼 내부에 산소 석출물의 형성을 촉진하여 불순물을 잡는 데 이용할 수 있다. 무결점 지역의 깊이는 열 사이클 시간과 온도 및 실리콘 내에서 산소의 확산 계수에 영향을 받는다. 무결점 지역의 측정된 결과는 그림 2.19에 나타내었다.[1] 또한 이러한 열처리를 통해 실질적으로 전위가 없는 Czochralski 결정을 얻을 수 있다.

상업적인 용융–성장 갈륨 아세나이드는 도가니에 의해 심하게 오염된다. 하지만 광학적인 응용에서는 아주 많이 도핑된 물질을 요구한다(10^{17}~10^{18} cm^{-3}). IC 혹은 개별 MESFET에서는 도핑이 안 된 GaAs가 시작 물질(저항: 10^9 Ω-cm)로 사용될 수 있다. 산소는 GaAs 기판 내부에서 포획 전하를 형성하고, 비저항을 증가시키는 깊은 도너 준위(deep donor level)를 형성할 수 있기 때문에 원하지 않는 불순물이다. 이러한 산소 불순물은 용융–성장 공정에서 탄소계 도가니를 사용함으로써 최소화할 수 있다. Czochralski 법으로 성장시킨 갈륨 아세나이드 결정의 전위 양은 실리콘의 경우보다 대략 10^2 정도 높다. 반면, 브리즈만 법으로 성장시킨 결정은 전위 밀도가 Czochralski 법으로 성장시킨 갈륨 아세나이드 결정보다 10배 정도 낮다.

2.5 요약

실리콘과 갈륨 아세나이드 단결정을 성장시킬 수 있는 방법은 여러 가지가 있다. 실리콘 결정을 위해서는, 모래(SiO_2)가 다결정 실리콘을 만드는 데 사용되어 왔고, 이는 Czochralski 성장 장치에서 원료 물질로 사용된다. 원하는 방위의 씨앗 결정은 용탕으로부터 거대한 괴를 성장시키는 데 사용된다. 실리콘 단결정의 90% 이상이 이 방법에 의해 제조되고 있다. 결정을 성장시키는 동안, 결정 내의 도판트는 다시 분산될 것이다. 가장 중요한 요소는 편석 계수로서 이는 용탕 내에 존재하는 도판트의 양에 대한 고체 내 도판트 양의 비율이다. 대부분의 경우 계수는 1보다 작기 때문에, 용탕은 결정이 성장함에 따라 도판트가 점진적으로 많아진다.

실리콘 성장에 있어서 또 하나의 방법으로는 부유 대역 공정이 있다. 이 공정은 Czochralski 법으로 성장시킨 실리콘 결정보다 일반적으로 덜 오염된다. 부유 대역 결정은 주로 높은 저항을 갖는 물질을 필요로 하는 고전압 소자, 고출력 소자에 사용된다.

GaAs를 만들기 위해서는, 시작 물질로서 화학적으로 순수한 갈륨과 비소가 사용되는데, 이는 다결정 GW로 합성하기 위해서이다. 단결정 GaAs는 Czochralski 법으로 제조할 수 있는데, 성장 온도에서 GaAs의 분해를 막기 위해 액상 캡슐 보호제(encapsulant, 예로 B_2O_3)가 필요하다. 이 외에 용탕을 점진적으로 고상화하기 위해 2대역 노를 사용하는 브리즈만 공정이 있다.

결정을 성장시킨 후에는, 특정한 지름 두께와 표면 방위를 갖는 잘 연마된 최종 웨이퍼 성형 공정을 거치게 된다. 예를 들어, MOSFET 제조 라인을 위해서 200 mm 실리콘 웨이퍼는 지름 200 ± 1 mm, 두께 0.725 ± 0.01 mm, 표면 방위(100) ± 1°를 가져야 한다. 또한 200 mm보다 큰 웨이퍼가 미래의 IC를 위해 제조되고 있으며 그 사양이 표 2.3에 나열되어 있다.

실제의 결정들은 반도체의 여러 물성(기계적, 광학적, 전기적 물성)에 영향을 미치는 결함들을 갖는다. 이러한 결함에는 점 결함, 선 결함, 면 결함, 체적 결함이 있다. 이 장에서는 이러한 결함들을 최소화하는 방법에 대해서도 언급하였다. 더욱 요구되는 ULSI 응용을 위해서는 전위 밀도가 1 cm^{-2}(1 cm/cm^3)보다 작아야 한다. 다른 중요한 요구 사항은 표 2.4에 나열하였다.

참고 문헌

1. C. W. Pearce, "Crystal Growth and Wafer Preparation" and "Epitaxy," in S. M. Sze, Ed., VLSI *Technology*, McGraw-Hill, New York, 1983.
2. T. Abe, "Silicon Crystals for Giga-Bit Scale Integration," in T. S. Moss, Ed., *Handbook on Semiconductors*, Vol. 3, Elsevier Science B. V., Amsterdam/New York, 1994.
3. W. R. Runyan, *Silicon Semiconductor Technology*, McGraw-Hill, New York, 1965.
4. W. G. Pfann, *Zone Melting*, 2nd Ed., Wiley, New York, 1966.
5. E. W. Hass and M. S. Schnoller, "Phosphorus Doping of Silicon by Means of Neutron Irradiation," *IEEE Trans. Electron Devices*, **ED-23**, 803 (1976).

6. M. Hansen, *Constitution of Binary Alloys*, McGraw-Hill, New York, 1958.
7. S. K. Ghandhi, *VLSI Fabrication Principles*, Wiley, New York, 1983.
8. J. R. Arthur, "Vapor Pressures and Phase Equilibria in the GaAs System," *J. Phys. Chem. Solids*, 28, 2257 (1967).
9. B. EI-Kareh, *Fundamentals of Semiconductor Processing Technology*, Kluwer Academic, Boston, 1995.
10. C. A. Wert and R. M. Thomson, *Physics of Solids*, McGraw-Hill, New York, 1964.
11. F. A. Trumbore, "Solid Solubilities of Impurity Elements in Germanium and Silicon," *Bell Syst. Tech. J.*, **39**, 205 (1960); R. Hull, *Properties of Crystalline Silicon*, INSPEC, London, 1999.
12. Y. Matsushita, "Trend of Silicon Substrate Technologies for 0.25 μm Devices," *Proc. VLSI Technol. Workshop*, Honolulu (1996).
13. *The International Technology Roadmap for Semiconductors*, Semiconductor Industry Association, San Jose, CA, 2001.
14. W. F. Beadle, J. C. C. Tsai, and R. D. Plummer, Eds., *Quick Reference Manual for Engineers*, Wiley, New York, 1985.

연습 문제

2.1절: 액상 용탕으로부터의 실리콘 결정 성장

1. 초기 도핑 농도가 10^{17} cm^{-3}인 용탕으로부터 성장된 50 cm 길이의 실리콘 괴에서, 씨앗 결정으로부터 각각 10, 20, 30, 40, 45 cm 떨어진 위치의 비소(As)의 도핑 농도를 구하라.
2. 실리콘의 격자 상수는 5.43 Å이다. 강구체 모델을 적용하여 (a) 실리콘 원자의 반지름을 구하고 (b) 실리콘의 원자 밀도(atoms/cm^3)를 계산하라. 그리고 (c) 아보가드로 상수를 이용하여 실리콘의 밀도(g/cm^3)를 계산하라.
3. 10 kg의 순수한 실리콘을 사용하여 실리콘 괴를 성장시키고 있다. 이 괴의 절반이 성장되었을 때 붕소(B)가 도핑된 실리콘의 저항이 0.01 Ω-cm가 되기 위해서는 얼마만큼의 붕소를 첨가해야 하는가?
4. 두께 1 mm, 지름이 200 mm인 실리콘 웨이퍼에 5.41 mg의 붕소가 치환형으로 균일하게 분산되어 있다. (a) 붕소의 농도(atoms/cm^3)를 구하라. 그리고 (b) 붕소 원자 간 평균 거리를 구하라.
5. 전위가 발생되지 않는 결정 성장을 위하여 Czochralski 법에 사용되는 씨앗 결정은 대개 작은 지름(5.5 mm)으로 만들어진다. 실리콘의 임계 항복 강도가 2×10^6 g/cm^2라면 이 씨앗 결정으로부터 성장시킬 수 있는 지름 200 mm의 실리콘 괴의 최대 실이는 얼마인가?
6. Czochralski 법에서 k_0 값이 0.05일 때 C_s/C_0의 곡선을 도시하라.
7. Czochralski 법으로 성장된 붕소로 도핑된 괴가 있다. 왜 꼬리 부분의 붕소 농도가

씨앗 결정 부분의 붕소 농도보다 큰 값을 갖는지 이유를 설명 하라.

8. 웨이퍼에서 중앙부의 불순물 농도가 가장자리 의 불순물 농도보다 큰 이유를 설명하라.

▶ 2.2절: 실리콘 부유 대역 공정

9. 5×10^{16} cm^{-3}의 균일한 갈륨(Ga) 농도를 갖는 실리콘 괴를 정제하기 위하여 부유대역 정제법을 사용한다. 용융 영역의 길이를 2 cm로 해서 한 번의 공정이 이루어졌다. 얼마만큼 떨어진 곳까지 갈륨의 농도가 5×10^{15} cm^{-3} 이하가 되겠는가?

10. 식 (18)로부터 $k_e = 0.3$에서 각각 $x/L = 1$, 그리고 $x/L = 2$일 때 C_s/C_0의 값을 구하라.

11. p+-n abrupt-junction 다이오드가 그림 2.9에 나와 있는 실리콘을 이용하여 만들어진다면 일반적으로 도핑된 실리콘과 중성자 방사로 도핑된 실리콘에서의 항복 전압(breakdown voltage)은 몇 %나 달라질까?

▶ 2.3절: GaAs 결정 성장 기술

12. 그림 2.10에서 C_m이 20%라면 온도 T_b에서 남아 있는 액상의 비율은 얼마인가?

13. 그림 2.11에서 액체 GaAs이 항상 갈륨을 과잉으로 함유하는 이유를 설명하라.

▶ 2.4절: 재료 특성

14. 정공 n_s의 평형 밀도는 $N \exp(-E_s/kT)$로 주어지고, 여기서 N은 반도체 원자의 밀도이고 E_s는 형성 에너지이다. 27°C, 900°C와 1200°C에서 실리콘의 n_s를 계산하라. $E_s = 2.3$ eV로 가정하라.

15. Frenkel형 결함의 형성 에너지(E_f)는 1.1 eV라 가정하고 27°C와 900°C에서의 결함 밀도를 측정하라. Frenkel형 결함의 평형 밀도는 다음과 같이 주어진다.

$$n_f = \sqrt{NN'}e^{-E_f/2kT}$$

여기서 N은 실리콘의 원자 밀도(cm^{-3})이고 N'는 이용 가능한 침입형 자리의 밀도(cm^{-3})이고 $N' = 1 \times 10^{27} e^{-3.8(eV)/kT}$ cm^{-3}으로 표현된다.

16. 면적 400 mm^{2}의 칩들은 지름 300 mm의 웨이퍼 위에 얼마나 많이 놓일 수 있는가? 칩으로 덮이지 않은 웨이퍼의 주변과 칩 모양에 관한 당신의 가정을 설명하라.

실리콘 산화

Silicon Oxidation

수많은 종류의 박막은 열 산화물, 유전층, 다결정 실리콘, 금속막 등을 포함하는 개별 소자와 집적 회로를 제조하는 데 이용된다. 그림 3.1은 모두 4가지 종류의 박막을 사용하는 일반적인 실리콘 n 채널 MOSFET의 개략도를 보여 준다. 열 산화물에서 가장 중요한 박막은 게이트 산화물 층으로, 바로 아랫부분의 소스와 드레인 사이의 전도 채널을 형성할 수 있도록 한다. 이와 관련된 산화막은 필드 산화물로서 소자들 사이를 격리시키는 역할을 한다. 게이트와 필드 산화물 둘 다 일반적으로 가장 낮은 계면 트랩 밀도(interface trap density)를 가지는 양질의 산화물을 제공할 수 있기 때문에 열 산화 공정을 이용하여 성장시킨다.

이 장에서는 아래와 같은 주제를 다룬다.

- 실리콘 산화막(SiO_2)을 형성하기 위해 사용되는 열 산화 공정
- 산화 과정 중의 불순물 재분배
- SiO_2 막의 재료 특성과 두께 측정 방법

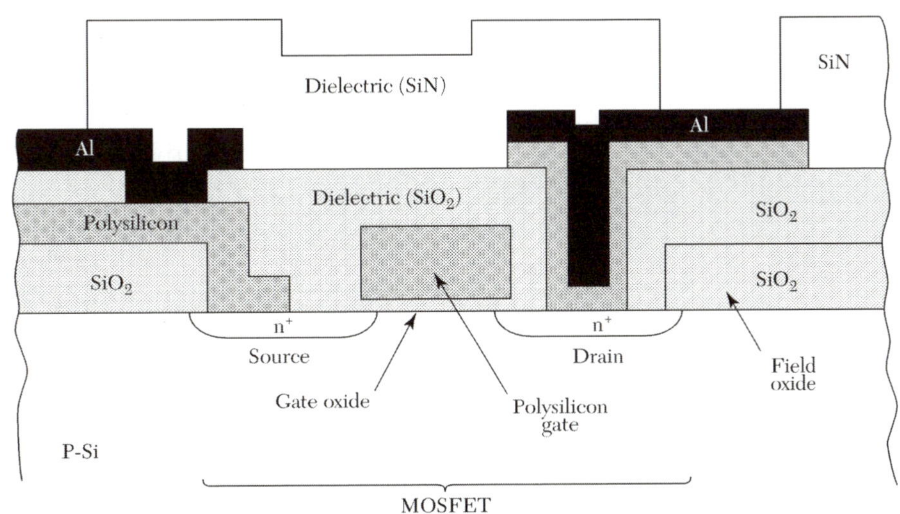

그림 3.1 금속 산화물 반도체 전계 효과 트랜지스터(MOSFET)의 단면도.

3.1 열산화 공정

반도체는 여러 방법에 의해 산화될 수 있다. 대표적으로 열 산화, 전기 화학적 양극 처리, 플라즈마 보강 화학 기상 증착(PECVD: plasma-enhanced chemical vapor deposition, 8장) 등이 있다. 이러한 방법 중에서 열 산화는 실리콘 소자에서 지금까지 가장 중요한 공정 방법이며 또한 실리콘 집적 회로 기술의 핵심 공정이다. 그러나 갈륨 아세나이드(gallium arsenide)에서는 열 산화가 일반적으로 불균일한 화학당량의 막을 형성하게 된다. 산화물은 낮은 전기적 절연 특성과 반도체 표면 보호 특성을 나타내기 때문에 산화물은 갈륨 아세나이드 기술에는 거의 사용되지 않는다. 결과적으로 이 장에서는 실리콘에 대한 열 산화 공정을 위주로 설명할 것이다.

기초적인 열 산화 장치는 그림 3.2에서 보여 준다.[1] 반응기는 저항 가열로와(석영 보트 안에 실리콘 웨이퍼를 수직으로 장착할 수 있는) 원통형 석영관 및 순수 건식 산소 혹은 순수 수증기의 공급원으로 구성된다. 노 관의 장입 끝 부분은 정화된 공기의 흐름이 유지되는 수직 후드의 안쪽으로 튀어나와 있다. 기체의 흐름은 그림 3.2와 같이 화살표 방향으로 향해 있다. 후드는 웨이퍼 주위의 공기에 있는 먼지나 입자를 줄여주고, 웨이퍼 장입 과정 중의 오염을 최소화한다. 산화 온도는 일반적으로 900°C에서 1200°C 범위이며, 일반적인 가스 유속은 1 L/min이다. 산화 시스템은 가스 순환 순서를 통제하고, 실리콘 웨이퍼의 자동 제거 및 삽입을 조절하며, 웨이퍼가 급격한 온도 변화를 겪지 않도록 낮은 온도에서 산화 온도까지 노 온도를 순차적으로 올리고, ±1°C 범위에서 산화 온도를 유지하고 산화가 완료되었을 때 온도를 내리도록 조절하는 마이크로프로세서를 사용한다.

3.1.1 성장운동

다음의 화학 반응식은 산소(건식 산화) 혹은 수증기(습식 산화)에서의 실리콘 열 산화를 나타낸다.

$$\text{Si (solid)} + \text{O}_2\text{ (gas)} \rightarrow \text{SiO}_2\text{ (solid)} \quad (1)$$

$$\text{Si (solid)} + 2\text{H}_2\text{O (gas)} \rightarrow \text{SiO}_2\text{ (solid)} + 2\text{H}_2\text{ (gas)} \quad (2)$$

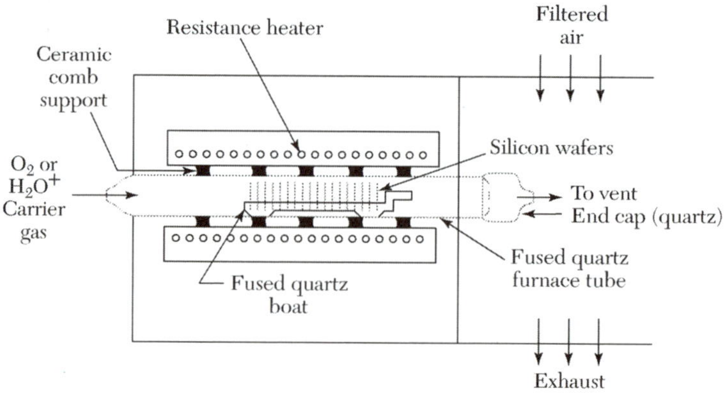

그림 3.2 저항 열 산화로의 도식적 단면도.

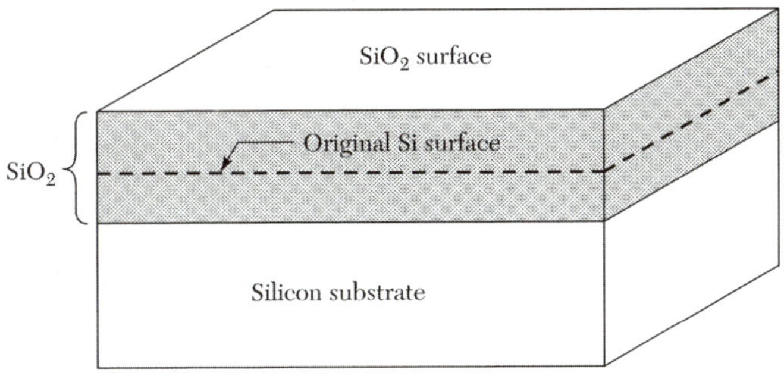

그림 3.3 열 산화에 의한 실리콘 산화막의 성장.

실리콘-실리콘 산화막 계면은 산화 공정 중에 실리콘 안쪽으로 이동한다. 이것은 원래 실리콘이 가지고 있는 표면 오염이 산화물 표면으로 이동되어 갓 생성된 계면 영역을 형성한다. 다음 예제에서는 두께 x인 산화물이 0.44 x두께의 실리콘 층을 소비하여 성장한다는 것을 보여 주기 위해 실리콘과 실리콘 산화막의 밀도와 분자량을 사용한다(그림 3.3).

예제 3.1

만약 x두께의 실리콘 산화막 층이 열 산화 공정에 의해 성장된다면, 소비되는 실리콘의 두께는 얼마인가? Si의 분자량은 28.9 g/mol이고, Si의 밀도는 2.33 g/cm^{3}이다. SiO_2의 분자량과 밀도는 각각 60.08 g/mol과 2.21 g/cm^{3}이다.

풀이

실리콘 1 mol의 부피는

$$\frac{\text{Molecular weight of Si}}{\text{Density of Si}} = \frac{28.9\ \text{g/mol}}{2.33\ \text{g/cm}^3} = 12.06\ \text{cm}^3/\text{mol}$$

실리콘 산화막 1 mol의 부피는

$$\frac{\text{Molecular weight of Si}}{\text{Density of Si}} = \frac{28.9\ \text{g/mol}}{2.33\ \text{g/cm}^3} = 12.06\ \text{cm}^3/\text{mol}$$

1 mol의 실리콘이 1 mol의 실리콘 산화막으로 전환된 것이기 때문에

$$\frac{\text{Thickness of Si} \times \text{area}}{\text{Thickness of SiO}_2 \times \text{area}} = \frac{\text{Volume of 1 mol of Si}}{\text{Volume of 1 mol of SiO}_2}$$

$$\frac{\text{Thickness of Si}}{\text{Thickness of SiO}_2} = \frac{12.06}{27.18} = 0.44$$

실리콘의 두께 = 0.44(SiO_2의 두께)이다. 예를 들어, 100 nm의 실리콘 산화막 층을 성장시키기 위해서는 44 nm의 실리콘 층이 소비된다.

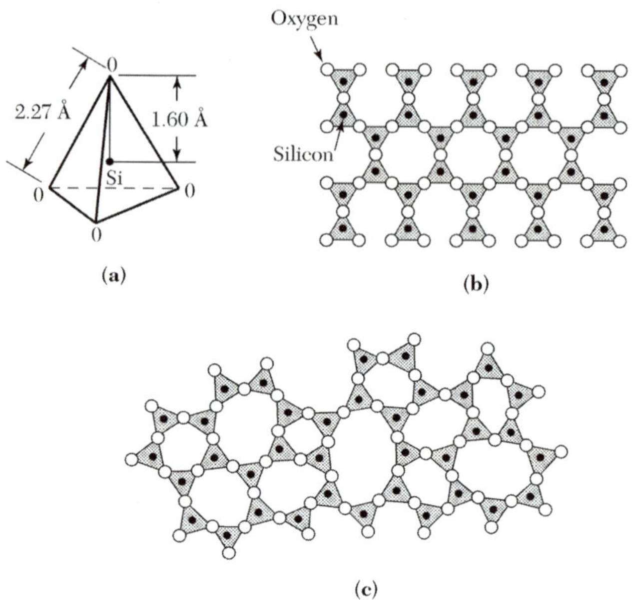

그림 3.4 (*a*) 실리콘 산화막의 기본 구조 단위. (*b*) 석영 결정 격자의 2차원 형상. (*c*) 비정질 실리콘 산화막의 2차원 형상.[1]

열적으로 성장된 실리콘 산화막의 기본 구조적 단위는 그림 3.4*a*와 같이 사면체에서 4개의 산소 원자에 둘러싸인 하나의 실리콘 원자이다.[1] 실리콘과 산소의 원자핵 간의 거리는 1.6 Å이고 산소와 산소의 원자핵 간의 거리는 2.27 Å이다. 이러한 사면체는 실리콘 산화막[**실리카**(silica)라고도 함]의 여러 가지 상 혹은 구조를 형성하기 위해 다양한 방법으로 산소 가교에 의해 각각 모서리에서 결합되어 있다. 실리카는 여러 가지 결정 구조(예, 석영)와 비정질 구조를 가지고 있다. 실리콘이 열적으로 산화될 때, 실리콘 산화막 구조는 비정질이다. 일반적으로 비정질 실리카는 결정질의 석영이 2.65 g/cm^{3}의 밀도를 지니는 데 비해 2.21 g/cm^{3}의 밀도를 가진다.

결정질과 비정질 구조의 근본적인 차이는 전자(결정질)는 많은 분자로 연장된 주기적인 구조인 데 비해, 후자(비정질)는 전혀 주기적인 구조를 가지지 않는다는 것이다. 그림 3.4*b*는 여섯 개 실리콘 원자의 고리로 구성된 석영 결정질 구조의 2차원 도식 모형도이다. 그림 3.4*c*는 비교를 위한 비정질 구조의 2차원 도식 모형도이다. 비정질 구조에서는 여섯 개의 실리콘 원자를 가지는 독특한 고리를 형성하려는 경향이 있다. 비정질 구조는 공간의 43%만이 실리콘 산화막 분자에 의해 점유되므로 상당히 열린 구조라는 것을 그림 3.4*c*에서 볼 수 있다. 실리콘 산화막의 상대적으로 열린 구조는 저밀도이며, 다양한 불순물(나트륨)이 들어갈 수 있고 쉽게 확산할 수 있다.

실리콘의 열 산화 현상은 그림 3.5에 소개된 간단한 모델에 기초하여 규명될 수 있다.[2] 실리콘이 산화종(산소 또는 수증기)과 접해 있으며, 이 산화종의 산소 농도는 C_0 molecules/cm^{3}로 표현된다. C_0의 크기는 산화 온도에서 종의 평형 벌크 농도와 같다. 평형 농도는 일반적으로 산화물 표면에 인접해 있는 산화제의 분압에 비례한다. 온도

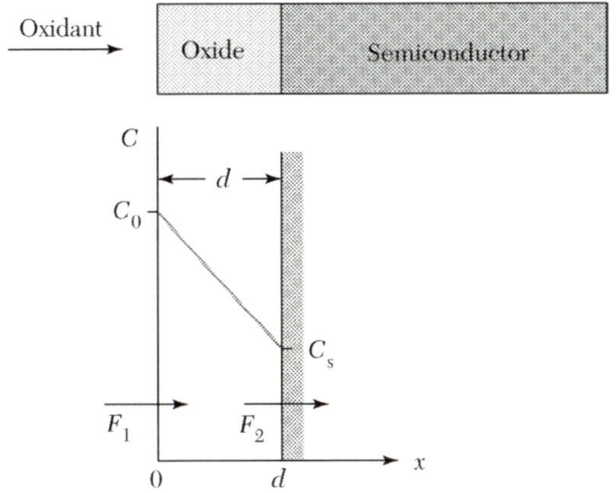

그림 3.5 실리콘 열 산화의 기본 모델.[2]

1000°C, 1 atm 압력하에서 농도 C_0는 건식 산소의 경우에는 5.2×10^{16} molecules/cm^{3}이고, 수증기의 경우에는 3×10^{19} molecules/cm^{3}이다.

산화 종은 실리콘 산화막 층을 통해서 확산해 들어가고 실리콘 표면에서 농도 C_s로 표현된다. 유속 F_1은 다음과 같이 쓸 수 있다.

$$F_1 = D\frac{dC}{dx} \cong \frac{D(C_0 - C_s)}{x} \tag{3}$$

D는 산화 종의 확산 계수이며, x는 이미 형성된 산화물 층의 두께이다.

실리콘의 표면에서 산화 종은 실리콘과 화학적으로 반응한다. 여기에서 반응 속도는 실리콘 표면의 종의 농도에 비례 한다고 가정하면, 유속 F_2는 다음과 같이 주어진다.

$$F_2 = \kappa C_s \tag{4}$$

κ는 산화를 위한 표면 반응 속도 상수이다. 정상 상태일 때, $F_1 = F_2 = F$이다. 식 (3)과 (4)를 결합하면 다음과 같이 주어진다.

$$F = \frac{DC_0}{x + (D/\kappa)} \tag{5}$$

실리콘과 산화 종의 반응은 실리콘 산화막을 형성한다. C_1을 산화물의 단위 부피당 산화 종의 분자 수라고 하자. 산화물 내에는 2.2×10^{22} molecules/cm^{3}의 실리콘 산화물 분자가 있다. 건식 산화에서는 각 실리콘 산화물 분자에 1개의 산소 분자(O_2)를 넣으며, 반면에 습식 산화에서는 각 실리콘 산화물 분자에 2개의 수증기 분자(H_2O)를 넣는다. 그러므로 건식 산화에서 아은 2.2×10^{22} cm^{-3}이며, 습식 산화에서는 그 두 배인 4.4×10^{22} cm^{-3}이다. 따라서 산화물 층 두께의 성장 속도는 다음과 같이 주어진다.

$$\frac{dx}{dt} = \frac{F}{C_1} = \frac{DC_0/C_1}{x + (D/\kappa)} \tag{6}$$

$x(0) = d_0$라는 초기 조건을 대입하여 이 미분식을 풀 수 있다. 여기에서 d_0는 초기 산화물의 두께이며, 또한 d_0 이전의 산화 과정에서 생성된 산화물 층의 두께로 생각할 수 있다. 식 (6)을 풀면 실리콘 산화 반응에 의한 일반적 관계식을 구하게 된다.

$$x^2 + \frac{2D}{\kappa}x = \frac{2DC_0}{C_1}(t+\tau) \tag{7}$$

$\tau \equiv (d_0^2 + 2Dd_0/\kappa)C_1/2DC_0$이고, 이것은 초기 산화물 층 두께 d_0를 설명하기 위한 시간 좌표계를 나타낸다.

산화 시간 t 후의 산화물 두께는 다음과 같이 주어진다.

$$x = \frac{D}{\kappa}\left[\sqrt{1 + \frac{2C_0\kappa^2(t+\tau)}{DC_1}} - 1\right] \tag{8}$$

t 값이 매우 작은 경우 식 (8)은 다음과 같이 정리된다.

$$x \cong \frac{C_0\kappa}{C_1}(t+\tau) \tag{9}$$

t 값이 매우 큰 경우에는 다음과 같이 정리된다.

$$x \cong \sqrt{\frac{2DC_0}{C_1}(t+\tau)} \tag{10}$$

표면 반응이 속도 제한 요소인 산화물 성장의 초기 단계에서, 산화물 두께는 시간과 선형적인 관계를 갖는다. 산화물 층이 더 두꺼워짐에 따라, 산화제는 실리콘-실리콘 산화막 계면 부분에서 반응하기 위해서는 산화물 층을 통해 확산해야 하며, 반응은 확산에 의해 제한된다. 따라서 산화물 성장은 산화 시간의 제곱근에 비례하게 된다. 이것에 의해 포물선 형태의 성장 속도를 나타내게 된다.

식 (7)은 종종 더 축약된 형태로 다음과 같이 쓴다.

$$x^2 = Ax = B(t+\tau) \tag{11}$$

여기에서 $A = 2D/\kappa$, $B = 2DC_0/C_1$이고 $B/A = \kappa C_0/C_1$이다. 이 형식을 이용하면, 식 (9)와 (10)은 다음과 같이 표현된다. 선형 영역에서는

$$x = \frac{B}{A}(t+\tau) \tag{12}$$

이 되고 포물선 영역에서는

$$x^2 = B(t+\tau) \tag{13}$$

이 된다. 이러한 이유로 용어 B/A는 **선형 성장률 상수**(linear rate constant)라 하고, B는 **포물선 성장률 상수**(parabolic rate constant)라 한다. 실험적으로 측정된 결과는 산화 조건의 넓은 범위에 걸쳐 이 모델의 예측과 일치한다. 습식 산화에서 초기 산화물

표 3.1 실리콘 습식 산화의 성장률 상수

Oxidation Temperature (°C)	A (μm)	Parabolic Rate Constant B (μm^2/h)	Linear Rate Constant B/A (μm/h)	τ (h)
1200	0.05	0.720	14.40	0
1100	0.11	0.510	4.64	0
1000	0.226	0.287	1.27	0
920	0.50	0.203	0.406	0

두께 d_0는 매우 작으며, $\tau \cong 0$이 된다. 그러나 건식 산화에서는 $t = 0$에서 d_0의 외삽된 값은 약 25 nm이다. 그래서 초기 실리콘의 건식 산화의 경우에 식 (11)을 사용하기 위하여 초기 두께를 사용하여 산출될 수 있는 τ 값을 요구한다. 표 3.1은 실리콘의 습식 산화를 위한 속도 상수의 값이며, 표 3.2는 건식 산화의 상수 값을 나타낸다.

건식과 습식 산화의 경우 및 (111)과 (100) 방향의 실리콘 웨이퍼의 경우 선형 성장률 상수 B/A의 온도 의존성을 그림 3.6에 나타내었다.[2] 선형 성장률 상수는 $\exp(-E_a/kT)$에 따라 변하며, 활성화 에너지 호는 건식과 습식 산화의 경우에 약 2 eV 정도이다. 이것은 1.83 eV/molecule인 실리콘–실리콘 결합을 끊는 데 필요한 에너지와 거의 일치한다. 주어진 산화 조건하에서 선형 성장률 상수는 결정 방향에 의존한다. 이것은 성장률 상수가 실리콘 내 산소 원자의 결합 속도와 관계되기 때문이다. 이 속도는 실리콘 원자의 표면 결합 구조에 의존하며, 따라서 방향에 영향을 받게 된다. (111) 면에서 가능한 결합의 밀도는 (100) 면보다 더 높기 때문에, (111) 실리콘의 경우 선형 성장률 상수가 더 크다.

그림 3.7은 $\exp(-E_a/kT)$로도 표현되는 포물선 성장률 상수 B의 온도 의존성을 보여 준다. 활성화 에너지 E_a는 건식 산화의 경우에는 1.24 eV이다. 용융 실리카에서 산소 확산을 위한 활성화 에너지는 1.18 eV이다. 습식 산화의 경우에 상응하는 값은 0.71 eV이며, 용융 실리카 내 물 확산의 활성화 에너지인 0.79 eV 값과 알맞게 비교된다. 포물선 성장률 상수는 결정 방향과는 무관하다. 이러한 비의존성은 산화 종이 비정질 실리카의 무질서한 네트워크 층을 통해 확산하기 때문이다.

표 3.2 실리콘 건식 산화의 성장률 상수

Oxidation Temperature (°C)	A (μm)	Parabolic Rate Constant B (μm^2/h)	Linear Rate Constant B/A (μm/h)	τ (h)
1200	0.040	0.045	1.12	0.027
1100	0.090	0.027	0.30	0.076
1000	0.165	0.0117	0.071	0.37
920	0.235	0.0049	0.0208	1.40
800	0.370	0.0011	0.0030	9.0
700	...	...	0.00026	81.0

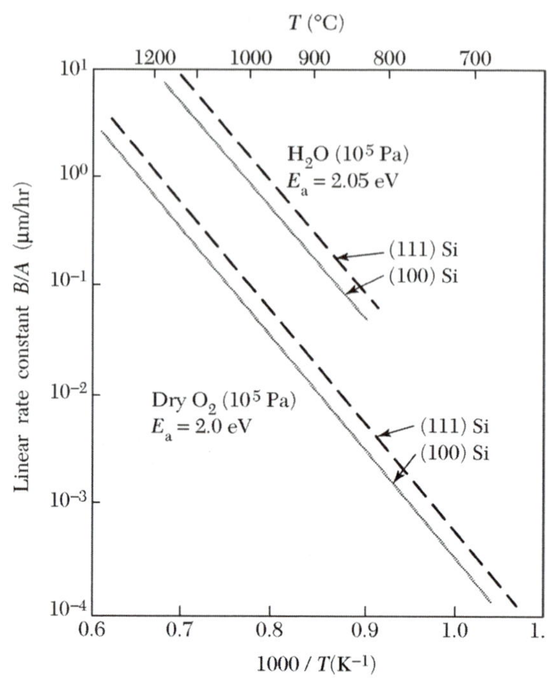

그림 3.6 온도와 선형 성장률 상수와의 관계.[2]

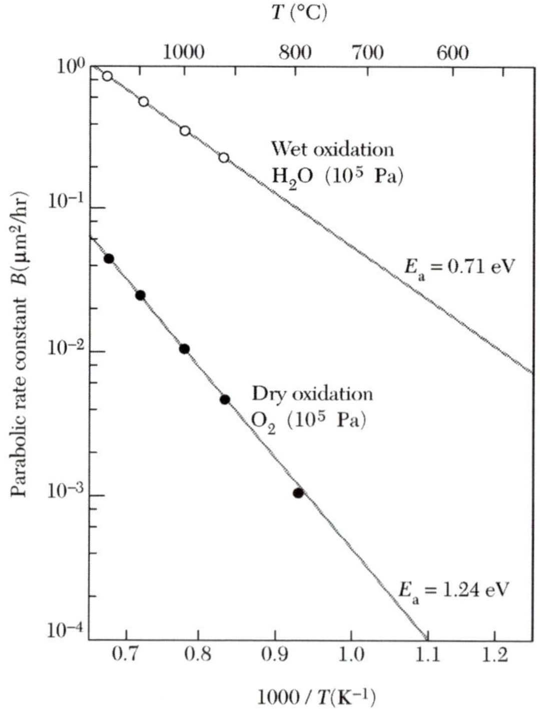

그림 3.7 온도 대 포물선 성장률 상수.[2]

비록 건식 산화에서 성장한 산화물은 매우 좋은 전기적 특성을 가지고 있지만, 수증기의 경우보다 건식 산소의 경우 동일 온도에서 같은 두께의 산화물을 형성하는 데 훨씬 더 많은 시간이 필요하다. MOSFET에서 게이트 산화물(일반적으로 ≤ 20 nm) 같은 상대적으로 얇은 산화물의 경우에는 건식 산화가 이용된다. 그러나 MOS 집적 회로의 필드 산화물(≥ 20 nm) 같은 두꺼운 산화물과 쌍극성 소자의 경우에는 수증기(혹은 증기)에서의 산화가 알맞은 격리와 보호막을 제공하도록 사용된다.

그림 3.8은 두 가지 기판 방향의 경우에 반응 시간과 온도에 따른 실리콘 산화막 두께의 실험적인 결과를 보여 준다.[3] 주어진 산화 조건하에서 (111) 기판에서 성장한 산화물 두께는 (111) 방향의 큰 선형 성장률 상수 때문에 (100) 기판에서 성장한 산화물 두께보다 더 두껍다. 주어진 온도와 시간에서 습식 산화를 사용하여 얻어진 산화물막이 건식 산화를 사용한 것보다 약 5~10배 정도 더 두껍다는 것을 주목해야 한다.

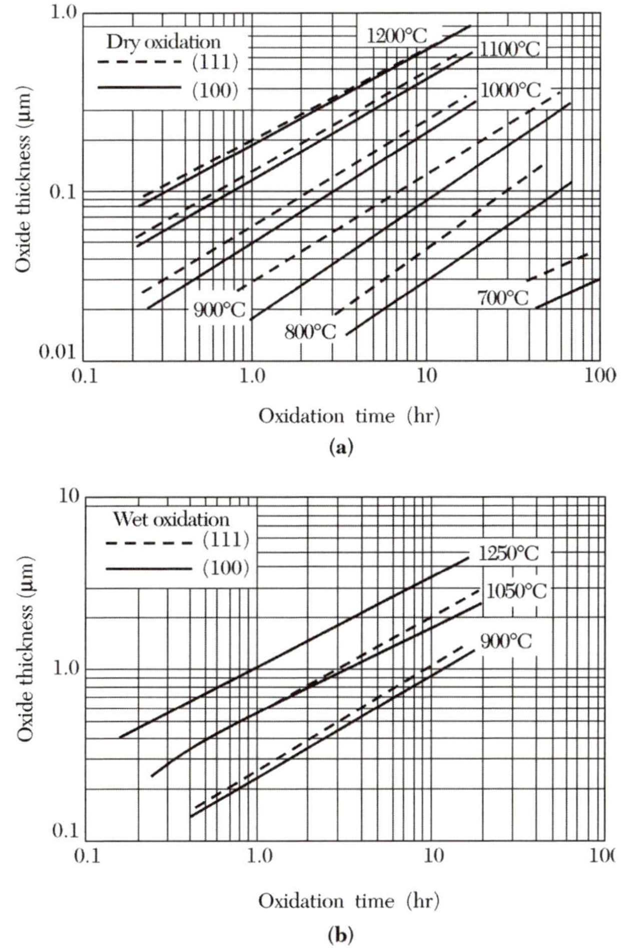

그림 3.8 두 가지 기판 방향의 경우에 반응 시간과 온도에 따른 실리콘 산화막 두께의 실험적 결과. (*a*) 건식 산소에서의 성장. (*b*) 증기에서의 성장.[3]

예제 3.2

실리콘 시편이 1200°C에서 1시간 동안 건식 O_2를 사용하여 산화되었다. (a) 성장된 산화물의 두께는 얼마인가? (b) 1200°C에서 습식 O_2의 경우 0.1 μm 더 두꺼운 산화물을 성장시키기 위해서는 추가적인 시간이 얼마나 필요한가?

풀이

(a) 표 3.2로부터 1200°C, 건식 O_2에서의 성장률 상수 값은

$$A = 0.04\ \mu\text{m} \qquad B = 0.045\ \mu\text{m}^2/\text{h}$$

그리고 τ = 0.027 h이다. 식 (11)에 이 변수들을 사용하면, x = 0.196 μm의 산화물 두께가 얻어진다. (b) 표 3.1로부터 1200°C, 습식 O_2에서의 성장률 상수 값은

$$A = 0.05\ \mu\text{m} \qquad B = 0.72\ \mu\text{m}^2/\text{h}$$

d_0 = 0.196 μm가 첫 단계에서 형성되었기 때문에, 다음과 같은 식을 얻을 수 있다.

$$\tau \equiv \left(d_0^2 + 2Dd_0/\kappa\right)C_1 / 2DC_0 = \frac{d_0^2 + Ad_0}{B} = 0.067\ \text{h}$$

최종적으로 원하는 두께는 $x = d_0 + 0.1\ \mu\text{m} = 0.296\ \mu\text{m}$이다. 식 (11)에 이 변수들을 사용하면, t = 0.76, h = 4.53 min의 추가적인 산화 시간을 얻는다.

3.1.2 얇은 산화물 성장

정확한 두께의 얇은 산화막을 재현성 있게 성장시키기 위해 상대적으로 느린 성장 속도가 사용되어야 한다. 느린 성장 속도를 이루기 위한 다양한 접근이 보고되고 있는데, 그 접근은 상압, 저온(800~900°C)에서 건식 O_2 분위기에서의 성장, 상압보다 낮은 압력에서의 성장, 산화 종을 포함한 가스와 함께 N_2 · Ar · He와 같은 묽은 불활성 가스를 사용한 낮은 O_2 분압에서의 성장, 열적으로 성장시킨 SiO_2 층과 화학 기상 증착법(CVD)으로 성장시킨 SiO_2 상부층으로 구성된 게이트 산화막을 가진 복합 산화막의 사용을 포함한다. 그러나 현재 주로 사용하는 방법은 상압과 저온(800~900°C)에서 10~15 nm 두께의 게이트 산화막을 성장시키는 것이다. 이 접근으로 현재의 수직 산화로를 사용한 공정은 재현성 있고 웨이퍼 내 0.1 nm 오차의 고품질 10 nm 산화물을 성장시킬 수 있다.

건식 산화의 경우에, 약 20 nm의 초기 두께 d_0의 산화물은 급속한 산화 속도로 만들어진다는 사실을 이미 강조하였다. 그러므로 3.1.1절에 나와 있는 단순한 모델은 두께가 20 nm 이하인 산화물의 건식 산화에는 유효하지 않다. 극초 대규모 집적(ULSI)을 위해서는 얇고(≈ 5~20 nm), 균일하고, 고품질의 재현성 있는 게이트 산화물을 성장시키는 능력이 매우 중요하다. 이 절은 이러한 얇은 산화물의 성장 메커니즘에 대해 간단히 살펴본다.

건식 산화에서 성장의 초기 단계에서는 산화막에 큰 압축 응력이 발생하여, 산화물 내 산소 확산 계수가 감소한다. 산화물이 두꺼워짐에 따라, 실리카의 점성적인 유동 때문에 응력은 줄어들게 되고, 확산 계수는 응력이 없을 때의 수치로 접근할 것이다. 그러므로 얇은 산화물에서는 D/κ 값이 충분히 작을지도 모르기 때문에 식 (11)에서 Ax 항을 무시할 수 있다. 따라서 다음과 같은 식이 얻어진다.

$$x^2 - d_0^{\,2} = Bt \tag{14}$$

여기서 d_0는 시간이 0으로 외삽될 때의 초기 산화물 두께인 $\sqrt{2DC_0\tau/C_1}$과 같고, B는 앞에서 정의된 포물선 성장률 상수이다. 그러므로 건식 산화의 초기 성장은 포물선 형태를 따를 것으로 예상할 수 있다.

3.2 산화 과정 중 불순물 재분포

실리콘 표면 근처의 도판트 불순물은 열 산화 과정 중 재분포될 것이다. 재분포는 여러 가지 요인에 영향을 받는다. 두 고상이 함께 생성될 때, 한 고상 내의 불순물은 두 고체 사이에서 평형 상태에 도달할 때까지 재분포될 것이다. 이것은 2장에서 논의되었던 액체 상태로부터의 결정 성장에서 다룬 불순물 재분포와 유사하다. 실리콘 산화물 내의 불순물에 대한 실리콘 내 불순물의 평형 농도 비는 **편석 계수**(segregation coefficient)라 부르며 다음 식으로 정의한다.

$$k = \frac{\text{Equilibrium concentration of impurity in silicon}}{\text{Equilibrium concentration of impurity in SiO}_2} \tag{15}$$

불순물 재분포에 영향을 미치는 두 번째 요인은 불순물이 실리콘 산화물을 통하여 빠르게 확산되어 주위의 기체 분위기로 나가는 것이다. 만약 실리콘 산화물 내의 산소 확산이 크다면, 이 요인이 중요해질 것이다. 재분포 과정에서 세 번째 요인은 산화물이 성장하는 과정에서 실리콘과 산화물 사이의 경계가 시간이 지남에 따라 실리콘 안쪽으로 전진한다는 점이다. 산화물을 통과하는 불순물의 확산 속도와 비교하여 이러한 경계 전진의 상대적인 속도는 재분포의 정도를 결정하는 데 중요하다. 불순물의 편석 계수가 1과 동일하다 할지라도, 실리콘 내에서 불순물의 재분포는 부분적으로나마 계속적으로 일어날 것이라는 사실을 주목해야 한다. 그림 3.3에 도시된 것과 같이, 산화막이 실리콘으로 바뀐다면 두께가 약 두 배가 될 것이다. 따라서 같은 양의 불순물은 더 큰 부피 내에서 분포되므로 실리콘 내에 불순물이 고갈되는 결과를 불러일으킨다.

네 가지 가능한 재분포 과정이 그림 3.9에 도시되어 있다.[4] 이 과정은 크게 두 그룹으로 분류될 수 있다. 한 그룹은 산화물이 불순물을 흡수하는 경우이고($k < 1$의 경우에 그림 3.9a와 b), 다른 하나는 산화물이 불순물을 내보내는 경우이다($k > 1$의 경우에 그림 3.9c와 d). 각각의 경우에 무엇이 일어날지는 불순물이 산화물을 통하여 얼마나 빨리 확산할 수 있는지에 달려 있다. 그룹 1의 경우에, 실리콘 표면은 불순물이 고갈된다. 예로 구가 대략 0.3인 붕소(B)를 들 수 있다. 실리콘 산화물을 통한 불순물의 빠른 확

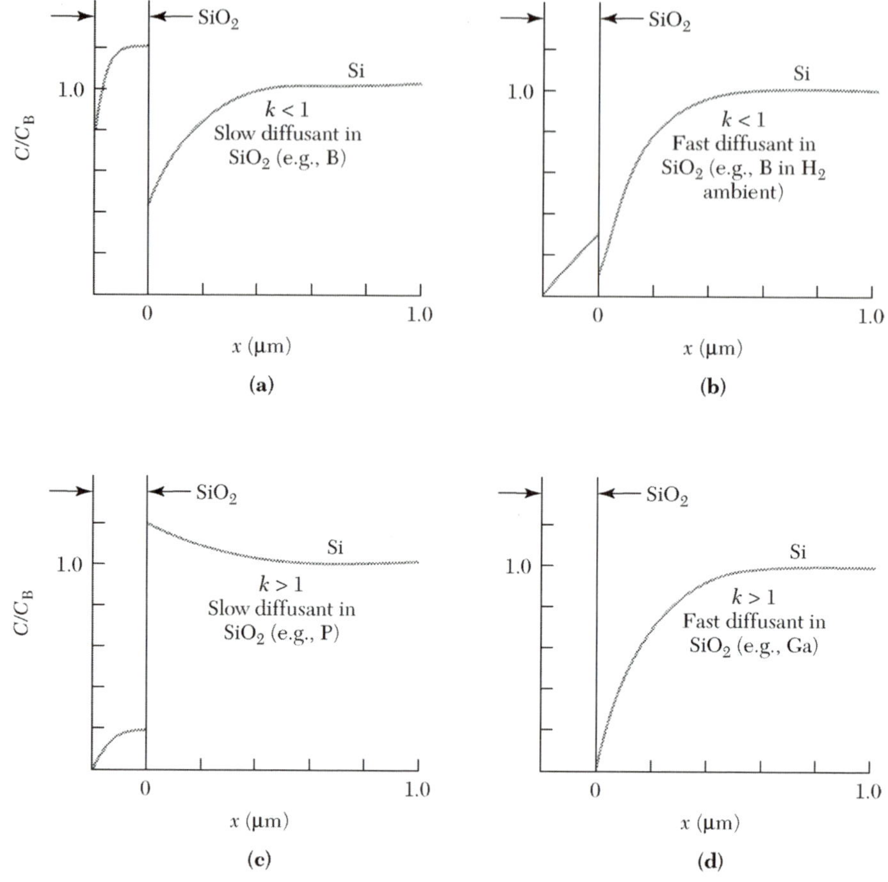

그림 3.9 열적 산화에 의한 실리콘 내 불순물 재분포의 네 가지 다른 경우.[4]

산은 고갈되는 양을 증가시킨다. 실리콘 산화물 안의 수소는 붕소의 확산 정도를 향상시키게 될 것이기 때문에 수소 분위기에서 가열된 붕소가 도핑된 실리콘을 예로 들 수 있다. k 값이 1보다 큰 그룹 2의 경우는, 산화물이 불순물을 배척하게 된다. 만약 실리콘 산화막 내에서의 불순물 확산 속도가 상대적으로 느리다면, 불순물은 실리콘 표면 근처에 쌓일 것이다. 이 경우의 예로는 k 값이 대략 10인 인(P)을 들 수 있다. 실리콘 산화막을 통한 확산 속도가 빠를 때, 많은 불순물은 고상에서 주위의 기상으로 빠져 나갈 수 있어 전반적으로 불순물의 양이 줄어드는 결과를 얻을 수 있다. 갈륨의 경우, 20이라는 k 값을 가지고 있어 이 예로 들 수 있다.

실리콘 산화막 내의 재분포된 도판트 불순물은 전기적으로 거동하지는 않으나, 실리콘 내의 재분포는 공정 기술과 소자의 성능에 중요한 영향을 미친다. 예를 들면, 불균일한 도판트 분포는 계면의 포획 특성에 대한 해석을 달라지게 하고, 표면 농도의 변화는 문턱 전압과 소자 접촉 저항을 변화시킬 것이다.

3.3 실리콘 산화막의 마스킹 특성

실리콘 산화막 층은 또한 높은 온도에서 도판트의 확산에 대해서 선택적인 마스크 작용을 해 줄 수 있다. 이것은 IC 제작에 있어 매우 유용한 특성이다. 이온 주입, 화학적 확산 혹은 spin-on 기술 등의 방법에 의한 도판트의 선증착(predeposition)은 전형적으로 산화물의 표면 혹은 근처에 도판트 공급원을 만들게 한다(6장 참조). 후속적인 고온의 후확산 단계 동안에, 산화물로 가려진 영역의 확산은 실리콘 내에서의 확산과 비교하여 충분히 느려 도판트가 산화물 마스크를 통하여 실리콘 표면으로 확산하는 것을 막아야 한다. 특정한 온도와 시간에서, 약하게 도핑된 실리콘 기판의 전도도 반전을 막기 위해 필요한 산화물 두께를 측정함으로써 요구되는 두께를 실험적으로 결정할 수 있다. 일반적인 불순물을 막기 위해 주로 사용되는 산화막은 0.5~1.0 μm의 두께를 가진다.

실리콘 산화물의 다양한 도판트의 확산 상수 값은 산화물의 농도, 특성, 구조에 영향을 받는다. 표 3.3은 다양한 도판트의 확산 상수를 나타낸 것이고, 그림 3.10은 붕소와 인을 막기 위해 요구되는 산화물 두께를 확산 시간과 온도의 함수로써 나타내었다. 실리콘 산화막은 인보다 붕소를 막는 데 훨씬 더 효과적이라는 것을 주목해야 한다. 그럼에도 불구하고 실리콘 산화물 내에 P, Sb, As와 B의 확산 계수는 실리콘 안에서의 값보다 훨씬 작아 모두 산화물 마스킹으로 사용될 수 있다. 그러나 Ga과 Al은 예외이다. 실리콘 질화막은 이러한 원소를 위한 대안의 마스킹 재료로서 사용된다.

3.4 산화물 품질

마스킹에 사용되는 산화물은 일반적으로 습식 산화로 성장시킨다. 전형적인 성장 사이클은 건식–습식–건식 산화의 연속적인 과정으로 이루어진다. 이러한 성장 과정의 대부분은 습식 분위기에서 일어나는데, 이는 물이 산화제로 사용될 때 SiO_2 성장률이 훨씬 더 높아지기 때문이다. 그러나 건식 산화는 더 치밀하고 높은 절연 파괴 전압(5~10 MV/cm)을 가지는 고품질의 산화물을 얻을 수 있다. MOS 소자에서 얇은 게이트 산화막이 주로 건식 산화법에 의해 형성되는 것은 이런 이유에서이다.

MOS 소자는 또한 산화막 안의 전하와 SiO_2–Si 계면 트랩(trap)에 영향을 받는다. 이러한 트랩과 전하의 기본적인 분류가 그림 3.11에 도식되어 있다. 계면에 포획된 전하, 고정된 산화물 전하, 산화물에 포획된 전하 및 움직이는 이온 전하로 나누어진다.[5]

표 3.3 실리콘 산화물 내의 확산 상수

Dopants	Diffusion Constants at 1100°C (cm2/s)
B	3.4×10^{-17} to 2.0×10^{-14}
Ga	5.3×10^{-11}
P	2.9×10^{-16} to 2.0×10^{-13}
As	1.2×10^{-16} to 3.5×10^{-15}
Sb	9.9×10^{-17}

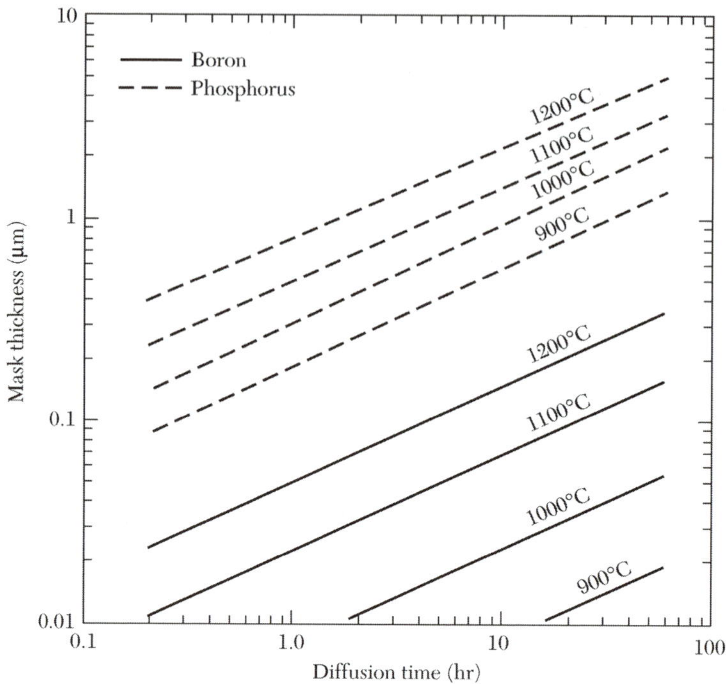

그림 3.10 붕소와 인의 확산을 막기 위해 필요한 확산 시간과 온도의 함수에 따른 실리콘 산화막의 두께.

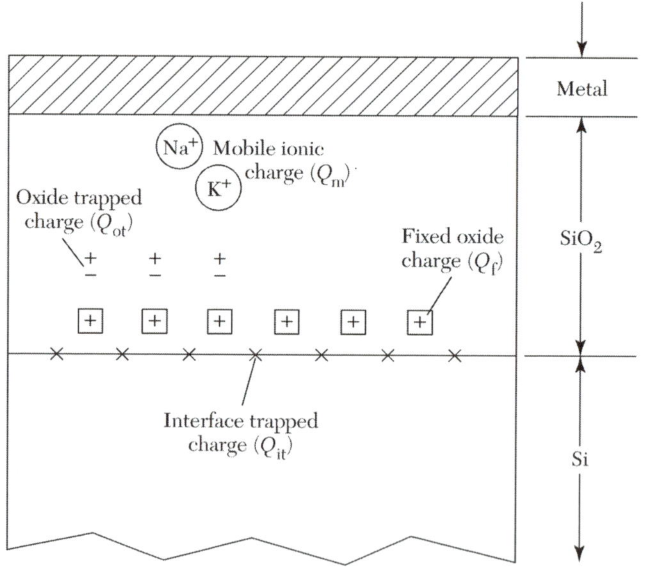

그림 3.11 열적으로 산화된 실리콘과 관련된 전하의 용어.[3]

계면에 포획된 전하(Q_{it})는 SiO_2–Si 계면 특성에 기인하고, 이러한 계면의 화학 조성에 영향을 받는다. 트랩은 SiO_2–Si 계면에 위치하며 실리콘 금지 대역 폭 내 에너지 상태에 처하게 된다. 이 계면 트랩 밀도, 즉 단위 면적과 단위 eV당 계면 트랩의 수는 결정 방향에 의존한다. <100> 결정 방향을 지닌 실리콘에서, 계면 트랩 밀도는 <111> 방향보다 약 1/10 정도 더 작다. 현재 실리콘 위에 실리콘 산화막 층을 열적으로 성장시켜 얻은 MOS 소자는 저온(450°C) 수소 열처리에 의해 비활성화된 다수의 계면 포획 전하를 가지고 있다(7장 참조). <100> 방향의 Q_{it} 값은 10^{10} cm^{-2}만큼 낮을 수 있고, 이 수치는 약 10^5 표면 원자당 한 개꼴로 계면 포획 전하가 생긴다는 것을 의미한다. <111> 방향의 실리콘에서 Q_{it}는 약 10^{11} cm^{-2}이다.

고정된 전하(Q_f)는 SiO_2–Si 계면의 약 3 nm 안에 위치한다. 이 전하는 고정되어 있어 충전이나 방전이 매우 어렵다. 일반적으로, Q_f는 플러스 전하이고 산화와 열처리 조건 및 실리콘 방위에 의존한다. 산화가 끝났을 때, 약간의 실리콘 이온은 계면 근처에 남게 된다고 알려져 있다. 이들 이온과 표면의 불완전한 실리콘 결합(Si–Si 혹은 Si–O 결합)은 양성 계면 전하로 될 수 있다. Q_f는 SiO_2–Si 계면에 위치한 전하 층으로 여겨질 수 있다. 주의 깊게 처리된 고정된 산화물 전하 밀도는 <100> 표면에서 약 10^{10} cm^{-2}이고 <111> 표면에서 5×10^{10} cm^{-2}이다. Q_{it}와 Q_f의 작은 값 때문에 실리콘 MOSFET에서는 <100> 방향을 선호한다.

산화물 포획 전하(Q_{ot})는 실리콘 산화막 안의 결함과 관계된다. 이 전하는 X선 방출이나 고에너지 전자 충돌로 인해 생성될 수 있다. 트랩은 산화막 내에 분포한다. 대부분의 공정에 연관된 Q_{ot}는 저온 열처리에 의해 제거될 수 있다.

나트륨이나 기타 알칼리 이온의 오염으로부터 생성되는 이동 이온 전하(Q_m)는 높은 온도(예, >100°C)와 높은 전기장 동작 조건 아래의 산화물 내에서 움직일 수 있다. 알칼리 금속 이온에 의한 오염은 높은 바이어스와 고온 조건에서 작동되는 반도체 소자 내에서 안정성 문제를 일으킬 수 있다. 이러한 조건하에서 이동 이온 전하가 산화막 내에서 앞뒤로 움직이면서 문턱 전압 변화를 일으킬 수 있다. 따라서, 소자 제작 시 이동 이온의 제거를 위해 심혈을 기울여야 한다. 예를 들면, 나트륨 오염의 영향은 산화 과정에 염소를 첨가함으로써 감소시킬 수 있다. 염소는 나트륨 이온을 움직이지 못하게 한다. 산화 가스 중 소량(6% 혹은 미만)의 무수 염산은 이러한 효과를 낼 수 있으나, 건식 산화중 염소가 존재하면 더 높은 성장률을 이끄는 선형과 포물선 성장률 상수를 증가시킨다.

3.5 산화물 두께 특성

아마도 산화막의 두께를 측정하는 가장 간단한 방법은 표 3.4에 나오는 기준색 도표와 웨이퍼의 색깔을 비교해 보는 방법일 것이다.[6] 산화물이 코팅된 웨이퍼의 표면에 수직으로 백색 빛을 비췄을 때, 빛은 산화물을 통과하고 아래 깔려 있는 실리콘 웨이퍼에서는 반사된다. 보강 간섭은 반사된 빛의 특정 파장을 증대시키고, 웨이퍼의 색은 그 파장에 일치한다. 예를 들면, 500 nm의 실리콘 산화막 층을 가진 웨이퍼는 청록색을 나타낼 것이다.

색 도표 비교는 측정자의 주관이 개입되는 측정법이므로 산화물 두께를 결정하는데 있어 가장 정확한 측정법은 아니다. 종단면 측정기와 엘립소메트리 같은 기술을 이

표 3.4 일광 형광 빛 하에서 수직으로 관찰되는 열적으로 성장된 SiO_2 막의 색 도표

Film Thickness (μm)	Color and Comments	Film Thickness (μm)	Color and Comments
0.05	Tan	0.68	"Bluish" (not blue but borderline between violet and blue green; appears more like a mixture between violet red and blue green and looks grayish)
0.07	Brown		
0.10	Dark violet to red violet		
0.12	Royal blue		
0.15	Light blue to metallic blue		
0.17	Metallic to very light yellow green	0.72	Blue green to green (quite broad)
		0.77	"Yellowish"
0.20	Light gold or yellow; slightly metallic	0.80	Orange (rather broad for orange)
		0.82	Salmon
0.22	Gold with slight yellow orange	0.85	Dull, light red violet
		0.86	Violet
0.25	Orange to melon	0.87	Blue violet
0.27	Red violet	0.89	Blue
0.30	Blue to violet blue	0.92	Blue green
0.31	Blue	0.95	Dull yellow green
0.32	Blue to blue green	0.97	Yellow to "yellowish"
0.34	Light green	0.99	Orange
0.35	Green to yellow green	1.00	Carnation pink
0.36	Yellow green	1.02	Violet red
0.37	Green yellow	1.05	Red violet
0.39	Yellow	1.06	Violet
0.41	Light orange	1.07	Blue violet
0.42	Carnation pink	1.10	Green
0.44	Violet red	1.11	Yellow green
0.46	Red violet	1.12	Green
0.47	Violet	1.18	Violet
0.48	Blue violet	1.19	Red violet
0.49	Blue	1.21	Violet red
0.50	Blue green	1.24	Carnation pink to salmon
0.52	Green (broad)	1.25	Orange
0.54	Yellow green	1.28	"Yellowish"
0.56	Green yellow	1.32	Sky blue to green blue
0.57	Yellow to "yellowish" (not yellow but is in the position where yellow is to be expected; at times appears to be light creamy gray or metallic)	1.40	Orange
		1.45	Violet
		1.46	Blue violet
		1.50	Blue
0.58	Light orange or yellow to pink	1.54	Dull yellow green
0.60	Carnation pink		
0.63	Violet red		

Source: Copyright 1964 by International Business Machines Corporation; reprinted with premission from Ref. 6.

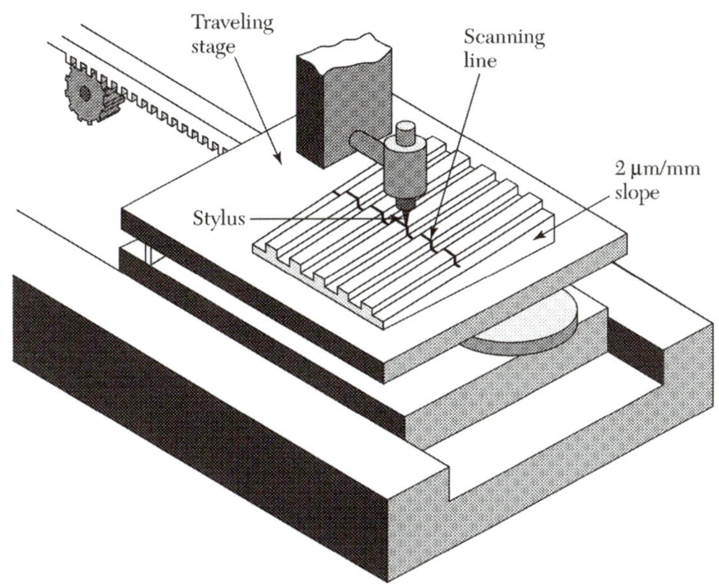

그림 3.12 표면 종단면 측정기의 개략도.[7]

용하면 더욱 정확하게 측정할 수 있다.

종단면 측정기(profilometiy)는 막 두께 측정의 가장 흔한 방법이다. 이 기술에서는 증착중 마스킹 작업을 하거나 후에 식각을 하여 증착된 막에 단차(step)를 만든다. 종단면 측정기는 미세한 바늘(stylus)로 막의 표면을 긋는다(그림 3.12).[7] 바늘이 단차와 만날 때, 신호 변화가 단차의 높이를 나타내게 된다. 이 정보는 도표 기록기나 CRT 화면에 나타난다. 단차가 100 nm 미만에서부터 5 μm 이상까지인 막의 두께는 이 장비로 측정할 수 있다.

엘립소메트리(ellipsometiy)는 빛이 매개체로부터 반사되거나 매개체를 투과할 때 발생하는 편광 변화에 기초하는 또 하나의 주된 측정 기술이다. 편광의 변화는 재료의 광학적 특성(즉, 복잡한 굴절 지수), 두께, 파장 및 빛의 입사각의 함수이다. 이러한 편광의 차이는 엘립소메트리로 측정되고, 산화막 두께가 계산된다.

3.6 산화 모의 실험

소형화 경향이 지속되고 IC의 집적도가 증가함에 따라 제조된 제품에 관한 1, 2, 3차원 구조 정보의 정확한 지식이 더욱더 중요해지고 있다. 그러나 구조에 대한 실제 실험과 특성 평가는 시간을 소비하고 비용이 많이 든다. 따라서 컴퓨터 모의 실험은 ULSI 제조 공정을 연구하는 데 있어 중요한 기구이다. 정교한 모의 실험 프로그램이 다양한 공정을 다루는 일반화된 미분식을 푸는 데 필요하다.

공정 모의 실험 소프트웨어로 가장 널리 사용된 예는 스탠퍼드 대학 공정 엔지니어링 모델링(SUPREM: Stanford University Process Engineering Modeling) 프로그램이다. SUPREM은 다차원적인 산화물 성장, Si–SiO_2 경계면의 이동 계산, 성장 중의 불순물 편석, 다른 물리적 현상 등을 정확하게 모의 실험할 수 있다. 게다가 SUPREM은 다음 장에서 논의될 다양한 증착, 확산, 에피택시얼 성장과 이온 주입 공정의 결과를 예측할 수 있다.

SUPREM은 3.1.1절에서 거론되었던 역학적 성장 모델에 기초하여 산화 모의 실험을 수행한다. 이 범용 프로그램은 염소 산화의 기본적인 모델뿐만 아니라 습식과 건식 산화에서의 선형과 포물선 성장률 상수를 묘사하기 위해 아레니우스(Arrhenius) 함수도 다룬다. 산화는 명령어 `DIFFUSION`을 사용하고, 각각 습식이나 건식 산화를 지칭하는 변수로 `WETO2`나 `DRYO2`를 포함하여 모의 실험된다.[8] SUPREM은 시간, 온도 분석표 등과 같은 공정 조건의 구체화를 요구한다. 얇은 산화물 영역의 경우, SUPREM은 다음 형태의 실험 모델을 사용한다.[9]

$$\frac{dx}{dt} = \frac{B}{2x + A} + Ce^{-x/L} \tag{16}$$

여기서 B와 A는 산화 성장률 계수이고 C와 L은 실험 상수이다.

SUPREM을 실행시키려면, 입력 덱(deck)이 있어야 한다. 이 파일은 연속적인 명령문과 코멘트를 포함한다. 주로 사용되는 몇 가지 명령문의 기술은 부록 I에 주어져 있다. 덱은 `TITLE` 명령문으로 시작하고, 다만 프로그램 출력의 각 페이지에 반복되는 코멘트이다. 다음 명령어 `INITIALIZE`는 기판 유형, 방위, 도핑 상태 등을 규정하는 제어 명령문이다. 이 명령어는 또한 모의 실험할 영역의 두께를 명기하고 격자(grid)를 정하는 데 사용될 수 있다. 기판과 재료가 정해진 다음, 일련의 명령문이 수행할 공정 단계의 순서를 명기하기 위해 사용된다. 마지막으로 모의 실험의 결과는 각각 `PRINT` 혹은 `PLOT` 명령문을 사용하여 출력할 수 있다. 모의 실험은 `STOP` 명령문으로 끝난다. 여러 가지 `COMMENT` 명령문이 일반적으로 덱에 나타난다. 사용자는 공정 과정의 문서화를 보다 더 쉽게 하기 위해 이러한 명령문을 사용하는 것이 좋다. 이러한 생각은 예제 3에서 설명한다.

▶ 예제 3.3

건식 O_2에서 5분, 습식 O_2에서 2시간, 마지막으로 건식 O_2에서 5분 동안 1100°C에서 <100> 실리콘 웨이퍼 위에 건식-습식-건식 산화 공정을 수행한다고 가정하자. 만약 실리콘 기판이 10^{16} cm^{-3}의 인으로 도핑되어 있다면, SUPREM을 이용하여 최종 산화 두께를 결정하고 산화물과 실리콘 층의 인의 도핑 결과를 나타내라.

▶ *풀이*

SUPREM 입력 목록은 다음과 같다.

```
TITLE          Oxidation Example
COMMENT        Initialize silicon substrate
INITIALIZE     <100> Silicon Phosphor Concentration=1e16
COMMENT        Ramp furnace up to 1100 C over 10 minutes in N2
DIFFUSION      Time=10 Temperature=900 Nitrogen T.rate=20
```

```
COMMENT      Oxidize the wafers for 5 minutes at 1100 C in dry O2
DIFFUSION    Time=5 Temperature=1100 DryO2
COMMENT      Oxidize the wafers for 120 minutes at 1100 C in wet O2
DIFFUSION    Time=120 Temperature=1100 WetO2
COMMENT      Oxidize the wafers for 5 minutes at 1000 C in dry O2
DIFFUSION    Time=5 Temperature=1100 DryO2
COMMENT      Ramp furnace down to 900 C over 10 minutes in N2
DIFFUSION    Time=10 Temperature=1100 Nitrogen T.rate=-20
PRINT        Layers Chemical Concentration Phosphor
PLOT         Active Net Cmin=1e14
STOP         End oxidation example
```

우리는 웨이퍼가 장입되었을 때 노는 900°C로 유지된다고 가정하여 공정의 시작에서는 1100°C까지 분당 20°C로 10분간 올려서 가열하고 반대로 온도를 900°C로 내릴 때는 분당 20°C로 온도를 10분간 내렸다.

온도를 내리거나 올릴 때는 모두 동일하게 질소 분위기에서 실시하였다.

산화가 완료된 후, 인 실리콘 기판의 깊이의 함수로 인 농도를 출력한다. 그림 3.13은 그 결과를 나타낸 것으로, 이것은 최종 산화물의 두께가 0.909 μm라는 것을 나타내고, 산화물 층에 인이 유입된 것을 보여준다.

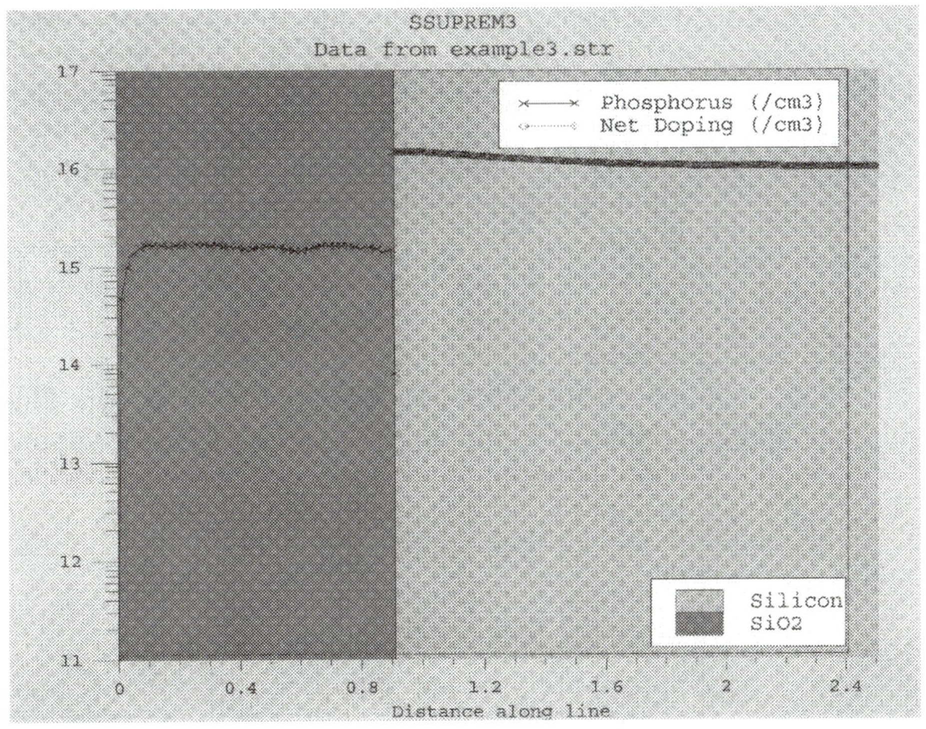

그림 3.13 SUPREM 소프트웨어를 사용하여 측정한 실리콘 기판의 깊이 방향에 따른 인 농도의 그래프.

3.7 요약

실리콘 산화막은 실리콘 웨이퍼 위에 열적으로 성장될 수 있는 고품질 절연체이다. 실리콘 산화막은 또한 불순물 확산이나 이온 주입 과정 동안 보호막으로서 작용할 수 있고, MOS 소자와 회로의 핵심이 되는 성분이다. 이 요소는 실리콘이 오늘날 가장 광범위하게 사용되는 반도체 재료가 될 수 있도록 하는 데 가장 중요한 역할을 하였다.

이 장은 실리콘의 열적 산화 메커니즘과 산화물 성장의 역학적 모델을 다룬다. 이 모델은 광범위한 공정 조건에서 산화물 성장 속도를 정확히 예측한다. 이 장에서는 또한 도판트 재분포와 산화물의 마스킹 특성을 논의하였다. 산화물 특성 측정법과 산화막 품질 또한 설명하였다. 마지막으로 SUPREM이라는 공정 모의 실험 소프트웨어가 소개되었다. 그러나 SUPREM의 사용은 산화에서뿐만 아니라 뒤의 장에서도 다시 다루게 될 것이다.

참고 문헌

1. E. H. Nicollian and J. R. Brews, *MOS Physics and Technology*, Wiley, New York, 1982.
2. B. E. Deal and A. S. Grove, "General Relationship for the Thermal Oxidation of Silicon," *J. Appl. Phys.*, **36**, 3770 (1965).
3. J. D. Meindl, et al., "Silicon Epitaxy and Oxidation," in F. Van de Wide, W. L. Engl, and P. O. Jespers, Eds., *Process and Device Modeling for Integrated Circuit Design*, Noorhoff, Leyden, 1977.
4. A. S. Grove, *Physics and Technology of Semiconductor Devices*, Wiley, New York, 1967.
5. B. E. Deal, "Standardized Terminology for Oxide Charge Associated with Thermally Oxidized Silicon," *IEEE Trans. Electron Devices*, **ED-27**, 606 (1980).
6. W. Pliskin and E. Conrad, "Nondestructive Determination of Thickness and Refractive Index of Transparent Films," *IBM J. Res. Develop.*, **8**, 43-51 (1964).
7. S. Wolf and R. Tauber, *Silicon Processing for the VLSI Era*, Lattice Press, Sunset Beach, CA, 2000.
8. *SSUPREM3 Users Manual*, Silvaco International, Santa Clara, CA, 1995.
9. H. Massoud, C. Ho, and J. Plummer, in J. Plummer, Ed., *Computer Aided Design of Integrated Circuit Fabrication Processes for VLSI Devices*, Stanford University Technical Report, Stanford, CA, 1982.

연습 문제

어려운 문제에는 별표를 하였다.

1. 비저항이 10 Ω-cm인 p형 <100> 방향의 실리콘 웨이퍼가 1050°C에서 0.45 μm의 필드 산화물을 성장시키기 위해 습식 산화 시스템에 놓여 있다. 산화물을 성장시키기 위해 요구되는 시간을 결정하라.

*2. 문제 1에서 주어진 대로 첫 번째 산화 후에, 1000°C에서 20분 동안 게이트 산화물

을 성장시키기 위해 창을 통하여 건식 산화가 이루어졌다. 게이트 산화물과 총 필드 산화물의 두께를 구하라.

3. 식 (11)은 긴 시간의 경우에는 $x^2 = Bt$, 짧은 시간의 경우에는 $x = B/A(t + \tau)$로 축약됨을 보이라.

4. <100> 방향의 실리콘 시편을 980°C, 1 atm에서 건식 산화할 경우에 확산 계수 D를 결정하라.

5. **편석 계수**를 정의하라.

6. SiO_2 층의 Cu 농도가 기상 증착 후에 원자 흡수 분광기에 의해 5×10^{13} atoms/cm^{3}으로 측정되었다고 가정하자. SiO_2 층의 Cu 농도는 HF/H_2O_2 용해 후에 3×10^{11} atoms/cm^{3}이다. SiO_2/Si 층의 Cu의 편석 계수를 계산하라.

°7. 도핑되지 않은 <100> 실리콘 시편이 건식 O_2에서 1100°C에서 1시간 동안 산화되었다. 그런 후 웨이퍼 면적의 절반에 걸쳐 산화물이 제거되었다. 다음에 30분 동안 1000°C에서 습식 O_2에서 다시 산화되었다. SUPREM을 사용하여 두 지역에서의 두께를 결정하라. 표면에서의 단차와 기판에서의 단차는 얼마나 되는가?

광 노광 공정

Photolithography

광 노광(photolithography)은 반도체 웨이퍼 표면을 덮고 있는 [**감광제**(photoresist)라 부르는] 얇은 감광성 물질에 마스크 상의 기하학적인 형태의 패턴을 전사하는 공정이다.[1] 이러한 패턴들은 집적 회로에서 이온 주입(implantation) 영역과 접촉 영역, 그리고 결합 영역과 같은 다양한 지역을 정의한다. 광 노광 공정에 의해 정의되는 감광제의 패턴들은 최종 장치에서의 영구적인 요소가 아니라, 단지 회로 특성을 위한 반복 요소일 뿐이다. 회로 특성을 제작하기 위해서는 이러한 감광제의 패턴들은 소자를 형성하기 위하여, 꼭 필요한 여러 층들에 한번 이상 전사되어야만 한다. 패턴의 전사는 한 층에서 보호되지 않은 영역들을 선택적으로 제거하는 식각 공정과 관계된다(5장 참조).[2] 패턴 전사에 대해서는 1.4.2절에서 간단하게 설명한다. 이 장에서는 다음과 같은 주제를 다룬다.

- 노광(lithography)을 위한 청정실(clean room)의 중요성
- 가장 광범위하게 사용되는 노광 방법인 광학적 노광 공정과 그것의 해상도 향상 기술
- 여러 가지 노광 방법들의 장점과 한계

4.1 광학적 노광

집적 회로(IC)를 제작하기 위한 노광 장비들 중에서 대다수는 자외선 광(파장 $\lambda \cong 0.2\sim0.4\ \mu m$)을 이용한 광학적인 장비이다. 이 절에서는 광학적 노광(optical lithography)에 사용되는 노광 도구와, 마스크, 감광제, 그리고 해상도 향상 기술에 대하여 알아본다. 여러 가지 노광 시스템의 기초가 되는 패턴 전사 공정에 대해서도 알아본다. 모든 노광 공정은 매우 청결한 환경에서 수행되어야 하기 때문에, 먼저 청정실에 대해 간략히 논의한다.

4.1.1 청정실

집적 회로 제작 시설은 깨끗한 공정실을 요구하며, 광 노광에 사용되는 지역은 특히 그러하다. 공기중의 먼지 입자들은 반도체 웨이퍼 표면이나, 노광용 마스크에 증착될 수 있고, 소자에서 회로를 불량하게 만들 수 있는 결함을 발생시킬 수 있기 때문에 이러한

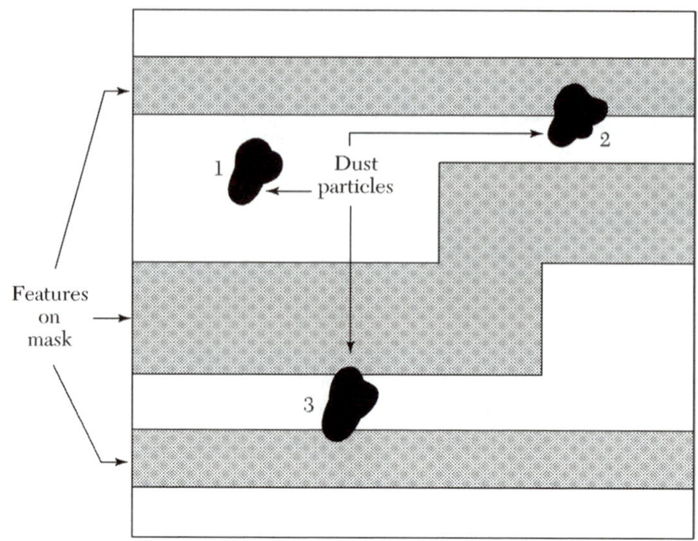

그림 4.1 포토마스크 패턴에서 먼지 입자가 간섭할 수 있는 다양한 방법들.[3]

청정실이 필요하다. 예를 들면, 반도체 표면의 먼지 입자는 에피택시얼 막의 단결정 성장을 파괴할 수 있고, 전위(dislocation) 형성의 원인이 될 수 있다. 게이트 산화막 속에 포함된 먼지 입자들은 절연성을 떨어뜨려 낮은 항복(breakdown) 전압으로 인한 소자의 불량을 초래할 수 있다. 그런 경우 노광 지역에서는 더욱 치명적이다. 먼지 입자가 포토마스크 표면에 붙어 있을 때, 그것들은 마스크에서 불투명한 패턴으로 작용하고, 이러한 패턴들은 마스크 위의 회로 패턴을 따라 아래에 있는 층에 전사된다. 그림 4.1은 포토마스크 위에 있는 세 개의 먼지 입자를 보여 준다.[3] 입자 1은 아래에 있는 층에 바늘 구멍을 형성시킬 수 있다. 입자 2는 패턴 가장자리 근처에 위치해서 금속에서 전류 흐름을 감소시 킬 수 있다. 입자 3은 두 전도 지역 사이를 단락시킬 수 있고, 회로를 쓸모없게 할 수도 있다.

청정실에서 단위 부피당 먼지 입자의 총수는 철저히 관리되어야만 하고, 이와 더불어 온도와 습도 역시 관리되어야 한다. 그림 4.2는 다양한 클래스(class)의 청정실에서 입자 크기 분포 곡선을 보여 준다. 두 시스템은 청정실의 클래스를 정의한다.[4] 영국단위계(English system)에서 그 클래스의 수치적인 지정은 공기 입방 피트에 대해서 0.5 μm나 그 이상의 크기를 가진 입자가 최대한 허용될 수 있는 수로부터 온 것이다. 미터계(metric system)에서 클래스는 입방 미터에 대해서 0.5 μm나 그 이상의 크기를 가진 입자가 최대한 허용될 수 있는 수의 밑을 10으로 한 로그 값으로부터 온 것이다. 예를 들면, 클래스 100의 청정실(영국단위계)은 0.5 μm나 그 이상의 입자 지름을 가진 먼지 수가 100입자/ft^{3}이고, 클래스 M 3.5의 청정실(미터계)은 0.5 μm나 그 이상의 입자 지름을 가진 먼지 수가 $10^{3.5}$ 또는 약 3500입자/m^{3}이다. 100입자/ft^3 = 3500입자/m^{3}이기 때문에 영국단위계에서의 클래스 100은 미터계에서의 클래스 M 3.5와 일치한다.

입자 크기가 감소함에 따라 먼지 입자의 수는 증가하기 때문에 집적 회로의 최소 특정 길이(feature length)가 초미세 영역으로 감소함에 따라, 청정실 환경의 더 엄격한 관리가 요구된다. 대부분의 집적 회로 제조 영역에서는 클래스 100의 청정실을 요구한

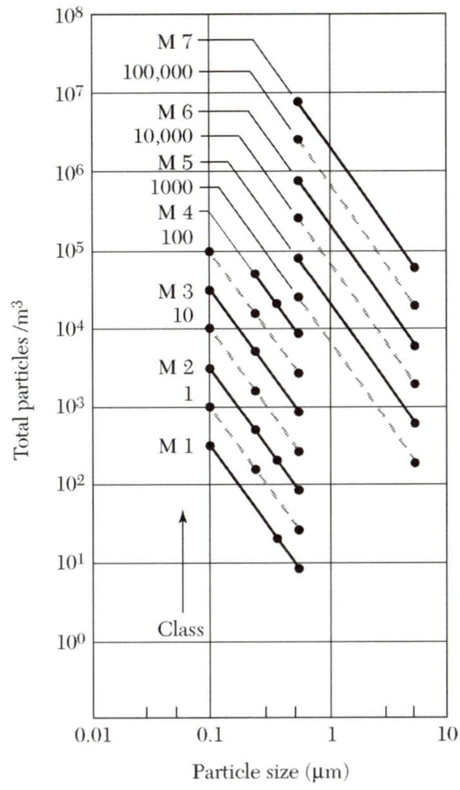

그림 4.2 청정실의 영국단위계(---), 미터계(—) 클래스에서의 입자 크기 분포 곡선.[4]

다. 즉, 일반적인 대기중에서의 그것보다 크기가 4차수(order) 더 낮아야만 한다. 그러나 노광 영역에서는 클래스 10의 청정실이나 먼지 수가 더 작은 청정실이 요구된다.

예제 4.1

만약 200 mm 웨이퍼를 30 m/min의 편류(laminar-flow) 조건 아래의 대기 흐름에서 1분 동안 노광시켰다면, 클래스 10의 청정실에서 웨이퍼에는 얼마나 많은 먼지 입자들이 놓여 있을까?

풀이

클래스 10의 청정실에서 입방 미터당 (0.5 μm나 그 이상 되는) 350개의 입자들이 있다. 1분 안에 웨이퍼에 도달하는 공기 부피는

$$(30\ \text{m}/\text{min}) \times \pi\left(\frac{0.2\ \text{m}}{2}\right)^2 \times 1\ \text{minute} = 0.942\ \text{m}^3$$

이다. 공기 부피에 포함된 (0.5 μm나 그 이상 되는) 먼지 입자의 수는 350 × 0.942 = 330개이다.

그러므로 만약 웨이퍼 위에 400개의 집적 회로 칩이 있다면, 입자 수는 칩 각각의 82%에서 하나가 되어야 한다. 따라서 입자들의 일부분만이 웨이퍼 표면에 붙어 있는

경우에 이러한 것들 중에서도 단지 일부분만이 불량을 가져올 수 있는 충분히 치명적인 회로 위치에 있다. 그러므로 그러한 추측은 청정실의 중요성을 나타낸다.

4.1.2 노광도구

패턴을 전사하는 공정은 노광 도구(exposure tool)를 사용하는 것으로 완료된다. 이러한 노광 도구의 움직임은 세 개의 파라미터에 의해 결정된다: 해상도, 정합, 그리고 처리량. **해상도**(resolution)는 반도체 웨이퍼 위의 감광막에 높은 적합성을 전사할 수 있는 최소 특성 치수이다. **정합**(registration)은 웨이퍼에서 이전에 정의된 패턴에 대하여 정렬되거나 겹쳐질 수 있는 연속된 마스크의 패턴이 얼마나 정확한가에 대한 척도이다. **처리량**(throughput)은 주어진 마스크 레벨에서 한 시간당 노광될 수 있는 웨이퍼의 수이다.

기본적으로 광 노광 방법에는 영상 인쇄(shadow printing)와 투영 인쇄(projection printing)의 두 가지 방법이 있다.[5,6] 영상 인쇄는 마스크와 웨이퍼를 직접적으로 다른 하나와 접촉[**접촉 인쇄**(contact printing)] 시키거나, 아주 근접[**근접 인쇄**(proximity printing)]하게 하는 것이다. 그림 4.3*a*는 접촉 인쇄를 위한 기본적인 구성을 보여 주는데, 이 그림에서 감광제가 코팅된 웨이퍼는 마스크와 물리적으로 접촉하고 있는 것으로부터 온 것이고, 감광막은 설정된 시간 동안 마스크의 뒷면을 통과한, 거의 평행에 가까운 자외선(ultraviolet) 광에 의해 노광된 것이다. 감광막과 마스크 사이의 밀접한 접촉은 약 해상도를 가진다. 그러나 접촉 인쇄는 먼지 입자들에 의해 발생되는 중대한 결함을 가지고 있다. 먼지 입자 혹은 웨이퍼의 실리콘 입자들이 마스크에 접촉할 때, 마스크 속으로 침투될 수 있다. 침투된 입자는 마스크에 영구적 손상을 유발하거나, 각각의 연속되는 노광 공정에서 웨이퍼에 결함을 발생시킬 수 있다.

마스크 손상을 최소화하기 위해서 근접 노광(proximity exposure)법이 사용된다. 그림 4.3*b*는 기본적인 구성을 보여 준다. 그것은 노광하는 동안 웨이퍼와 마스크 사이

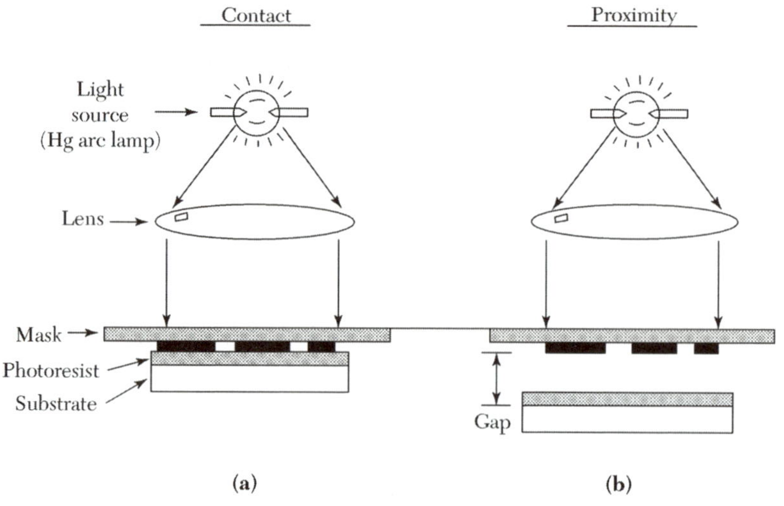

그림 4.3 광 영상 인쇄 기술의 구조.[1] (*a*) 접촉 인쇄. (*b*) 근접 인쇄.

에 작은 틈(10~50 μm)이 있다는 것을 제외하면 접촉 인쇄법과 유사하다. 작은 틈은 마스크의 특정(feature) 모서리에서 광 회절을 유발한다. 즉, 광이 불투명한 마스크 형상의 모서리를 지나갈 때, 줄무늬(fringe)가 형성되고, 일부 광은 그림자 영역으로 침투한다. 결과적으로 해상도는 2~5 μm 범위로 감소한다.

영상 인쇄에서 최소 선폭[또는 임계 치수(CD: critical dimension)]은 대략적으로 다음과 같다.

$$CD \cong \sqrt{\lambda g} \quad (1)$$

여기서 λ는 노광에 의해 방사되는 파장이고, g는 마스크와 웨이퍼 사이의 틈으로 감광제의 두께를 포함한다. λ = 0.4 μm이고, g = 50 μm이면 CD는 4.5 μm이다. 만약 λ가 0.25 μm(0.2~0.3 μm의 파장 범위는 극 자외선 스펙트럼 영역이다), g는 15 μm로 감소하면, CD는 2 μm가 된다. 그러므로 λ와 g, 양쪽 모두가 감소할 때 장점을 가진다. 그러나 주어진 거리 g에서, 거리 g보다 더 큰 지름을 가진 어떤 잠재적인 먼지 입자는 마스크 손상을 유발할 수 있다.

영상 인쇄에 관련된 마스크 손상 문제를 없애기 위한 투영 인쇄 노광 방법은 마스크로부터 수 센티미터 떨어진, 감광막이 입혀진 웨이퍼 위에 마스크 패턴의 이미지를 투영하기 위해 개발된 것이다. 해상도를 증가시키기 위해서는 마스크의 오직 작은 영역만을 한 번에 노광한다. 작은 이미지 영역은 전체 웨이퍼 표면을 처리하기 위해 웨이퍼 상에 스캐닝(scanning)되거나 스테핑(stepping)된다. 그림 4.4*a*는 1:1 웨이퍼 스캔

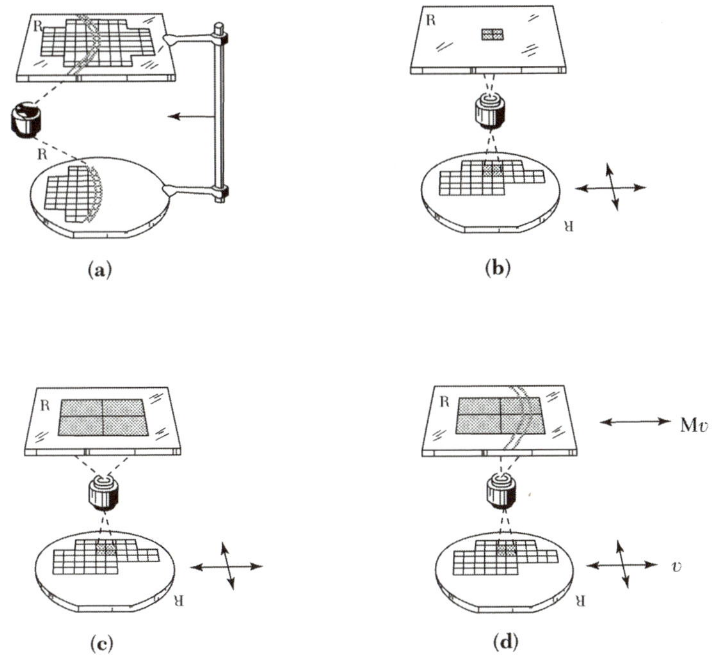

그림 4.4 투영 인쇄에서의 이미지 분리 기술(partitioning technique). (*a*) 모든 면의 웨이퍼 스캔. (*b*) 1:1 스텝과 반복. (*c*) M:1 감소 스텝과 반복. (*d*) M:1 감소 스텝과 스캔.[6,7]

(scan) 투영 시스템을 보여 준다.[6,7] 이 너비가 약 1 mm인 좁은 아치형의 이미지 면은 마스크의 틈 이미지(slit image)를 웨이퍼 위로 연속적으로 전사한다. 웨이퍼 위의 이미지 크기는 마스크 위의 것과 같다.

마스크가 고정되어 있는 동안, 작은 이미지 면은 또한 웨이퍼만이 2차원으로 평행 이동하는 것에 의해 웨이퍼 표면에 스테핑될 수 있다. 하나의 칩 위치에 대한 노광이 끝난 후에 웨이퍼는 다음 칩 위치로 이동하고, 그 공정이 반복된다. 그림 4.4*b*와 그림 4.4*c*는 각각 1:1의 비율 또는 *M*:1(예를 들면 웨이퍼에서 10배로 축소하는 10:1)로 축소하는 **스텝과 반복 투영**(step-and-repeat projection)을 보여 준다. 축소 비율은 인쇄하고자 하는 것에 대한 렌즈(lens)와 마스크(mask)를 제작하기 위한 중요한 요소이다. 1:1 광 시스템은 10:1이나 5:1의 감소 시스템에 비해 설계나 제작이 더 용이하다. 하지만 축소 비율이 10:1이나 5:1인 경우보다 1:1에서 결함이 없는 마스크를 제작하기는 훨씬 더 어렵다.

하나 또는 그 이상의 집적 회로 칩을 포함하기에 충분히 큰 렌즈의 면 크기(즉, 웨이퍼에서 노광된 지역)를 가지는 한, 축소 투영 노광(reduction projection lithography)은 스테퍼(stepper) 렌즈의 재설계 없이 더 큰 웨이퍼를 인쇄할 수 있다. 칩 크기가 렌즈의 면 크기보다 더 클 때는 레티클(reticle) 상의 이미지가 더 많이 분할되어야 한다. 그림 4.4*d*에서 레티클 상의 이미지 면은 *M*:1 스텝과 스캔(step-and-scan) 투영 노광에서 좁은 아크형을 이룰 수 있다. 스텝과 스캔 시스템은 속도 v의 웨이퍼 2차원 평행 이동과 웨이퍼보다 *M*배 빠른 속도인 마스크의 1차원 이동을 가져온다.[2]

투영 시스템의 해상도는 다음과 같이 주어진다.

$$l_m = k_1 \frac{\lambda}{\text{NA}} \tag{2}$$

여기서 λ는 노광 파장이고, k_1은 공정 의존 요소이며, NA는 개구 수(numerical aperture)로 다음과 같이 주어진다.

$$\text{NA} = \bar{n} \sin\theta \tag{3}$$

여기서 $\bar{n}$는 이미지 물질에서의 굴절률(index of refraction) 이고(보통 공기, $\bar{n} = 1$), θ는 그림 4.5[5]에 나타낸 것처럼, 웨이퍼에서의 점 이미지(point image)로 모아 주는 원추형 빔의 반각이다. 또한 그림에서 보여 주는 것은 초점 심도(DOF: depth of focus)이고, 이것은 다음과 같이 표현할 수 있다.

$$\text{DOF} = \frac{\pm l_m/2}{\tan\theta} \approx \frac{\pm l_m/2}{\sin\theta} = k_2 \frac{\lambda}{(\text{NA})^2} \tag{4}$$

여기서 k_2는 또 다른 공정 의존 요소이다.

식 (2)는 파장의 감소나 NA의 감소 또는 둘 모두의 감소에 의해 해상도가 향상(즉, 더 작은 l_m)될 수 있다는 것을 보여 준다. 그러나 방정식 (4)는 λ가 감소하는 것보다 NA의 증가에 의해서 초점 심도가 더욱 빠르게 감소한다는 것을 보여 준다. 이것은 광 노광에서 더 짧은 파장의 소스로 가는 경향을 설명해 준다.

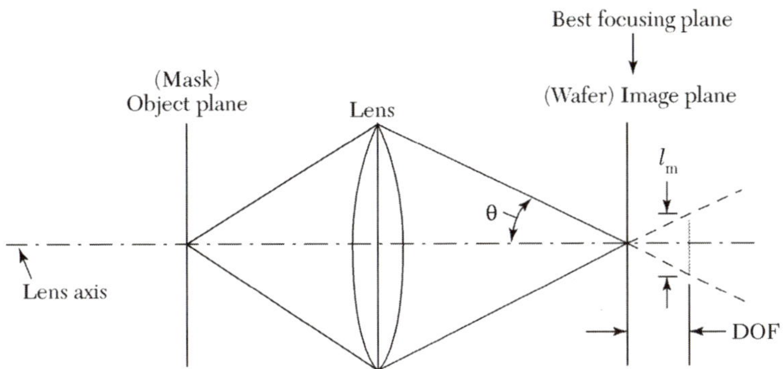

그림 4.5 간단한 이미지 시스템.[5]

높은 압력의 수은 아크 램프는 높은 세기(intensity)와 안정성(reliability) 때문에 노광 도구로 널리 사용된다. 수은 아크 스펙트럼은 그림 4.6에서 보여 주는 것과 같이 몇 개의 최고값으로 구성된다. 그 지점들은 436 nm, 405 nm, 그리고 365 nm에서 최고값을 보이는데, 각각 **G선**(G-line), **H선**(H-line), **I선**(I-line)이라고 부른다. 5:1의 스텝과 반복 투영에서의 I선 노광은 해상도 향상 기술(4.1.6절 참조)을 사용하면 0.3 μm의 해상도를 나타낼 수 있다. KrF 엑시머 레이저(excimer laser)를 사용한 248nm의 노광 시스템이나, ArF 엑시머 레이저를 사용하는 193 nm의 노광 시스템, 그리고 F_2 엑시머 레이저를 사용하는 157 nm의 노광 시스템과 같은 최근의 노광 도구들은 해상도가 각각 0.18 μm(180 nm), 0.10 μm(100 nm), 0.07 μm(70 nm)로 대량 생산을 위해 개발되었다.

4.1.3 마스크

집적 회로 제조에 사용되는 마스크들은 일반적으로 축소 레티클이다. 마스크 제작에서 그 첫 번째 단계는 설계자들이 완벽하게 전기적인 회로 패턴을 구성할 수 있도록 하는 CAD(computer-aided design) 시스템을 사용하는 것이다. 그 디지털 데이터는 CAD 시스템에 의해 생성되고, 패턴 발생기를 작동시키고, 그것을 전자 빔 노광(electron beam lithography) 시스템(4.2.1절)으로 전자에 민감한 마스크에 직접적으로 패턴을 전사한다. 마스크는 크롬(Cr) 층이 덮여진 혼합 실리카(fused-silica) 기판으로 이루어져 있다. 회로 패턴은 먼저 전자 감응층(전자 감광막)에 전사되고, 최종 마스크를 위해 아래 크롬 층으로 다시 한번 전사한다. 구체적인 패턴의 전사는 4.1.5절에서 생각해 본다.

한 마스크 위의 패턴은 집적 회로 설계의 한 단계를 표현한다. 구성된 배치는 고립 영역(isolation region)의 한 단계, 게이트 영역에서 또 다른 한 단계 등과 같은 집적 회로 공정 순서에 일치하는 마스크 단계들로 나누어진다. 일반적으로 집적 회로 공정 주기에는 15~20개의 다른 마스크 단계들이 요구된다.

표준 크기의 마스크 기판은 0.6 cm 두께에, 15 × 15 cm 사각형 모양의 혼합 실리카 기판이다. 크기는 4:1 또는 5:1 광학적 노광 도구에 대해 렌즈 면의 크기가 조정될

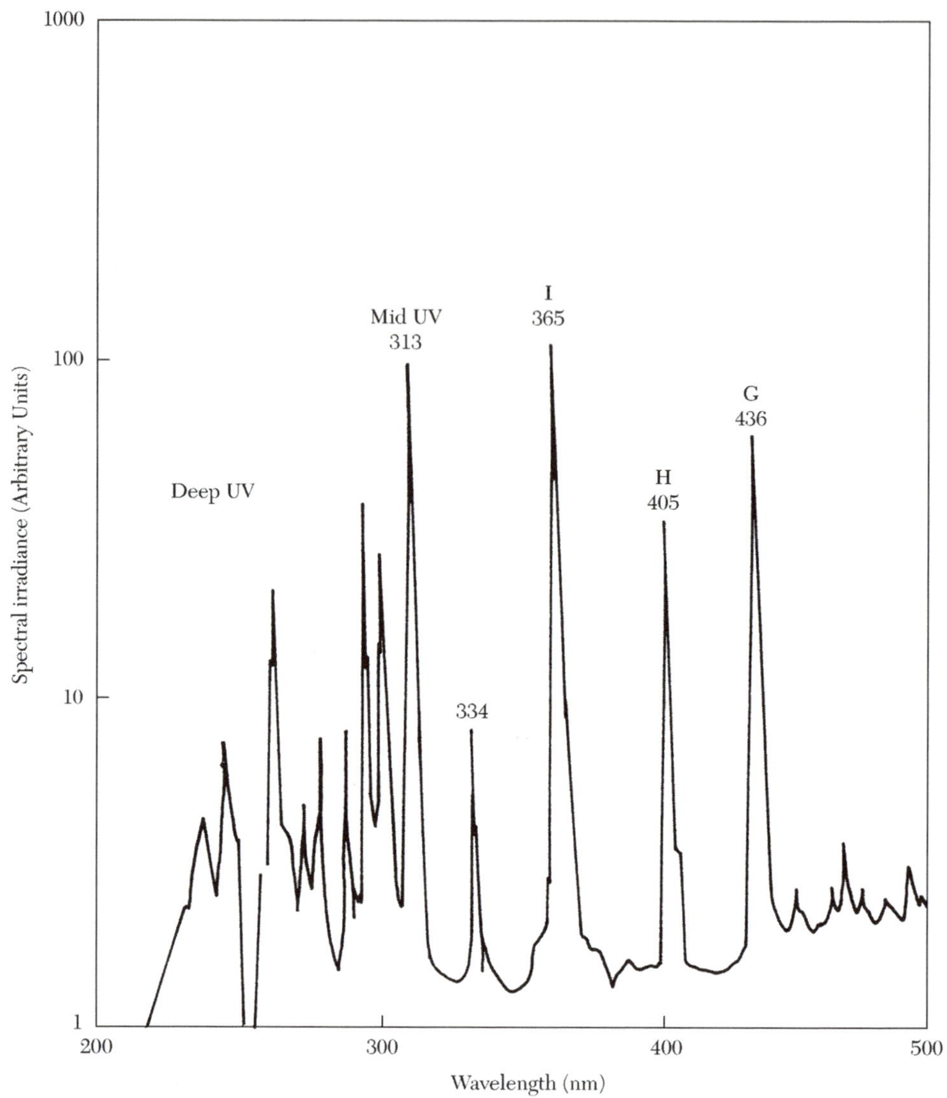

그림 4.6 일반적인 고압력 수은 아크 램프 스펙트럼.

필요가 있으며, 여기서 두께는 기판 변형에 기인한 패턴 위치 에러를 최소화하도록 요구된다. 혼합 실리카 기판은 낮은 열팽창(thermal expansion), 더 짧은 파장에서 높은 투과율(high transmission)과 기계적 강도가 요구된다. 그림 4.7은 기하학적 형태의 패턴이 형성된 마스크를 보여 준다. 몇 개의 공정 평가용 부속 칩도 마스크에 포함된다.

마스크에서 중대한 관심사 중의 하나는 결함 밀도(defect density)이다. 마스크 결함들은 마스크의 제조 공정 중이나 이후 노광 공정 중에 발생할 수 있다. 작은 마스크 결함 밀도조차도 최종 집적 회로 수율에 많은 영향을 끼친다. **수율**(yield)은 한 웨이퍼당 전체 칩 수에 대한 동작 칩의 비율로 정의된다(10장). 1차 근사로서, 주어진 마스킹 단계에 대한 수율 Y는 다음과 같이 표현할 수 있다.

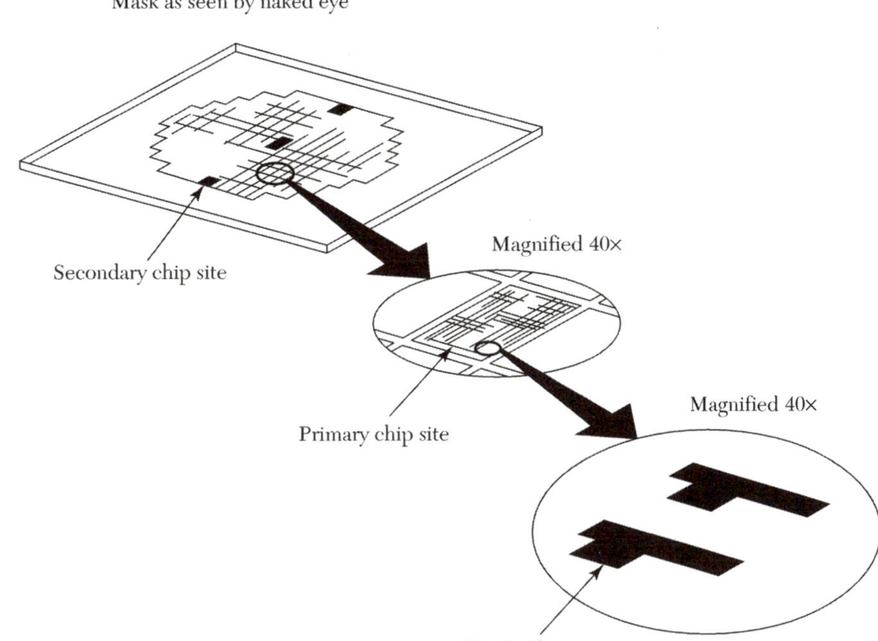

그림 4.7 집적 회로 포토마스크.[1]

$$Y \cong e^{-D_0 A_c} \quad (5)$$

여기서 D_0는 단위 면적당 '치명적' 결함의 평균 개수이고, A_c는 집적 회로 칩 내의 결함 민감 영역(또는 'critical area')이다. 만약 D_0가 모든 마스크 단계(예를 들면 $N \equiv 10$단계)에 대해서 같도록 유지되면, 최종 수율은 다음과 같다.

$$Y \cong e^{-ND_0 A_c} \quad (6)$$

그림 4.8은 다양한 결함 밀도 값에 따른 칩 크기의 함수로서 10단계의 노광 공정에서의 마스크 한계 수율을 보여 준다. 그 예로, D_0 = 0.25 defect/cm^{2}이면, 수율이 90 mm^{2}의 칩 크기에 대해서 10%이고, 칩 크기가 180 mm^{2}에서는 약 1%로 떨어진다. 그러므로 마스크의 검사와 세정은 큰 칩의 높은 수율을 달성하기 위해서 중요하다. 물론, 매우 청결한 공정 지역은 노광 공정에 필수적이다.

4.1.4 감광제

감광제(photoresist)는 복사에 어떻게 반응하는가에 따라 양성(positive) 또는 음성(negative)으로 분류되는 복사에 민감한 화합물이다. **양성 감광제**(positive resist)의 경우, 노광된 영역은 가용성이 되어 현상 공정(development process)에서 좀더 쉽게 제거될 수 있다. 최종적으로 양성 감광막에서 생성된 패턴들(이미지라고도 함)은 마스크의 패턴과 같게 된다. **음성 감광제**(negative resist)의 경우는 노광된 영역이 가용성이 약하기 때문에 음성 감광제에서 형성된 패턴들은 마스크의 패턴과는 반대로 된다.

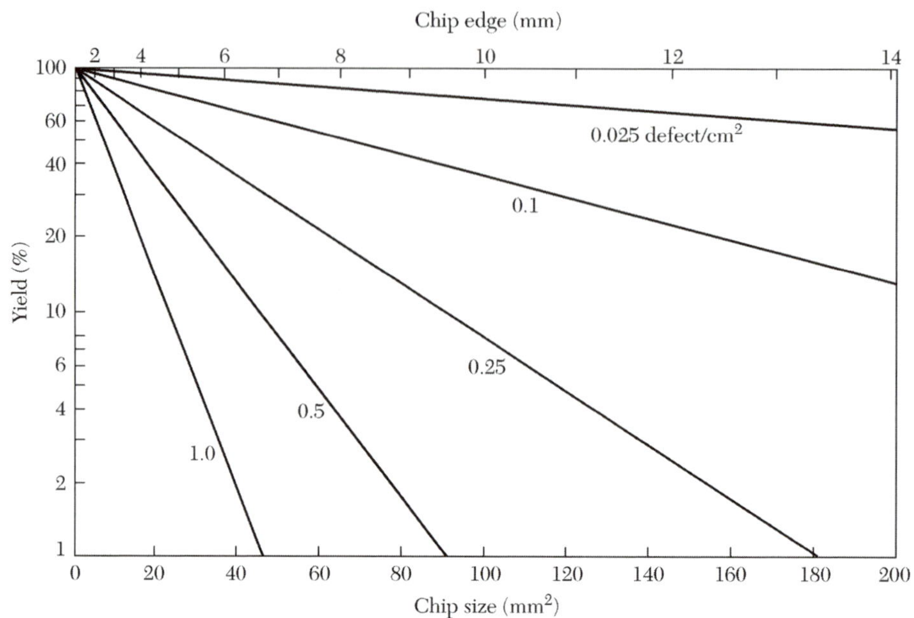

그림 4.8 단계별로 다양한 결함 밀도를 가진 10개의 마스크 노광 공정의 수율.

양성 감광제는 감광성 화합물(photosensitive compound), 기본 합성 수지(base resin), 그리고 유기 용매(organic solvent)의 세 가지 성분으로 구성되어 있다. 노광하기 전의 감광성 물질은 현상 용매에 불용성이다. 노광 후 감광성 물질은 노광된 패턴 영역에 복사 에너지가 흡수되고, 또한 화학 구조가 바뀌게 되어 현상 용매에 용해된다. 현상 후 노광된 영역은 제거된다.

음성 감광제는 감광성의 화합물에 폴리머(polymer)가 결합된 것이다. 노광된 후에 감광성 물질은 광 에너지를 흡수하고, 그것을 폴리머의 교차 결합 반응을 초기화시키는 화학적 에너지로 변환시킨다. 이 반응은 폴리머 분자의 교차 결합을 유발한다. 교차 결합된 폴리머는 더 높은 분자 무게를 가지고, 현상 용매에서 불용성이 된다. 현상 후에는 노광되지 않은 지역이 제거된다. 음성 감광제의 중대한 결함 중 하나는 현상 공정에서 모든 감광제 질량이 현상 용매의 흡수에 의해 증가하는 것이다. 이러한 증가 현상이 음성 감광제의 해상도를 제한한다.

그림 4.9*a*는 감광막의 전형적인 노광 반응 곡선과 단면 이미지이다.[1] 반응 곡선은 노광 에너지에 대하여 노광과 현상 후에 남아 있는 감광막을 백분율로 나타낸다. 감광막은 노광이 없다고 하더라도 현상액에 대해서 유한한 용해도를 가진다는 데 주의하자. 노광 에너지가 증가함에 따라 용해도는 문턱 에너지(thresholdenergy)E_T] 이르기까지 점차적으로 증가하여 감광막은 완전히 용해된다. 양성 감광제의 민감도는 노광된 영역의 완전 용해에 요구되는 에너지로 정의된다. 그러므로 E_T는 민감도와 부합한다. E_T에 더하여 명암 비율(contrast ratio) γ는 감광제를 특성화하기 위해 정의된다. 그림 4.9*a*에서 보여 주는 것처럼, 여기서 E_1은 100% 감광제 두께에 도달하기 위해 E_T에서 접선을 그림으로써 얻어지는 에너지이다. 더 큰 γ는 증가하는 노광 에너지를 가지는 더

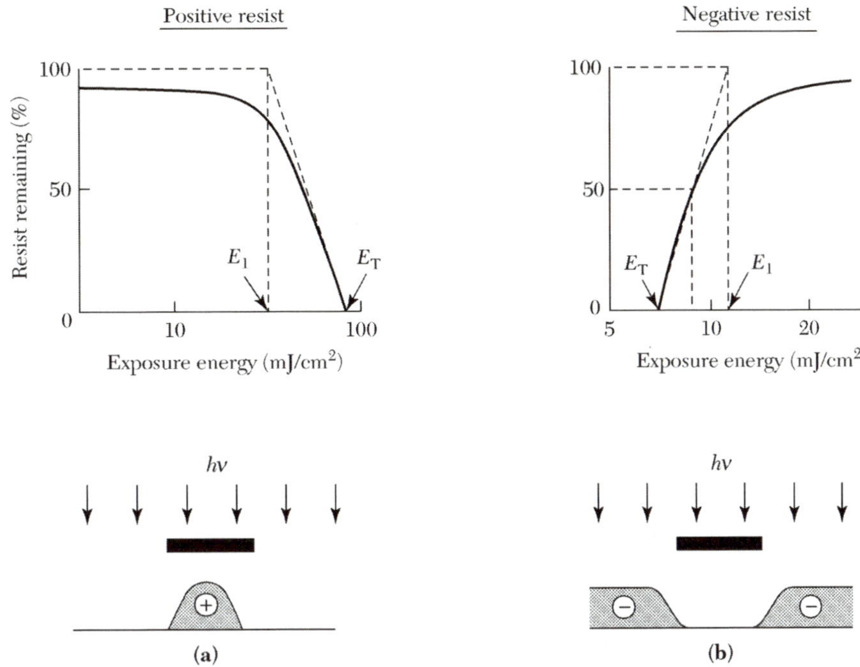

그림 4.9 노광 반응 곡선과 현상 후 감광제의 단면 이미지.[1] (*a*) 양성 감광제. (*b*) 음성 감광제.

높은 용해도의 감광막을 의미하며, 더 날카로운 이미지를 가져온다.

$$\gamma \equiv \left[\ln\left(\frac{E_T}{E_1}\right)\right]^{-1} \quad (7)$$

그림 4.9*a*의 단면 이미지는 마스크 이미지의 모서 리와 동일한 곳의 현상 후 감광막 이미지의 모서리 간의 관계를 그린 것이다. 감광막 이미지의 모서리는 일반적으로 **회절**(diffraction) 때문에 마스크 모서리에서 수직으로 투영된 위치에 있지 않다. 감광제 모서리의 이미지는 전체 흡수된 광 에너지와 문턱 에너지 E_T가 같아지는 지점과 일치한다.

그림 4.9*b*는 노광 반응 곡선과 음성 감광막에서의 단면 이미지를 보여 준다. 음성 감광막은 E_T보다 더 낮은 노광 에너지에서 현상액에 완전히 녹는다. E_T 이상에서는 현상 후에 더 많은 감광막이 남아 있다. 노광 에너지가 문턱 에너지의 두 배가 될 때 감광막은 현상액에 근본적으로 녹지 않게 된다. 음성 감광제의 민감도는 노광된 영역에서 원 감광막의 50%를 유지하기 위해 요구되는 에너지로 정의된다. 파라미터 γ는 E_1과 E_T가 서로 바뀐 것을 제외하면 방정식 (7)의 γ와 유사하게 정의된다. 음성 감광제의 단면 이미지(그림 4.9*b*)도 역시 회절 현상에 영향을 받는다.

예제 4.2

그림 4.9에 도시된 감광막의 파라미터 γ를 구하라.

풀이

양성 감광제에서 $E_T = 90$ mJ/cm²이고, $E_1 = 45$ mJ/cm²이다. 따라서

$$\gamma \equiv \left[\ln\left(\frac{E_T}{E_1}\right)\right]^{-1} = \left[\ln\left(\frac{90}{45}\right)\right]^{-1} = 1.4$$

음성 감광제 에서 $E_T = 7$ mJ/cm²이고, $E_1 = 12$ mJ/cm²이다. 따라서

$$\gamma \equiv \left[\ln\left(\frac{E_1}{E_T}\right)\right]^{-1} = \left[\ln\left(\frac{12}{7}\right)\right]^{-1} = 1.9$$

원자외선 노광(deep UV lithography: 248 nm와 193 nm)에서, 기존의 감광제들은 많은 양의 원자외선 노광을 요구하는데, 이는 렌즈 손상과 더 낮은 생산성을 발생시킬 수 있기 때문에 사용할 수 없다. **화학적 증폭 감광제**(CAR: chemical- amplified resist)는 원자외선 공정을 위해 개발된 것이다. CAR은 포토 산 생성자(photo-acid generator), 고분자 수지(resin polymer), 그리고 용매(solvent)로 구성되어 있다. CAR은 자외선 복사에 대하여 매우 민감하고, 노광된 영역과 노광되지 않은 영역의 현상액 내 용해도 차가 매우 크다.

4.1.5 패턴 전사

그림 4.10은 집적 회로 패턴을 마스크로부터 표면에 절연 산화막(SiO_2) 층을 가진 실리콘 웨이퍼로 전사하는 단계를 나타낸 것이다.[8] 감광제는 0.5 μm 이상의 파장에서 민감하지 않기 때문에 일반적으로 노란 빛으로 비춰지는 청정실에 웨이퍼를 위치시킨다. 감광제의 접착을 좋게 하기 위해서 표면은 친수성(hydrophilic)에서 소수성(hydrophobic)으로 바뀌어야만 한다. 이러한 변화는 화학적으로 적정한 표면을 제공할 수 있는 접착 촉매를 사용하여 만들 수 있다. 실리콘 집적 회로를 위한 가장 일반적인 접착 촉매는 HMDS(hexamethyl-disilazane)이다. 이러한 접착 층 사용 후에 웨이퍼는 진공 스핀들(vacuum spindle) 위에 잡히고, 2~3 cm³의 액체 감광제가 웨이퍼 가운데에 부어진다. 그리고 웨이퍼는 일정한 회전 속도로 빠르게 가속되고, 그것은 약 30초 정도 유지된다. 회전 속도(spin speed)는 일반적으로 그림 4.10*a*와 같이 0.5~1 μm 두께의 일정한 막을 코팅하기 위해 1000~10,000 rpm 범위이다. 감광막의 두께는 점도(viscosity)와 상관 관계가 있다.

회전 후에 감광막으로부터 용매를 제거하고 웨이퍼와 감광제의 접착성을 증가시키기 위해 웨이퍼를 '약하게 굽는다(soft baked)' (일반적으로 90～120°C에서 60~120초). 웨이퍼는 광 노광 시스템에서 마스크에 대하여 정렬되어 있고, 감광막은 그림

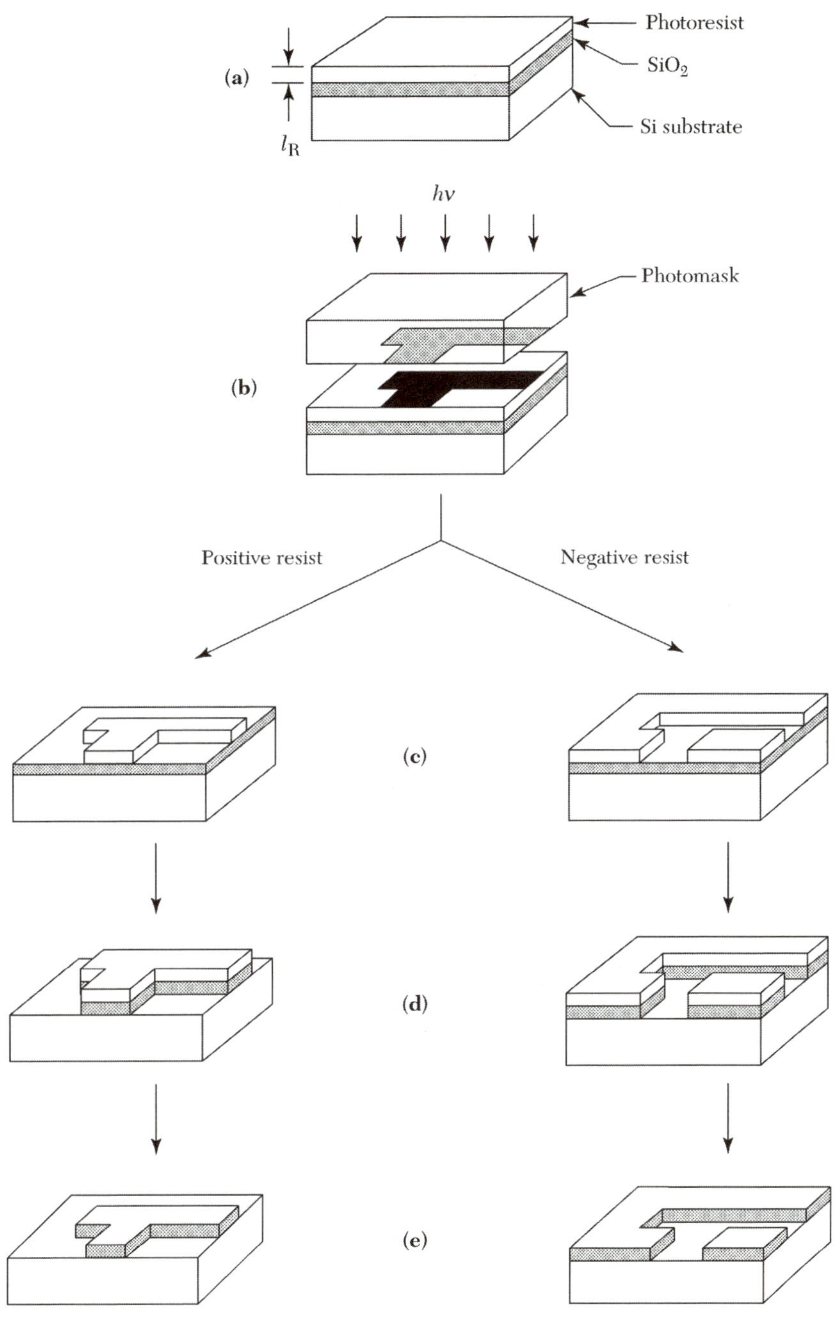

그림 4.10 광 노광 패턴 전사 공정의 상세도.[8]

4.10*b*에 나타낸 것과 같이 UV 빛에 노광된다. 만약 양성 감광제가 사용된다면, 노광된 감광막은 그림 4.10*c*의 왼쪽과 같이 현상액에 용해되지 않는다. 감광막의 현상은 일반적으로 웨이퍼에 현상액을 충분히 부어 줌으로써 이루어진다. 그런 후에 웨이퍼는 세정, 건조된다. 현상 후에는 기판에 감광제의 접착을 증가시키기 위해 약 100~180°C의 '포스트 베이킹(post baking)'이 요구될 수 있다. 이후에 그림 4.10*d*와 같이 노광된

절연층은 식각하나 감광막은 식각하지 않는 분위기 내에 웨이퍼를 집어넣는다. 마지막으로, 감광막은(용매나 플라즈마 산화를 이용하여) 제거되고, 마스크의 불투명한 이미지와 동일한 절연막 이미지(또는 패턴)를 남기게 된다(그림 4.10*e*의 왼쪽).

노광되지 않은 영역이 제거된다는 것을 제외하고는 음성 감광제(negative photoresist)에서도 이러한 과정이 적용될 수 있다. 최종 절연막의 이미지(그림 4.10*e*의 오른쪽)는 마스크의 불투명 이미지의 반대이다.

절연 물질의 이미지는 이후 공정에서 마스크로 사용될 수 있다. 예를 들면, **이온 주입**(ion implantation, 7장 참조)은 노출된 반도체 영역에 도핑을 할 수 있지만, 절연막으로 덮여 있는 부분은 도핑을 할 수 없다. 불순물용 패턴은 음성 감광막용 포토마스크 패턴의 복사품이거나 양성 감광막용 상보성 패턴이다. 완전한 회로는 이전 패턴에 대한 이후 마스크의 정렬과 노광 전사 공정의 반복에 의해 제작된다.

관련 패턴 전사 공정은 그림 4.11에 나타낸 **리프트 오프**(lift-off) 기술이다. 양성 감광제는 기판 위에 감광막 패턴을 형성하는 데 사용된다(그림 4.11*a*와 4.11*b*). 막(즉, Al)은 기판과 감광제 위에 증착된다(그림 4.11*c*). 막의 두께는 감광제의 두께보다 얇아야 한다. 감광막 위의 그러한 부분은 적절한 액체 용매에서 감광막이 선택적으로 식각되어 겹쳐진 막이 리프트 오프되어 제거된다(그림 4.11*d*). 리프트 오프 기술은 높은 해상도를 가능하게 하고, 고전력 MESFET과 같은 불연속 소자에 널리 사용된다. 그러나 ULSI(ultralarge-scale integration)에서는 널리 응용될 수 없으며 건식 식각(dry etching)이 더 적절한 기술이다.

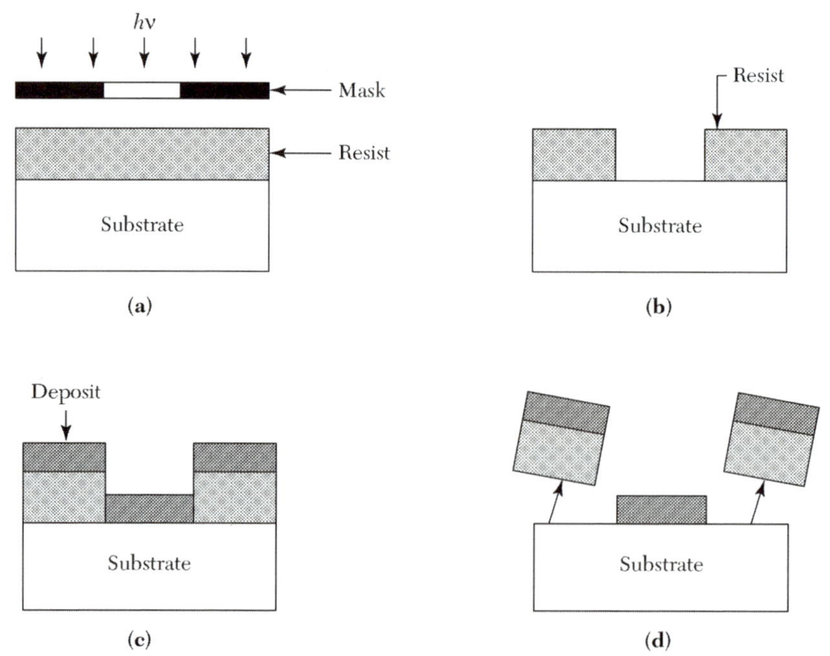

그림 4.11 패턴 형성을 위한 리프트 오프 공정.

4.1.6 해상도 향상 기술

집적 회로 공정에서 광학 노광은 보다 큰 초점 심도와 넓은 노광 범위, 그리고 보다 높은 해상도를 갖기 위해 계속적으로 발전되어 왔다. 이러한 노력들은 새로운 감광제를 개발하고 노광 도구들의 파장을 줄임으로써 어느 정도의 향상을 가져왔다. 더불어, 많은 해상도 향상 기술들은 보다 작은 영역에서도 광학 노광의 가능성을 높여 가고 있다.

상변환 마스크(PSM: phase-shifting mask)는 중요한 해상도 향상 기술 가운데 하나이다. 기본적인 개념은 그림 4.12[9]와 같다. 기존의 마스크에서는(그림 4.12*a*) 전계가 모든 개구(aperture)에서 동일한 상을 가진다. 광학 시스템의 회절과 제한된 해상도는 점선으로 보이는 바와 같이 웨이퍼 상에서 전계를 퍼지게 한다. 인접한 개구들에 의해 회절된 파형들 간의 상호 작용으로 그들 사이의 전계가 증가한다. 세기(I)는 전계의 제곱에 비례하기 때문에 밀접하게 투영되는 두 이미지는 구분하기 어렵게 된다. 인접한 개구들을 덮고 있는 상변환 층(phase-shift layer)은 그림 4.12*b*에 나타낸 것처럼 전계의 신호를 역으로 바꾼다. 마스크에서의 세기가 변하지 않기 때문에, 웨이퍼에서 이미지의 전계는 상쇄될 수 있다. 그러므로 서로 인접한 상태로 비춰지는 이미지는 나누어질 수 있다. 180° 상변환은 그림 4.12*b*에 보이는 것처럼, 두께가 $d = \lambda/2(\bar{n} - 1)$인 투명 층을 사용하여 얻을 수 있다. 이때 $\bar{n}$는 한 개구의 굴절률이고, λ는 그 파장이다.

또 다른 해상도 향상 기술로, 이미징 능력을 향상시키기 위해 인접한 하위 해상도 형상을 변형시킨 모양들을 이용한 **광학 근접 보정**(OPC: optical proximity correction) 기술이 있다. 예를 들어, 크기가 해상도 한계에 가까운 정사각형의 접촉 구멍은 원에 가깝게 인쇄될 것이다. 모퉁이에서 추가적인 형상을 가진 접합 구멍 패턴을 변형하는 것은 보다 정밀한 정사각형 구멍을 인쇄하는 데 도움이 될 것이다.

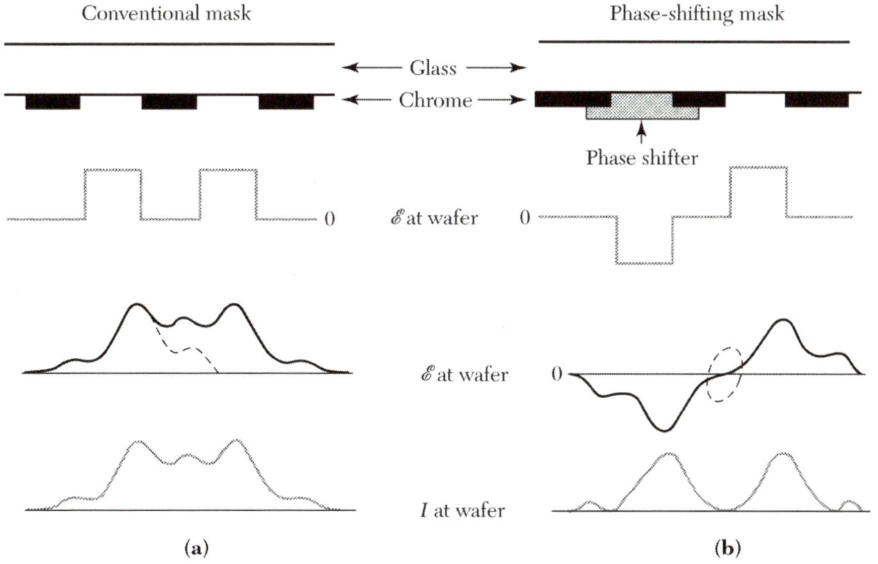

그림 4.12 상변환 기술의 원리. (*a*) 종전 기술. (*b*) 상변환 기술.[9]

4.2 차세대 노광 기술

왜 광학 노광 공정이 매우 널리 사용되고, 무엇 때문에 그렇게 전망이 밝은 것인가? 그 이유는 높은 생산성과 좋은 해상도, 저비용, 그리고 조작의 편리성이다.

하지만 초미세(deep-submicron) 집적 회로 공정 요구에 광학 노광이 아직 해결하지 못한 몇 가지 한계점들을 가지고 있다. 비록 우리가 그것의 유용한 범위를 확대시키기 위해 상변환 마스크(PSM)나 광학 근접 보정(OPC)을 사용할 수 있지만, 마스크 생산과 정밀 검사가 복잡하기 때문에 쉽게 해결할 수 없다. 마스크의 가격 또한 매우 비싸다. 그런 까닭에, 우리는 초미세, 나노 크기의 집적 회로 공정을 위해 광학 노광 공정의 대 안을 찾아야 할 필요가 있다.

이 절에서는 집적 회로 제작을 위한 여러 종류의 차세대 노광 기술들이 논의된다. 전자 빔 노광(electron beam lithography), 극자외선 노광(extreme UV lithography), 엑스선 노광(*x*-ray lithography), 그리고 이온 빔 노광(ion beam lithography) 등을 살펴보기로 한다.

4.2.1 전자빔노광

전자 빔(e-beam) 노광은 주로 포토마스크를 만드는 데 사용된다. 상대적으로 적은 수의 기구들은 집속 전자 빔을 감광막에 마스크 없이 직접 노광시키는 데 이용된다. 그림 4.13은 전자 빔 노광 시스템의 개략도를 보여 준다. 이 전자총은 적당한 전류 밀도를 가지는 전자 빔을 발생시키는 장치이다. 전자총에는 텅스텐 전자 방출 캐소드나 단결정 란탄헥사붕소(LaB_6)가 사용된다. 집광 렌즈는 전자 빔의 초점 크기를 지름 10~25 nm 정도의 점으로 맞추는 데 사용한다. 전자 빔을 여닫는 빔 차단막과 빔 회절 코일은 기판 위의 주사 영역(scan field)의 어느 위치에도 집속 전자 빔이 직접 향하도록 메가헤르츠(MHz) 또는 더 높은 범위에서 컴퓨터 제어되고 동작된다. 왜냐하면 주사 영역(대체로 1 cm)은 기판의 지름보다 무척 작기 때문에, 정밀 기계 스테이지는 패터닝이 될 기판을 위치시키는 데 사용된다.

전자 빔 노광은 미세(submicron) 구조 시대의 감광막 형상, 크게 자동화되고 정밀하게 제어되는 동작, 광학 노광이 가지는 것보다 훨씬 큰 초점 심도, 마스크 없이 반도체 웨이퍼 직접 패터닝의 장점들을 가지고 있다. 전자 빔 노광 설비는 0.25 μm 해상도 이하에서 시간당 약 10장의 웨이퍼 생산성을 갖는 단점이 있다. 이러한 생산성은 포토마스크를 만들고 적은 수의 주문형 회로를 요구하는 경우 그리고 설계 검증을 위해서는 충분하다. 하지만 마스크 없이 직접 인쇄를 해야 하는 경우에 설비는 가능한 가장 높은 생산성을 가져야만 하고, 그러므로 가능한 가장 큰 빔 지름이 최소 소자 치수와 일치한다.

집속 전자 빔을 주사하기 위한 방법으로는 래스터 주사와 벡터 주사의 기본적인 두 가지 방법이 있다.[11] 그림 4.14*a*의 **래스터 주사**(raster scan) 방식에서, 감광막 패턴은 규칙적인 형태로 움직이는, 수직으로 향하는 빔에 의해 인쇄된다. 빔 주사는 마스크 위의 모든 가능한 위치를 순차적으로 지나며 노광이 요구되지 않는 곳에서는 공백(꺼짐)으로 남겨 둔다. 인쇄될 영역 상의 모든 패턴들은 개개의 주소들로 나누어져야만 하

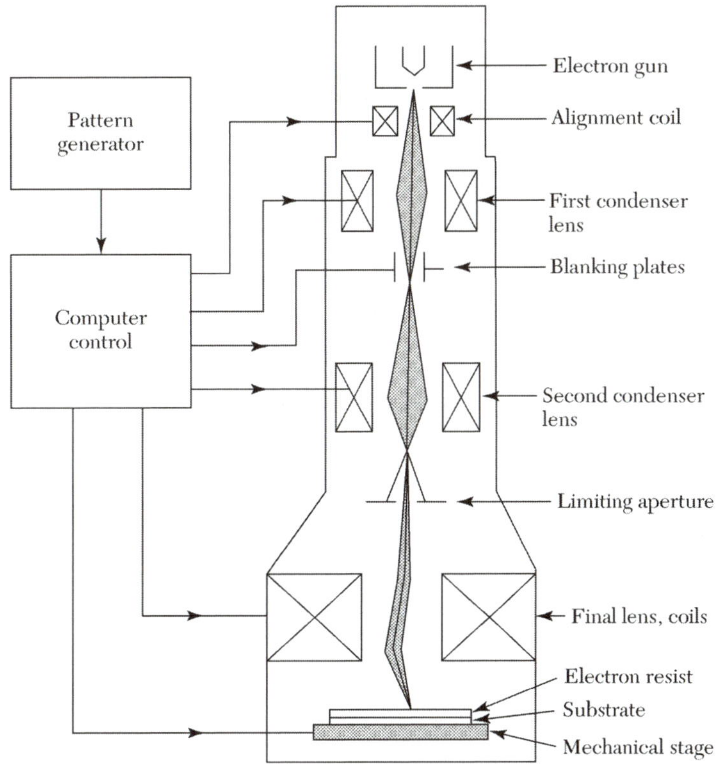

그림 4.13 전자 빔 노광 장비의 개략도.[10]

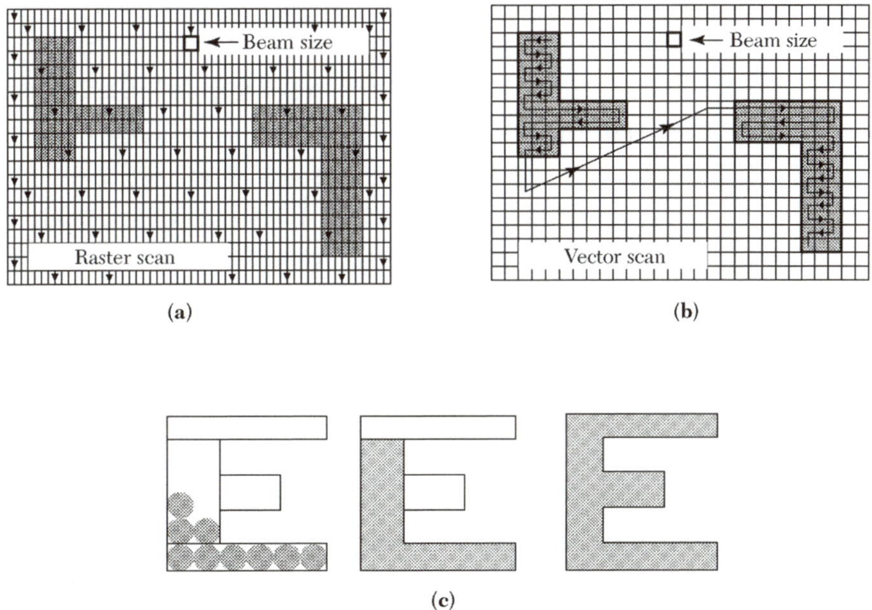

그림 4.14 (*a*) 래스터 주사. (*b*) 벡터 주사. (*c*) 전자 빔의 형태들: 원형, 가변형, 셀 투영.[12]

고, 주어진 패턴들은 빔 주소 크기로 고르게 나눌 수 있는 최소 증가 간격을 가져야만 한다.

그림 4.14*b*와 같은 **벡터 주사**(vector scan) 방식에서는, 래스터 주사에서처럼 칩 전면을 주사하기보다는 오직 요구되는 패턴 형상을 직접 형성하고 다음 형상으로 점프한다. 많은 칩의 경우, 노광되는 칩의 평균 면적은 전체의 20%일 뿐이고, 따라서 벡터 주사 방식을 사용하면 시간이 절약된다.

그림 4.14*c*는 가우스 점 빔(원형 빔), 가변형의 빔, 그리고 셀 투영 빔 등의 전자 빔 노광에서 사용되는 여러 전자 빔들을 보여 준다. 가변형의 빔 장치에서 패턴을 형성하는 빔은 다양한 크기와 각을 가지는 사각형의 면이다. 이것은 여러 포인트를 동시에 노광시킬 수 있는 장점을 제공한다. 그러므로 가변형의 빔을 사용하는 벡터 주사 방식은 이전의 가우스 점 빔보다 높은 처리량을 가진다. 또한 전자 빔 시스템에서 한 번의 노광으로 복잡한 형태의 패턴을 형성하는 것도 가능하다. 이를 **셀 투영**(cell projection)이라 하며, 그림 4.14*c*의 가장 오른쪽에 나타내었다. 여러 메모리 셀 패턴이 한 번에 노광되는 것이 가능해진 이후로, 셀 투영 방식[12]은 특히 MOS 메모리 셀과 같이 반복되는 패턴을 가지는 설계에 유용하다. 셀 투영 방식은 아직 광 노광 방식만큼의 처리량을 갖지는 못한다.

전자 감광제

전자 감광제(electron resist)들은 폴리머(polymer)이다. 전자 빔 감광막의 작용은 광 감광막과 유사하다. 이것은 빛을 받음으로 인해 감광막에서 유발되는 화학적, 물리적인 변화 때문이다. 이러한 변화는 감광막이 패터닝되도록 만든다. 양 전자 감광막에 있어서 폴리머-전자 상호 작용은 그림 4.15*a*에 보이는 것처럼 화학 결합을 끊어(체인 절단), 보다 짧은 분자들의 조각으로 만들어 버린다.[13] 그 결과, 주사된 면에서 분자량은 줄어들고, 저분자 물질을 제거하는 현상액에서 순차적으로 용해시킬 수 있다. 일반 양 전자 감광제에는 PMMA(poly-methyl methacrylate)와 PBS(poly-butene-l sulfone)가 있다. 양 전자 감광막은 0.1 μm 또는 그 이상의 해상도 구현이 가능하다.

음 전자 감광막의 경우, 빛을 주사하면 그림 4.15*b*에 보이는 바와 같이 복사에 기인한 폴리머 간 결합이 일어난다. 이런 교차 결합은 빛이 투과되지 않은 폴리머보다 높은 분자량을 가진 복잡한 3차원 구조를 만든다. 빛을 받지 못한 감광막은 고분자 물질을 용해하지 못하는 현상액에 의해 용해될 수 있다. COP(poly-glycidyl methacrylate-co-ethyl-acrylate)는 일반 음 전자 감광제에 사용된다. 대부분의 음 전자 감광제와 같이, COP 또한 현상중에 팽창하기 때문에 1 μm 이상의 해상도는 얻기 힘들다.

근접 효과

광학 노광에서 해상도는 빛의 회절에 의해 제한된다. 전자 빔 노광에서 해상도는 빛의 회절에 의한 제한은 없으나(수 keV와 그보다 높은 에너지를 갖는 전자들에 결부된 파장이 0.1 nm보다 작기 때문) 전자의 산란에 의해 제한된다. 전자들이 감광제 필름과 그 아래에 있는 기판에 침투할 때, 그들은 충돌하게 된다. 이러한 충돌은 에너지를 잃게 하고 경로를 바꾸게 된다. 따라서 입사된 전자들은 에너지를 모두 잃거나 후방 산란

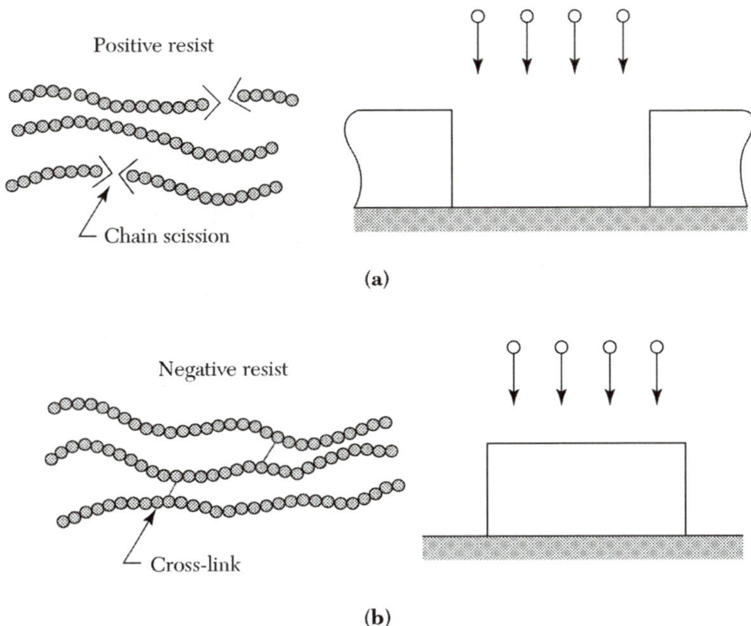

그림 4.15 전자 빔 노광에 사용되는 양/음 전자 감광막의 개략도.[13]

에 의해 물질을 벗어날 때까지 물질을 통해 이동함으로써 퍼져 나간다.

그림 4.16*a*는 20 keV의 에너지를 지닌 전자 100개가 두꺼운 실리콘 기판 위에 올려진 0.4 μm 두께의 PMMA 필름에 입사되었을 때 그 궤도를 추정한 것이다.[14] 전자빔은 z 축을 따라 입사되었고, 모든 궤도들은 xz 평면 위로 투영되었다. 이 그림은 전자가 주사되어 들어간 깊이(≈ 3.5 μm)와 같은 크기의 지름을 가진 찌그러진 배 모양의 형태로 전자들이 분포하는 성질이 있음을 보여 준다. 또한 많은 전자들이 후방 산란 충돌을 하고, 실리콘 기판으로부터 PMMA 필름으로 다시 들어오거나 나간다.

그림 4.16*b*는 감광제와 기판 계면에서 전방 산란과 후방 산란 전자들의 정규 분포를 보여 준다. 후방 산란에 의해 전자들은 실제적으로 주사된 빔의 중앙에서 수 마이크로미터를 조사할 수도 있다. 감광막의 조사량이 주위의 모든 영역으로부터 조사되는 빛의 합으로 주어지기 때문에, 한 곳에 비추는 전자 빔은 주위 영역의 조사에도 영향을 줄 것이다. 이러한 현상을 **근접 효과**(proximity effect)라 한다. 근접 효과는 패턴 형상 간의 최소 간격에 제한을 주게 한다. 근접 효과를 보정하기 위해 패턴들을 더 작은 조각들로 나누어 준다. 각 조각에 입사되는 전자의 조사량은 조절되어 그 주변의 모든 조각들로부터 집적된 조사량이 보정 노광 조사량이다. 이러한 접근은 더욱 미세하게 나누어진 패턴을 빛에 노광시켜 주기 위해 요구되는 추가 시간으로 인해 전자 빔 시스템의 처리량을 더욱 줄인다.

4.2.2 극자외선 노광

극자외선(EUV) 노광은 처리량 손실 없이 최소 선폭을 30 nm까지 확장하기 위한 차세대 노광 기술이다.[15] 그림 4.17은 EUV 노광 시스템의 개략도를 보여 준다. 레이저

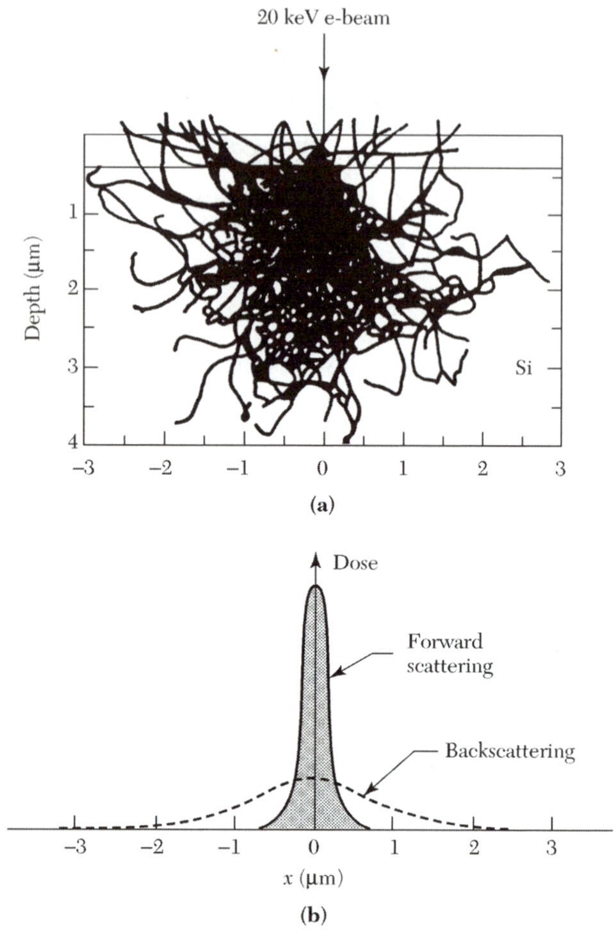

그림 4.16 (*a*) 20 keV 에너지를 가진 전자 100개의 PMMA 내에서의 궤도.[14] (*b*) 감광막과 기판 계면에서의 전방 산란과 후방 산란에 의한 조사량의 분포.

로 만들어진 플라즈마 또는 싱크로트론(synchrotron) 복사는 10~14 nm 파장을 가지는 EUV 소스로 제공될 수 있다. EUV 복사는 다층으로 코팅된 편평한 실리콘이나 유리판 마스크 위에 증착된 흡수제 물질을 패터닝하여 만들어진 마스크에 의해 반사된다. EUV 복사 에너지는 4× 축소 카메라를 통해 마스크의 비패터닝 영역(비흡수 영역)에서 반사되어 웨이퍼 위의 얇은 층의 감광막에 형상화된다.

EUV 복사 빔은 좁기 때문에, 회로 마스크 층을 묘사하는 전체 패턴 영역을 비추기 위해 마스크는 빔에 의해 훑어지도록 해야만 한다. 또한 하나의 4×4 거울(1개 포물면, 2개 타원면, 1개 평면) 축소 카메라의 경우, 웨이퍼 표면 상의 모든 칩 위에 이미지 영역을 만들기 위해 웨이퍼는 마스크 이동의 반대 방향으로 마스크의 1/4 속도에서 주사되어야 한다. 칩 위치를 정렬하고 웨이퍼와 마스크 스테이지를 이동시키고, 주사 공정 중 노광되는 조사량을 제어하기 위해 매우 정밀한 시스템이 요구된다. EUV 노광은 13 nm의 복사를 이용하여 50 nm 크기의 형상을 찍어 낼 수 있다. 하지만 EUV 노광 장비의 생산은 수많은 어려움을 갖고 있다. EUV는 모든 물질에 강하게 흡수되기 때문

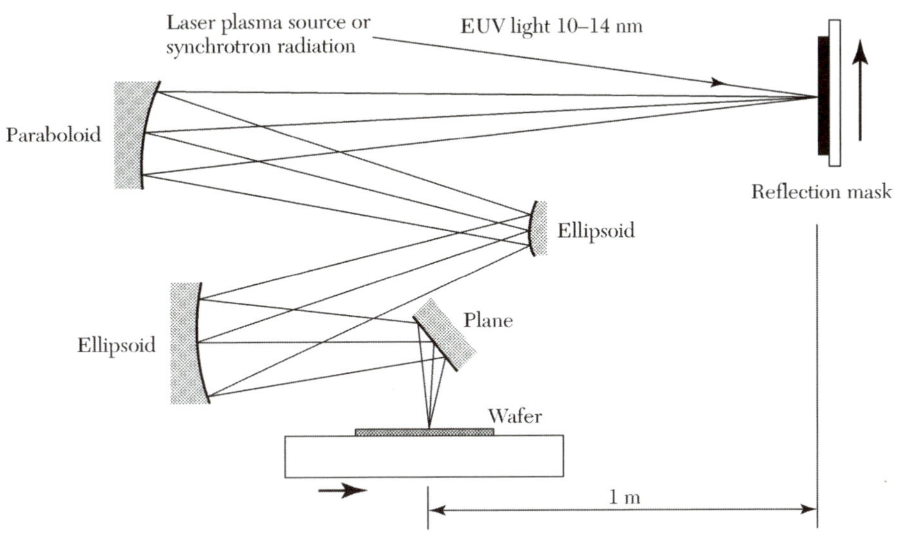

그림 4.17 극자외선(EUV) 노광 시스템의 개략도.[15]

에, 노광 공정은 반드시 진공 내에서 진행되어야 한다. 카메라는 반사 렌즈 성분을 사용해야만 하고, 반사경들은 분포된 1/4파 Bragg 반사기를 만드는 다층 코팅으로 코팅되어야만 한다. 게다가 공 마스크 부분도 10~14 nm 파장에서 그 반사도를 최대화하기 위해 다층 코팅되어야만 한다.

4.2.3 엑스선 노광

엑스선 노광(XRL: x-ray lithography)[16]은 100 nm 집적 회로 제작에 광학 노광을 지속시킬 수 있는 하나의 잠재 후보 기술이다. 대량 생산을 위해 엑스선 소스로 싱크로트론 저장 링이 사용된다. 이것은 많은 양의 평행 플럭스를 제공할 수 있고, 10~20가지 노광 도구들을 쉽게 조절할 수 있다.

XRL은 광학 근접 인쇄와 유사한 영상(shadow) 인쇄법이다. 그림 4.18은 개략적인 XRL 시스템이다. 엑스선 파장은 대략 1 nm이고, 웨이퍼에 매우 근접해 있는(10~40 μm) 1배율 마스크를 통해 인쇄된다. 엑스선 흡수가 물질의 원자 번호에 의존하고 대부분의 물질들이 1 nm의 파장에서 낮은 투과율을 가지기 때문에, 마스크 기판은 탄화 실리콘(SiC)이나 실리콘과 같은 낮은 원자 번호를 가진 물질로 만들어진 얇은 막(1~2 μm 두께)이어야 한다. 패턴 자체는 탄탈륨이나 텅스텐, 금, 또는 이들의 합금 중 하나와 같이 상대적으로 높은 원자 번호의 얇은(≈ 0.5 μm) 소재에 형성되며, 상기의 막에 의해 받쳐진다.

마스크는 XRL 시스템에서 가장 어렵고 중요한 부분이므로 엑스선 마스크의 구조는 포토마스크의 구조보다 훨씬 더 복잡하다. 소스와 마스크 사이에서 엑스선의 흡수를 피하기 위해, 일반적으로 노광은 헬륨 환경 내에서 이루어진다. 엑스선은 얇은 진공창(일반적으로 베릴륨)에 의해 헬륨으로부터 분리되어 있는 진공 내에서 만들어진다. 마스크 기판은 입사 플럭스의 25~35%를 흡수할 것이고 따라서 차가워질 것이다. 엑

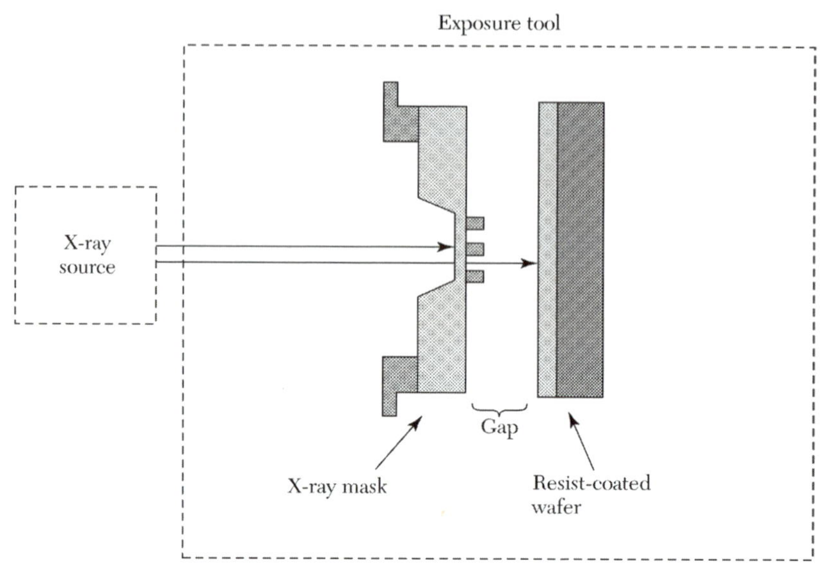

그림 4.18 근접 엑스선 노광 시스템의 개략도.[17]

스선 감광제는 입사 플럭스의 약 10%가량을 흡수할 것이다. 정상파(standing wave)를 생성하는 기판으로부터 반사는 없으므로 반(反)반사 코팅은 필요치 않다.

엑스선이 원자에 의해 흡수될 때 원자는 전자를 방출하여 여기 상태가 되기 때문에, 엑스선 감광제로 전자 빔 감광제를 사용할 수 있다. 여기 상태의 원자는 입사된 엑스선과 다른 파장을 가진 엑스선을 방출함으로써 기저 상태로 되돌아온다. 이 엑스선은 다른 원자에 의해 흡수되고, 이러한 과정이 반복된다. 전자들의 방출로 인한 이런 모든 과정들이 지나고 나면, 엑스선에 조사된 감광제 필름은 다수의 2차 전자들에 의해 조사된 것과 같게 된다. 일단 감광 필름에 빛이 조사되면, 감광막 형태에 따라 서로를 이어 주는 체인이 생성되거나 체인 분열이 발생할 것이다.

4.2.4 이온 빔 노광

이온들이 더 큰 질량을 가지고 있어서 전자보다 적게 산란하기 때문에 이온 빔 노광(ion beam lithography)은 광학, 엑스선, 전자 빔 노광보다 더 높은 해상도를 얻을 수 있다. 가장 중요한 응용은 상업용 시스템이 가능한 분야인 광학 노광용 마스크의 수정이다.

그림 4.19는 PMMA와 다양한 기판 속으로 60 keV에서 주입된 50개의 H^+ 이온을 컴퓨터로 모의 실험한 궤도이다.[17] 0.4 μm 깊이에서 모든 이온 빔의 퍼짐 정도가 모든 경우에 대해 단지 0.1 μm이다(전자에 대한 그림 4.16*a*와 비교). 실리콘 기판에서 후방 산란은 전혀 없었고, 금 기판의 경우 매우 적은 양의 후방 산란이 일어났다. 하지만 이온 빔 노광은 이온 빔의 무뎌짐으로 인한 일정치 않은(또는 확률론적인) 공간 전하 효과로 나빠질 수 있다.

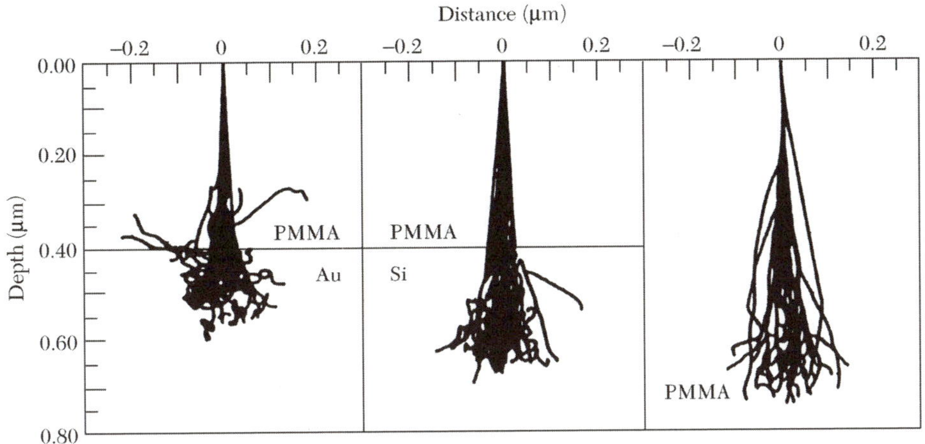

그림 4.19 PMMA를 통한 금, 실리콘 및 PMMA 내로 이동하는 60 keV H^+ 이온의 궤도.[17]

주사 집속 빔 방식과 마스크-빔 방식의 두 가지 이온 빔 노광 시스템이 있다. 전자는 전자 빔 설비(그림 4.13)와 유사하며 Ga^+ 또는 H^+ 이온을 소스로 사용할 수 있다. 후자는 광학적인 5배 축소 스텝과 반복(step-and-repeat) 시스템과 유사하며 스텐실(stencil) 마스크를 통하여 100 keV로 H_2^+와 같이 가벼운 이온을 투영한다.

4.2.5 여러 노광 기술들의 비교

지금까지 논의한 모든 노광 방법들은 이미 100 nm 또는 그 이상의 해상도를 가지고 있다. 표 4.1에 다양한 노광 기술들을 비교해 놓았다. 하지만 각각의 방법들은 광학 노광의 회절 현상, 전자 빔 노광의 근접 효과, 엑스선 노광의 마스크 제작의 복잡함, EUV 노광의 공 마스크 생산의 어려움, 그리고 이온 빔 노광의 확률론적인 공간 전하 등 개개의 한계를 가지고 있다.

집적 회로 제작을 위해서 많은 마스크 단계를 포함하고 있다. 하지만 모든 단계에 동일한 노광 기술을 사용할 필요는 없다. 여러 기술들의 통합된 접근법은 각 노광 공정의 독특한 장점들을 살려 해상도를 향상시키고, 공정 처리량을 최대로 만든다. 예를 들어, 4:1 EUV 방법은 가장 중요한 마스크 단계에 사용될 수 있고, 그에 반해 4:1이나 5:1의 광학 시스템은 그 밖의 것들에 사용된다.

반도체 산업 협회의 **반도체 국제 기술전망**(ITRS: International Technology Roadmap for Semiconductors)에 의하면, 집적 회로 제작 기술은 2010년경 50 nm 세대에 도달하게 될 것이다.[18] 각 신기술 세대들과 더불어 노광은 더 작은 형상 크기와 더 엄격한 오버레이 허용 오차의 요구 때문에 반도체 산업의 더욱 중요한 핵심 동력이 되고 있다. 더욱이 노광 설비 가격은 집적 회로 제조 설비의 총 장비 가격에 비해 더욱 비싸지고 있다. 지금도 다국적 연구 프로젝트 또는 산업체의 제휴에 의해 차세대 노광 기술이 발전하고 있다.

표 4.1 다양한 노광 기술들의 비교

	Optical 248/193 nm	SCALPEL	EUV	X-ray	Ion Beam
Exposure Tool					
Source	Laser	Filament	Laser plasma	Synchrotron	Multicusp
Diffraction limited	Yes	No	Yes	Yes	No
Optics	Refractive	Refractive	Refractive	No optics	Full-field refractive
Step and scan	Yes	Yes	Yes	Yes	Stepper
Throughput of 200-mm wafers/hr	40	30~35	20~30	30	30
Mask					
Demagnification	4×	4×	4×	1×	4×
Optical proximity correction	Yes	No	Yes	Yes	No
Radiation path	Transmission	Transmission	Reflection	Transmission	Stencil
Resist					
Single or multilayer	Single	Single	Surface imaging	Single	Single
Chemical-amplified resist	Yes	Yes	No	Yes	No

SCALPEL, Scattering with angular limitation projection electron beam lithoraphy; EUY extreme ultraviolet.

4.3 광 노광 모의 실험

산화 공정(3장)에서처럼 광 노광 공정을 연구하는 데 있어서도 컴퓨터 모의 실험은 중요한 수단이다. 불행히도 SUPREM 패키지는 광 노광 모의 실험을 수행할 수 없다. 하지만 다른 대중적인 도구인 PROLITH는 이러한 능력을 제공한다.

PROLITH는 원래 크리스 맥(Chris Mack)에 의해 개발된 양/음성 감광제 광학 노광 모델을 사용하는 윈도 기반 프로그램이다.[19] PROLITH는 감광막 노광과 현상을 통해 가공의 이미지 형성으로부터 완전한 1, 2차원의 광학 노광 공정을 모의 실험한다. 프로그램의 결과는 광범위한 종류의 이미지들, 도면들, 그래프들과 계산 값들로 이루어진 최종 감광막 형태의 정밀한 예상을 보여 준다. 특히, PROLITH는 아래 항목들을 모의 실험할 수 있다.

- 광학 투영 방식에 의한 마스크 형상의 이미지 형성
- 이미지에 의한 감광막의 노광
- 이미지의 확산
- 노광된 감광막의 현상

PROLITH는 파라미터 입력이나 데이터 파일 형태로 노광 정보를 받아들이고, 이러한 정보를 표준적이고 진보된 노광 공정을 모의 실험하기 위해 사용한다. PRO-

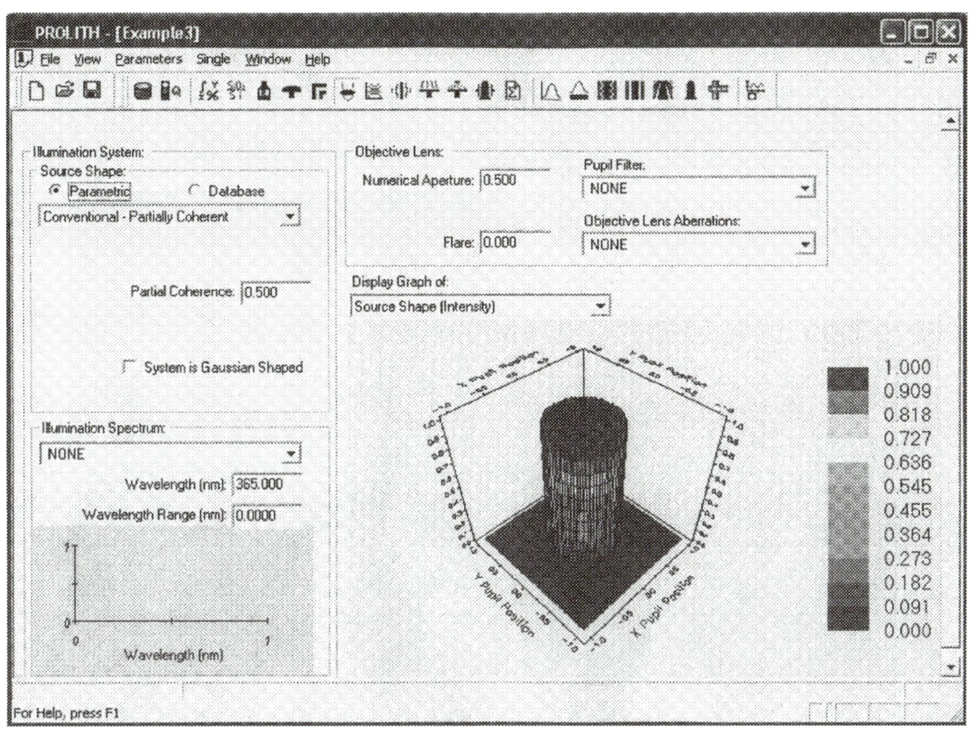

그림 4.20 PROLITH의 이미지 툴 창.

LITH를 실행하려면, 사용자는 윈도 시작 메뉴에 있는 PROLITH 아이 콘을 찾아 간단히 눌러 준다. 성공적으로 인가를 받고 나면, Imaging Tool 파라미터 창이 뜬다(그림 4.20). 사용자가 View 메뉴로부터 선택함에 따라, PROLITH는 모의 실험 결과를 보여주기 위해 파라미터가 입력될 수 있는 창을 보여 준다. 모의 실험 결과는 Graph 메뉴에서 볼 수 있다. 그래프로 보여 줄 수도 있다. 이러한 개념들이 예제 3에 나와 있다.

예제 4.3

그림 4.20에서 노광 및 현상 후 원통형의 마스크 형상에 대한 감광막의 측면도를 보기 위해 PROLITH를 사용하라. 다음 공정 조건을 가정하라.

Photoresist type = SPR 500
Pre-bake temperature = 95°C
Pre-bake time = 60 seconds
Numerical aperture of the lens = 0.5
Exposure wavelength = 365 nm
Exposure energy = 150 mJ/cm^2
Post-exposure bake temperature = 110°C

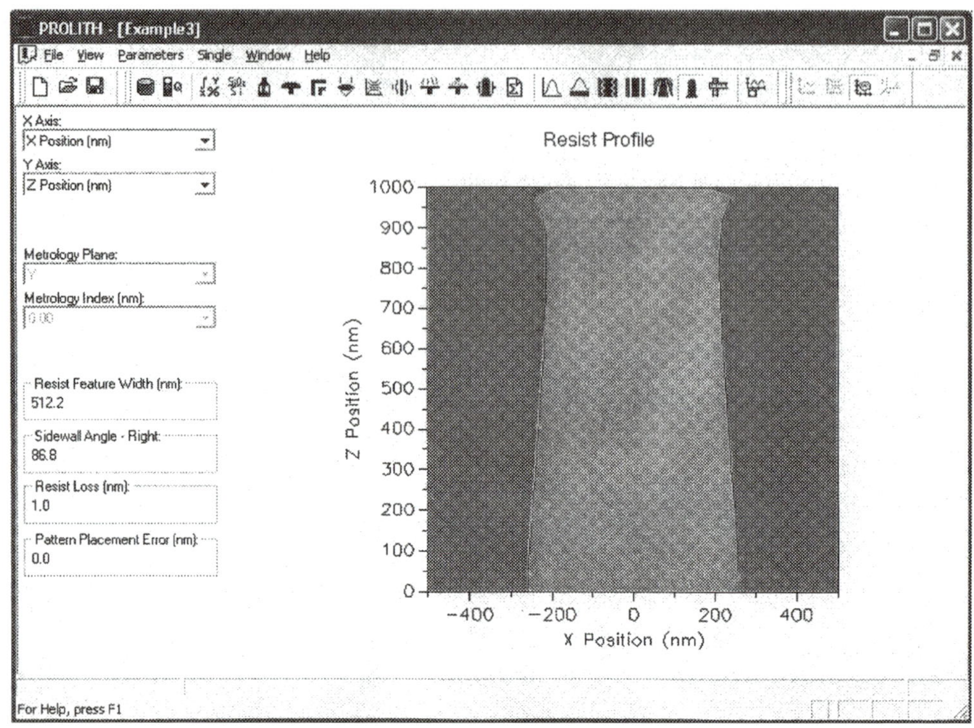

그림 4.21 예제 3과 그림 4.20에서 지정된 마스크에 의한 감광제의 측면도.

Post-exposure bake time = 60 seconds
Development time = 60 seconds
Developer = MFT 245/501

▸ *풀이*

주어진 모든 값들은 파라미터 메뉴에서 혹은 툴바 상의 적정 아이콘들을 누름으로써 입력할 수 있다. 결과로 나타나는 감광막의 측면도는 그림 4.21과 같다.

4.4 요약

반도체 산업의 지속적인 성장은 반도체 웨이퍼 상에 더 작은 회로 패턴을 전사하는 능력의 직접적 결과이다. 현재 노광 설비의 대부분이 광학 시스템이다. 이 장에서는 광학 노광에 쓰이는 다양한 노광 도구, 마스크, 감광제, 그리고 청정실에 대해 알아보았다. 광학 노광에서 해상도를 결정하는 가장 중요한 요소는 회절이다. 하지만 엑시머 레이저, 감광제 화학 물질, PSM과 OPC와 같은 해상도 향상 기술의 진보 때문에 적어도 100 nm급에서는 광학 노광이 주류 기술로 남을 것이다.

전자 빔 노광은 마스크 제작과 새로운 소자 개념을 탐구하는 나노 제작을 위해 선택된 기술이다. 또 다른 노광 공정 기술들로 EUV, 엑스선, 그리고 이온 빔 노광이 있다. 비록 이들 모두가 100 nm나 그 이상의 해상도를 가지더라도, 각 공정들은 개개의 한계를 가지고 있다. 전자 빔 노광의 근접 효과, EUV 노광의 공마스크 생산의 어려움, 엑스선 노광의 마스크 제작의 복잡함, 그리고 이온 빔 노광의 확률론적인 공간 전하 등이 그것이다.

현 시점에서 광학 노광의 명백한 후계 기술은 명확히 드러나지 않을 수 있다. 하지만 여러 기술들의 통합된 접근법은 해상도를 향상시키고, 처리량을 최대로 하기 위해 각 노광 공정의 독특한 형상의 장점을 가질 수 있다.

참고 문헌

1. For a more detailed discussion on lithography, see (a) K. Nakamura, "Lithography," in C. Y. Chang and S. M. Sze, Eds., *ULSI Technology*, McGraw-Hill, New York, 1996. (b) P. Rai-Choudhurg, *Handbook of Microlithography, Micromachining, and Microfabrication*, Vol. 1, SPIE, Washington, DC, 1997. (c) D. A. McGillis, "Lithography," in S. M. Sze, Ed., *VLSI Technology*, McGraw-Hill, New York, 1983.
2. For a more detailed discussion on etching, see Y. J. T. Liu, "Etching," in C. Y. Chang and S. M. Sze, Eds., *ULSI Technology*, McGraw-Hill, New York, 1996.
3. J. M. Buffalo and J. R. Monkowski, "Particulate Contamination and Device Performance, *Solid State Technol*. **27**, 3,109 (1984).
4. H. P. Tseng and R. Jansen, "Cleanroom Technology," in C. Y. Chang and S. M. Sze, Eds., *ULSI Technology*, McGraw-Hill, New York, 1996.
5. M. C. King, "Principles of Optical Lithography," in N. G. Einspruch, Ed., *VLSI Electronics*, Vol. 1, Academic, New York, 1981.
6. J. H. Bruning, "A Tutorial on Optical Lithography," in D. A. Doane, et al., Eds., *Semiconductor Technology*, Electrochemical Soc., Penningston, 1982.
7. R. K. Watts and J. H. Bruning, "A Review of Fine-Line Lithographic Techniques: Present and Future," *Solid State Technol*., **24**, 5, 99 (1981).
8. W. C. Till and J. T. Luxon, *Integrated Circuits, Materials, Devices, and Fabrication*, Prentice-Hall, Englewood Cliffs, NJ, 1982.
9. M. D. Levenson, N. S. Viswanathan, and R. A. Simpson, "Improving Resolution in Photolithography with a Phase-Shift Mask," *IEEE Trans. Electron Devices*, **ED-29**, 18-28 (1982).
10. D. P. Kern, et al., "Practical Aspects of Microfabrication in the 100-nm Region," *Solid State Technol*., **27**, 2, 127 (1984).
11. J. A. Reynolds, "An Overview of e-Beam Mask-Making," *Solid State Technol*., **22**, 8, 87 (1979).
12. Y. Someda, et al., "Electron-Beam Cell Projection Lithography: Its Accuracy and Its Throughput," *J. Vac. Sci. Technol*., **B12** (6), 3399 (1994).
13. W. L. Brown, T. Venkatesan, and A. Wagner, "Ion Beam Lithography," *Solid State Technol*., **24**, 8, 60 (1981).
14. D. S. Kyser and N. W. Viswanathan, "Monte Carlo Simulation of Spacially Distributed Beams in Electron-Beam Lithography," *J. Vac. Sci. Technol*., **12**, 1305

(1975).

15. Charles Gwyn, et al., "Extreme Ultraviolet Lithography," White Paper, Sematech, Next Generation Lithography Workshop, Colorado Springs, Dec. 7-10, 1998.

16. J. P. Silverman, "Proximity X-ray Lithography," White Paper, Sematech, Next Generation Lithography Workshop, Colorado Springs, Dec. 7-10, 1998.

17. L. Karapiperis, et al., "Ion Beam Exposure Profiles in PMMA-Computer Simulation," *J. Vac. Sci. Technol.*, **19**, 1259 (1981).

18. *The International Technology Roadmap for Semiconductors*, Semiconductor Ind. Assoc., San Jose, CA, 2001.

19. *PROLITH/2 User's Manual*, FINLE Technologies, Austin, TX, 1998.

연습 문제

4.1절: 광학적 노광

1. 클래스 100인 청정실에서, 한 변의 길이가 1 m인 정육면체 공간 안에 존재하는 (a) 0.5~1 μm, (b) 1~2 μm, (c) 2 μm보다 큰 먼지 입자의 수를 찾으라.

2. 치명적인 결함의 평균 밀도가 면적(cm^2)당 0.1인 마스크 4개, 0.25인 마스크 4개, 그리고 1.0인 마스크 하나로 이루어진 마스크 9개를 사용한 공정의 최종 생산량을 구하라. 칩 면적은 50 mm^2이다.

3. 광학 노광 시스템은 0.3 mW/cm^2의 노광 에너지를 가지고 있다. 양성 감광제는 140 mJ/cm^2, 음성 감광제는 9 mJ/cm^2의 노광 에너지를 필요로 한다. 웨이퍼를 넣고 빼는 시간을 무시한다고 가정하고, 양성 감광제와 음성 감광제의 웨이퍼 처리량을 비교해 보라.

4. (a) 193 nm 파장을 가진 ArF 엑시머 레이저를 이용하는 광학 노광 시스템에서 NA = 0.65, k_1 = 0.60, k_2 = 0.50일 때, 이론적인 해상도와 초점 심도는 얼마인가? (b) 실제로 NA, k_1, k_2 변수들을 변화시켜 해상도를 향상시킬 수 있는가? (c) 상변환 마스크(PSM)에서 해상도를 향상시키기 위한 변수는 무엇인가?

5. 그림 4.9 좌표 위의 선을 마이크로 노광에서 **응답 곡선**(response curve)이라고 한다. (a) 높은 γ 값을 가지는 감광제를 사용함으로써 발생하는 장단점은 무엇인가? (b) 이전의 감광제들은 248 nm 또는 193 nm 파장을 가진 노광에 쓸 수 없다. 왜 그런가?

4.2절: 차세대 노광 기술

6. (a) 전자 빔 노광에서 가우스 빔보다 일정 모양을 가지는 빔이 더 높은 처리량을 가지는 이유를 설명하라. (b) 전자 빔 노광에서 정렬시킬 수 있는 방법은 무엇인가? (c) 전자 빔 노광을 능가하는 엑스선 노광의 장점은 무엇인가?

7. (a) 광학 노광 시스템의 조작법이 근접 인쇄 방식에서 1:1 투사 인쇄, 그리고 최종적으로 5:1 투사 스텝과 반복 방식으로 발전된 이유는 무엇인가? (b) 단계적인 주사 방

식의 엑스선 노광 시스템을 만드는 것이 가능한가? 가능성 유무와 그 이유를 기술하라.

4.3절: 광 노광 모의 실험

8. 아래 주어진 공정 조건들을 가지고 예제 3을 반복하라.

Pre-bake temperature = 100°C
Pre-bake time = 5 minutes
Exposure energy = 50 mJ/cm^2
Post-exposure bake temperature = 120°C
Post-exposure bake time = 15 minutes
Development time = 60 seconds
Developer = MF 319

감광제 측면도에서 다른 점들을 설명하라.

식각 공정

Etching

앞의 장에서 논의했듯이 노광은 반도체 웨이퍼 표면에 놓여진 감광제에 패턴을 옮기는 공정이다. 회로의 특성을 산출함에 있어서, 이 포토 패턴은 소자를 구성하는 감광제 아래에 있는 층으로 옮겨져야만 한다. 이 패턴을 옮기는 노광 공정은 패턴이 없는 부분을 선택적으로 제거하는 식각(etching) 공정에 의해서 완성된다.[1] 1.4.2절에서 식각에 관하여 간단히 설명하였다. 이 장은 다음의 주제를 포함하고 있다.

- 반도체, 절연체, 금속 박막의 습식 식각을 위한 메커니즘
- 고성능 패턴 형성을 위한 플라즈마 식각(건식 식각)

5.1 습식 화학 식각

습식 화학 식각(wet chemical etching)은 반도체 공정 에서 광범위하게 사용된다. 먼저 괴(ingot)를 절단해서 반도체 웨이퍼를 만들고(2장), 화학 식각액은 결함이 없는 표면, 즉 시각적으로 평평한 웨이퍼를 만들기 위한 래핑(lapping)이나 연마(polishing)를 위해 사용된다. 열적 산화(3장)나 에피택시얼 성장(8장)을 하기 전에, 반도체 웨이퍼는 동작이나 보관에서 발생하는 오염을 제거하기 위해 화학적으로 세척되어야 한다. 습식 화학 식각은 다결정 실리콘이나 산화물, 질화물, 금속, III-V족 화합물의 전반적인 식각에 특히 적합하다.

습식 화학 식각의 메커니즘은 그림 5.1에서 설명하듯이 3가지의 중요한 단계들을 포함한다. 식각 용액은 확산에 의해 표면으로 이동되고, 표면에서 화학 반응이 일어난다. 그리고 확산에 의해 반응으로 생긴 생성물들이 제거된다. 교반 정도나 식각 용액 온도는 분당 제거된 막의 양을 나타내는 식각 속도에 영향을 준다. 집적 회로 공정에서 습식 화학 식각은 웨이퍼를 식각 용액에 담그거나 웨이퍼 위에 식각 용액을 뿌림(spraying)으로써 진행된다. 화학적 식각에서는 웨이퍼를 식각 용액에 담그고, 기계적 교반은 균일한 식각과 일정한 식각 속도를 위해 요구된다. 스프레이 식각을 사용하여 항상 웨이퍼 위에 깨끗한 식각액을 공급함으로써 균일도와 식각 속도를 크게 증가시킬 수 있기 때문에 점차 화학적 식각을 스프레이 식각으로 대체하고 있다.

반도체 생산 라인에서 식각 속도를 아주 균일하게 만드는 것은 매우 중요하다. 식각 속도는 웨이퍼와 웨이퍼, 공정 전과 공정 후, 패턴 집적도와 형태 크기의 다양함 등

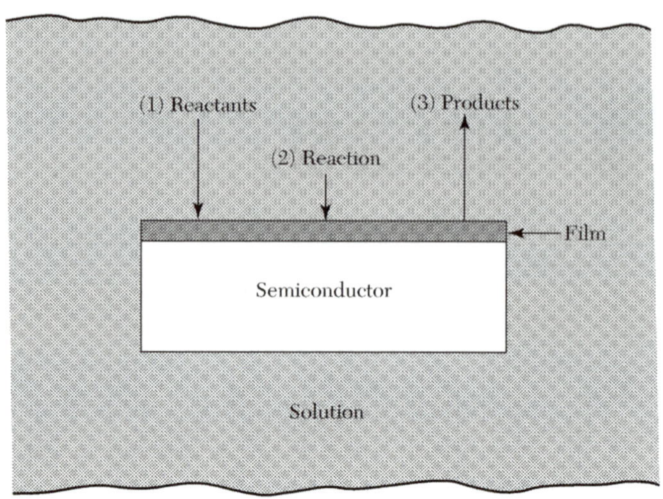

그림 5.1 습식 화학 식각의 기본 메커니즘.

이 균일해야만 한다. 식각 속도의 균일도는 다음 식을 따른다.

$$\text{Etch rate uniformity }(\%) = \frac{(\text{Maximum etch rate} - \text{Minimum etch rate})}{(\text{Maximum etch rate} + \text{Minimum etch rate})} \times 100\% \quad (1)$$

▶ 예제 5.1

만약 200 mm의 실리콘 웨이퍼의 중심, 왼쪽, 오른쪽, 윗면, 아랫면의 식각 속도가 각각 750, 812, 765, 743, 그리고 798 nm/min이라고 할 때 알루미늄의 평균 식각 속도와 식각 속도의 균일도를 계산하라.

▶ *풀이*

알루미늄의 평균 식각 속도 = (750 + 812 + 765 + 743 + 798) ÷ 5 = 773.6 nm/min

식각 속도의 균일도 = (812 − 743) ÷ (812 + 743) × 100% = 4.4%

5.1.1 실리콘 식각

반도체 재료에서 습식 화학 식각은 보통 화학 반응에 의한 산소의 분해에 따른 산화에 의해 진행된다. 실리콘의 경우 식각액으로 사용되는 대부분의 것은 물이나 초산에 넣은 질산(HNO_3)과 불산(HF)의 혼합물이다. 질산(HNO_3)은 실리콘을 산화막(SiO_2) 형태로 산화시킨다. 그 산화 반응은

$$Si + 4HNO_3 \rightarrow SiO_2 + 2H_2O + 4NO_2 \quad (2)$$

불산(HF)은 산화막(SiO_2) 층을 분해시키기 위해 사용된다. 그 반응은

$$SiO_2 + 6HF \rightarrow H_2SiF_6 + 2H_2O \quad (3)$$

물은 식각액을 희석시킬 수 있으나 초산은 질산의 분해를 감소시키기 때문에 더 많이 사용된다.

어떤 식각액들은 다른 면들보다 단결정 실리콘의 결정면을 더 빠르게 분해시킨다. 이것은 결정 방향에 의존하는 식각의 결과이다.[3] 실리콘 격자의 경우 (111) 면이 (100)이나 (110) 면보다 면적당 더 많은 결합을 가진다. 따라서 식각 속도는 (111) 면에서 더 느릴 것이다. 일반적으로 결정 방향에 의존하는 실리콘 식각에 IPA와 KOH의 혼합물로 구성된 식각액이 사용된다. 예를 들면, 약 80°C의 물로 중화된 19%의 KOH는 (110)이나 (111) 면보다 더 높은 비율로 (100) 면을 제거한다. 식각 속도의 비율은 (100), (110), 그리고 (111)이 100:16:1이다.

산화막(SiO_2) 마스크 패턴을 통한 <100> 방향 실리콘의 결정 방향에 의존하는 식각은 그림 5.2*a*에서와 같이 (111) 표면으로부터 54.7° 각도로 (111) 면이 가장자리를 형성하는 정밀한 V 모양의 홈을 만든다.[4] 만약 마스크 창이 충분히 크거나 식각 시간이 짧으면 그림 5.2*a* 오른쪽과 같이 U 모양의 홈이 형성될 것이다. 바닥 면에서 식각된 폭은 다음과 같이 주어진다.

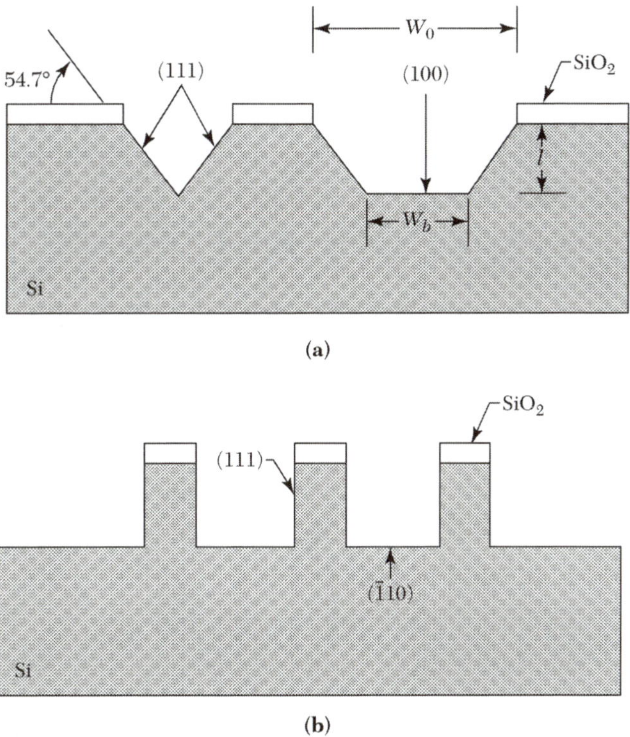

그림 5.2 결정 방향 의존성 식각.[4] (*a*) 실리콘 <100> 방향의 창문 패턴. (*b*) 실리콘 <$\bar{1}$10> 방향의 창문 패턴.

$$W_b = W_0 - 2l \cot 54.7°$$

또는

$$W_b = W_0 - \sqrt{2}l \quad (4)$$

W_0는 웨이퍼 표면에서 마스크 창의 폭이고, l은 식각된 깊이이다. 만약 <$\bar{1}$10> 방향의 실리콘을 식각한다면 그림 5.2*b*에서와 같이 (111) 면 쪽이 수직인 벽 모양의 홈이 형성될 수 있다. 미세한 패턴 길이를 갖는 소자 구조의 제작에 있어서 식각 속도의 방향 의존성은 많은 부분에서 사용될 수 있다.

5.1.2 산화막 식각

산화막(SiO_2)의 습식 식각은 암모늄 플로라이드(NH_4F)가 첨가된 불산(HF) 또는 희석되어 있는 불산(HF)에 의해 이루어진다. NH_4F의 첨가는 **완화된 HF**(BHF: buffered HF) **용액**을 만든다. 이 또한 **완화된 산화 식각**(BOE: buffered oxide etch)이라 불린다. HF에 NH_4F를 첨가하는 것은 pH 값을 조절할 수 있고, 소모된 불화물 이온을 보충하는 것을 조절할 수 있기 때문에 일정한 식각 공정을 유지할 수 있다. 산화막 식각의 전반적인 반응은 식 (3)과 같이 일어난다. 산화막의 식각 속도는 식각액 용해제, 식각액의 농도, 교반 정도, 그리고 온도에 의존한다. 게다가 밀도, 다공도, 미세 구조, 그리고 불순물의 존재 등은 산화물의 식각 속도에 영향을 준다. 예를 들면, 높은 인 농도를 갖는 산화물의 경우 식각 속도는 빠르게 증가한다. 화학 기상 증착이나 스퍼터링을 이용해서 느슨한 산화물 구조를 만들 경우 열적 산화로 성장한 산화물보다 빠른 식각 속도를 갖는다.

산화막은 또 증기 상태의 HF에 의해서도 식각될 수 있다. 증기 상태의 HF로 산화막을 식각하는 기술은 공정을 잘 조절할 수 있기 때문에 미세한 패턴 식각이 가능하다.

5.1.3 실리콘 나이트라이드와 다결정 실리콘 식각

실리콘 나이트라이드(Si_3N_4) 막은 농축된 HF나 완화된 HF, 그리고 끓는 인산(H_3PO_4) 용액을 이용해 상온에서도 식각할 수 있다. 산화막에 대한 질화막의 선택적 식각은 180℃에서 85% H_3PO_4에 의해 이루어진다. 왜냐하면 이 용액은 산화막을 매우 천천히 식각하기 때문이다. 질화막의 일반적인 식각 속도는 10 nm/min이다. 그러나 산화막의 식각 속도는 1 nm/min보다 훨씬 느리다. 그러나 끓는 인산(H_3PO_4)으로 질화막을 식각할 때 감광제의 유착 문제가 발생하게 된다. 보다 나은 패터닝은 감광제를 코팅하기 전에 질화막 위에 얇은 산화막을 증착함으로써 얻어질 수 있다. 감광제 패턴은 산화막 위에 증착되고, 다음에 질화막 식각을 위한 마스크로 사용된다.

다결정 실리콘 식각은 단결정 실리콘 식각과 비슷하다. 그러나 식각 속도는 입계(grain boundary) 때문에 단결정보다 훨씬 빠르다. 일반적으로 식각 용액으로는 아래층에 있는 산화막을 식각하지 않는 것을 사용한다. 불순물 농도와 온도는 다결정 실리콘의 식각 속도에 영향을 준다.

5.1.4 알루미늄 식각

알루미늄(Al)과 알루미늄 합금 막은 일반적으로 가열된 인산(H_3PO_4), 질산(HNO_3), 초산(CH_3COOH), 그리고 초순수[deionized(DI) water] 용액에 의해 식각된다. 그 대표적인 식각액은 30~80°C의 73% H_3PO_4, 4% HNO_3, 3.5% CH_3COOH, 그리고 19.5% 초순수의 용액이다. 알루미늄의 습식 식각은 다음과 같다. 질산(HNO_3)은 알루미늄을 산화시키고, 인산(H_3PO_4)으로 산화 알루미늄을 용해시킨다. 식각 속도는 식각액의 농도, 온도, 웨이퍼의 교반 정도, 그리고 알루미늄 막의 불순물이나 혼합물 등에 의존한다. 예를 들어, 식각 속도는 구리가 알루미늄에 첨가될 때 줄어든다.

절연체 막이나 금속막의 습식 식각은 벌크 모양의 재료를 용해시키는 화학 물질이나 녹기 쉬운 염류나 합성물로 변환되기도 하는 화학 물질과 비슷하게 이루어진다. 일반적으로, 막 재료들은 덩어리 재료보다 훨씬 빠르게 식각된다. 또한 방사된 막이나 스트레스가 발생한 막, 구조적으로 나쁜 성질을 갖는 막의 경우 식각 속도는 증가한다. 절연체나 금속막을 위한 여러 유용한 식각액들이 표 5.1에 나와 있다.

표 5.1 절연체와 전도체의 식각액

Material	Etchant Composition	Etch Rate (nm/min)
SiO_2	28 ml HF 170 ml HF } Buffered HF 113 g NH_4F	100
	15 ml HF 10 ml HNO_3 } P etch 300 ml H_2O	12
Si_3N_4	Buffered HF	0.5
Al	H_3PO_4	10
	4 ml HNO_3 3.5 ml CH_3COOH 73 ml H_3PO_4 19.5 ml H_2O	30
Au	4 g KI	1000
Mo	1 g I_2 40 ml H_2O 5 ml H_3PO_4 2 ml HNO_3 4 ml CH_3COOH 150 ml H_2O	500
Pt	1 ml HNO_3 7 ml HCl 8 ml H_2O	50
W	34 g KH_2PO_4 13.4 g KOH 33 g $K_3Fe(CN)_6$ H_2O to make 1 liter	160

5.1.5 갈륨 아세나이드 식각

갈륨 아세나이드(GaAs)를 식각하기 위해서 수많은 연구가 진행되어 왔다. 그러나 그들 중 극소수만이 등방성 식각이다.[5] 그 이유는 갈륨의 (111) 면과 비소의 (111) 면의 활성화 에너지가 매우 다르기 때문이다. 비소 면에서의 식각은 연마된 표면으로 주어지지만 갈륨 면은 결정 결함을 보여 주는 경향을 띠거나 서서히 식각된다. 일반적으로 사용되는 식각액은 H_2SO_4–H_2O_2–H_2O와 H_3PO_4–H_2O_2–H_2O 시스템이다. H_2SO_4:H_2O_2:H_2O의 부피 비율이 8:1:1인 식각액은 <111> 갈륨 면에서는 0.8 μm/min의 식각 속도를 가지고, 다른 모든 면에서는 1.5 μm/min의 식각 속도를 가진다. H_3PO_4:H_2O_2:H_2O의 부피 비율이 3:1:50인 식각액의 경우 <111> 갈륨 면에서는 0.4 μm/min의 식각 속도를 가지고 다른 모든 면에서는 0.8 μm/min의 식각 속도를 가진다.

5.2 건식 식각

패턴을 전사하는 공정에서 감광제 패턴은 아래층 식각에 대해 마스크 역할을 하는 것으로 노광 공정에 의해 정의된다(그림 5.3*a*).[6] 대부분의 층에 있는 물질들(SiO_2, Si_3N_4, 증착된 금속)은 비정질이나 다결정 박막이다. 만약 이것들을 습식 화학 식각액으로 식각한다면 식각 속도는 일반적으로 그림 5.3*b*에서 설명하듯이 등방성이다(측면과 수직면의 식각 속도는 같다). 만약 h_f가 층 간 물질의 두께이고, l이 감광제 아랫부분의 식각된 측면 길이라고 하면 이방성 정도를 구할 수 있다.

$$A_f \equiv 1 - \frac{l}{h_f} = 1 - \frac{R_l t}{R_v t} = 1 - \frac{R_l}{R_v} \tag{5}$$

t는 시간, R_l, R_v는 측면과 수직면의 식각 속도이다. 등방성의 식각을 위해서는 $R_l = R_v$ 그리고 $A_f = 0$이어야 한다.

패턴을 전사함에 있어서 습식 화학 식각의 중요한 단점은 분해능의 문제로 마스크 바로 아래층을 식각시키는 것이다. 일반적으로 등방성 식각을 위해 막 두께를 원하는 분해능의 1/3이나 그보다 작게 해야만 한다. 만약 패턴들이 막 두께보다 훨씬 작은 분해능을 요구하면 거의 이방성 식각이 이루어진다(즉, $1 \geq A_f > 0$). 또 A_f의 값은 일정한 값으로 선택된다. 그림 5.3*c*는 $A_f = 1$, $l = 0$(혹은 $R_l = 0$)일 경우를 보여 준다.

대규모 공정에서 요구되는 감광제 패턴의 높은 신뢰성 전사를 이룩하기 위해 건식 식각 방법이 개발되어 왔다. 건식 식각은 **플라즈마 식각**이라고도 하는데, 낮은 압력에서 방사되는 형태의 플라즈마를 사용하는 여러 기술들을 말한다. 건식 식각 방법에는 플라즈마 식각(plasma etching), 반응성 이온 식각(RIE: reactive ion etching), 스퍼터 식각(sputter etching), 자기적으로 향상된 반응성 이온 식각(MERIE: magnetically enhanced RIE), 반응성 이온 빔 식각(reactive ion beam etching), 그리고 고농도 플라즈마(HDP: high density plasma) 식각이 있다.

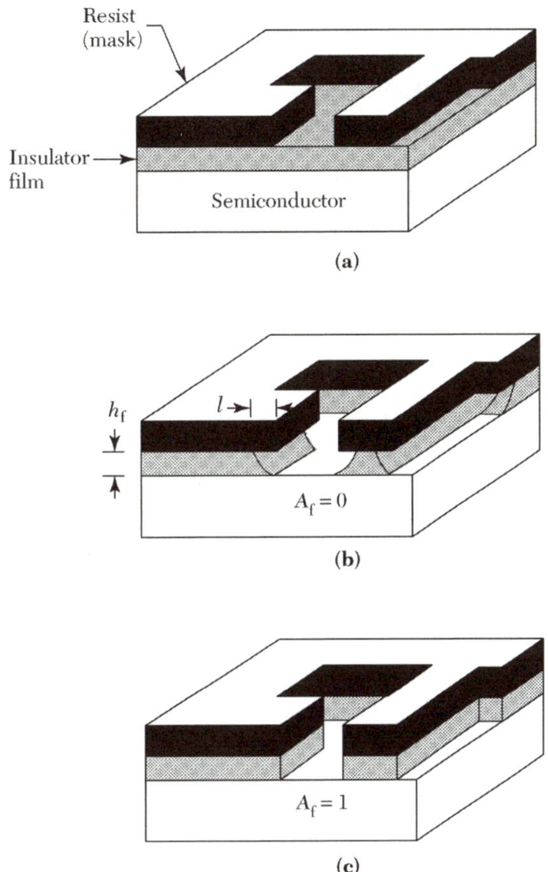

그림 5.3 습식 화학 식각과 건식 식각의 패턴 형성 비교.[6]

5.2.1 플라즈마의 기초

플라즈마는 음과 양의 전하 수가 같고 이온화되지 않는 다른 수의 중성 분자를 포함하는 전체적 또는 부분적으로 이온화된 기체이다. 이러한 플라즈마는 충분한 크기의 전기장이 기체에 가해질 때, 기체가 충돌하고 이온화됨으로써 발생한다. 플라즈마는 자유 전자가 역 바이어스가 걸리는 쪽으로 방출됨으로써 시작된다. 이 자유 전자는 전기장으로부터 운동 에너지를 얻게 된다. 이 전자들이 기체를 통과하면서 기체 분자들과 충돌하고 기체 분자들은 이온화된다(즉, 자유 전자로). 이 자유 전자는 계속적으로 전기장으로부터 운동 에너지를 얻고 이러한 과정은 지속된다. 게다가 제한된 위치 에너지보다 큰 전압을 가해 주면 이 지속된 플라즈마는 반응기 내에서 계속적으로 형성된다.

건식 식각을 위한 플라즈마에서의 전자 농도는 일반적으로 10^9~10^{12} cm^{-3}으로 상대적으로 낮은 값을 가진다. 1 Torr의 압력에서 기체 분자의 농도는 전자의 농도보다 10^4~10^7배나 높다. 이 결과 기체의 평균 온도는 50~100°C의 범위를 가진다. 따라서 플라즈마 건식 식각은 저온 공정이다.

예제 5.2

RIE와 HDP 시스템의 전자 밀도가 각각 $10^9 \sim 10^{10}/cm^{-3}$과 $10^{11} \sim 10^{12}/cm^{-3}$이다. 만약 RIE 체임버 압력이 200 mTorr이고, HDP 체임버의 압력이 5 mTorr일 때, 상온에서 RIE 반응기와 HDP 반응기의 이온화율을 계산하라. 이온화율은 분자 밀도에 대한 전자 밀도의 비율이다.

풀이

$$PV = nRT$$

P는 대기압에서의 압력(1 atm = 760,000 mTorr), V는 부피(L), n은 몰 수, R은 기체 상수(0.082 L-atm/mol-K), 그리고 T는 온도(K)이다.
RIE에서

$$n/V = P/RT = (200/760{,}000)/(0.082 \times 300) = 1.06 \times 10^{-5}(\text{mol/liter})$$
$$= 1.06 \times 10^{-5} \times 6.02 \times 10^{23} \div 1000$$
$$= 6.38 \times 10^{15}\ (\text{cm}^{-3})$$
$$\text{Ionization efficiency} = (10^9 \sim 10^{10})/(6.38 \times 10^{15})$$
$$= 1.56 \times 10^{-7} \sim 1.56 \times 10^{-6}$$

HDP에서

$$n/V = \text{P/RT} = (5/760{,}000)/(0.082 \times 300) = 2.66 \times 10^{-7}\ (\text{mol/liter})$$
$$= 2.66 \times 10^{-7} \times 6.02 \times 10^{23} \div 1000$$
$$= 1.6 \times 10^{14}\ (\text{cm}^{-3})$$
$$\text{Ionization efficiency} = (10^{11} \sim 10^{12})/(1.6 \times 10^{14})$$
$$= 6.25 \times 10^{-4} \sim 6.25 \times 10^{-3}$$

따라서 HDP가 RIE보다 이온화율이 더 높다.

5.2.2 식각 메커니즘, 플라즈마 분석, 종점 조절

플라즈마 식각은 접지 상태나 여기 상태의 중성 입자들과 함께하는 화학적 반응에 의해 고체 막을 제거하는 공정이다. 플라즈마 식각은 활성화된 이온들이 기체의 방사를 만드는 것에 의해 행해진다. 식각의 기본적인 메커니즘, 플라즈마 분석, 그리고 종점(end-point)에 대해서 간단히 살펴보자.

식각 메커니즘

플라즈마 식각은 그림 5.4에 나타낸 바와 같이 5단계로 이루어진다. 첫째로, 플라즈마로부터 식각 물질이 만들어진다. 그 식각 물질은 정체된 기체 층에서 확산으로 인해 표면으로 옮겨진다. 그리고 그 식각 물질들은 표면에 흡착된다. 화학 반응은 (이온 충돌

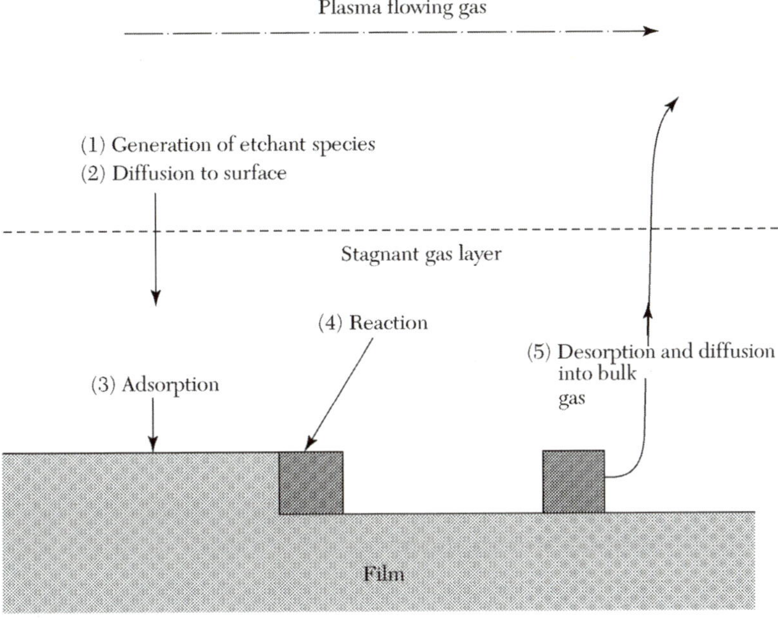

그림 5.4 건식 식각 공정의 기본 단계.[7]

과 같은 물리적인 영향으로) 휘발성 화합물을 형성한다. 마지막으로 그 화합물은 표면으로부터 탈착되고 벌크 기체 층으로 확산된다. 그리고 진공 장비에 의해 배출된다.[7]

플라즈마 식각은 낮은 압력에서 플라즈마를 만드는 것에서 시작된다. 전자를 여기하는 것에는 물리적인 방법과 화학적인 방법이 있는데, 스퍼터 식각은 전자에 해당하고, 후자에는 순수한 화학 식각이 포함된다. 물리적인 식각은 고속으로 가속된 양전하의 충돌로 이루어진다. 적은 양의 음전하 이온은 플라즈마를 형성하면서 웨이퍼 표면에 도달하지 않고 실질적인 플라즈마 식각에 관여하지 않는다. 화학적 식각의 경우 플라즈마에 의해 만들어진 중성적인 반응 물질들은 휘발성 물질의 형태로 표면의 물질과 반응한다. 화학적 식각 메커니즘과 물리적 식각 메커니즘은 서로 다른 특성을 가진다. 화학적 식각은 높은 식각 속도와 좋은 선택비(즉, 다른 재료에 대한 식각 속도의 비율)를 가지고 있지만, 작은 이온 충돌로 손상이 발생한다. 그리고 등방성 특징을 나타낸다. 물리적인 식각은 이방성 특징을 나타내지만, 나쁜 식각 선택비와 높은 이온 충돌 손상을 가진다. 화학적 식각과 물리적 식각의 조합은 이방성 특징을 가지며 좋은 선택비와 적당한 이온 충돌의 손상을 가진다. 예를 들면, RIE 공정은 화학적 식각을 보조하기 위해 물리적 방법을 사용하거나, 화학 식각에서 관여하는 반응 이온을 생성하기 위해 물리적 방법을 사용한다.

플라즈마 분석

대부분의 플라즈마 공정에서는 적외선에서 자외선의 범위를 가지는 광선을 방출한다. 간단한 분석 기술은 광학 주사 현미경(OES: optical emission spectroscopy)의 도움으로 파장에 대한 주사 강도를 측정하는 것이다. 관찰된 스펙트럼의 최고점을 이용하여, 이전에 정의된 연속 스펙트럼과 함께 상호 의존하는 방사에 의해 중성자와 이온의 실제를 증명할 수 있다. 농도와의 관련성은 강도 변화와 플라즈마 변수의 상관관계를 이용하여 얻을 수 있다. 방사 신호는 주된 식각기나 식각 순환의 끝 부분에서 증가하거나 감소하는 생성물에 의해 얻어질 수 있다.

종점 조절

아래층에 대한 선택비가 적은 건식 식각에서 종점(end point)을 정하는 방법은 습식 화학 식각과 다르다. 따라서 플라즈마 반응기는 식각 공정을 마쳤을 때 알려 줄 수 있는 감시기가 필요하다[즉, **종점 측정 시스템**(end-point detection system)]. 종점을 정의하거나 식각 속도를 지속적으로 감시할 때 웨이퍼 표면에서의 레이저 간섭을 이용한다. 식각할 동안 표면 박막에서 반사된 레이저 빛에 강도는 진동한다. 이 진동은 식각층의 바깥쪽 경계면에서 반사된 빛과 안쪽 경계면으로부터 반사된 빛의 간섭 때문에 일어난다. 따라서 이러한 층에서 진동을 관찰하기 위해서는 광학적으로 투명하거나 반투명해야 한다. 그림 5.5는 실리사이드와 다결정 실리콘 게이트 식각의 전형적인 신호를 보여 준다. 이 진동의 주기는 막의 두께 변화와 관련 있다.

$$\Delta d = \lambda / 2\bar{n} \tag{6}$$

여기서 Δd는 반사된 빛이 하나의 주기가 되기 위한 막 두께의 변화, λ는 레이저 빛의 파장, 그리고 $\bar{n}$은 식각된 면에서의 굴절 정도이다. 예를 들어, 다결정 실리콘의 λ가 80 nm일 때 측정되는 헬륨-네온 레이저의 파장은 λ = 632.8 nm이다.

5.2.3 플라즈마 식각 기술과 장비의 민감도

집적 회로 산업에서 플라즈마 반응 기술은 먼저 플라즈마 공정 기술 적용에서부터 감광제 제거까지 이상적으로 변화해 왔다. 플라즈마 식각을 위한 반응기는 진공 체임버, 펌프 시스템, 파워 공급기, 압력 센서, 기체 흐름 조절기, 종점 측정기 등으로 이루어져 있다. 표 5.2는 상업적으로 사용되는 식각 장비들의 유사점과 차이점을 보여 주고 있

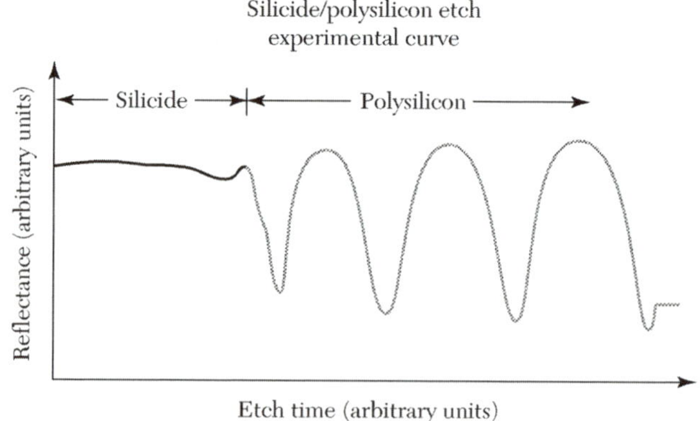

그림 5.5 합성된 실리사이드/다결정 실리콘 층의 식각 표면에 대한 반사율. 식각의 종점은 반사율 진동의 정지로 알 수 있다.

표 5.2 플라즈마 반응기의 압력 범위와 식각 메커니즘

Etch Tool Configuration	Etch Mechanism	Pressure Range (Torr)
Barrel etching	Chemical	0.1~10
Downstream plasma etching	Chemical	0.1~10
Reactive ion etching (RIE)	Chemical and physical	0.01~1
Magnetic enhanced RIE	Chemical and physical	0.01~1
Magnetic confinement triode RIE	Chemical and physical	0.001~0.1
Electron cyclotron resonance plasma etch	Chemical and physical	0.001~0.1
Inductively coupled plasma or transformer-coupled plasma	Chemical and physical	0.001~0.1
Surface wave coupled plasma or helicon plasma etching	Chemical and physical	0.001~0.1

다. 그림 5.6은 반응기에 따른 공정 압력의 범위와 이온 에너지를 보여 주고 있다. 각각의 식각 장비는 실험에 의해 디자인되었고, 특히 압력의 조합과 전극의 위치와 형태, 화학적인 메커니즘과 물리적인 메커니즘의 조절을 위한 주파수 등이 이용된다. 공장에서 사용되는 대부분의 장비는 높은 식각 속도와 장비의 자동화가 요구된다.

반응성 이온 식각

RIE는 미세전자 산업에서 널리 사용되고 있다. 평행판 다이오드 시스템에서, 방사 주파수(radio frequency)가 정전 용량적으로 결합된 하단 전극에 웨이퍼가 연결되어 있다. 이것의 바닥 전극은 상당히 큰 면적을 갖고 있다. 왜냐하면 사실상 그것은 체임버 자체이기 때문이다. 낮은 공정 압력(<500 mTorr)과 결합된 넓은 바닥 면적은 웨이퍼 표면에 높은 음(−)의 바이어스의 결과로 인해 플라즈마로부터 활발한 이온들의 높은

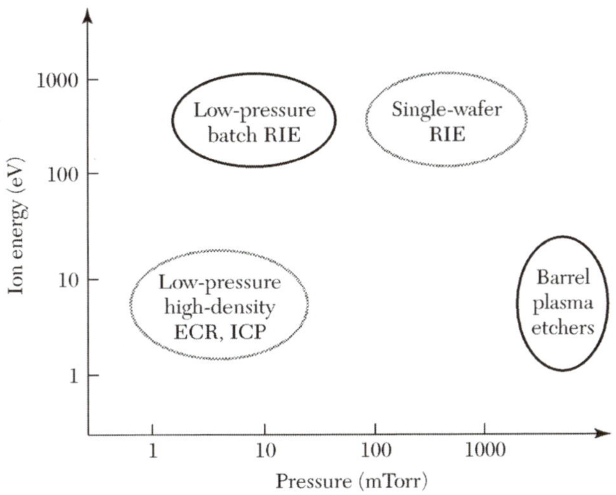

그림 5.6 플라즈마 반응기 형태에 따른 이온 에너지와 공정 압력 비교.

충격에 웨이퍼들이 영향을 받는다.

이 시스템의 식각 선택비는 강한 물리적 스퍼터링 때문에 기존의 원통 식각 시스템과 비교하여 상대적으로 낮다. 그러나 선택비는 적절한 식각 화학 물질을 선택함으로써 개선될 수 있다. 예를 들면, 실리콘 위에 산화막의 개선된 선택비를 얻기 위해 탄화불소 폴리머와 함께 실리콘 표면을 중화시킴으로써 가능하다. 대안으로 그림 5.7에서와 같이 3극으로 구성된 RIE 식각은 이온의 움직임으로 플라즈마 생성이 분리된다. 이온 에너지는 웨이퍼 전극 위의 분리된 바이어스를 통해 제어될 수 있다. 대부분 기존의 RIE 시스템에서 발생하는 손상은 선택비의 감소를 최소화하는 것과 이온 충격으로 인한 손실의 최소화이다.

전자 사이클로트론 공명 플라즈마 식각

3극 구성의 RIE를 제외하고 대부분의 평행판 플라즈마 식각기들은 독립적으로 전자 에너지, 플라즈마 밀도, 반응 밀도와 같은 플라즈마 파라미터들을 제어할 수 있는 기능을 가지고 있지는 않다. 결과적으로, 유도된 손상인 이온 충격은 많은 문제를 일으킨다. **전자 사이클로트론 공명**(ECR: electron cyclotronresonance) 반응 장치는 전자들이 일정 한 각 진동수를 가지고 자기장 주변을 순환할 수 있도록 마이크로파와 자기장을 결합시킨다. 이러한 주파수가 공급된 마이크로파와 같다면, 분리와 이온화의 높은 정도로 인해 공명 결합은 전자 에너지와 공급된 전자장 사이에서 일어난다(ECR은 RIE의 10^{-6}과 비교하여 10^{-2}를 갖는다.) 그림 5.8은 ECR 반응기의 개략도를 나타내고 있다. 마이크로파의 전력은 ECR 소스 구역 안의 마이크로파 창구를 통해 연결된다. 자기장은 자기 코일들로부터 공급된다. ECR 플라즈마의 여기에 의한 반응물에서 높은 효율은 열적인 활성화의 도움 없이 대기 온도에서 막의 증착을 가능하게 한다.

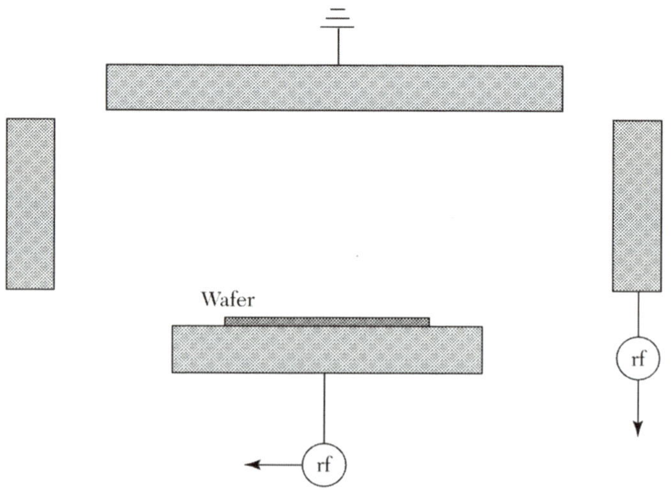

그림 5.7 3극 반응의 이온 식각 반응기 개략도. 이온 에너지는 바닥 전극의 바이어스 전압에 의해 각각 제어된다. rf는 radio frequency.

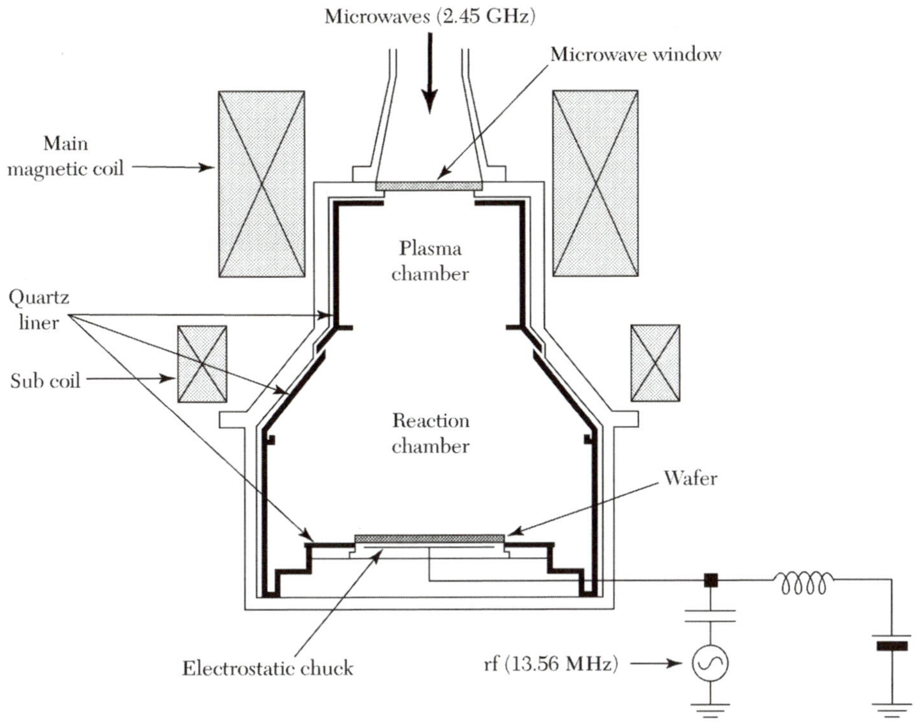

그림 5.8 전자 사이클로트론 공명 반응기의 개략도.

고밀도 플라즈마 식각

집적 회로의 최소 배선 폭이 계속해서 감소함에 따라 기존의 RIE 시스템은 한계에 직면하게 되었다. ECR 시스템과 더불어, 유도적으로 결합된 플라즈마(ICP: inductively coupled plasma) 소스, 트랜스포머 결합형 플라즈마(TCP: transformer coupled plasma) 소스, 표면파 결합형 플라즈마(SWP: surface wave-coupled plasma) 소스와 같은 여러 고밀도 플라즈마 소스들이 발전되어 왔다. 이러한 식각기들은 고밀도 플라즈마(10^{11}~10^{12} cm^{-3})와 낮은 공정 압력(<20 mTorr)을 갖는다. 게다가 이온 에너지(웨이퍼 바이어스)와 이온 흐름(플라즈마 밀도, 소스 에너지에 의해 주로 생성되는) 사이에서 중요한 분리를 통해 웨이퍼의 평판이 독립적으로 소스 전력을 공급받도록 한다. HDP 소스의 공정상의 주된 장점은 보다 나은 정밀한 크기(CD: critical dimension)의 제어와 높은 식각 속도, 그리고 선택비이다.

게다가 HDP 소스는 적은 기판 손상(기판의 독립적인 바이어스와 측면 전극 포텐셜 때문)과 높은 이방성(낮은 압력 때문. 높은 반응 물질 밀도에 의해서는 아님)을 제공한다. 그러나 그것들의 복잡성과 높은 가격 때문에 이 시스템들은 스페이서(spacer: 간격 벌림) 식각 또는 평탄화 같은 중요하지 않은 부분에는 사용되지 않는다.[8] 그림 5.9는 TCP 플라즈마 반응기를 보여 주고 있다. 고밀도와 낮은 압력의 플라즈마는 반응기 상부의 유전체에 의해 플라즈마로부터 분리된 평판 나선 코일에 의해 발생한다. 웨이퍼는 코일로부터 떨어진 위치에 있어서 코일에 의해 생성된 전자기장에 영향을 받지 않

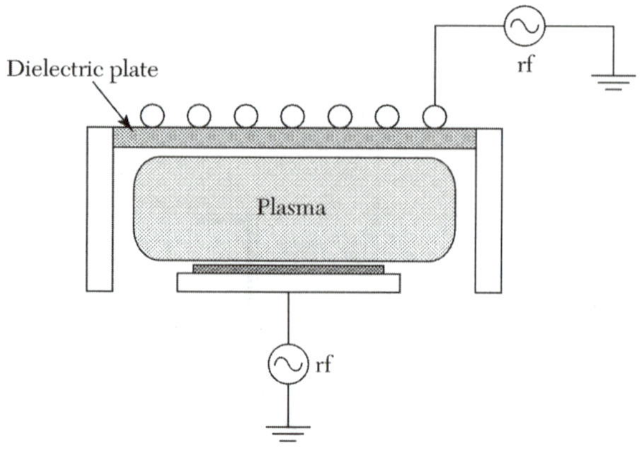

그림 5.9 트랜스포머 결합형 플라즈마 반응기의 개략도.

는다. 플라즈마가 웨이퍼 표면으로부터 단지 작은 값의 평균 자유 행로에 의해 발생하였기 때문에 작은 플라즈마 밀도 감소가 있다. 그러므로 고밀도 플라즈마와 높은 식각 속도가 얻어진다.

집단 플라즈마 공정

반도체 웨이퍼는 대기 미립자 오염에 최소로 노광되기 위해 청정실에서 제조된다. 소자 치수가 감소함에 따라 미립자 오염은 보다 심각한 문제가 되었다. 미립자 오염을 최소화하기 위해 집단 플라즈마 도구(clustered plasma tool)들은 한 공정 체임버에서 진공 환경의 다른 체임버로 웨이퍼를 이동시키기 위해 웨이퍼 핸들러를 사용한다. 집단 플라즈마 공정 도구들은 생산량을 또한 증가시킬 수 있다. 그림 5.10은 AlCu 식각 체

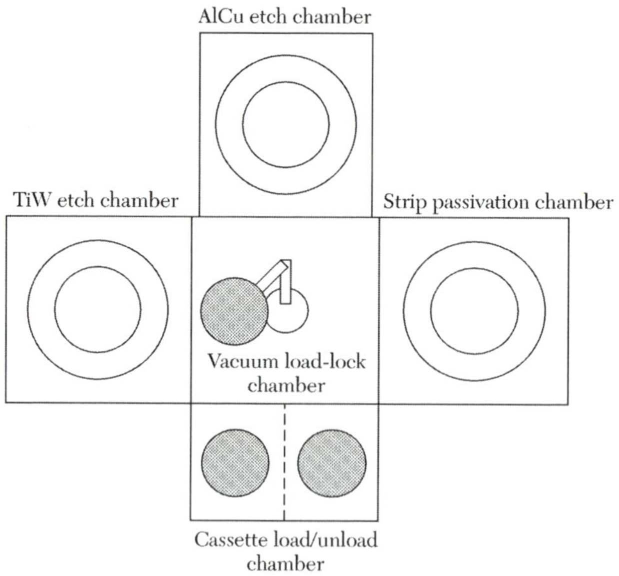

그림 5.10 다층 금속(TiW/AlCu/TiW) 배선 식각을 위한 집단 반응성 식각 도구.[2]

표 5.3 각기 다른 식각 공정들에서의 식각 화학 물질들

Material Being Etched	Etching Chemistry
Deep Si trench	$HBr/NF_3/O_2/SF_6$
Shallow Si trench	$HBr/Cl_2/O_2$
Poly Si	$HBr/Cl_2/O_2$, HBr/O_2, BCl_3/Cl_2, SF_6
Al	BCl_3/Cl_2, $SiCl_4/Cl_2$, HBr/Cl_2
AlSiCu	$BCl_3/Cl_2/N_2$
W	SF_6 only, NF_3/Cl_2
TiW	SF_6 only
WSi_2, $TiSi_2$, $CoSi_2$	CCl_2F_2/NF_3, CF_4/Cl_2, $Cl_2/N_2/C_2F_6$
SiO_2	$CF_4/CHF_3/Ar$, C_2F_6, C_3F_8, C_4F_8/CO, C_5F_8, CH_2F_2
Si_3N_4	CHF_3/O_2, CH_2F_2, CH_2CHF_2

임버와 TiW 식각 체임버, 그리고 보호막 제거 체임버에서의 집단 도구와 함께 다층 금속 배선(TiW/AlCu/TiW)의 식각 공정을 보여 주고 있다. 집단 도구는 웨이퍼가 대기 오염이 적은 곳에 노광되고 적게 손을 대기 때문에 높은 칩 수율을 통한 경제적 장점들을 제공한다.

5.2.4 반응성 플라즈마 식각의 적용

플라즈마 식각은 단순한 감광제 식각에서부터 크고 작은 웨이퍼 공정까지 급속히 발전되어 왔다. 식각 시스템은 초미세 소자의 패턴 전사를 위해 기존 RIE 도구에서 고밀도 플라즈마 도구까지 계속해서 개선되어 왔다. 식각 도구 외에 식각 화학 역시 식각 공정 작업에서 중요한 역할을 한다. 표 5.3은 여러 가지 식각 공정에서 사용되는 몇몇 식각 화학 물질을 열거하고 있다. 식각 공정의 발전은 많은 공정 파라미터들의 식각 속도, 선택비, 공정 제어, 소자 크기, 손상 등을 최대한 활용한다는 것을 의미한다.

실리콘 홈 식각

소자의 최소 배선 폭이 감소함에 따라 회로 요소와 DRAM 셀의 저장 축전기 사이의 절연에 의해 채워진 웨이퍼 표면적의 감소가 필요하다. 이러한 표면적은 실리콘 기판 안의 식각 홈이나 적당한 유전체 또는 전도성 물질로 채움으로써 줄어들 수 있다. 보통 5 μm 이상의 깊이를 갖는 깊은 홈은 주로 저장 축전기 형성을 위해 사용된다. 보통 1 μm 이하의 깊이를 갖는 얕은 홈은 종종 절연을 위해 사용된다.

염소와 브롬 기반의 화학 물질은 실리콘 산화막 마스크에 대해 높은 실리콘 식각 속도와 높은 식각 선택비를 가지고 있다. HBr + NF_3 + SF_6 + O_2 가스가 혼합된 결합은 거의 7 μm의 깊이를 갖는 홈 축전기를 형성하기 위해 사용된다. 이러한 결합은 얕은 홈의 분리 식각을 위해서도 사용된다. **종횡비에 의존하는 식각**(aspect ratio–dependent etching), 즉 종횡비를 갖는 식각 속도의 변화는 홈 안의 제 한된 이온과 중성 분자 이동에 의해 보다 깊은 실리콘 홈에서 종종 발견된다. 그림 5.11은 종횡비에 대한 평균 실리콘 홈 식각 속도의 의존성을 보여 주고 있다. 종횡비가 작은 홈보다는 큰 종

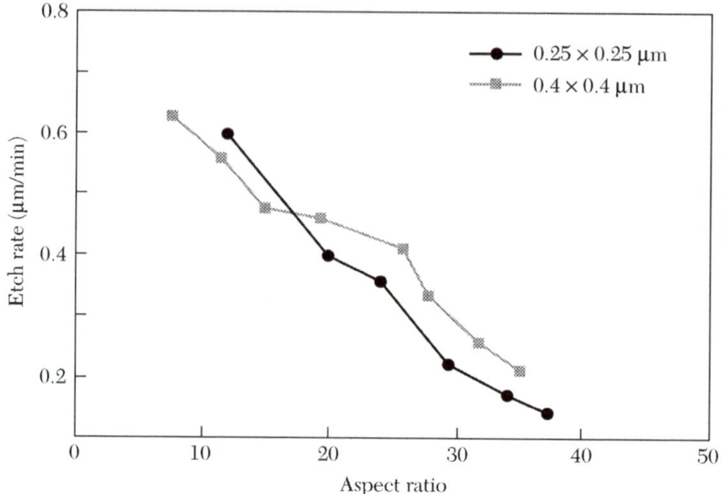

그림 5.11 종횡비에 대한 평균 실리콘 홈 식각 속도의 의존성.[2]

횡비를 갖는 홈이 보다 느리게 식각된다.

다결정 실리콘과 폴리사이드 게이트 식각

다결정 실리콘 또는 폴리사이드(즉, 다결정 실리콘 위에 저항이 작은 금속인 실리사이드를 올려 놓은 것)는 보통 MOS 소자의 게이트 물질로서 사용된다. 게이트 산화물에 대하여 이방성 식각과 높은 식각 선택비는 게이트 식각을 위해서 가장 중요한 필요 조건이다. 예를 들면, 1G DRAM에서 요구되는 선택비는 150보다 크다. 다시 말하면 폴리사이드와 게이트 산화물의 식각 속도의 비가 150:1이다. 동시에 고선택비와 이방성 식각을 얻기에는 대부분의 식각 공정에 대해서 어렵다. 그러므로 다층 공정은 공정에서 여러 식각 단계가 이방성 식각과 선택비를 위해 최대한 사용되어야 한다. 반면에 이방성 식각과 고선택비를 위한 플라즈마 기술의 경향은 낮은 압력, 상대적으로 작은 힘을 가지는 고밀도 플라즈마를 이용하는 것이다. 대부분 염소와 브롬이 기반인 화학 물질은 요구되는 이방성 식각과 선택비를 얻기 위해 게이트 식각에 대해 이용된다.

절연체 식각

절연체의 패터닝, 특히 실리콘 산화물과 실리콘 질화물이 최신의 반도체 소자를 제조하는 데 중요한 역할을 한다. 그들의 높은 결합 에너지 때문에 절연체 식각은 활동적인 이온의 증가와 불소 기반의 플라즈마 화학 물질을 요구한다. 수직적인 분포는 특히 플라즈마에 대해 탄소를 함유한 불소 물질들(예, CF_4, CHF_3, C_4F_8)을 도입함으로써 측면 보호막에 의해 얻을 수 있다. 활동적인 이온 에너지는 산화물로부터 이러한 폴리머층을 제거하기 위해 요구되며, 게다가 SiF_X 생성물을 형성하기 위해 산화물 표면 안으로 반응 물질을 섞기 위해 요구된다.

낮은 압력과 고밀도 플라즈마는 종횡비에 의존하는 식각을 위해 장점이 있다. 그러나 HDP는 고온의 전자를 발생시키고 연속적으로 이온들의 분리 정도를 높게 한다.

그것은 RIE 또는 MERIE 플라즈마보다 더 활성화된 이온들을 발생시킨다. 특히 높은 불소 농도는 실리콘에 대한 선택비를 약화시킨다. 다양한 방법들이 고밀도 플라즈마에서의 선택비를 증가시키기 위해 연구되고 있다. 초기에는 C_2F_6, C_4F_8, C_5F_8와 같은 높은 C/F 비를 가지는 기본적인 가스들이 사용되었다. 불소기들을 제거하기 위한 다른 방법들이 계속해서 개발되고 있다.[9]

연결 배선용 금속 식각

금속 층의 식각은 집적 회로 제조 공정에서 매우 중요한 단계이다. 알루미늄, 구리, 텅스텐은 배선을 위해 가장 널리 사용되는 물질들이다. 이 물질들은 보통 이방성 식각을 요구한다. 불소와 알루미늄의 반응은 1240°C, 1 Torr의 증기 압력에서 비휘발성 AlF_3를 만들어 낸다. 예를 들어, Cl_2/BCl_3 혼합과 같은 염소 기반의 화학 물질은 알루미늄 식각을 위해 널리 사용된다. 염소는 알루미늄과 함께 매우 높은 화학 식각 속도를 가지며 식각 동안에는 감소하는 경향이 있다. 이방성 식각을 얻기 위해 알루미늄 식각 동안에 탄소함유 가스(예, CHF_3)나 N_2는 측면 보호막을 형성하기 위해 첨가된다.

대기에 '노출'되는 것은 알루미늄 식각에서 또 다른 문제점이다. 알루미늄 측면과 감광제 위의 잔여 염소는 알루미늄을 부식시키는 HCl을 형성하기 위해 대기 수증기와 반응하려는 경향이 있다. F와 Cl을 교환하고, 초순수에 담그는 것을 통해 감광제를 제거하고, 산소 방전을 하기 위해 CF_4에 웨이퍼를 노출시키면 알루미늄 부식을 제거할 수 있다. 그림 5.12는 72시간 동안 상온에서 유지된 웨이퍼 표면의 0.3 μm TiN/Al/Ti 선(line)과 공간(space)을 보여 주고 있다. 상온에 노출된 후에도 여전히 부식이 발생하지 않는다.

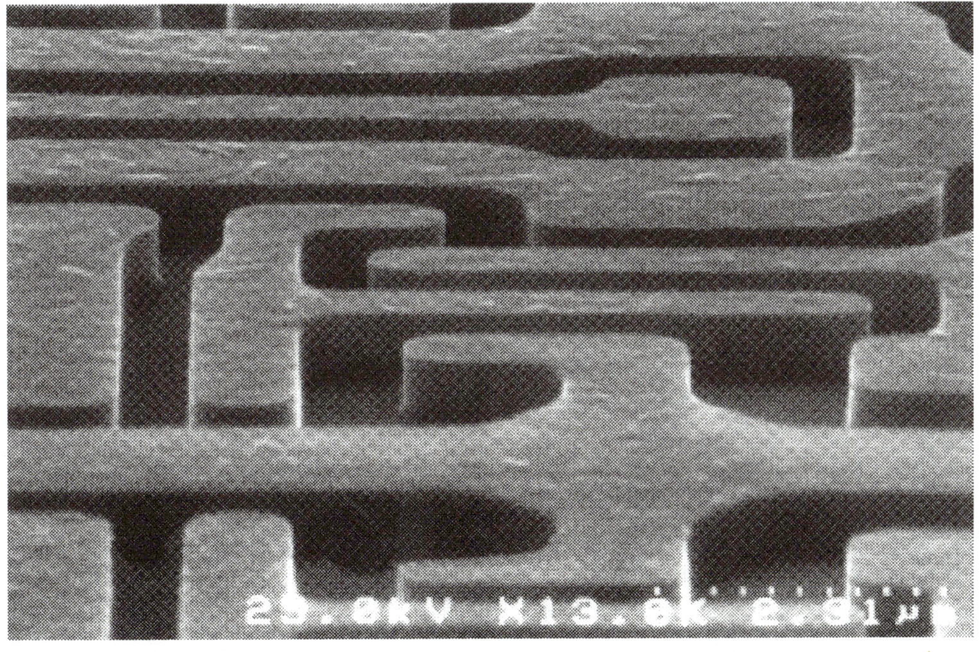

그림 5.12 마이크로파 제거 후 72시간 동안 상온에서 유지된 웨이퍼의 0.35 μm TiN/Al/TiN 선과 공간

구리의 고유 저항(≈1.7 Ω-cm)은 Al, Al 합금과 비교하여 전자 이탈(electromigration)에 대해 우수한 저항 때문에 집적 회로에서 새로운 금속 물질로서 많은 관심을 끌고 있다. 그러나 구리 할로겐 화합물의 낮은 휘발성 때문에 실내 온도에서 플라즈마 식각은 어렵다. 200°C보다 높은 공정 온도가 구리막을 식각하기 위해 요구된다. 그러므로 **상감**(damascene) 공정은 건식 식각 없이 구리 배선을 형성하기 위해 사용된다. 상감 공정은 첫째로 평면 절연층 안의 홈 또는 관을 식각하여 배선을 형성한 후 알루미늄 또는 구리 같은 금속을 가지고 홈을 채운다. 이중 상감(dual damascene) 공정에서(그림 5.13) 두 번째 평면은 접촉 구멍이나 비어(via) 같은 연속된 구멍(hole)들이 식각되고 홈에 채워지는 것을 포함하고 있다. 채워진 후에 금속과 유전체는 **화학적 기계적 연마**(CMP: chemical mechanical polishing) 방법에 의해 평탄화된다(8장 참조). 상감 공정의 장점은 금속 식각에 대한 필요를 줄이는 것이다. 이것은 알루미늄에서 구리 배선으로 제조 방법이 이동하는 중요한 관계를 갖고 있다.

낮은 압력의 화학 기상 증착(LPCVD) 텅스텐(W)은 좋은 증착 균일 특성으로 인해 접촉 구멍을 채우고, 초기 평면에 금속을 증착하는 데 많이 사용된다. 불소와 염소 기반의 화학 물질은 텅스텐을 식각시키고 휘발성의 식각 생성물을 형성한다. 중요한 텅스텐 식각 공정은 텅스텐 플러그를 형성하기 위해 블랭킷(blanket) 텅스텐 에치백(etchback)을 한다. 블랭킷 LPCVD 텅스텐(W)은 그림 5.14에 나타낸 것처럼 TiN 방지 막의 상부에 증착된다. 2단계 공정이 보통 사용된다. 먼저 텅스텐의 90%는 높은 식각 속도로 식각되고, 이때 식각 속도는 높은 W-TiN 선택비를 갖는 부식액(etchant)을 가지고 잔존한 텅스텐을 제거하기 위해 감소하게 된다.

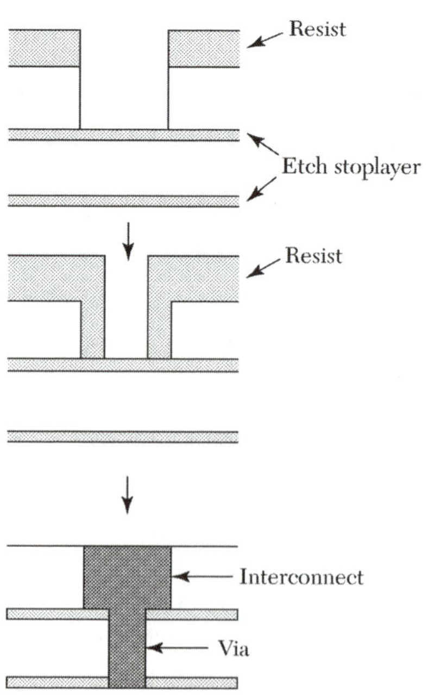

그림 5.13 이중 상감 공정 순서.

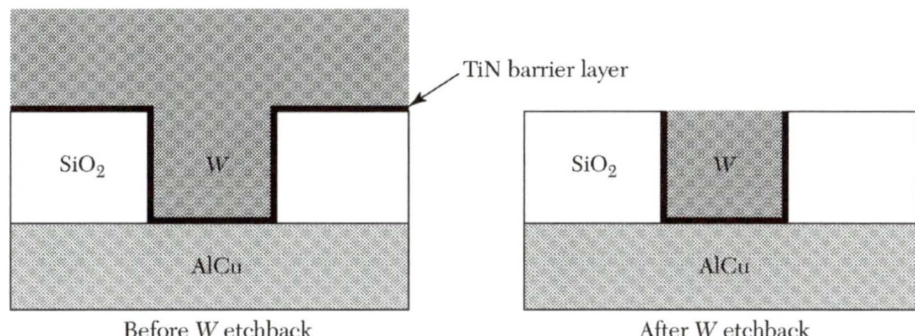

그림 5.14 텅스텐의 블랭킷 저압 화학 기상 증착에 의해 접촉 구멍 안으로 텅스텐 플러그 형성. 이때 반응성 이온 식각을 사용한다.

5.3 식각 모의 실험

SUPREM은 식각 공정을 모의 실험하기 위해 사용된다. 그러나 SUPREM을 사용한 식각 모의 실험은 기본적이다. 모의 실험 결과들은 ETCH 명령(command)을 사용하여 얻어진다. 또한 사용자에게 현재 구조에서 주어진 층의 전체 또는 부분을 식각하도록 허락한다. 만약 구조에서 주어진 물질이 구체화된 물질이 아니면 식각은 일어나지 않는다. 구체화된 부식액이 사용되면 그때 모든 막은 제거된다.

예제 5.3

3장의 예제 3에서 건·습식 순서 후에 생성된 산화막의 0.3 μm를 식각하기 위한 모의 실험을 가정하자.

풀이

SUPREM 입력 목록은 다음과 같다.

```
TITLE          Etching Example
COMMENT        Initialize silicon substrate
INITIALIZE     <100> Silicon Phosphor Concentration=1e16
COMMENT        Ramp furnace up to 1100 C over 10 minutes in N2
DIFFUSION      Time=10 Temperature=900 Nitrogen T.rate=20
COMMENT        Oxidize the wafers for 5 minutes at 1100 C in dry O2
DIFFUSION      Time=5 Temperature=1100 DryO2
COMMENT        Oxidize the wafers for 120 minutes at 1100 C in wet O2
DIFFUSION      Time=120 Temperature=1100 WetO2
COMMENT        Oxidize the wafers for 5 minutes at 1000 C in dry O2
DIFFUSION      Time=5 Temperature=1100 DryO2
COMMENT        Ramp furnace down to 900 C over 10 minutes in N2
DIFFUSION      Time=10 Temperature=1100 Nitrogen T.rate=-20
ETCH           Oxide Thickness = 0.3
PRINT          Layers Chemical Concentration Phosphor
PLOT           Active Net Cmin=1e14
STOP           End etching example
```

산화가 완료된 후에, 실리콘 기판 깊이의 함수에 따른 인 농도를 인쇄하거나 도면을 그

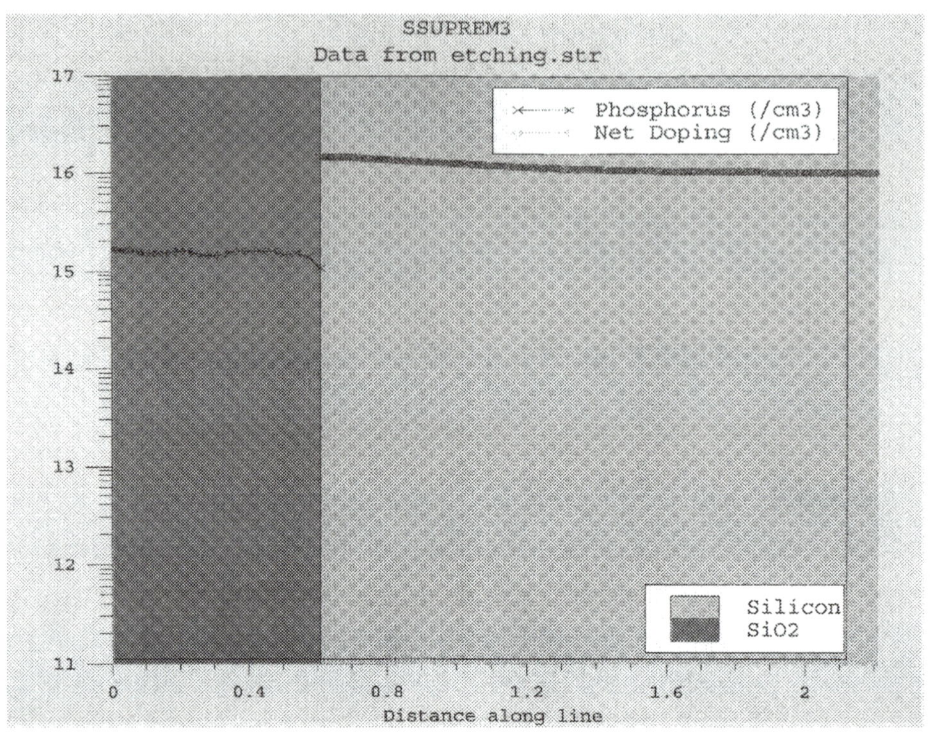

그림 5.15 SUPREME 사용하여 작성한 실리콘 기판의 깊이의 함수에 따른 인 농도의 도면.

렸다. 그 결과들은 그림 5.15에서 볼 수 있다. 여기서 최종 산화물 두께는 0.609 μm이고 산화막 안에 인을 포함하여 그렸다.

5.4 요약

집적 회로 제조 공정에서 패턴을 옮기기 위한 두 가지 주요 공정은 광 노광과 식각이다. 습식 화학 식각은 반도체 공정에서 널리 사용된다. 그것은 특히 블랭킷 식각에 대해 적당하다. 이 장은 실리콘, 갈륨 아세나이드(GaAs), 절연체, 금속 배선을 위한 습식 화학 식각 공정을 다루었다. 습식 화학 식각은 패턴 전사를 위해 사용된다. 그러나 마스크 바로 아래 층을 깎아내기 때문에 식각된 표면에서 분해능이 감소하였다.

건식 식각 방법들은 높은 재생, 패턴 전사를 얻기 위해 사용된다. 건식 식각은 플라즈마-도움-식각과 같은 의미를 갖는다. 이 장은 플라즈마 원리와 상대적으로 단순한 다양한 식각 시스템, 다양한 주파수 생성기와 공정 제어 센서들을 갖는 복잡한 평행판 배치에 대해 고찰하였다.

앞으로 식각 기술에서 해야 할 일들은 높은 식각 선택비, 정확한 크기 조절, 식각에 의존한 낮은 종횡비, 그리고 플라즈마로 인한 손상의 감소이다. 낮은 압력, 고밀도 플라즈마 반응기는 이 같은 요구들을 만족시키기 위해 필요하다. 공정이 200 mm에서

300 mm까지, 심지어 더 큰 지름의 웨이퍼로 발전함에 따라 웨이퍼를 가로지르는 식각 균일성을 갖기 위해 계속적인 발전이 요구된다. 새로운 가스 화학 물질들은 집적화된 구조와 보다 정밀한 선택비를 위해 발전되어야 한다.

참고 문헌

1. For a more detailed discussion on etching, see Y. J. T. Liu, "Etching," in C. Y. Chang and S. M. Sze, Eds., *ULSI Technology*, McGraw-Hill, New York, 1996.
2. H. Robbins and B. Schwartz, "Chemical Etching of Silicon H, the System HF, HNO_3, H_2O and $HC_2H_3O_2$," *J. Electrochem. Soc.*, **107**, 108 (1960).
3. K. E. Bean, "Anisotropic Etching in Silicon,' *IEEE Trans. Electron Devices*, **ED-25**, 1185 (1978).
4. D. P. Kern, et al., "Practical Aspects of Microfabrication in the 100-nm Region." *Solid State Technol.*, **27**, 2, 127 (1984).
5. S. Iida and K. Ito, "Selective Etching of Gallium Arsenide Crystal in H_2SO_4-H_2O_2-H_2O System," *J. Electrochem. Soc.*, **118**, 768 (1971).
6. E. C. Douglas, "Advanced Process Technology for VLSI Circuits," *Solid State Technol.*, **24**, 5, 65 (1981).
7. J. A. Mucha and D. W. Hess, "Plasma Etching," in L. F. Thompson and C. G. Willson, Eds., *Microcircuit Processing: Lithography and Dry Etching*, American Chemical Society, Washington, DC, 1984.
8. M. Armacost, et al., "Plasma-Etching Processes for ULSI Semiconductor Circuits," *IBM J. Res. Dev.*, **43**, 39 (1999).
9. C. O. Jung, et al., "Advanced Plasma Technology in Microelectronics," *Thin Solid Films*, **341**, 112 (1999).

연습 문제

어려운 문제에는 별표를 하였다.

5.1절: 습식 화학 식각

1. 마스크와 기판이 특정한 부식액에 의해 식각되지 않는다면 (a) 도달점까지의 식각, (b) 100% 이상 식각, (c) 200% 이상 식각에 대한 필름 두께 h_f에서 등방적으로 식각된 모양의 식각 분포를 그리라.
2. <100> 방향의 실리콘 결정은 실리콘 산화물에서 정해진 1.5 μm × 1.5 μm 영역을 통해 KOH 용액 안에서 식각된다. (100) 면의 평균 식각 속도는 0.6 μm/min이다. (100):(110):(111) 면에 대해 식각 속도비는 100:16:1이다. 20초, 40초, 60초 후에 식각된 분포를 보이라.
3. KOH 용액에 얇은 산화막(SiO_2) 마스크로 식각된 <$\bar{1}$10> 방향의 실리콘에 대해 문제 2를 반복하라. <$\bar{1}$10> 실리콘 위에 식각된 패턴 분포를 보이라.
4. <100> 방향의 150 mm 지름인 실리콘 웨이퍼의 두께는 625 μm이다. 이 웨이퍼 위에 1000 μm × 1000 μm 집적 회로(IC)를 가지고 있다. 집적 회로 칩은 식각에 의존

하는 방향에 의해 분리되었다. 이렇게 하기 위한 두 가지 방법을 기술하고 이 공정에서 소비된 표면적의 소량을 계산하라.

▶ 5.2절: 건식 식각

*5. 충돌 사이에서 미립자들에 의해 이동된 평균 거리를 평균 자유 행로(λ)라 한다. $\lambda \cong 5 \times 10^{-3}/P$(cm), P(Torr)는 압력이다. 기존의 플라즈마 방법에서 체임버 압력은 1 Pa에서 150 Pa까지 변한다. 가스 분자의 상응하는 밀도와 평균 자유 행로는 얼마인가?

6. 불소 원자들은 다음에 주어진 비율에서 실리콘을 식각한다.

$$\text{Etch rate (nm/min)} = 2.86 \times 10^{-13}\, n_F \times T^{1/2} \exp(-E_a/RT)$$

n_F는 불소 원자(cm^{-3})의 농도이다. T는 절대 온도(K), E_a는 활성화 에너지(2.48 kcal/mol), R은 가스 상수(1.987 cal-K)이다. 만약 n_F가 3×10^{15}이면 상온에서 실리콘의 식각 속도를 계산하라.

7. 불소 원자들에 의해 식각된 산화막(SiO_2)은 다음과 같이 나타낼 수 있다.

$$\text{Etch rate (nm/min)} = 0.614 \times 10^{-13}\, n_F \times T^{1/2} \exp(-E_a/RT)$$

n_F는 3×10^{15}(cm^{-3}), E_a는 3.76 kcal/mol이다. 산화막(SiO_2)의 식각 속도와 상온에서 실리콘 위의 산화막 식각 선택비를 계산하라.

8. 다층 식각 공정은 얇은 게이트 산화물과 함께 다결정 실리콘 게이트를 식각하기 위해 요구된다. 초미세한 마스킹이 없고, 비등방성의 식각 분포이고, 얇은 산화층에 대해서는 선택적인 경우에 식각 공정을 어떻게 설계할 것인가?

9. 다결정 실리콘은 10% 식각 속도 평탄화를 가지는 공정을 통해 식각된다고 가정한다면 아래에 있는 게이트 산화층을 1 nm 이상 제거 없이 400 nm 다결정 실리콘 층을 식각하기 위해 요구되는 식각 선택비를 구하라.

10. 1 μm 알루미늄(Al) 필름이 평탄한 산화층 영역 위에 증착되었고, 감광제에 의해 패턴이 형성되었다. 그때 금속은 헬리콘 식각기 안의 70°C 온도에서 BCl_3/Cl_2 혼합된 가스에 의해 식각된다. 감광제 위의 Al의 선택비는 3으로 유지된다. 30% 이상 식각을 가정하면 금속 표면이 영향받지 않고 안전하게 하기 위해 요구되는 최소 감광제 두께는 얼마인가?

11. ECR 플라즈마에서 전자기장 B는 전자가 각 주파수 ω_e에서 자기력선 주변을 순환할 수 있게 힘을 가해 준다. 각 주파수 ω_e는

$$\omega_e = qB/m_e$$

이다. 여기서 q는 전하, m_e는 전자 질량이다. 만약 마이크로파 주파수가 2.45 GHz일 때 요구되는 자기장은 얼마인가?

12. 기존의 반응성 이온 식각과 고밀도 플라즈마 식각(ECR, ICP 등) 사이의 주된 차이점은 무엇인가?

13. 염소 기반의 플라즈마에 의한 식각 후 알루미늄(Al) 배선에서 부식 문제를 제거하기 위해서 어떻게 해야 하는지 기술하라.

확산
Diffusion

불순물 도핑은 반도체 내에 조절이 가능한 양의 불순물 도판트를 투입하는 것이다. 불순물 도핑은 주로 반도체들의 전기적 특성을 변화시키기 위해 실질적으로 많이 사용되어 왔다. 확산과 이온 주입은 불순물 도핑의 두 가지 주요 방법이다. 확산과 이온 주입 모두 일반적으로 상호 보완적인 과정이기 때문에 개별 소자나 IC 제조에 사용되어 왔다.[1,2] 예를 들어 확산은 깊은 접합 형성에 사용되며(CMOS에서 이중 우물), 7장에서 논의될 이온 주입은 얕은 접합 형성에 사용되고 있다(MOSFET의 소스/드레인 접합).

1970년대 초반까지 불순물 도핑은 주로 그림 6.1에서와 같이 높은 온도에서의 확산에 의해 행해졌다. 이 방법에 의하면 도판트 원자는 도핑된 산화물 소스를 사용하거나 도판트의 기체상으로부터 증착에 의해 웨이퍼 표면 근처에 자리를 잡게 된다. 도핑 농도는 표면으로부터 점차적으로 감소하고, 불순물 분포의 측면도는 주로 온도와 확산

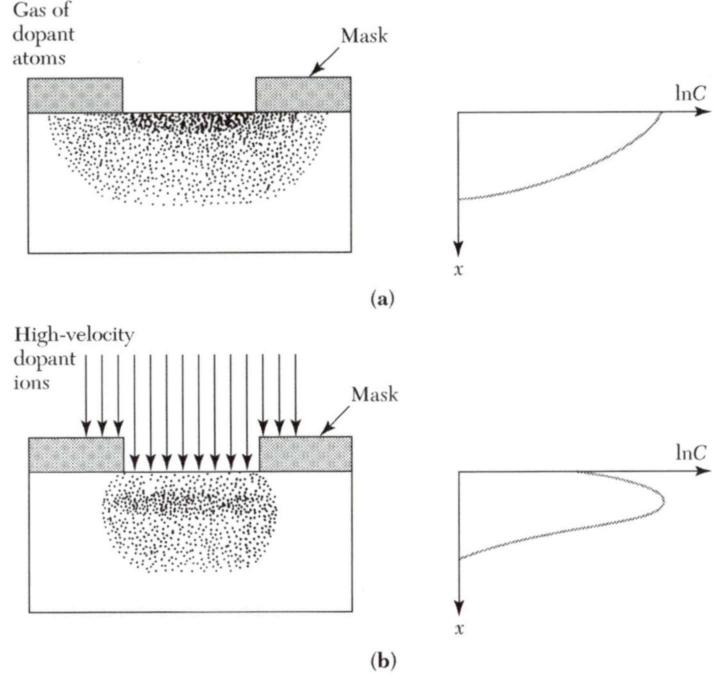

그림 6.1 반도체 기판 내에 도판트의 선택적인 주입을 위한 (*a*) 확산과 (*b*) 이온 주입 기술의 비교.

시 간에 의해 결정된다.

이 장은 확산 과정에 대해 초점이 맞추어져 있다. 이온 주입은 7장에서 다룰 것이다. 특히 이 장에서는 다음의 주제들을 다룰 것이다.

- 고온과 고농도의 구배 조건하에서 결정 격자 내에 있는 불순물 원자들의 움직임
- 일정한 확산 계수와 농도 의존 확산 계수를 위한 불순물 측면도
- 소자 특성에 측면과 불순물의 재분배가 미치는 영향
- SUPREM을 사용한 확산 모의 실험

6.1 기본 확산 공정

불순물의 확산은 일반적으로 조심스럽게 조절된 고온의 석영 튜브 노(furnace)에 반도체 웨이퍼를 놓거나 원하는 도판트가 포함된 혼합 가스를 통과시킴으로써 이루어진다. 온도는 대개 실리콘에서는 800°C와 1200°C 사이이고, 갈륨 아세나이드에서는 600°C와 1000°C 사이의 범위이다. 반도체 안으로 확산해 들어가는 도판트의 수는 혼합 가스 안에서 도판트 불순물의 부분 압력과 관련이 있다.

실리콘의 확산에서 붕소는 p형 불순물 주입에 가장 일반적인 도판트이고 반면에 비소와 인은 n형 도판트로 많이 사용된다. 이 세 가지 원소는 실리콘에서 높은 용해도를 갖는데, 확산 온도 범위 안에서 5×10^{20} cm^{-3} 이상의 용해도를 갖는다. 이 도판트들은 다음과 같은 방법으로 주입될 수 있다: 고체 소스(BN에서 붕소, As_2O_3에서 비소, 그리고 P_2O_5에서 인), 액체 소스(BBr_3, $AsCl_3$, 그리고 $POCl_3$, 그리고 기체 소스(B_2H_6, AsH_3, PH_3). 그러나 기체 소스가 일반적으로 가장 많이 사용된다. 그림 6.2는 액체 소스를 위한 노와 가스 흐름 배열을 도식적으로 보여 주고 있다. 이 배열은 열 산화에 사용되는 것과 비슷하다. 액체 소스를 사용한 인 확산의 화학적 반응의 예는 아래와 같다.

$$4POCl_3 + 3O_2 \rightarrow 2P_2O_5 + 6Cl_2 \uparrow \tag{1}$$

P_2O_5는 실리콘 웨이퍼에 유리질을 형성하여 이것은 실리콘에 의해 인으로 다시 제거된다.

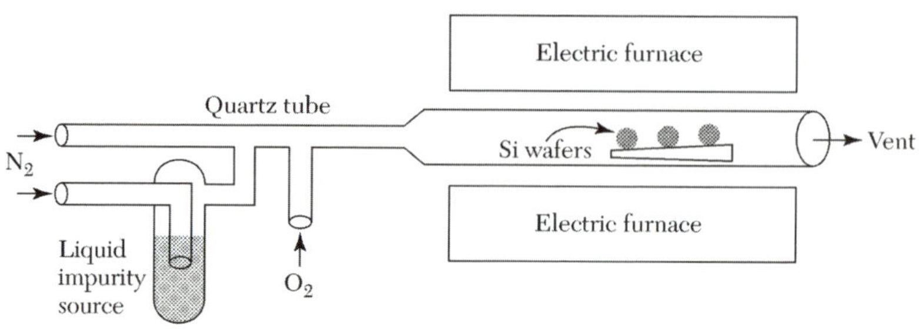

그림 6.2 개방관 확산 시스템의 도식적인 그림.

$$2P_2O_5 + 5Si \rightarrow 4P + 5SiO_2 \tag{2}$$

인은 방출되고 실리콘 속으로 확산되며 Cl_2는 배출된다.

갈륨 아세나이드의 확산에서 비소의 높은 증기압은 분해와 증발에 의한 비소의 손실을 방지하기 위해 특별한 방법을 요구한다.[2] 이 방법에는 과압의 비소로 된 봉인된 앰플 안에서의 확산과 도핑된 산화막을 덮은 층(실리콘 질화막)의 개방 관로 안에서의 확산이 있다. p형 확산에 대한 대부분의 연구는 봉인된 앰플에서는 Zn–Ga–As 합금과 $ZnAs_2$의 형태로, 개방 관로에서는 $ZnO–SiO_2$의 형태로 아연을 사용한다. 갈륨 아세나이드에서 n형 도판트는 셀렌과 텔루르를 사용한다.

6.1.1 확산방정식

반도체 내에서의 확산은 공공이나 침입형 원자에 의한 결정 격자 내에서 확산체(도판트 원자)의 원자 움직임에 의해 가시화될 수 있다. 그림 6.3은 고체 내에서 기본적인 두 가지 원자 확산 모델을 보여 주고 있다.[1,3] 비어 있는 원은 평형 격자 위치를 차지하는 주 원자를 나타내고 있다. 검은 점은 불순물 원자를 나타낸다. 높은 온도에서 격자 원자는 평형 상태의 격자 점에서 진동을 한다. 주 원자는 격자 점을 이탈할 수 있는 충분한 에너지를 얻을 수 있으며 이때 원자는 침입형 원자로 이동하고 공공을 원래 자리에 만든다. 그림 6.3*a*에서 보여 주듯이 이웃한 불순물 원자가 공공의 위치로 이동하면 이 기구를 **공공 확산**(vacancy diffusion)이라고 한다. 만약 침입형 원자가 한 지역에서 다른 지역으로 격자 점을 차지하고 이동한다면(그림 6.3*b*) 그 기구를 **침입형 확산**(interstitial diffusion) 기구라고 한다. 주 원자보다도 작은 원자는 주로 침입형으로 움직인다.

불순물 원자의 기본적인 확산 과정은 전자나 정공 같은 전하 운반자와 비슷하다. 우리는 유속 F를 단위 시간 안에 단위 면적을 통과하는 도판트 원자의 수로 정의하고 C를 단위 체적당 도판트 농도로 정의한다. 그러면

$$F = -D\frac{\partial C}{\partial x} \tag{3}$$

을 얻을 수 있으며, 비례 상수 D는 **확산 계수**(diffusion coefficient) 혹은 **확산도**(diffusivity)이다. 확산 과정의 기본적인 구동력은 농도 구배 $\partial C/\partial x$이다. 유속은 농도 구배

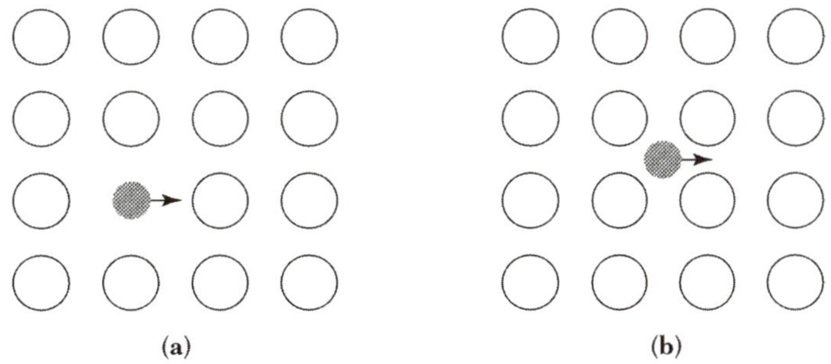

그림 6.3 2차원 격자에서의 원자 확산 기구.[1,3] (*a*) 공공 기구. (*b*) 침입 기구.

에 비례하고 도판트 원자는 고농도 지역에서 저농도 지역으로 움직일 것이다.

만일 반도체 안에서 소비되거나 형성되는 물질이 없다는 조건하에서 식 (3)을 1차원 연속 방정식으로 대체한다면 아래와 같은 식을 얻을 수 있다.

$$\frac{\partial C}{\partial t}=-\frac{\partial F}{\partial x}=\frac{\partial}{\partial x}\left(D\frac{\partial C}{\partial x}\right) \tag{4}$$

도판트 원자의 농도가 낮아질 때, 확산 계수는 도핑 농도에 무관하게 될 것이고 식 (4)는 아래와 같이 된다.

$$\frac{\partial C}{\partial t}=D\frac{\partial^2 C}{\partial x^2} \tag{5}$$

식 (5)는 **Fick의 확산 방정식**(Fick's diffusion equation) 또는 **Fick의 법칙**(Fick's law)이라 부른다.

그림 6.4는 실리콘과 갈륨 아세나이드 내에서의 다양한 도판트 불순물들이 낮은

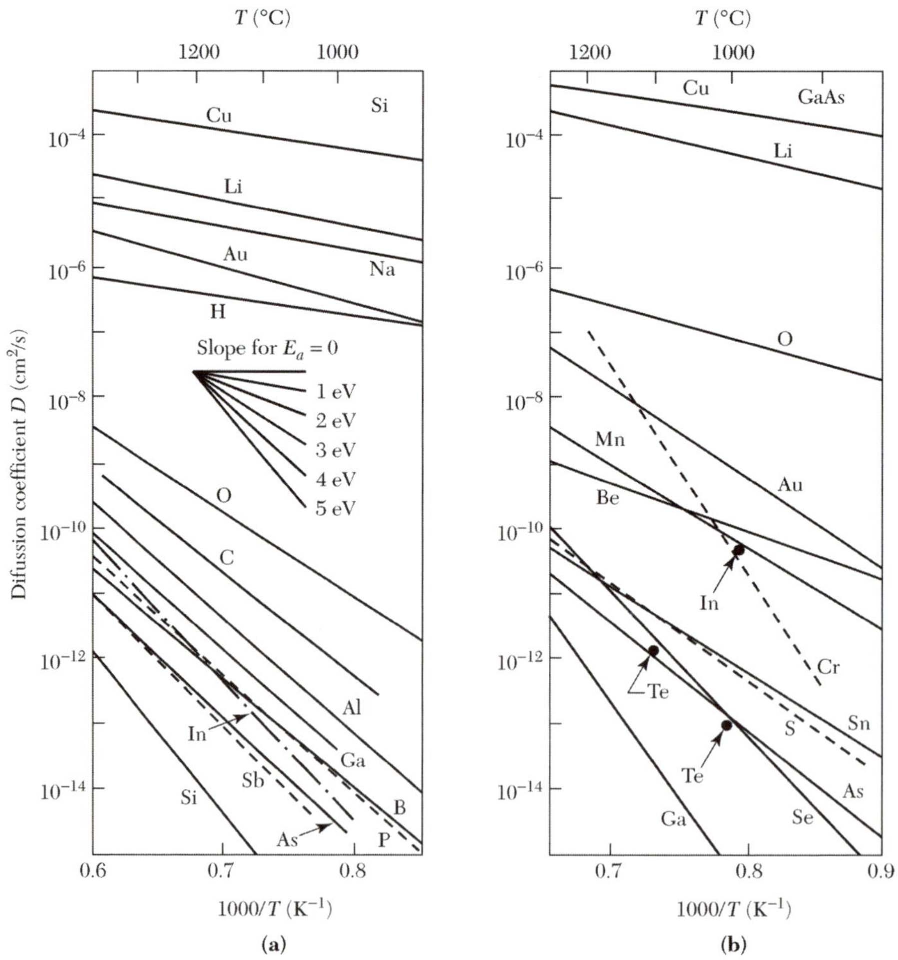

그림 6.4 (*a*) 실리콘과 (*b*) 갈륨 아세나이드의 온도 역수의 함수로서의 확산 계수.[4,5]

농도에서 측정된 확산 계수를 보여 주고 있다.[4,5] 절대 온도의 역수에 대한 확산 계수의 로그 좌표는 대부분의 경우 직선으로 나타난다. 이것은 넓은 온도 범위에서 확산 계수는 아래와 같이 된다는 것을 뜻한다.

$$D = D_0 \exp\left(\frac{-E_a}{kT}\right) \tag{6}$$

D_0는 외삽된 온도에서 cm^2/s으로 측정된 확산 계수이고 E_a는 eV로 측정된 활성화 에너지이다.

침입형 확산 모델에서 E_a는 하나의 침입형 자리에서 또 다른 자리로 도판트 원자가 이동하는 데 필요한 에너지와 연관이 있다. 모의 값은 실리콘과 갈륨 아세나이드 경우에 0.5 eV와 2 eV 사이에 있다. 공공 확산 모델에서 E_a는 공공의 에너지와 형성 에너지 모두와 관련이 있다. 그래서 공공 확산의 E_a가 침입 확산의 값보다 더 크며, 보통 3~5 eV이다.

실리콘과 갈륨 아세나이드에서 Cu와 같은 빠른 확산체는 그림 6.4*a*와 *b*에서 위쪽 부분에 있으며, 측정된 운동 에너지는 2 eV보다 작고, 침입형 원자의 움직임이 확산의 주된 기구이다. 실리콘과 갈륨 아세나이드에서의 As와 같이 느린 확산체들은 그림 6.4*a*와 *b*에서 아래쪽 부분에 있으며, E_a는 3 eV보다 크고 공공 확산이 주된 기구이다.

6.1.2 확산 분포

도판트 원자의 확산 분포는 초기 조건과 경계 조건에 따라 변한다. 이 절에서는 두 가지의 중요한 경우에 대해 고려할 것인데, 일정한 표면 농도 확산과 일정한 전체 도판트 확산이다. 첫 번째 경우에는 불순물 원자가 기체 소스로부터 반도체 표면에 공급되고 반도체 웨이퍼 안으로 확산된다. 기체 소스는 전체 확산 기간 동안 일정한 표면 농도를 유지한다. 두 번째 경우에는 일정한 양의 도판트가 반도체 표면에 증착되고 뒤이어 웨이퍼 내로 확산되는 것이다.

일정한 표면 농도

$t = 0$에서 초기 조건

$$C(x, 0) \tag{7}$$

은 주 반도체에서의 도판트 농도가 최초에 영이라는 것이다. 그 경계 조건은

$$C(0, t) = C_s \tag{8a}$$

그리고

$$C(\infty, t) = 0 \tag{8b}$$

여기서 C_s는 ($x = 0$에서의) 표면 농도이고, 시간에 무관하다. 두 번째 경계 조건 상태는 표면으로부터 먼 거리이고 그곳에는 불순물 원자가 없다는 것이다.

초기 조건과 경계 조건을 만족시키는 Fick의 확산 방정식에 의한 풀이는 다음과

표 6.1 오차함수 대수

$\mathrm{erf}(x) \equiv \frac{2}{\sqrt{\pi}}\int_0^x e^{-y^2}dy$
$\mathrm{erfc}(x) \equiv 1-\mathrm{erf}(x)$
$\mathrm{erf}(0)=0$
$\mathrm{erf}(\infty)=1$
$\mathrm{erf}(x) \cong \frac{2}{\sqrt{\pi}}x$ for $x<<1$
$\mathrm{erfc}(x) \cong \frac{1}{\sqrt{\pi}}\frac{e^{-x^2}}{x}$ for $x>>1$
$\frac{d}{dx}\mathrm{erf}(x)=\frac{2}{\sqrt{\pi}}e^{-x^2}$
$\frac{d^2}{dx^2}\mathrm{erf}(x)=-\frac{4}{\sqrt{\pi}}xe^{-x^2}$
$\int_0^x \mathrm{erfc}(y')dy' = x\,\mathrm{erfc}(x)+\frac{1}{\sqrt{\pi}}\left(1-e^{-x^2}\right)$
$\int_0^\infty \mathrm{erfc}(x)dx = \frac{1}{\sqrt{\pi}}$

같이 주어진다.[6]

$$C(x,t)=C_s\mathrm{erfc}\left(\frac{x}{2\sqrt{Dt}}\right) \tag{9}$$

여기서 erfc는 보오차 함수이며, $\sqrt{Dt}$는 확산의 길이이다. erfc의 정의와 함수의 특성들은 표 6.1에 요약해 보았다. 일정한 표면 농도 조건의 확산 분포는 그림 6.5*a*에 나타나 있다. 이 그림에서 선형(상부) 대수(하부) 좌표 두 가지를 사용하였으며 고정된 확산 계수와 3개의 확산 시간에 일치하는 깊이의 함수로서 규격화된 농도로 도표화했다. 시간이 경과함에 따라 도판트는 반도체 안으로 깊숙이 침투한다.

반도체의 단위 면적 당 총 도판트 원자의 수는 아래와 같이 주어진다.

$$Q(t)=\int_0^\infty C(x,t)\,dx \tag{10}$$

식 (10)에 식 (9)를 대입하면

$$Q(t)=\frac{2}{\sqrt{\pi}}C_s\sqrt{Dt} \cong 1.13C_s\sqrt{Dt} \tag{11}$$

이 표현은 다음과 같이 설명할 수 있다. $Q(t)$는 그림 6.5*a*에서 선형 확산 분포 중 하나의 아래 면적을 나타낸다. 이 모양은 높이 C_s, 밑변 $\sqrt{2Dt}$인 삼각형과 유사하다. 이것은 $Q(t) \cong C_s\sqrt{Dt}$를 나타내고, 식 (11)로부터 얻은 결과와 유사하다.

관련된 양은 확산 분포 $\partial C/\partial x$의 구배이다. 구배는 식 (9)를 미분해서 얻을 수 있다.

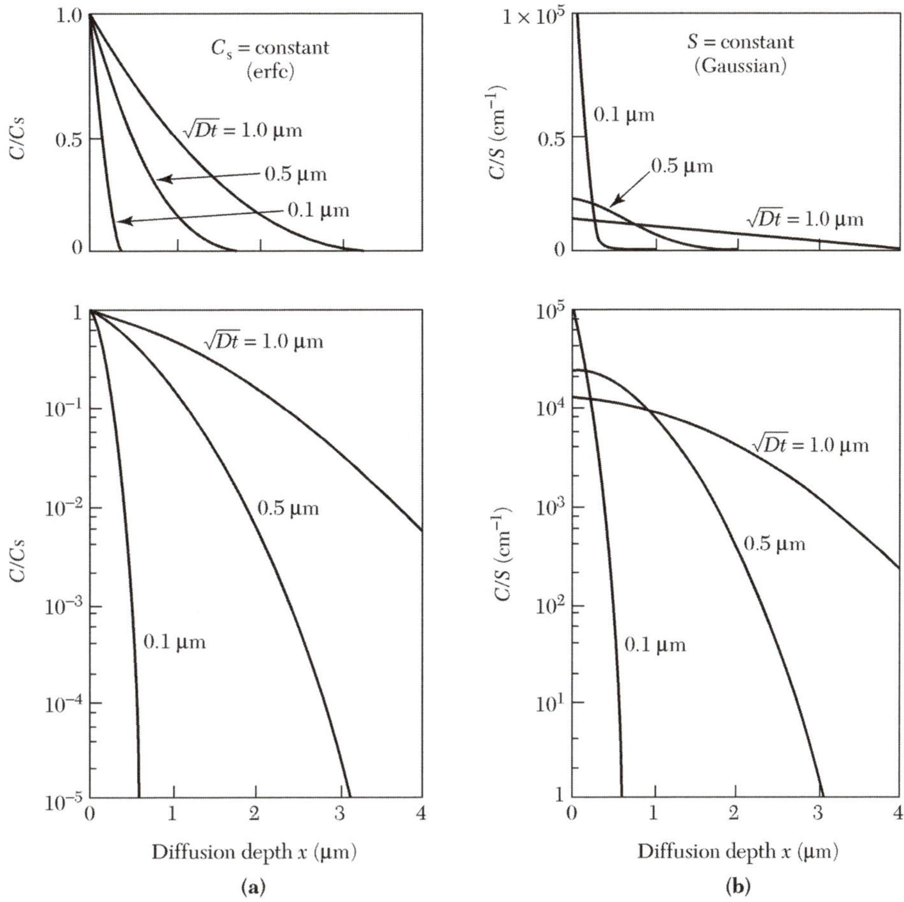

그림 6.5 확산 분포. (*a*) 규격화된 보오차 함수 대 연속적인 확산 시간에 따른 거리. (*b*) 규격화된 가우스 함수 대 거리.

$$\left.\frac{\partial C}{\partial x}\right|_{x,t} = \frac{C_s}{\sqrt{\pi D t}} e^{-x^2/4Dt} \tag{12}$$

예제 6.1

1000°C의 실리콘에서 붕소 확산의 경우에, 표면의 농도를 10^{19} cm^{-3}로 유지하면서 1시간 동안 확산시켰다. x = 0와 도판트 농도가 10^{15} cm^{-3}인 위치에서 $Q(t)$와 구배를 구하라.

풀이

1000°C에서 붕소의 확산 계수는 그림 6.4로부터 얻을 수 있으며 그 값은 약 2×10^{14} cm^2/s이다. 따라서 확산 길이는

$$\sqrt{Dt} = \sqrt{2\times10^{-14}\times3600} = 8.48\times10^{-6}\ \text{cm}$$

$$Q(t) = 1.13C_s\ \sqrt{Dt} = 1.13\times10^{19}\times8.48\times10^{-6} = 9.5\times10^{13}\ \text{atoms/cm}^2$$

$$\left.\frac{dC}{dx}\right|_{x=0} = -\frac{C_s}{\sqrt{\pi Dt}} = \frac{-10^{19}}{\sqrt{\pi}\times8.48\times10^{-6}} = -6.7\times10^{23}\ \text{cm}^{-4}$$

$C = 10^{15}\text{cm}^{-3}$일 때, 그것에 대응하는 거리 x_j는 식 (9)에 의해 주어지거나, 혹은

$$x_j = 2\sqrt{Dt}\ \text{erfc}^{-1}\left(\frac{10^{15}}{10^{19}}\right) = 2\sqrt{Dt}(2.75) = 4.66\times10^{-5}\ \text{cm} = 0.466\ \mu\text{m}$$

$$\left.\frac{dC}{dx}\right|_{x=0.466\mu m} = -\frac{C_s}{\sqrt{\pi Dt}}e^{-x^2/4Dt} = -3.5\times10^{20}\ \text{cm}^{-4}$$

일정한 전체 도판트

이 경우에 고정된(혹은 일정한) 도판트의 양은 얇은 층으로 반도체 표면에 증착되며, 도판트는 반도체 내로 확산된다. 초기 조건은 식 (7)과 같고, 경계 조건은 아래와 같다.

$$\int_0^\infty C(x,t) = S \qquad \textbf{(13a)}$$

그리고

$$C(\infty,t) = 0 \qquad \textbf{(13b)}$$

여기서 S는 단위 면적당 도판트의 총량이다.

위의 조건을 만족시키는 확산 방정식의 해는 아래와 같다.

$$C(x,t) = \frac{S}{\sqrt{\pi Dt}}\exp\left(-\frac{x^2}{4Dt}\right) \qquad \textbf{(14)}$$

이 식은 가우스(Gaussian) 분포 식이다. 도판트는 시간이 지남에 따라 확산해 들어가며, 총 도판트 S를 일정하게 유지하기 위해 표면 농도는 감소하게 된다. 이 경우에 표면 농도는 $x = 0$에서 식 (14)에 의해 주어진다.

$$C(x,t) = \frac{S}{\sqrt{\pi Dt}} \qquad \textbf{(15)}$$

그림 6.5b는 가우스분포에서 도판트 분포를 보여 주는 것이며, 규격화된 농도(C/S)는 3개의 확산 길이를 거리에 대한 함수로 표시하였다. 여기서 확산 시간이 증가함에 따라 표면 농도가 줄어든다. 확산 분포의 구배는 식 (14)를 미분함으로써 아래와 같이 얻어진다.

$$\left.\frac{dC}{dx}\right|_{x,t} = -\frac{xS}{2\sqrt{\pi}(Dt)^{3/2}} = -\frac{x}{2Dt}C(x,t) \qquad \textbf{(16)}$$

구배(경사)는 x = 0이나 x = ∞일 때 0이고, $x = \sqrt{2Dt}$에서 최대가 된다.

집적 회로 공정에서 두 단계의 확산 공정이 일반적으로 많이 사용되는데, 이때 **선증착**(predeposition) 확산층이 일정한 표면 농도 조건하에서 먼저 형성된다. 이 다음 단계는 일정한 총 도판트 조건하에서 **후확산**(drive-in diffusion)[**재분포 확산**(redistribution diffusion)]을 하는 것이다. 대부분의 실제적인 경우에, 선증착의 확산 길이 $\sqrt{Dt}$는 후확산의 확산 길이보다도 훨씬 작다. 그래서 선증착 분포는 표면에서 델타 함수로 생각되고, 선증착 분포의 침입 범위는 후확산 단계의 결과인 최종 분포와 비교했을 때 무시해도 좋을 만큼 작다.

예제 6.2

비소는 비소 가스에 의해 선증착되었으며, 단위 면적 당 도판트의 총량은 1×10^{14} atoms/cm^{2}이다. 1 μm의 결합 길이로 비소를 확산시키는 데 얼마나 오래 걸릴까? 배경 도핑을 $C_B = 1 \times 10^{15}$ atoms/cm^3 후확산 온도를 1200°C로 가정하자. 비소 확산의 경우 D_0 = 24 cm^2/s이고, E_a = 4.08 eV이다.

풀이

$$D = D_0 \exp\left(\frac{-E_a}{kT}\right) = 24\exp\left(\frac{-4.08}{8.614\times10^{-5}\times1473}\right) = 2.602\times10^{-13}\ \text{cm}^2/\text{s}$$

$$x_j^2 = 10^{-8} = 4Dt\ln\left(\frac{S}{C_B\sqrt{Dt}}\right) = 1.04\times10^{-12}t\ln\left(\frac{1.106\times10^5}{\sqrt{t}}\right)$$

$$t \bullet \log t - 10.09t + 8350 = 0$$

이 방정식의 해답은 $y = t \bullet \log t$와 $y = 10.09t - 8350$ 식의 교차점에 의해 결정된다. 그래서 t = 1190초 혹은 대략 20분이다.

6.1.3 확산 층의 평가

확산 공정의 결과는 3가지 측정에 의해 평가된다: 접합 깊이, 면 저항, 확산 층의 도판트 분포. 접합 깊이는 반도체 내에 홈을 만들어 용액(실리콘의 예를 들면 100 cm^3 HF와 HNO_3 몇 방울)으로 표면을 식각하는 것으로 나타낼 수 있는데 이때 그림 6.6a와 같이 p형 영역이 더 어둡게 착색된다. 만약 R_0가 홈을 만들기 위해 사용된 도구의 반지름이라면, 접합 깊이 x_j는 아래와 같이 주어진다.

$$x_j = \sqrt{R_0^2 - b^2} - \sqrt{R_0^2 - a^2} \tag{17}$$

여기서 a와 b는 그림에 나타나 있다. 그리고 R_0가 a와 b보다 매우 크다면 아래와 같이 된다.

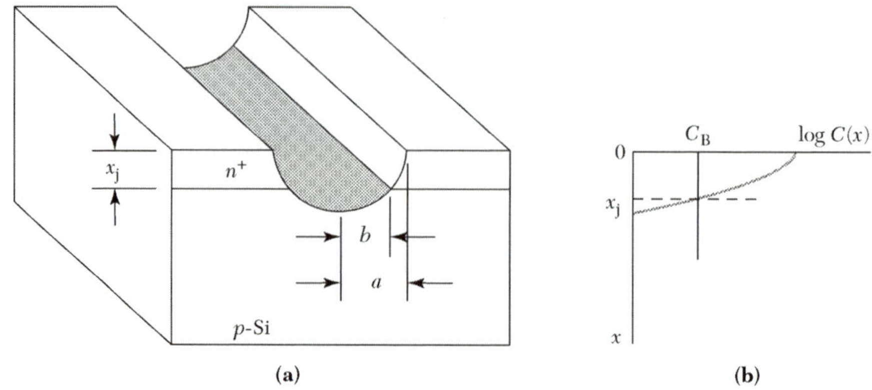

그림 6.6 접합 깊이 측정. (*a*) 홈과 착색하는 법. (*b*) 도판트와 기판의 농도가 같아지는 위치.

$$x_j \cong \frac{a^2 - b^2}{2R_0} \tag{18}$$

그림 6.6*b*에 나타낸 것과 같이, 접합 깊이 x_j는 도판트가 기판의 농도 C_B와 같아지는 위치에 있게 된다.

$$C(x_j) = C_B \tag{19}$$

그래서 접합 깊이와 C_B를 안다면, 표면 농도 C_s와 불순물 분포는 확산 분포가 6.1.2절에서 유도한 간단한 방정식을 따를 경우 계산할 수 있다.

확산 층의 저항은 그림 6.7에 나타낸 **4점 탐침**(four-point probe) 기술로 측정 할 수 있다. 각 탐침은 똑같은 간격으로 떨어져 있다. 일정한 전류원으로부터 작은 전류 I는 바깥쪽의 두 탐침에 인가되고 전압 V는 안쪽의 두 탐침 사이에서 측정된다. 시편의 지름 d보다 훨씬 작은 두께 W를 갖는 얇은 반도체 시편의 경우, **저항**(resistivity, ρ)은 아래와 같이 주어진다.

$$\rho = \frac{V}{I} \cdot W \cdot \mathrm{CF} \ \ \Omega\text{-cm} \tag{20}$$

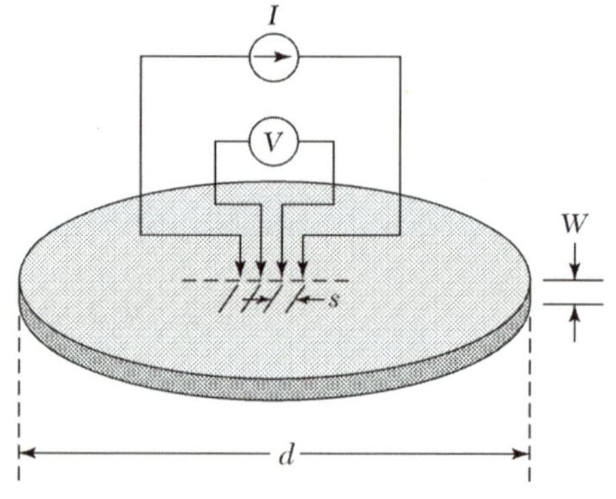

그림 6.7 4점 프로브를 사용한 비저항 측정.[7]

이 식에서 CF는 보정 인자이다. 보정 인자는 d/s의 비율에 의존하고 여기서 s는 탐침 사이의 공간이다. d/s > 20일 때 보정 인자는 4.54에 접근한다.

면 저항(sheet resistance, R_s)은 접합 깊이(x_j), 운반자의 이동도(μ, 전체 불순물 농도의 함수), 그리고 불순물 분포 $C(x)$와 관련이 있으며 아래와 같이 표현된다.[7]

$$R_s = \frac{1}{q\int_0^{j} \mu C(x)\, dx} \tag{21}$$

주어진 확산 분포에서 평균 저항($\bar{\rho} = R_s x_j$)은 표면 농도(C_s)와 확산에 대한 기판의 도핑 농도와 관련이 있다. C_s 및 $\bar{\rho}$와 관련된 곡선은 오차 함수나 가우스 분포와 같은 간단한 확산 분포에 의해 계산된다.[8] 이 곡선들을 정확히 사용하기 위해 확산 분포가 가정한 분포와 일치해야 한다. 낮은 농도와 깊은 확산의 경우 확산 분포는 일반적으로 앞서 말했던 간단한 함수로 표현될 수 있다. 그렇지만 다음 절에서 논의할 높은 농도와 얕은 확산의 경우, 확산의 분포는 이 간단한 함수들에 의해 표현되지 않는다.

확산 분포는 정전 용량-전압 기술을 사용하여 측정할 수 있다. 다수 캐리어 분포(이는 만일 불순물들이 완전히 이온화되었을 때 불순물 분포와 같으며, p–n 접합의 역방향 바이어스 정전 용량(reverse bias capacitance)의 측정과 인가된 전압의 함수로서 Schottky 장벽 다이오드(Schottky barrier diode) 측정에 의해 결정될 수 있다.[9]

$$n = \frac{2}{q\varepsilon_s}\left[\frac{-1}{d\left(1/C'^2\right)/dV}\right] \tag{22}$$

여기서 q는 전자의 전하이고 ε_s는 반도체의 유전율, C'는 시편의 단위 면적당 정전 용량, 그리고 V는 인가된 전압이다.

더 정확한 방법으로는 이차 이온 질량 분석(SIMS) 기술이 있는데, 이것으로 전체 불순물 분포를 측정할 수 있다. SIMS 기술에서 이온 빔(ion beam)은 반도체 표면에서 물질들을 튀어나오게 하고, 이온 성분들은 탐지되고 질량이 분석된다. 이 기술은 붕소 및 비소와 같은 많은 성분들을 매우 민감하게 측정할 수 있으며 높은 농도나 얕은 접합 확산의 분포 측정을 매우 정확히 할 수 있는 이상적인 측정 기구이다.[10]

6.2 외인성 확산

6.1절에서 설명한 확산의 분포는 일정한 확산 계수를 갖는 것에 관한 것이다. 이 분포는 도핑 농도가 확산 온도에서 진성 운반자 농도(n_i)보다 낮을 때 발생한다. 예를 들면, T = 1000°C에서 n_i는 실리콘의 경우 5×10^{18} cm^{-3}이고 갈륨 아세나이드의 경우 5×10^{17} cm^{-3}가 된다. 낮은 농도에서 확산 계수는 종종 **진성 확산 계수**(intrinsic diffusivity)로 나타낸다. $n_i(T)$보다도 낮은 농도를 갖는 도핑 분포는 진성 확산 영역이고, 그림 6.8에서 왼쪽 부분이다. 이 영역에서 n형과 p형 불순물들의 연속적이고 동시적인 확산의 도판트 분포 결과는 중첩에 의해 결정될 수 있으며, 이것은 확산이 독립적으로 이루어진다는 것이다. 그러나 기판과 도판트의 불순물 농도가 $n_i(T)$보다도 더 크다면, 반도

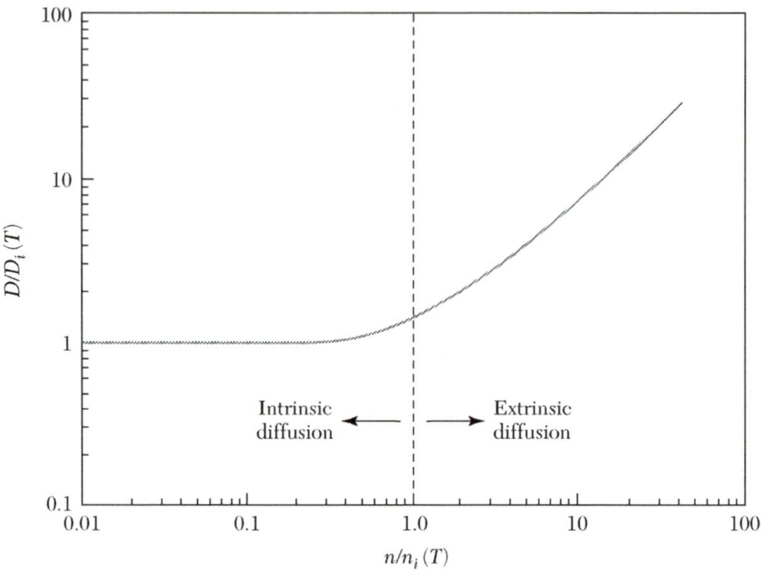

그림 6.8 진성 및 외인성 확산 영역에서 보이는 전자 농도 대 도너 불순물 확산 계수.[11]

체는 **외인성**(extrinsic)이 되고 확산 계수는 외인성으로 여겨진다. 이 외인성 확산 영역에서 확산 계수 농도에 의존하게 된다.[11] 외인성 확산 영역에서 확산 분포는 더 정교하게 되고 연속적이고 동시적인 확산에서 상호 작용과 협력의 효과에 의해 더 복잡하게 된다.

6.2.1 농도 의존 확산 계수

이전에 언급했듯이, 주 원자가 그것의 격자 자리를 떠나기 위하여 격자 진동으로부터 충분한 에너지를 갖게 되면 공공이 생성된다. 공공과 관련된 전하는 중성 공공 V^0, 억셉터 공공 V^-, 이중 하전 억셉터 공공 V^{2-}, 도너 공공 V^+ 등이 있다. 주어진 전하 상태의 공공 밀도(예, 단위 체적당 공공의 수: C_V)는 운반자 농도와 같이 온도에 의존할 것으로 예상된다. 즉

$$C_V = C_i \exp\left(\frac{E_F - E_i}{kT}\right) \tag{23}$$

여기서 C_i는 진성 공공 밀도, E_F는 Fermi 준위, E_i는 진성 Fermi 준위이다.

만일 도판트 확산이 공공 기구에 의해 진행된다면, 확산 계수는 공공의 밀도에 비례한다는 것을 예상할 수 있다. 낮은 도핑 농도($n < n_i$)에서 Fermi 준위는 진성 Fermi 준위($E_F = E_i$)와 일치한다. 공공의 밀도는 C_i와 같아지고 도핑 농도와는 무관하게 된다. 또한 C_i에 비례하는 확산 계수도 도핑 농도와 무관하게 된다. 고농도($n > n_i$)에서, Fermi 준위는 전도대 끝(conduction band edge)(도너형 공공에 대해)을 향해 움직일 것이고 $[\exp(E_F - E_i)/kT]$ 항은 1보다 더 커지게 된다. 이것은 C_V가 증가하도록 만들고, 그림 6.8의 오른쪽에 보이는 것과 같이 확산 계수가 증가하도록 한다.

확산 계수가 도판트 농도에 따라 변할 때, 식 (4)는 식 (5) 대신에 확산 방정식으로

서 사용될 수 있고, 여기서 D는 C에 대해 무관하다. 확산 계수가 다음과 같이 쓰일 수 있는 경우에 대해 고려해 보자.

$$D = D_s\left(\frac{C}{C_s}\right)^{\gamma} \tag{24}$$

여기서 C_s는 표면 농도이고, D_s는 표면에서의 확산 계수이며, γ는 농도 의존성을 표현하는 변수이다. 이러한 경우에 식 (4)를 상미분 방정식으로 쓸 수 있고, 수학적으로 계산이 가능하다.

그림 6.9는 다른 γ의 값에 따라 일정한 표면 농도 확산에 대한 해를 보여 준다.[12] $\gamma = 0$에서는 일정한 확산 계수를 가지고, 그 분포는 그림 6.5a에서 보여 준 것과 같다. $\gamma > 0$의 경우에 확산 계수는 농도가 감소함에 따라 감소하고, γ가 증가함에 따라 점점 가파르고 박스 모양과 같은 농도 분포를 만든다. 그러므로 매우 급격한 접합(abrupt junction)은 확산이 반대 불순물 형태의 배경으로 이루어질 때 형성된다. 도핑 분포의 급격한 변화는 접합 깊이가 수직적으로 무관하다는 것을 나타낸다. 접합 깊이(그림 6.9 참조)는 다음과 같이 주어진다.

$$\begin{aligned} x_j &= 1.6\sqrt{D_s t} \text{ for } D \sim C \ (\gamma = 1) \\ x_j &= 1.1\sqrt{D_s t} \text{ for } D \sim C^2 \ (\gamma = 2) \\ x_j &= 0.87\sqrt{D_s t} \text{ for } D \sim C^3 \ (\gamma = 3) \end{aligned} \tag{25}$$

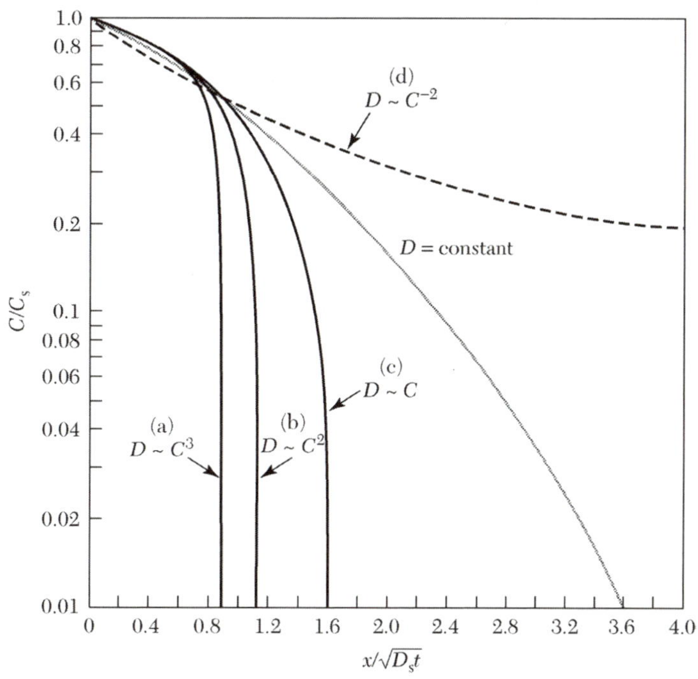

그림 6.9 확산 계수가 농도 의존성을 보이는 외인성 확산에 대한 규격화된 확산 분포.[12]

$\gamma = -2$의 경우, 확산 계수는 농도가 감소함에 따라 증가하고, 이것은 오목한 분포를 나타내며, 다른 경우에는 볼록한 분포를 나타낸다.

6.2.2 확산분포

실리콘에서의 확산

실리콘에서 측정된 붕소와 비소의 확산 계수는 $\gamma \cong 1$과 농도 의존성을 가진다. 이것의 농도 분포는 그림 6.9의 c 곡선에 묘사된 것과 같이 급격하게 변한다. 실리콘에서 금과 백금의 확산의 경우 γ는 -2에 가깝고, 그것의 농도 분포는 그림 6.9의 d 곡선에서 보이는 것과 같이 오목한 형태를 가진다.

실리콘에서 인의 확산은 두 배로 하전된 억셉터 공공 V^{2-}와 관련 있으며, 고농도에서의 확산 계수는 C^2에 따라 변한다. 인의 확산 분포는 그림 6.9의 b 곡선과 비슷하다. 그러나 분해 효과 때문에 확산 분포는 비정상적인 거동을 나타낸다.

그림 6.10은 인의 확산 분포를 보여 주는 것으로서 1000°C에서 1시간 동안 실리

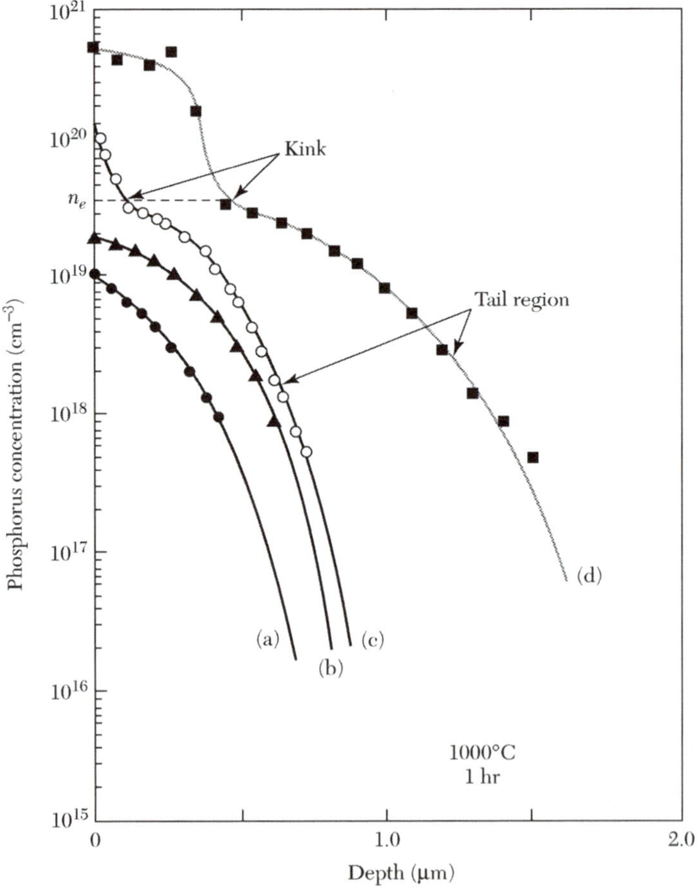

그림 6.10 1000°C에서 1시간 동안 인을 실리콘으로 확산시킨 후 나타나는 다양한 표면 농도에 대한 인의 확산 분포.[13]

콘으로 확산 후, 다양한 표면 농도에 대한 인의 확산 분포를 보여 준다.[13] 표면 농도가 낮을 때, 즉 진성 확산 영역에 해당될 때, 확산 분포는 erfc(곡선 a)에 의해 주어진다. 농도가 증가함에 따라 분포는 간단한 표현(곡선 b, c)에서 벗어나기 시작한다. 고농도(곡선 d)에서 표면 근처의 분포는 그림 6.9의 곡선 b에서 보여 주는 것과 유사하다. 그러나 농도 n_e에서 비틀림(kink)이 생기고, 꼬리 영역에서 빠른 확산이 일어난다. 농도 n_e는 전도대 아래 0.11 eV의 Fermi 준위에 해당한다. 이 에너지 준위에서 결합된 불순물–공공 쌍(P^+V^{2-})은 P^+, V^-, 전자로 분해된다. 그래서 이 분해는 많은 양의 단전하 억셉터 공공 V^-를 생산하고, 다음에는 분포의 꼬리 영역에서 확산을 촉진시킨다. 꼬리 영역에서 확산 계수는 10^{-12} cm^2/s 이상이며 이것은 1000°C에서 진성 확산 계수보다 약 100배 정도 더 크다. 인의 높은 확산 계수 때문에 인은 CMOS의 n통에서와 같이 깊은 접합을 형성하는 데 주로 사용된다.

갈륨 아세나이드에서의 아연 확산

갈륨 아세나이드에서의 확산은 실리콘 확산보다 더 복잡한데, 그 이유는 불순물의 확산이 갈륨과 비소의 두 아격자(sublattice)의 원자 움직임을 포함하기 때문이다. 갈륨 아세나이드에서 p형과 n형 불순물은 격자 자리에 있기 때문에 공공은 확산 공정에서 가장 중요한 역할을 한다. 그러나 공공의 전하 상태는 아직 확립되어 있지 않다.

아연은 갈륨 아세나이드에서 가장 널리 연구된 확산체이다. 이것의 확산 계수는 C^2에 따라 변한다. 그러므로 확산 분포는 그림 6.11에 나타낸 것과 같이 가파르고, 그림 6.9의 곡선 b와 유사하다.[13] 가장 낮은 표면 농도의 경우에, 확산은 1000°C에서 갈

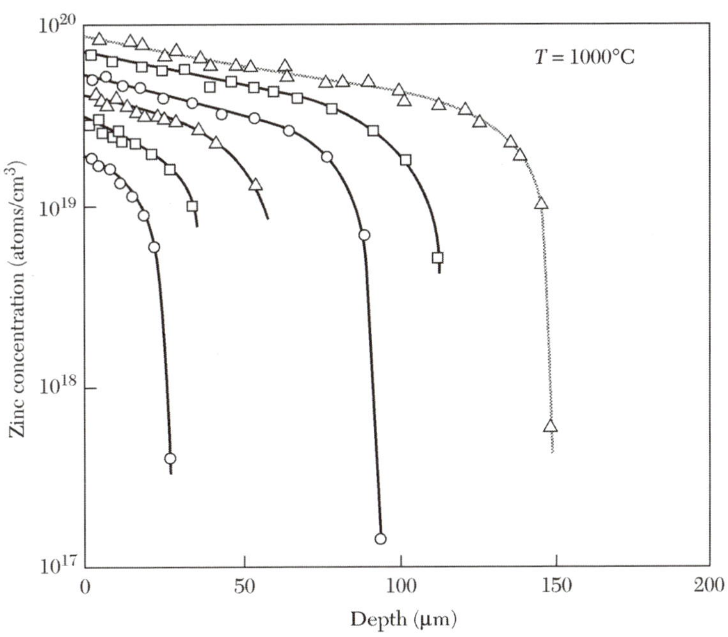

그림 6.11 2.7시간 동안 1000°C에서 열처리 후 갈륨 아세나이드에서 일어난 Zn의 확산 분포.[13] 서로 다른 표면 농도는 아연 소스의 온도를 600°C에서 800°C로 유지하면서 얻은 것이다.

륨 아세나이드의 n_i가 10^{18} cm^{-3}보다 작기 때문에 외인성 확산 영역에 있게 된다. 그림 6.11에서 보듯이, 표면 농도는 접합 깊이에 매우 큰 영향을 준다. 확산 계수는 아연 기체의 부분압에 따라 선형적으로 변하고, 표면 농도는 부분압의 제곱근에 비례한다. 그러므로 식 (25)로부터 접합의 깊이는 표면 농도에 선형적으로 비례한다.

6.3 측면 확산

앞서 논의된 1차원 확산 방정식은 마스크 창의 모서리 부분을 제외하고는 만족스럽게 확산 공정을 설명할 수 있다. 여기서 불순물은 아래로 그리고 옆으로 확산할 것이다. 이 경우 2차원 확산 방정식을 고려해야만 하고 서로 다른 초기 조건과 경계 조건하에서 확산 분포를 얻기 위해 수학적 기법을 사용해야 한다.

그림 6.12는 확산 계수가 농도에 무관하다는 가정하에 일정한 표면 농도 확산 조건에 대해 일정한 도핑 농도의 등고선을 나타낸다.[14] 그림의 맨 오른쪽에 보이는 0.5 C_s부터 10^{-4} C_s(C_s는 표면 농도)로의 도판트 농도의 변화는 식 (9)에 의해 주어진 erfc 분포와 일치한다. 등고선은 다양한 바탕 농도로 확산에 의해 생긴 접합의 위치에 관한 효과적인 지도이다. 예를 들어 $C/C_s = 10^{-4}$(즉, 바탕 도핑이 표면 농도보다 10^4배 작다)에서 일정한 농도 곡선에서부터 수직 침투 깊이는 약 2.8 μm인 반면 측면 침투 깊이는 약 2.3 μm(즉, 확산 마스크–반도체 계면을 따른 침투)이다. 그러므로 측면 침투는 표면 농도의 1000배 혹은 그 이상의 농도 이하에 대해 수직 방향 침투의 약 80% 정도이다. 비슷한 결과는 일정한 총 도판트 확산 조건에서도 얻어진다. 측면 대 수직 침투의 비는 약 75%이다. 농도 의존 확산 계수에 대해서는 이 비가 약 65%에서 70% 사이로 약간 감소하는 것이 발견되었다.

측면 확산 효과로 인해, 그림 6.12에서와 같이 접합은 곡률 반경 r_j를 가진 원통형

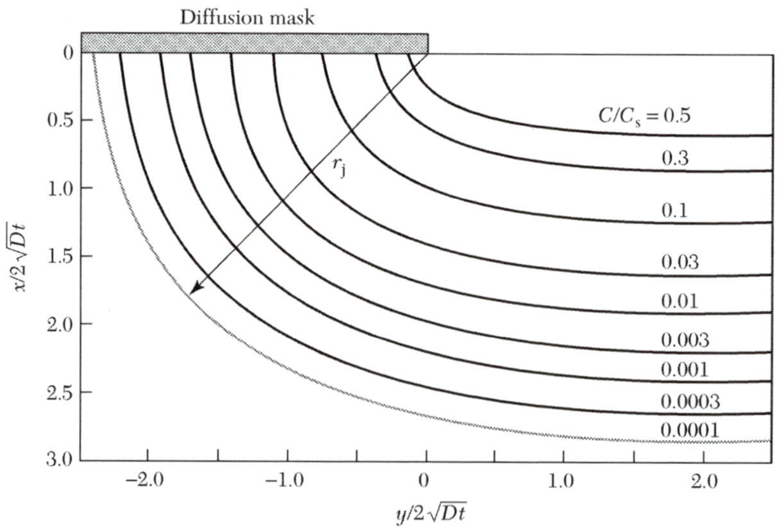

그림 6.12 산화막의 창 모서리 부분에서의 확산 등고선, 여기서 r_j는 곡률 반경.[14]

모서리의 중심면(평평한) 영역으로 구성되어 있다. 게다가, 만약 확산 마스크가 날카로운 모퉁이를 가진다면, 모퉁이 주변의 접합 형태는 측면 확산 때문에 대략 원형이 될 것이다. 전기장의 강도가 원통형과 원형 접합 영역에서 높기 때문에 이 영역에서 애벌랜치(avalanche) 항복 전압은 같은 바탕의 도핑을 가진 평면 전압보다 매우 낮게 된다.

6.4 확산 모의 실험

확산 분포(농도에 의존하는 확산 계수)의 계산에 야기되는 여러 복잡한 점은 간단한 예를 제외하고는 손으로 계산하는 것이 어렵다. 다행히 3장에서 소개된 SUPREM 소프트웨어 패키지는 확산에 대한 완벽한 모델을 포함하고 있다. SUPREM은 1차원 또는 2차원의 확산을 모의 실험할 수 있다. 이는 `DIFFUSION` 명령어를 사용하여 수행한다. 프로그램 출력은 일반적으로 반도체 기판에 대한 깊이의 함수로서 화학 물질, 캐리어, 공공 농도이다.

SUPREM을 포함한 모든 확산 공정 시뮬레이터는 3가지 기본 식을 기초로 하고 있다.[15] 첫 번째 식은 유속(J)에 관한 식으로 1차원에서

$$J_i = -D_i \frac{dC_i}{dx} + Z_i \mu_i C_i E \tag{26}$$

이때 Z_i는 전하 상태, μ_i는 불순물의 이동도, E는 전기장이다. 아래첨자 i는 SUPREM의 그리드의 위치를 나타낸다. 두 번째 관련식은 연속 방정식으로 아래와 같다.

$$\frac{dC_i}{dt} + \frac{dJ_i}{dx} = G_i \tag{27}$$

여기서 G_i는 불순물의 생성/재결합의 속도이다. 마지막 중요 관련 방정식은 포아송 방정식이며, 1차원에서 아래와 같이 주어진다.

$$\frac{d}{dx}\left[\varepsilon_s E\right] = q\left(p - n + N_D^+ - N_A^-\right) \tag{28}$$

여기서 ε_s는 유전율, n과 p는 전자와 정공의 농도, 그리고 N_D^+와 N_A^-는 이온화된 도너와 억셉터의 농도이다. SUPREM은 사용자에 의해 지정된 1차원 그리드 조건에서 식 (26)부터 (28)까지를 동시에 계산한다. SUPREM에 사용되는 확산 계수 값은 Fair의 공공 모델에 기초하고 있다.[11] B, Sb, 그리고 As의 E_a와 D_0 값은 검색 도표에 포함되어 있다. 실험적 모델은 필드-보조, 산화-강화, 그리고 산화-지연 확산을 설명하기 위해 사용된다.

▶ 예제 6.3

850°C에서 15분간 n형의 <100> 실리콘 웨이퍼에 붕소의 선증착을 모의 실험한다고 하자. 만약 실리콘 기판에 10^{16} cm^{-3} 정도의 인이 도핑된다면 SUPREM을 이용하여 붕소의 도핑 분포도와 접합 깊이를 결정하라.

▶ *풀이*

SUPREM의 입력 목록은 다음과 같다.

```
TITLE         Predeposition Example
COMMENT       Initialize silicon substrate
INITIALIZE    <100> Silicon Phosphor Concentration=1e16
COMMENT       Diffuse boron
DIFFUSION     Time=15 Temperature=850 Boron Solidsol
PRINT         Layers Chemical Concentration Phosphorus Boron Net
PLOT          Active Net Cmin=1e15
STOP          End predeposition example
```

붕소의 표면 농도는 `DIFFUSION` 명령어의 `Solidsol` 변수에 의해 고상 용해도 한계까지 설정되어 있음을 주목하라. 선증착이 완료되면 실리콘 기판의 접합 깊이에 따른 함수로 붕소 농도를 나타내고 출력한다. 결과는 그림 6.13에 나타냈으며, 0.0555 μm 접합 깊이를 보여 준다.

6.5 요약

확산은 불순물 도핑의 중요한 방법이다. 이 장에서는 먼저 일정한 확산 계수에 대한 기

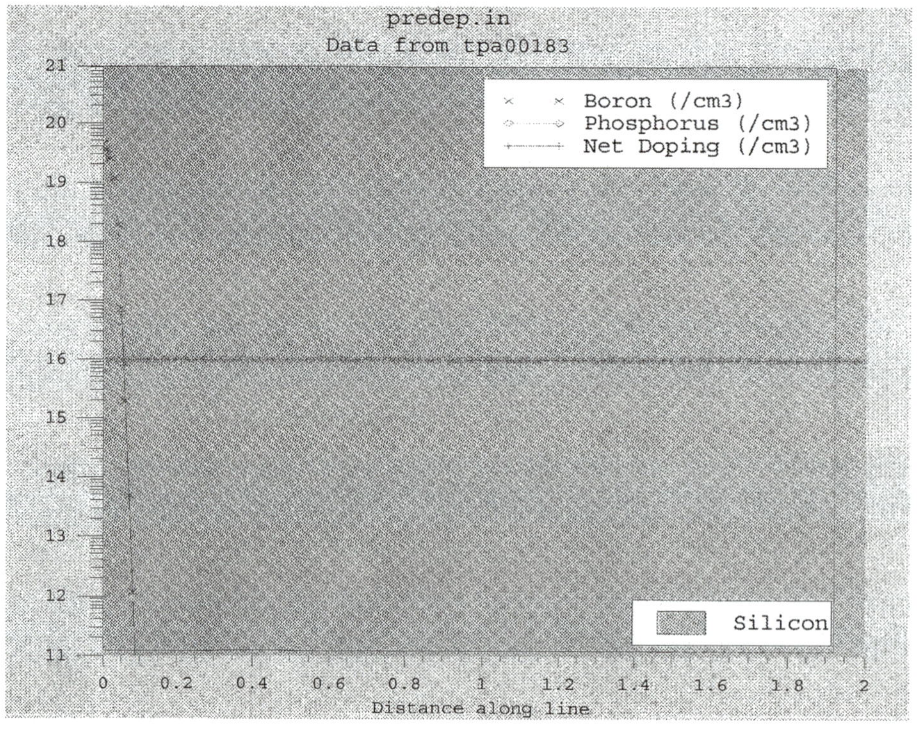

그림 6.13 SUPREM을 이용하여 나타낸, 실리콘 기판 내 깊이에 따른 붕소의 농도.

본적인 확산 식을 다루었다. 일정한 표면 농도의 경우와 일정 한 총 도판트의 경우 각각의 보오차 함수(erfc)와 가우스 함수를 구했다. 확산 공정의 결과는 접합 깊이, 면 저항 및 도판트 분포의 측정에 의해 평가된다.

도핑 농도가 확산 온도에서 진성 캐리어 농도 n_i보다 높을 때, 확산 계수는 농도에 의존한다. 이 의존도는 도핑 분포 결과에 강한 영향을 미친다. 예를 들면 실리콘 내에서 비소와 붕소의 확산 계수는 불순물 농도에 선형적으로 변화한다. 이것들의 도핑 분포는 erfc 분포보다 훨씬 더 가파르다. 실리콘 내 인의 확산 계수는 농도의 제곱으로 변화한다. 이 의존도와 분해 효과는 인의 확산 계수를 진성 확산 계수보다 100배 더 크게 한다.

마스크 모서리의 측면 확산과 산화하는 동안의 불순물의 재분포는 확산이 소자 성능에 중요한 영향을 미칠 수 있는 두 공정이다. 전자는 급격히 항복 전압을 줄일 수 있고, 후자는 접촉 저항뿐만 아니라 문턱 전압에도 영향을 미친다.

참고 문헌

1. S. M. Sze, Ed., *VLSI Technology*, 2nd Ed., McGraw-Hill, New York, 1988, Ch. 7, 8.
2. S. K. Ghandhi, *VLSI Fabrication Principles*, 2nd Ed., Wiley, New York, 1994, Ch. 4, 6.
3. W. R. Runyan and K. E. Bean, *Semiconductor Integrated Circuit Processing Technology*, Addison-Wesley, Boston, 1990, Ch. 8.
4. H. C. Casey and G. L. Pearson, "Diffusion in Semiconductors," in J. H. Crawford and L. M. Slifkin, Eds., *Point Defects in Solids*, Vol. 2, Plenum, New York, 1975.
5. J. P. Joly, "Metallic Contamination of Silicon Wafers," *Microelectron. Eng.*, **40**, 285 (1998).
6. A. S. Grove, *Physics and Technology of Semiconductor Devices*, Wiley, New York, 1967.
7. ASTM Method F374-88, 'Test Method for Sheet Resistance of Silicon Epitaxial, Diffused, and Ion-Implanted Layers Using a Collinear Four-Probe Array," V10, 249 (1993).
8. J. C. Irvin, "Evaluation of Diffused Layers in Silicons" *Bell Syst. Tech. J.*, **41**, 2 (1962).
9. S. M. Sze, *Semiconductor Devices: Physics and Technology*, 2nd Ed., Wiley, New York, 2002, Ch. 7.
10. ASTM Method E1438-91, "Standard Guide for Measuring Width of Interfaces in Sputter Depth Profiling Using SIMS," V10, 578 (1993).
11. R. B. Fair, "Concentration Profile of Diffused Dopants," in F. F. Y. Wang, Ed., *Impurity Doping Processes in Silicon*, North-Holland, Amsterdam, 1981.
12. L. R. Weisberg and J. Blanc, "Diffusion with Interstitial-Substitutional Equilibrium, Zinc in GaAs," *Phys. Rev.*, **131**,1548 (1963).
13. F. A. Cunnell and C. H. Gooch, "Diffusion of Zinc in Gallium Arsenide," *J. Phys. Chem. Solid*, **15**, 127 (1960).

14. D. P. Kennedy and R. R. O'Brien, "Analysis of the Impurity Atom Distribution Near the Diffusion Mask for a Planar p-n Junction," *IBM J. Res. Dev.*, **9**, 179 (1965).

15. S. A. Campbell, *The Science and Engineering of Microelectronic Fabrication*, 2nd Ed., Oxford University Press, New York, 2001, Ch. 3.

연습 문제

어려운 문제에는 별표를 하였다.

6.1절: 기본 확산 공정

1. 중성 분위기에서 30분간 950°C에서 붕소 선증착을 수행한 후에 주입된 총 도판트의 양과 접합 깊이를 계산하라. 기판이 $N_D = 1.8 \times 10^{16}$ cm^{-3}인 n형 실리콘이고 붕소의 표면 농도는 $C_s = 1.8 \times 10^{20}$ cm^{-3}이라고 가정하라.

2. 만약 문제 1에서 시편을 1050°C에서 60분간 중성 분위기에서 후확산시켰을 때, 확산 분포와 접합 깊이를 계산하라.

3. 측정된 인의 분포가 확산 계수 $D = 2.3 \times 10^{-13}$ cm^2/s를 갖는 가우스 함수로 표현된다고 가정하자. 측정된 표면 농도는 1×10^{18} atoms/cm^{3}이고, 측정된 접합 깊이는 1×10^{15}의 기판 농도에서 1 μm이다. 확산 층에서 확산 시간과 총 도판트를 계산하라.

*4. 갑작스런 온도 감소로 인하여 웨이퍼가 뒤틀리는 것을 피하기 위해 확산 노에서 온도를 1000°C에서 500°C로 20분간 직선적으로 천천히 감소시킨다. 실리콘에서 인이 확산될 때 초기 확산 온도에서 유효 확산 시간은 얼마인가?

*5. 1000°C의 실리콘에서 저농도 인의 후확산에 대해 1%의 확산 시간과 온도 변화에 대한 표면 농도의 퍼센트 변화를 구하라.

6. 1100°C에서 3시간 동안 10^{15} atoms/cm^{3}으로 붕소가 도핑된 두꺼운 실리콘 박편에 비소를 확산시킨다면 표면 농도를 4×10^{18} atoms/cm^{3}으로 고정시켰을 때 비소의 최종 분포는 어떠한가? 확산 길이와 접합 깊이는 어떻게 되겠는가?

6.2절: 외인성 확산

7. 900°C에서 3시간 동안 10^{15} atoms/cm^{3}으로 붕소 도핑된 두꺼운 실리콘 박편에 비소를 확산시켰다면 표면 농도를 4×10^{18} atoms/cm^{3}으로 고정시켰을 때 비소의 최종 분포는 어떠한가? 접합 깊이는 어떻게 되겠는가? 다음과 같이 가정을 하였다.

$$D_0 = 45.8 \text{ cm}^2/\text{s} \quad E_a = 4.05 \text{ eV} \quad x_j = 1.6\sqrt{Dt}$$

8. **진성 확산**과 **외인성 확산**의 의미를 설명하라.

6.4절: 확산 모의 실험

9. 예제 3에 언급한 선증착을 따라 SUPREM을 이용하여 1175°C에서 6시간 동안 후확산을 실행하였다. 붕소 분포를 그래프로 나타내고 새 접합 깊이를 보이라.

°10. 문제 9의 붕소 후확산 후에, 인이 순차적으로 선증착과 후확산을 했다고 가정하라. 인의 선증착이 850°C에서 30분간 일어나고, 후확산이 1000°C에서 30분간 일어났다. SUPREM을 이용하여 인과 붕소의 불순물 분포를 그래프로 나타내고, 접합 깊이를 결정하라.

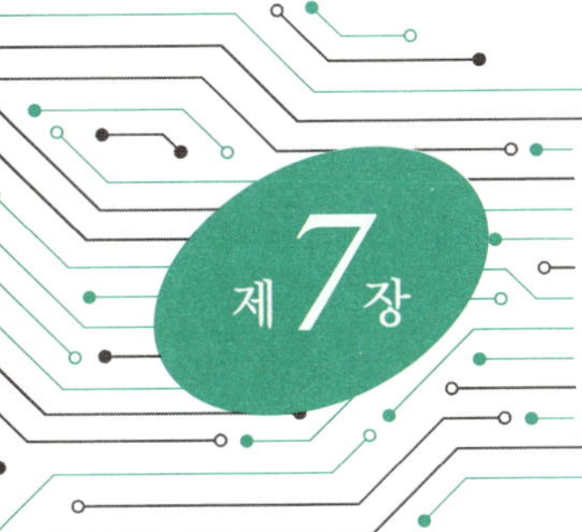

이온 주입

Ion Implantation

6장에서 논의한 바와 같이 확산과 이온 주입은 불순물 도핑에 있어 핵심적인 두 가지 방법이다. 그림 7.1과 같이 1970년대 초부터 많은 도핑 작업들이 이온 주입에 의해 이루어져 왔다. 이 공정에 있어 이온들은 이온 빔을 이용해서 반도체 속으로 주입된다. 도핑 농도는 반도체 내에서 최고 분포 값을 가지며 불순물 분포의 형태는 주로 이온 질량과 주입된 이온의 에너지에 의해 결정된다. 이 장은 다음과 같은 주제들을 포함하고 있다.

- 이온 주입 공정과 장점들
- 결정 격자 내의 이온 분포와 이온 주입에 의해 생긴 손상을 제거하는 방법
- 마스킹과 고에너지 주입 그리고 고전류 주입과 같은 주입과 관련된 공정들
- SUPREM을 이용한 이온 주입의 모의 실험

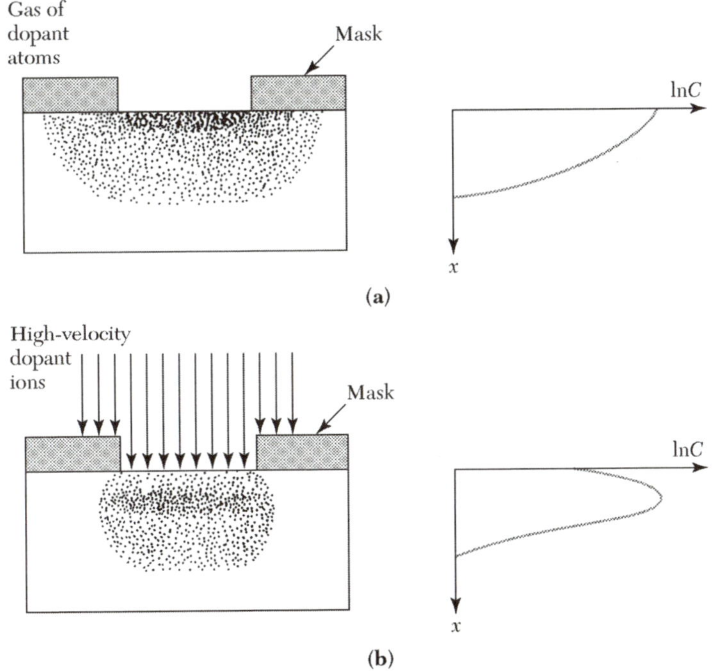

그림 7.1 반도체 기판에 선택적인 불순물을 도입하기 위한 (*a*) 확산과 (*b*) 이온 주입 기술의 비교.

7.1 주입된 이온의 범위

이온 주입은 에너지를 가진 전하를 띤 입자를 실리콘과 같은 기판에 주입하는 것이다. 주입 에너지는 1 keV에서 1 MeV 사이이며 이때 평균적으로 10 nm에서 10 μm 사이의 깊이를 가진다. 이온 불순물의 양은 문턱 전압에서 10^{12} ions/cm^{2}부터 기판 내에 절연층을 형성할 수 있는 10^{18} ions/cm^{2}까지 변한다. 불순물의 양이 반도체 표면의 면적(1 cm^2)당 주입된 이온의 수로 나타남을 주의하라. 이온 주입의 가장 큰 장점은 불순물 도핑을 다시 할 수 있으며, 그 공정을 세밀하게 조절할 수 있다는 점과 확산과 같은 공정과 비교해 낮은 열처리 온도를 가진다는 점이다.

그림 7.2는 일반적인 크기의 에너지를 이용한 이온 주입기를 도식적으로 보여 주고 있다.[1] 이온 소스는 BF_3나 AsH_3와 같은 소스 가스들을 전하를 띤 이온들(B^+나 As^+)로 분해하기 위해 가열된 필라멘트를 이용한다. 40 kV 정도의 추출 전압은 전하를 띤 이온들을 이온 소스실에서 질량 분석기로 이동시킨다. 분석기의 자기장은 별도의 여과 없이 원하는 질량-전하 비를 가지는 이온들만 이동시키기 위해 정해진다. 선택된 이온들은 그 후 고전압에서 기저 상태까지 움직이면서 주입 에너지까지 가속되도록 가속관으로 들어간다. 조리개는 이온 빔이 잘 조준되도록 한다. 주입기 안의 압력은 가스 분자들에 의한 이온 충돌을 최소화하기 위해 10^{-4} Pa 이하로 유지한다. 이온 빔은 그 후에 정전기 편향판을 이용하여 웨이퍼 표면에 주사되고 반도체 기판 내로 주입된다.

에너지를 가진 이온들은 기판 내의 전자들과 원자핵과의 충돌 과정을 통해 에너지를 잃어 가고 마침내 격자 내의 어떤 깊이에 정지하게 된다. 평균 깊이는 가속 에너지 조절을 통해서 제어될 수 있다. 불순물 양은 이온 주입 동안에 이온 전류를 측정함으로써 제어될 수 있다. 주된 부작용은 이온 충돌로 인한 반도체 격자의 붕괴와 손상이다. 그래서 그 뒤에 이러한 손상을 제거해 주는 열처리가 필요하다.

7.1.1 이온 분포

이온이 이동하여 정지에 이르기까지의 총 길이를 그 이온의 **범위**(range, R)라고 하며 그림 7.3*a*에 나타내었다.[2] 투사된 축을 따라 이 길이가 투영된 것을 **투영 범위**(projected range, R_p)라 한다. 단위 길이당 충돌 횟수와 충돌마다 잃어버리는 에너지는 임의의

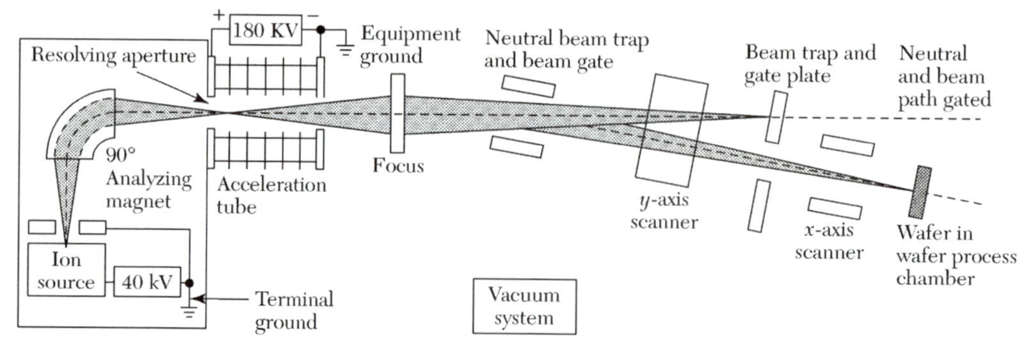

그림 7.2 일반적인 이온 주입기의 개략도.

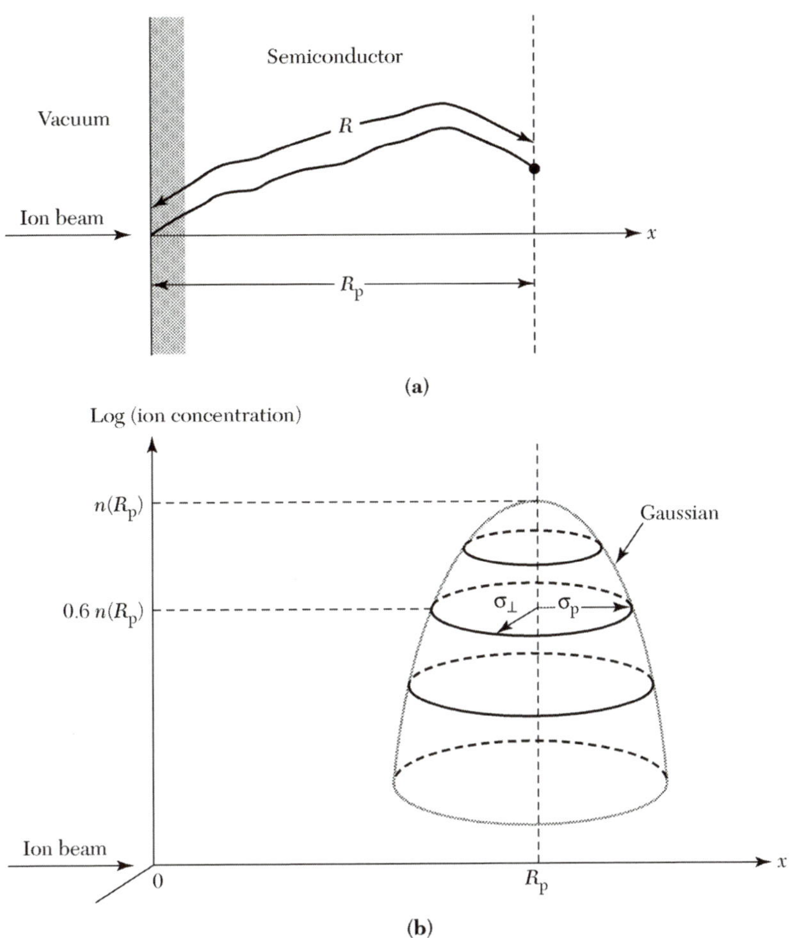

그림 7.3 (*a*) 이온 범위 *R*과 투영 번위 R_p의 개략도. (*b*) 주입된 이온의 2차원 분포.[2]

값을 가지기 때문에 같은 질량과 같은 초기 에너지를 가지는 이온들은 공간적인 분포를 가지게 된다. 투영된 범위에 있어서 통계적인 변동을 **투영 무질서**(projected straggle, σ_p)라고 한다. 또한 투사 축과 직각을 이루는 축을 따라서도 통계적인 변동이 있으며 그것은 **측면 무질서**(lateral straggle, $\sigma_\perp$)라고 한다.

그림 7.3*b*는 이온 분포를 보여 주고 있다. 투사 축을 따라 주입된 불순물의 형태는 가우스 분포 함수에 의해 근사화될 수 있다.

$$n(x) = \frac{S}{\sqrt{2\pi}\sigma_p} \exp\left[-\frac{(x - R_p)^2}{2\sigma_p^2} \right] \tag{1}$$

S는 단위 면적당 이온의 양이다. 이 식은 $4Dt$가 $2\sigma_p^2$로 바뀐 점과 분포가 x 축을 따라 R_p만큼 이동된 것을 제외하고는 6장의 일정한 총 불순물 확산에 쓰인 식 (14)와 유사하다. 그래서 확산의 경우 농도의 최대값은 $x = 0$에서 나타난 반면 이온 주입의 경우 최대 농도 값은 투영 범위에 위치한다. 이온 농도는 $(x - R_p) = \pm\sigma_p$인 지점에서의 최대

값보다 40%, $\pm 2\sigma_p$인 지점에서 10%, $\pm 3\sigma_p$인 지점에서 20%, $\pm 4.8\sigma_p$인 지점에서 50%씩 감소한다.

투사 축과 직각을 이루는 축의 분포는 또한 $\exp(-y^2/2\sigma_\perp^2)$ 형식의 가우스 함수이다. 이 분포 때문에 측면으로 약간의 주입이 있을 수 있다.[3] 그렇지만 마스크 가장자리부터의 측면 침투($\sigma_\perp$와 비슷함)는 6.3절에서 논의되었던 열 확산 공정에 의한 것보다 상당히 작다.

7.1.2 이온 정지

에너지를 가진 이온이 반도체 기판[혹은 **목표 판**(target)이라고 부름]에 들어가서 멈출 수 있는 경우에는 두 가지 정지 작용이 있다. 첫 번째는 이온의 에너지가 목표 원자핵에 전사되는 것에 의한 것이다. 이것은 주사되는 이온의 굴절을 일으키고, 또한 많은 목표 원자들을 본래의 격자 위치에서 이동시킨다. 만약 E가 경로에 따른 어떤 점 x에서의 에너지라면 이 과정의 특성을 기술하는 원자핵의 정지 전력 $S_n(E) \equiv (dE/dx)_n$을 정의할 수 있다. 두 번째 정지 작용은 주사된 이온과 대상 원자핵 주변을 둘러싸고 있는 전자들의 구름 간 상호 작용에 의한 것이다. 이온은 쿨롱의 상호 작용을 통해 전자들과 충돌하면서 에너지를 잃는다. 전자들은 더 높은 에너지 수준으로 들뜬 상태가 되거나(여기) 원자핵으로부터 벗어날 수 있다(이온화). 우리는 이 과정을 특징짓는 전자의 정지 전력 $S_e(E) \equiv (dE/dx)_e$를 정의할 수 있다.

평균적으로 거리에 따라 에너지를 잃는 비는 두 정지 작용을 중첩시킴으로써 주어진다.

$$\frac{dE}{dx} = S_n(E) + S_e(E) \tag{2}$$

만약 이온이 정지하기 전까지 이동된 총 거리가 R이라면

$$R = \int_0^R dx = \int_0^{E_0} \frac{dE}{S_n(E) + S_e(E)} \tag{3}$$

여기서 E_0는 초기 이온의 에너지이다. R의 양은 이전에 범위로서 정의되었다.

우리는 들어오는 단단한 구(에너지는 E_0이고 질량은 M_1)와 대상이 되는 단단한 구(초기 에너지는 0이고 질량은 M_2)를 고려해서 원자핵 정지 작용을 그림 7.4에서처럼 시각화할 수 있다. 구들이 충돌할 때, 운동량은 구의 중심을 따라 이동된다. 굴절 각(θ)과 속도 v_1, v_2는 운동량과 에너지 보존에 요구되는 조건으로부터 구해진다. 최대 에너지 손실은 정면 충돌에서 이루어진다. 이 경우, 주사되는 입자 M_1에 의한 에너지 손실 혹은 M_2로 전사되는 에너지는 다음과 같다.

$$\frac{1}{2} M_2 v_2^2 = \left[\frac{4 M_1 M_2}{(M_1 + M_2)^2} \right] E_0 \tag{4}$$

대체로 M_2는 M_1의 크기와 같은 수준이기 때문에, 원자핵 정지 작용에서 많은 양

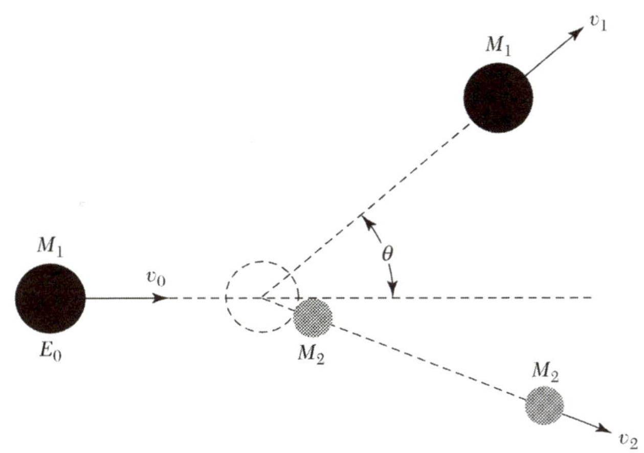

그림 7.4 단단한 구의 충돌.

의 에너지가 전사될 수 있다.

세부적인 계산들은 원자핵 정지 전압이 낮은 에너지에서는 선형적으로 증가하고 [식 (4)와 유사] $S_n(E)$는 어떤 중간 에너지에서 최대값에 이르게 됨을 보여 준다. 높은 에너지에서는 빠른 입자가 대상 원자핵들과 효과적인 에너지 전사가 이루어지는 상호 작용을 충분히 가지지 못하기 때문에 $S_n(E)$는 더 작아지게 된다. 다양한 에너지에서 실리콘 안의 비소, 인, 붕소의 계산된 $S_n(E)$ 값이 그림 7.5에 나와 있다(실선에서 첨자는 원자핵의 무게를 나타낸다).[4] 비소와 같이 원자핵이 무거운 경우 더 큰 원자핵 정지 전압을 가지는데, 즉 단위 길이당 더 큰 에너지 손실을 나타낸다.

전자의 정지 전압은 주사되는 이온의 속도에 비례하는 것으로 나타나고 다음과 같이 구해진다.

$$S_e(E) = k_e\sqrt{E} \tag{5}$$

상수 k_e는 원자의 질량과 원자 번호에 상대적으로 영향이 적은 함수이다. 실리콘의 경우 k_e의 값은 대체적으로 10^7 $(\text{eV})^{1/2}/\text{cm}$이고, 갈륨 아세나이드의 경우는 3×10^7 $(\text{eV})^{1/2}/\text{cm}$ 정도의 값을 가진다. 실리콘 내에서 전자의 정지 전압이 그림 7.5에 나타나 있다(점선). 또한 $S_e(E) = S_n(E)$에서 교차되는 에너지 값을 그림에서 보여 주고 있다. 대상 실리콘 원자와 비교했을 때 상대적으로 작은 이온 질량을 가지는 붕소의 경우, 교차 에너지는 겨우 10 keV이다. 이것은 1 keV에서부터 1 MeV 구간의 주입 에너지 구간 대부분에서 에너지 손실 작용이 전자의 정지라는 것을 의미한다. 반면에, 상대적으로 높은 이온 질량을 가지는 비소의 경우는 교차 에너지가 700 keV이다. 따라서 원자핵 정지가 대부분의 에너지 구간에서 지배적이다. 인의 경우 교차 에너지는 130 keV이다. 130 keV보다 작은 E_0의 경우는 원자핵 정지가 지배적이고 그보다 높은 에너지에서는 전자의 정지가 주가 될 것이다.

$S_n(E)$와 $S_e(E)$를 알면, 식 (3)으로부터 구간을 계산할 수 있다. 이로써 아래의 근사식을 이용하여 차례로 투영 구간과 투영 무질서를 구할 수 있다.[1]

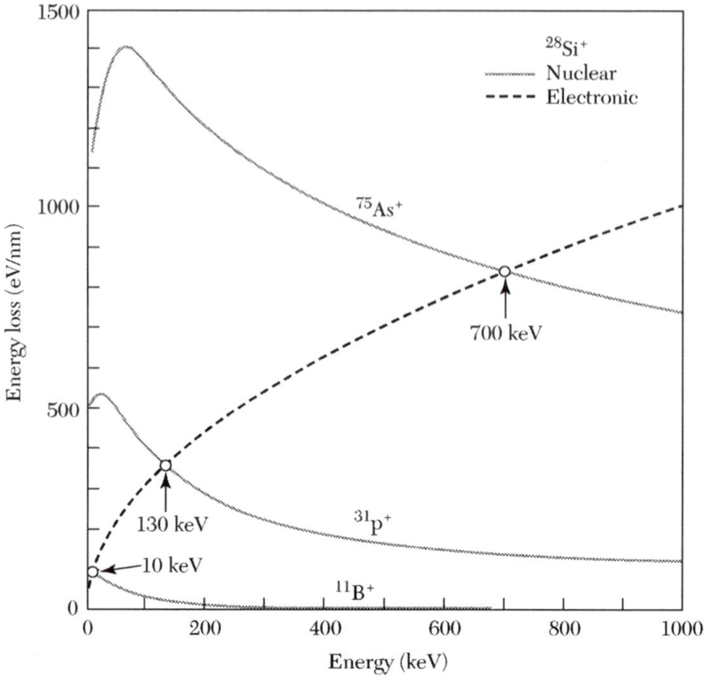

그림 7.5 실리콘 내의 비소, 인, 붕소의 원자핵 정지 전압 $S_n(E)$와 전자의 정지 전압 $S_e(E)$. 곡선의 교차점은 원자핵 정지와 전자의 정지가 같을 때의 에너지 값에 대응한다.[4]

$$R_p \cong \frac{R}{1+(M_2/3M_1)} \tag{6}$$

$$\sigma_p \cong \frac{2}{3}\left[\frac{\sqrt{M_1M_2}}{M_1+M_2}\right]R_p \tag{7}$$

그림 7.6*a*는 실리콘 내의 비소, 붕소, 그리고 인의 경우 투영 범위(R_p), 투영 무질서(σ_p), 그리고 측면 무질서($\sigma_\perp$)를 보여 준다.[5] 예상한 것과 같이 더 큰 에너지 손실은 더 작은 범위를 가진다. 또한 투영 범위와 무질서는 이온 에너지에 따라 증가한다. 특정 주사 에너지에서 주어진 요소의 σ_p와 $\sigma_\perp$는 비교할 만하며 대개 ±20% 이내이다. 그림 7.6*b*는 갈륨 아세나이드 안에 있는 수소, 아연, 텔루륨에 대응하는 값들을 보여 준다.[3] 만약 그림 7.6*a*와 7.6*b*를 비교한다면 대부분의 자주 쓰이는 불순물들(수소를 제외하고)은 갈륨 아세나이드에서 가지는 투영 범위보다 실리콘 내에서 더 큰 투영 범위를 가진다.

예제 7.1

100 keV의 붕소가 200 mm 실리콘 웨이퍼에 5×10^{14} ions/cm^{2}만큼 주입되었다고 가정하자. 1분간 주입했을 때 최대 농도 값과 요구되는 이온 빔의 전류를 계산하라.

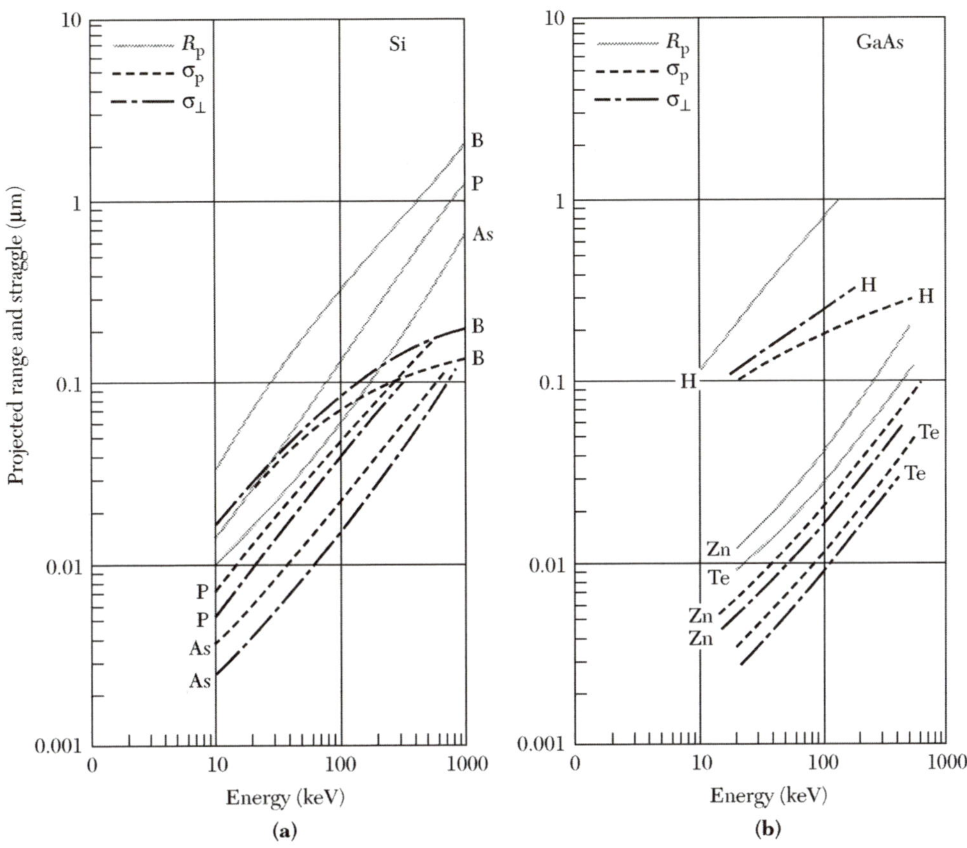

그림 7.6 투영 범위, 투영 무질서, 그리고 측면 무질서. (*a*) 실리콘 내 붕소, 인, 그리고 비소.[5] (*b*) 갈륨 아세나이드 내의 수소, 아연, 그리고 텔루륨.[3]

▸*풀이*

그림 7.6*a*로부터 각각 0.31 μm와 0.07 μm의 투영 범위와 투영 무질서를 구한다.

식 (1)로부터

$$n(x)=\frac{S}{\sqrt{2\pi}\sigma_{\mathrm{p}}}\exp\left[-\frac{\left(x-R_{\mathrm{p}}\right)^2}{2\sigma_{\mathrm{p}}^2}\right]$$

$$\frac{dn}{dx}=-\frac{S}{\sqrt{2\pi}\sigma_{\mathrm{p}}}\frac{2\left(x-R_{\mathrm{p}}\right)}{2\sigma_{\mathrm{p}}^2}\exp\left[\frac{-\left(x-R_{\mathrm{p}}\right)^2}{2\sigma_{\mathrm{p}}^2}\right]=0$$

최대 농도는 $x = R_p$에서 $n(x) = 2.85 \times 10^{19}$ ions/cm^{3}이다.

주사된 이온의 총 개수 Q는 다음으로 주어진다.

$$Q=5\times10^{14}\times\pi\times\left(\frac{20}{2}\right)^2=1.57\times10^{17}\,\text{ions}/\text{cm}^2$$

요구되는 이 온 전류 I는 다음과 같다.

$$I = \frac{qQ}{t} = \frac{1.6 \times 10^{-19} \times 1.57 \times 10^{17}}{60} = 4.19 \times 10^{-4}\ \text{A} = 0.42\,\text{mA}$$

7.1.3 이온 채널링

앞에 논의된 가우스 분포의 투영 범위와 무질서는 비결정질이나 다결정 기판에 주입된 이온에 대해 좋은 설명을 해 준다. 실리콘이나 갈륨 아세나이드는 모두 작은 지수의 결정 방향(예, <111>)에서 이온 빔의 방향을 다르게 하는 비결정질의 반도체와 같은 특성을 보인다. 이 실험에서 식 (1)에 의해 나타나는 도핑 형태는 최대값 부근에 가깝게 위치하고, 최대값에서 10배 혹은 20배 아래로 확장된다. 이것은 그림 7.7에 나타나 있다.[2] 그러나 <111> 축에서 7° 정도 방향이 바뀌어도 λ가 보통 0.1 μm 정도라고 할 때 exp(−x/λ)와 같이 거리에 따라 지수적으로 변하는 꼬리는 여전히 나타난다.

지수적인 꼬리는 **이온 채널링**(ion channeling) 효과와 연관된다. 채널링은 주사되는 이온이 주된 결정 방향에 맞춰지고 결정 내 원자들의 열 사이로 유도될 때 발생한다. 그림 7.8은 <110> 방향에서 보이는 다이아몬드 격자 구조를 나타낸다.[6] <110> 방

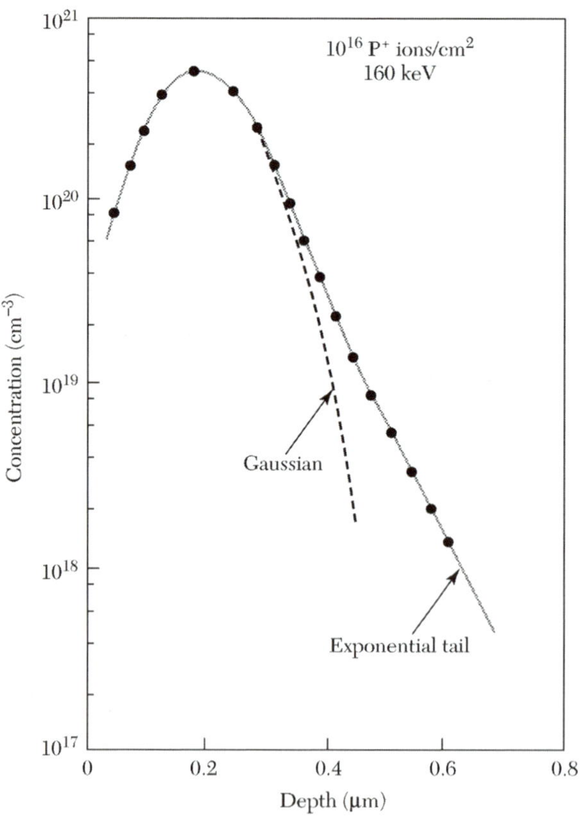

그림 7.7 의도적으로 편향된 대상에서 얻어진 불순물 형태. <111> 축에서 7° 편향되어 이온 빔이 주사됨.[2]

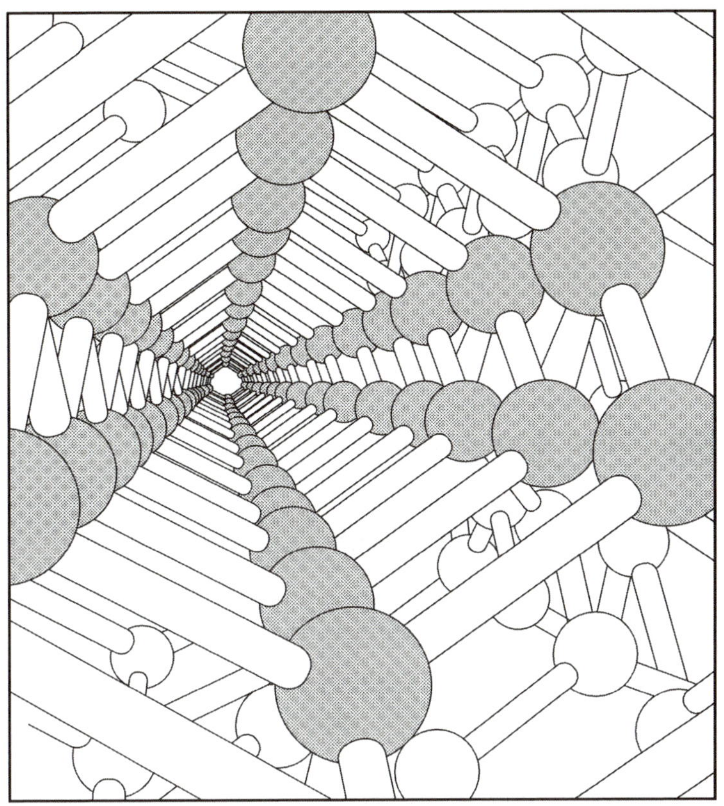

그림 7.8 <110> 축에서 보이는 다이아몬드 구조의 모형.[6]

향으로 주입된 이온들은 이온과 원자핵 충돌현상으로 인해 상당한 양의 에너지를 손실시키는 대상원자에 가깝게 접근하지 못하도록 하는 궤도를 따라 이동할 것이다. 그래서 채널링된 이온들에서는 에너지 손실 작용이 단지 전자의 정지이고, 범위는 비결정질 대상보다 상당히 커질 수 있다. 이온 채널링은 저에너지 주입과 무거운 이온들의 경우 부분적으로 심각하다.

채널링은 여러 기술에 의해 최소화될 수 있다. 비결정질 표면 차단 막, 웨이퍼의 각도 편향, 그리고 웨이퍼 표면에 손상된 층을 형성하는 방법이 있다. 보통의 비결정질 차단 막은 간단하게 얇은 실리콘 산화막을 성장시킨 것이다(그림 7.9*a*). 이 막은 이온 빔의 방향을 불규칙하게 함으로써 이온들은 각기 다른 각도로 웨이퍼에 들어가게 되고, 결정 채널로 직접 내려가지 못하게 된다. 웨이퍼 결정 면에서 5~10° 벗어나도록 편향시키는 것 또한 이온들이 채널로 들어가는 것을 방지하는 효과를 가지고 있다(그림 7.9*b*). 이 방법으로 대부분의 주입 장치들은 채널링을 방지하기 위해 웨이퍼를 주입 방향과 7° 만큼 각도를 가지게 하고 평면에서 22°만큼 뒤틀어 준다. 무거운 실리콘이나 게르마늄으로 웨이퍼 표면을 미리 손상시키면 웨이퍼 표면에 불규칙한 층이 형성된다(그림 7.9*c*). 하지만 이 방법은 고가의 이온 주입기의 사용을 증가시키게 된다.

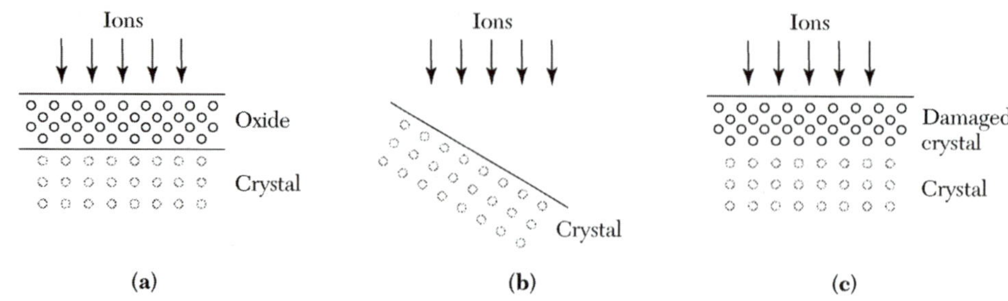

그림 7.9 채널링의 최소화. (*a*) 비결정질 산화막을 통한 주입. (*b*) 모든 결정 축에 대한 빔의 편향. (*c*) 결정 표면에 미리 손상 가하기.

7.2 이온 주입 손상과 열처리

7.2.1 이온 주입 손상

에너지를 가진 이온들이 반도체 표면에 들어갈 때 이온들은 연속되는 원자핵과 전자 충돌들로 인해 에너지를 잃게 되고 마침내 정지하게 된다. 전자적인 에너지 손실은 더 높은 에너지로의 전자적인 여기나 혹은 전자-정공 쌍의 생성으로 계산될 수 있다. 그렇지만 전자의 충돌들은 반도체 원자들을 그들의 격자 내 위치에서 벗어나게 하지는 않는다. 오직 원자핵의 충돌들이 상당한 양의 에너지를 격자에 전사할 수 있고 핵들은 위치를 벗어나게 되어 주입 손상(implant damage)[또한 **격자 혼란**(lattice disorder)이라고도 함]을 야기하게 된다.[7] 위치를 벗어난 이러한 핵들이 입사되는 에너지의 큰 부분을 차지할 수도 있고, 2차적으로 부근의 핵들을 차례로 위치에서 벗어나게 하여 이온 경로를 따라 나뭇가지와 같은 혼란스런 부분을 형성한다. 단위 체적당 위치를 벗어난 핵들의 수가 반도체 핵의 밀도에 이르게 되면, 그 물질은 비결정질로 되어 버린다.

가벼운 이온의 경우 무거운 이온들로부터 형성된 나뭇가지와 같은 혼란스런 부분이 다르게 나타난다. 가벼운 이온들(예, 실리콘 내 $^{11}B^{+}$)은 격자 손상을 일으키지 않은 전자의 충돌들로 에너지의 많은 부분을 잃는다(그림 7.5 참조). 이 이온들은 기판 속으로 더 깊이 침투할 때마다 그들의 에너지를 잃는다. 마침내 이온의 에너지는 원자핵 정지가 지배적이 되는 교차점 에너지(붕소의 경우 10 keV) 이하로 감소하게 된다. 그래서 대부분의 격자 혼란은 이온의 마지막 위치 부근에서 발생하게 된다. 이것이 그림 7.10*a*에 나타나 있다.

우리는 100 keV 붕소 이온을 고려하여 손상을 추정해 볼 수 있다. 투영 범위는 0.31 μm(그림 7.6*a*)이고 초기 원자핵의 에너지 손실은 단지 3 eV/A이다(그림 7.5). 실리콘 내 결정 면 간 거리는 약 2.5 Å이기 때문에 이것은 붕소 이온이 격자 면마다 원자핵 정지 때문에 7.5 eV씩 에너지를 잃는 것을 의미한다. 실리콘 원자를 그 격자 위치에서 벗어나게 하는 데는 약 15 eV가 요구된다. 그래서 입사되는 붕소 이온은 실리콘 면에 처음 들어갈 때 원자핵 정지로 실리콘 원자의 위치를 벗어나게 할 만큼 충분한 양의 에너지를 방출하지 않는다. 이온 에너지가 약 50 keV(1500 Å의 깊이에서)로 감소할 때 원자핵 정지로 인한 에너지 손실이 각 격자 면마다 15 eV로 증가하고(즉, 6 eV/

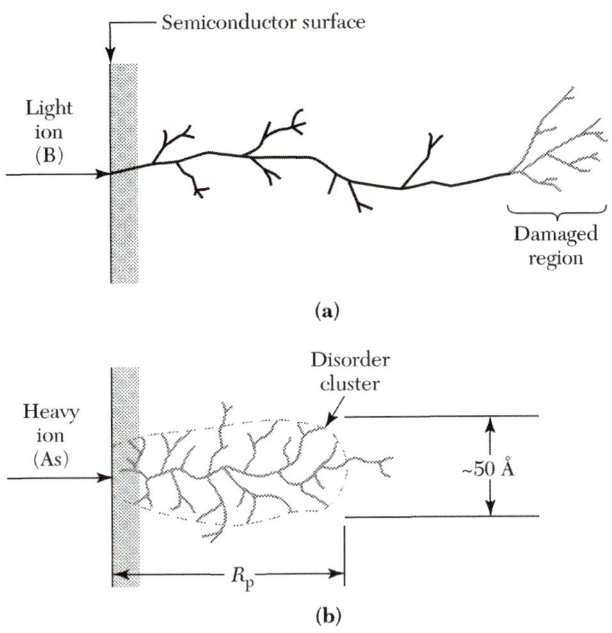

그림 7.10 (*a*) 가벼운 이온과 (*b*) 무거운 이온에 의한 무질서도.

Å) 격자 혼란을 유발할 만큼 충분히 크게 된다. 남아 있는 이온 범위에서 격자 면마다 1개의 원자가 위치를 벗어났다고 가정하면, 600개의 원자들이 위치를 벗어남을 알 수 있다(즉, 1500 Å/2.5 Å). 만약 위치에서 벗어난 각각의 원자들이 원래 위치에서 대략 25 Å을 움직였다고 하면 손상 체적 $V_D \cong \pi(25\ \text{Å})^2(1500\ \text{Å}) = 3 \times 10^{-18}\ \text{cm}^3$이다. 손상 밀도는 $600/V_D = 2 \times 10^{20}\ \text{cm}^{-3}$인데 이것은 핵 수의 0.4%에 불과하다. 그래서 매우 많은 양의 가벼운 이온들이 비결정질 층을 만드는 데 필요하다.

무거운 이온의 경우는 에너지 손실이 주로 원자핵 충돌에 의한 것이다. 그래서 우리는 상당한 손상을 예상할 수 있다. 투영 범위 0.06 μm 혹은 60 nm, 100 keV의 비소 이온을 고려해 보자. 전체 에너지 구간에서 평균적인 원자핵 에너지 손실은 약 1320 eV/nm이다(그림 7.5). 이것은 비소 이온이 격자 면마다 평균적으로 330 eV의 에너지를 잃는 것을 의미한다. 대부분의 에너지들은 한 개의 주된 실리콘 원자에 주어진다. 각각의 주된 핵들은 이어서 22개의 위치를 벗어난 원자들을 발생시킨다(즉, 330 eV/15 eV). 위치를 벗어난 원자들의 총수는 5280이다. 이탈한 원자들의 범위가 2.5 nm라고 가정하면, 손상 체적 $V_D \cong \pi(2.5\ \text{nm})^2(60\ \text{nm}) = 10^{-18}\ \text{cm}^3$이다. 그러면 손상 밀도는 $5280/V_D \cong 5 \times 10^{21}\ \text{cm}^{-3}$, 혹은 V_D 안의 총 원자들 수의 10%가 된다. 무거운 이온들의 주입 결과 그 물질은 본질적으로 비결정질로 된다. 그림 7.10*b*는 전체 투영 구간에서 손상이 무질서한 무리를 형성한 상황을 나타내 준다.

결정질의 물질을 비결정질 형태로 바꾸는 데 필요한 불순물의 양을 추정하기 위해 물질을 녹이는 데 필요한 크기 정도의 에너지 밀도를 기준으로 사용한다(즉, 10^{21} keV/cm^3). 비결정질 실리콘을 만들기 위해 필요한 불순물의 양은 100 keV 비소 이온들의 경우 다음과 같다.

$$S = \frac{\left(10^{21}\ \text{keV}/\text{cm}^3\right)R_\text{p}}{E_0} = 6\times10^{13}\ \text{ions}/\text{cm}^2 \qquad (8)$$

붕소를 100 keV로 주입하였을 경우에 붕소의 투영 범위가 비소보다 5배 크기 때문에 요구되는 불순물의 양은 3×10^{14} ions/cm^{2}이 된다. 그러나 실제로 상온에서 목표점에 붕소를 이온 주입하기 위해서는 주입된 이온 경로를 따라 격자 손상이 불규칙하기 때문에 보다 많은 불순물의 양(>10^{16} ions/cm^2)이 요구된다.

7.2.2 열처리

이온 주입의 결과로 손상받은 영역과 불규칙한 다발은 반도체의 이동도와 수명에 많은 영향을 가져온다. 게다가 주입된 대부분의 이온들은 치환된 위치에 있지 못한다. 주입된 이온들을 활성화시키고, 이동도와 다른 물질 변수들을 회복시키기 위해, 시간과 온도의 적당한 조합을 통해 반도체를 열처리해야 한다.

일반적인 열처리는 진공관을 사용한다. 웨이퍼를 진공관에 배치하는 용광로 시스템은 열적 산화에 사용된 것과 비슷하다. 이러한 공정은 주입 손상의 제거를 위해 긴 시간과 낮은 온도를 요구한다. 그렇지만 일반적인 열처리는 많은 양의 불순물 확산을 발생시키고, 얕은 접합을 위한 요구를 만족시키지 못하고, 불순물 분포도 나빠지게 한다. **빠른 열처리**(RTA: rapid thermal annealing)는 100초에서 10^{-9}초까지 넓은 시간 영역에서 에너지원을 다양하게 사용할 수 있는 공정이다. 이것은 일반적인 열처리와 비교하면 모두 짧은 시간이다. RTA는 불순물을 최소한 확산시키고 동시에 최대한 활성화시킬 수 있다.

붕소(B)와 인(P)의 일반적인 열처리

열처리의 특징은 불순물의 종류와 포함된 용량에 의존한다. 그림 7.11은 실리콘 기판에 주입된 붕소와 인의 열처리 반응을 보여 준다.[5] 기판은 이온 주입 동안 실온을 유지한다. 주어진 이온 양에서 열처리 온도는 일반적인 열처리 용광로 안에서 주입된 이온의 90%가 30분의 열처리로 활성화될 때의 온도로 정의된다. 붕소 이온 주입을 할 경우에 높은 열처리 온도는 많은 양의 이온을 필요로 한다. 인의 이온 양이 적을 때는 열처리 반응이 앞서 말한 붕소와 비슷하다. 그렇지만 이온 양이 10^{15} cm^{-2}보다 더 많을 때 열처리 온도는 600°C 정도로 떨어진다. 이러한 현상은 고상 에피택시(solid-phase epitaxy) 공정과 관계가 있다(8장 참조). 인의 양이 6×10^{14} cm^{-2}보다 더 많을 때 실리콘 표면 층은 비정질이 된다. 비정질 아래의 단결정 반도체는 비정질 층이 다시 결정이 되기 위한 핵 생성 공간을 제공한다. <100> 방향의 에피택시얼 성장 비율은 550°C에서 10 nm/min이고, 600°C에서 50 nm/min이다. 그러므로 100~500 nm 비정질 층은 짧은 시간 안에 재결정이 가능하다. 고상 에피택시 공정 동안 불순물 원자들은 기판의 원자와 함께 격자의 원자로 편입된다. 이와 같이 최대 활성화는 상대적으로 낮은 온도에서 얻을 수 있다.

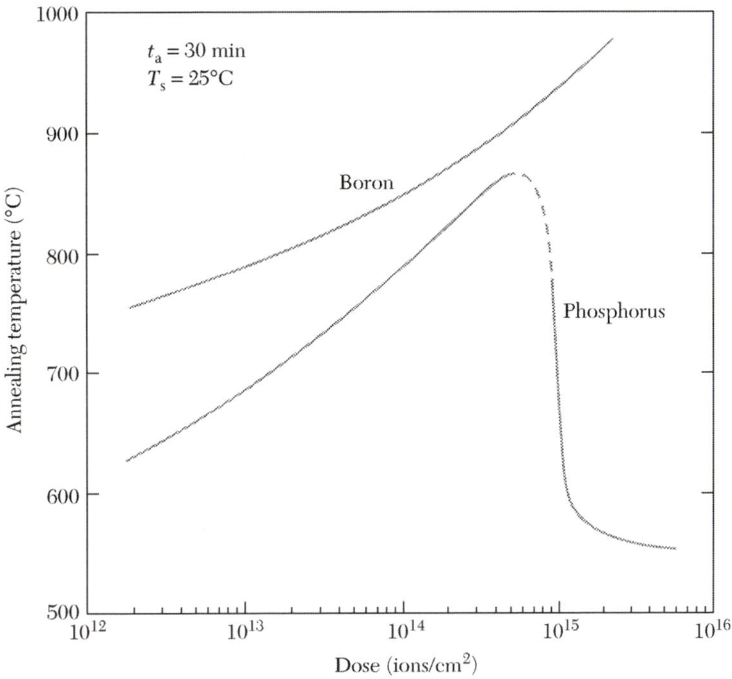

그림 7.11 붕소, 인의 90% 활성화를 위한 열처리 온도와 이온 양과의 관계.[5]

빠른 열처리

일시적인 램프 가열을 하는 빠른 열처리(RTA) 장비를 그림 7.12에서 보여 준다. 가열되는 웨이퍼로부터 측정된 온도는 보통 600~1100°C이다.[8] 웨이퍼는 대기압 상태 아래 또는 등온선 상태 아래의 저기압에서 빠르게 가열된다. RTA 장비에서 일반적인 램

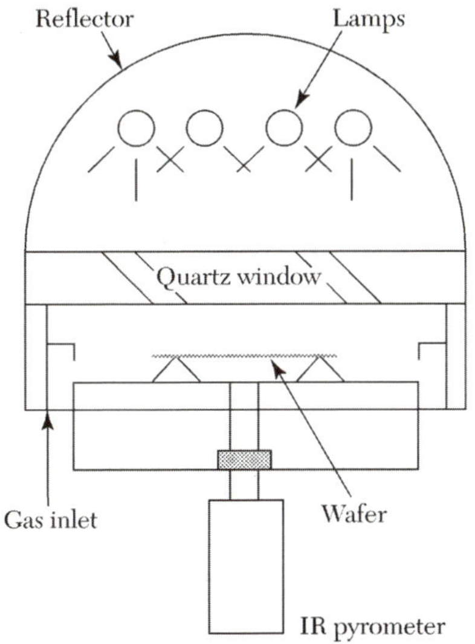

그림 7.12 램프 가열에 의한 빠른 열처리 장비.

표 7.1 기술비교

Determinant	Conventional Furnace	Rapid Thermal Annealing
Process	Batch	Single-wafer
Furnace	Hot-wall	Cold-wall
Heating rate	Low	High
Cycle time	High	Low
Temperature monitor	Furnace	Wafer
Thermal budget	High	Low
Particle problem	Yes	Minimal
Uniformity and repeatability	High	Low
Throughput	High	Low

프는 텅스텐 필라멘트 또는 아크 램프이다. 체임버는 석영, 탄화규소, 스테인리스 강이나 알루미늄으로 만들어지고, 빛이 복사되어 웨이퍼에 비추어지도록 빛이 통과할 수 있는 석영 창을 가지고 있다. 웨이퍼 받침대는 보통 석영으로 만들어지고, 최소의 접촉 부분만으로 웨이퍼와 접촉한다. 측정 시스템은 웨이퍼 온도를 조절하기 위해 제어실에 있다. RTA 장비는 가스 운용 장비와 제어 장비 운용을 위한 컴퓨터로 조정된다. 전형적으로 RTA 장비 안의 웨이퍼 온도는 적외선 에너지의 방출로 인한 비접촉 광학 고온계로 측정한다.

표 7.1 은 일반적인 용광로와 RTA 기술을 비교한 것이다. RTA를 이용하여 짧은 공정 시간을 이루기 위해서는 온도와 공정 일치, 온도의 측정과 제어, 그리고 웨이퍼의 스트레스와 생산량의 균형이 필요하다. 게다가 매우 빠른 열처리(100~300 °C/s) 동안 전기적으로 활성화된 웨이퍼 결함에 관하여 고려하여야 한다. 웨이퍼에서 온도 변화를 가지는 빠른 열처리는 열적인 응력에 의해 나타나는 전위(dislocation)를 발생시킨다. 반면에 일반적인 용광로 공정은 뜨거운 벽에서의 미립자 발생, 개방된 장치에서의 제한된 주변 제어, 짧은 시간 동안 가열 시간 제어에 의한 커다란 열량과 같은 중요한 문제들을 발생시킨다. 사실 오염과 공정 제어 그리고 생산 설비 비용의 요구로 인하여 RTA 공정이 필요하게 되었다.

7.3 이온 주입 관련 공정

이 절에서는 복식 주입, 마스킹, 경사각 주입, 고에너지 주입 그리고 고전류 주입과 같은 몇 가지의 이온 주입 관련 공정에 대해서 고찰한다.

7.3.1 복식의 이온 주입과 마스킹

복식의 이온 주입(multiple implantation)에서는 단순한 가우스 분포와는 다른 불순물 분포를 가지는 것을 요구하고 있다. 한 가지 경우는 실리콘 표면을 비정질로 만들기 위해서 비활성 이온을 실리콘에 미리 주입하는 것이다. 이러한 기술은 도핑 형태의 접근 방법으로 낮은 온도에서 거의 100% 도판트 활성화가 된다. 이러한 경우 깊은 곳에 비

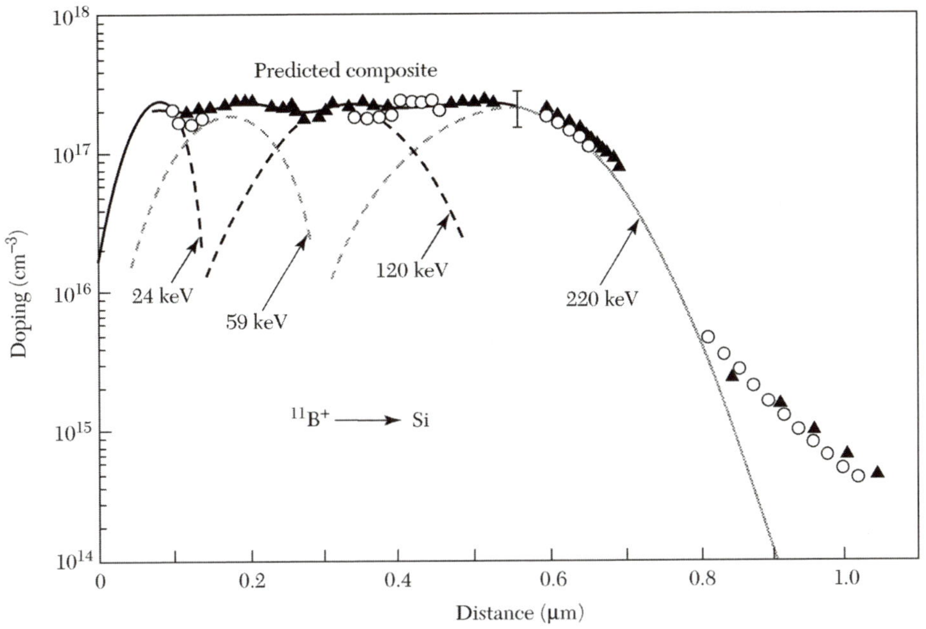

그림 7.13 복식의 이온 주입에 따른 도핑 분포.[9]

정질 영역이 요구된다. 이러한 영역을 얻기 위해서는 다양한 에너지와 이온 양에서 연속적인 주입을 해야 한다.

뿐만 아니라 복식의 이온 주입은 그림 7.13에서 보여 주는 것처럼 평탄한 도핑 분포를 나타내기 위해서 사용될 수 있다. 그림에서 실리콘 안으로 수행되는 4번의 붕소 이온 주입은 복합적인 도핑 형태를 나타내기 위해서 사용되었다.[9] 측정된 캐리어 농도와 예측되는 이온 범위에 대한 이론은 그림에서 볼 수 있다. 확산 기술에서 이용할 수 있는 또 다른 도핑 형태는 불순물 이온 양과 주입 에너지의 다양한 조합을 포함할 수 있다. 복식의 이온 주입은 갈륨 아세나이드의 이온 주입과 열처리 동안 화학량론 보존을 위해 사용되었다. 이러한 접근 방법은 어떻게 갈륨과 열처리 이전에 주입된 n형 불순물(또는 비소와 p형 불순물)의 양이 같은가에 대한 높은 캐리어 활성화의 결과를 가질 수 있다.

반도체 기판의 선택적 영역에서 p–n 접합을 형성하기 위해서 적당한 마스크가 이온 주입에 사용되었다. 이온 주입은 저온 공정이기 때문에 모든 종류의 마스킹 물질을 사용할 수 있다. 입사된 이온의 주어진 확률에 대해 요구하는 마스킹 물질의 최소 두께는 이온의 영역에 대한 변수로 측정할 수 있다. 그림 7.14에 삽입된 그림은 마스킹 물질에서 이온 주입의 형태를 보여 준다. 깊이 d를 넘어선 영역의 이온 주입된 양은 식 (1)에서처럼 적분으로 주어진다.

$$S_d = \frac{S}{\sqrt{2\pi}\sigma_p}\int_d^{\infty} \exp\left[-\left(\frac{x-R_p}{\sqrt{2}\sigma_p}\right)^2\right]dx \tag{9}$$

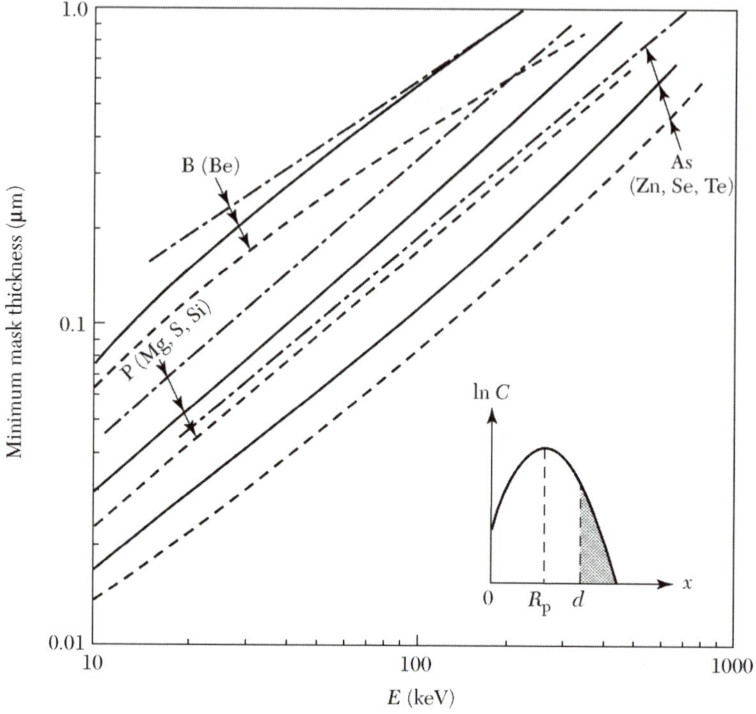

그림 7.14 99.9%의 마스킹 효율을 위한 산화막, 질화막, 그리고 감광막의 최소 두께.[5,10]

표 6.1로부터 다음 식을 얻을 수 있다.

$$\int_x^{\infty} e^{-y^2} dy = \frac{\sqrt{\pi}}{2} \mathrm{erfc}(x) \qquad (10)$$

그러므로 깊이 d를 넘어 '전사되는' 이온 양의 부분은 전사 계수 T에 의해 주어진다.

$$T \equiv \frac{S_d}{S} = \frac{1}{2} \mathrm{erfc}\left(\frac{d - R_p}{\sqrt{2}\sigma_p}\right) \qquad (11)$$

T가 주어지면 주어진 R_p와 σ_p를 가지고 식 (11)로부터 마스크 두께 d를 구할 수 있다.

산화막(SiO_2), 질화막(Si_3N_4), 마스킹 물질과 같은 감광제에 대해서 입사 이온($T = 10^{-4}$)의 99.99%가 멈추게 되는 d의 값은 그림 7.14에서 볼 수 있다.[5,10] 마스크 두께는 실리콘 안에 주입된 붕소, 인, 그리고 비소의 그림에서 볼 수 있다. 뿐만 아니라 이 마스크의 두께는 갈륨 아세나이드에서 불순물 마스킹을 위한 가이드라인으로 사용될 수 있다. 도판트는 괄호 안에서 볼 수 있다. R_p와 σ_p가 에너지에 따라서 대략 선형으로 변하는 동안 마스킹 물질의 최소 두께도 에너지에 따라서 선형으로 증가한다. 빔을 전체적으로 정지시키는 것 대신에 정확한 마스크의 이용은 입사 이온을 비정질 표면 층에 제공할 수 있어서 채널링 영향을 최소한으로 감소시키는 데 사용될 수 있다.

예제 7.2

붕소 이온이 200 keV로 주입되었을 때, 주입된 이온의 99.996%가 마스킹되는 데 요구되는 산화막(SiO_2)의 두께는 얼마인가(R_p = 0.53 μm, σ_p = 0.093 μm)?

풀이

식 (11)에서 상보성 에러 함수(error function)는 만약 독립 변수가 크다면(표 6.1 참조) 근사화될 수 있다.

$$T \cong \frac{1}{2\sqrt{\pi}} \frac{e^{-u^2}}{u}$$

변수 u는 $(d - R_p)/\sqrt{2}\sigma$에 의해 주어진다. $T = 10^{-4}$일 때 위의 식을 풀어서 $u = 2.8$을 얻을 수 있다. 그러므로

$$d = R_p + 3.96\sigma_p = 0.53 + 3.96 \times 0.093 = 0.898\ \mu\text{m}$$

7.3.2 경사각 이온 주입

초미세로 소자가 작아지는 경우에 있어서 수직의 도판트 형태는 중요하다. 도판트 활성화 동안의 확산과 수반되는 공정 단계들을 포함해서 100 nm보다 더 작은 접합 깊이를 생성해야 한다. LDD(lightly doped drain) MOSFET과 같은 현대 소자 구조는 수직과 측면의 도판트 분포의 정확한 제어를 요구한다.

주입된 이온 분포의 영역을 결정하는 것은 표면과 수직인 이온의 속력이다. 만약 웨이퍼가 이온 빔에 대해서 큰 각으로 기울어져 있다면, 이온 에너지는 크게 감소한다. 그림 7.15는 60 keV 비소 이온 주입에서 빔의 경사각을 86°로 하면 매우 좁은 분포를 이룰 수 있다는 것을 보여 준다. 경사각 이온 주입에서 패턴이 형성된 웨이퍼에서는 영상 효과(shadow effect)를 고려해야 한다. 작은 입사각에서는 작은 영상 영역이 발생한다. 예를 들어, 만약 형성된 마스크의 높이가 0.5 μm일 때, 입사 이온 빔의 각이 7°이면 61 nm의 영상이 발생한다. 이런 영상 효과는 소자에서 예기치 못한 직렬 저항을 만들어 낸다.

7.3.3 고에너지 주입과 고전류 주입

1.5~5 MeV의 높은 에너지를 요구하는 고에너지 주입 장비가 가능하고, 또한 새로운 응용에 사용되고 있다. 이것의 대부분은 고온에서 긴 확산 시간 없이 수 마이크로미터 두께로 반도체에 도핑이 가능하다. 고에너지 주입은 낮은 저항의 매장된 층을 생성하는 데 사용될 수 있다. 예를 들어, CMOS 소자에서 표면 아래 1.5~3 μm의 매장된 층은 고에너지 주입으로 만들 수 있다.

25~30 keV 영역에서 수행되는 고전류 주입(10~20 mA)은 총 도판트의 양을 정확하게 제어할 수 있기 때문에 확산 공정의 선증착 단계로서 사용된다. 선 증착 다음

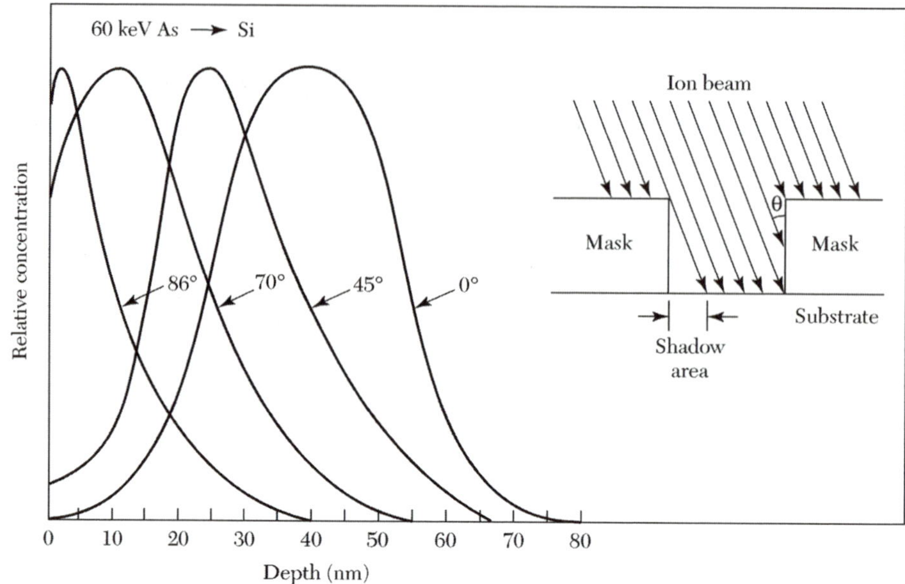

그림 7.15 경사각에 따른 실리콘 내 60 keV의 비소 이온 주입 분포. 삽입된 그림은 경사각 이온 주입에 대한 영상 영역을 보여 줌.

단계로, 도판트 불순물은 고온-확산-공정 단계에서 확산된다. 이때 표면 영역의 주입 손상이 열처리에 의하여 없어진다. 또 다른 응용은 MOS 소자에서 문턱 전압(threshold voltage)의 조절이다. 정확히 제어된 도판트는 게이트 산화막을 통과해서 채널 영역으로 주입된다(그림 7.16*a*).[11] 실리콘 내로 주입된 붕소의 투영 범위와 실리콘 산화막의 두께가 비교될 수 있기 때문에, 만약 우리가 적당한 투과 에너지를 선택한다면, 이온은 얇은 게이트 산화막은 관통하지만, 두꺼운 필드 산화막은 관통하지 못할 것이다. 문턱 전압은 주입된 이온 양에 의해서 대략 선형적으로 변할 것이다. 붕소 이온 주입 후에 다결정 실리콘을 증착시킬 수 있고, MOSFET의 게이트 전극 모양을 만들 수 있다. 그림 7.16*b*처럼 게이트 전극을 감싼 산화막은 제거된다. 그리고 이온 양이 많은 또 다른 비소 이온 주입에 의해 소스와 드레인 영역이 형성된다.

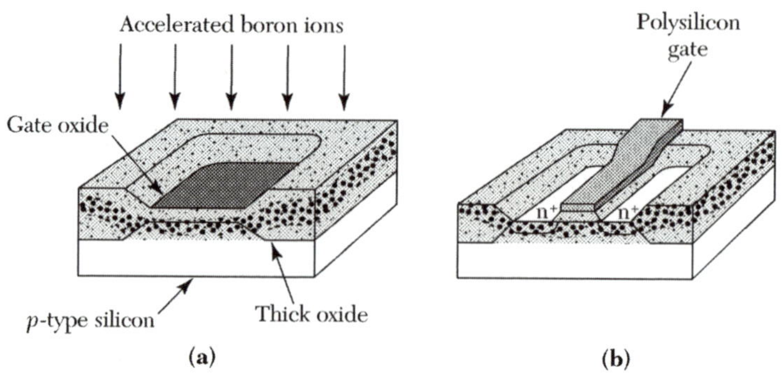

그림 7.16 붕소 이온 주입을 이용한 문턱 전압 조절.[11]

150~200 keV 영역의 에너지의 고전류를 주입 장비가 현재 유용하게 사용된다. 이 장비의 주된 사용 목적은 산소 주입에 의해서 기판으로부터 절연되는 산화막(SiO_2)층을 형성하여 양질의 실리콘 막을 형성하는 것이다. 이 **산소 주입에 의한 분리**(SIMOX: separation by implantation of oxygen)는 SOI 기술의 중요한 부분이다.

SIMOX 공정은 전형적으로 150~200 keV의 고에너지 산소(O^+) 빔을 사용한다. 그래서 산소 이온은 100~200 nm의 투과 영역을 갖는다. 게다가 1~2 × 10^{18} ions/cm^{2}의 많은 이온 양은 100~500 nm 두께의 절연층을 생성하는 데 사용된다. SIMOX 구조는 MOS 소자의 소스/드레인 정전 용량을 크게 감소시킨다. 더욱이 소자 사이의 커플링이 감소하고, 이로 인해 래치업의 문제가 없는 더욱 정밀한 패키지 구조를 가능하게 한다. 결과적으로 진보된 고속의 CMOS 회로를 위한 물질의 선택에 있어서 광범위하게 제안되고 있다.

7.4 이온 주입 모의 실험

SUPREM은 이온 주입 형태를 모의 실험하기 위해 사용된다. 모의 실험 형태는 IMPLANT 명령어를 사용해 주입을 할 수 있고, 활성화를 시킬 수 있다. 다음으로 DIFFUSION 명령으로 확산시킬 수 있다. SUPREM은 대부분의 일반적인 불순물의 주입 변수들을 포함하고 있다. 뿐만 아니라 이온 주입된 영역에 대한 입력과 특별한 이온 주입 물질을 위한 정보도 가능하다. SUPREM은 또한 다층을 통과하는 이온 주입 모의 실험도 할 수 있다.

예제 7.3

*n*형의 <100> 방향 실리콘 웨이퍼에서 30 keV에서 2 × 10^{13} cm^{-2}의 붕소를 이온 주입하는 모의 실험을 한다고 가정하자. 이온 주입 다음에는 950°C에서 60분 동안 확산을 시킨다. 만약 실리콘 기판에 10^{15} cm^{-3}로 인이 도핑되었다면 붕소의 도핑 형태와 접합의 깊이를 결정하기 위해 SUPREM을 사용하라.

풀이

SUPREM의 입력은 다음과 같다.

```
TITLE          Implantation Example
COMMENT        Initialize silicon substrate
INITIALIZE     <100>Silicon Phosphor Concentration=1e15
COMMENT        Implant boron
IMPLANT        Boron Energy=30 Dose=2e13
COMMENT        Diffuse boron
DIFFUSION      Time=60 Temperature=950
PRINT          Layers Chemical Concentration Phosphorus Boron Net
PLOT           Active Net Cmin=1e14
STOP           End implantation example
```

모의 실험 완료 후에, 실리콘 기판에서 길이에 따른 붕소 농도를 출력하고 그래프를 그

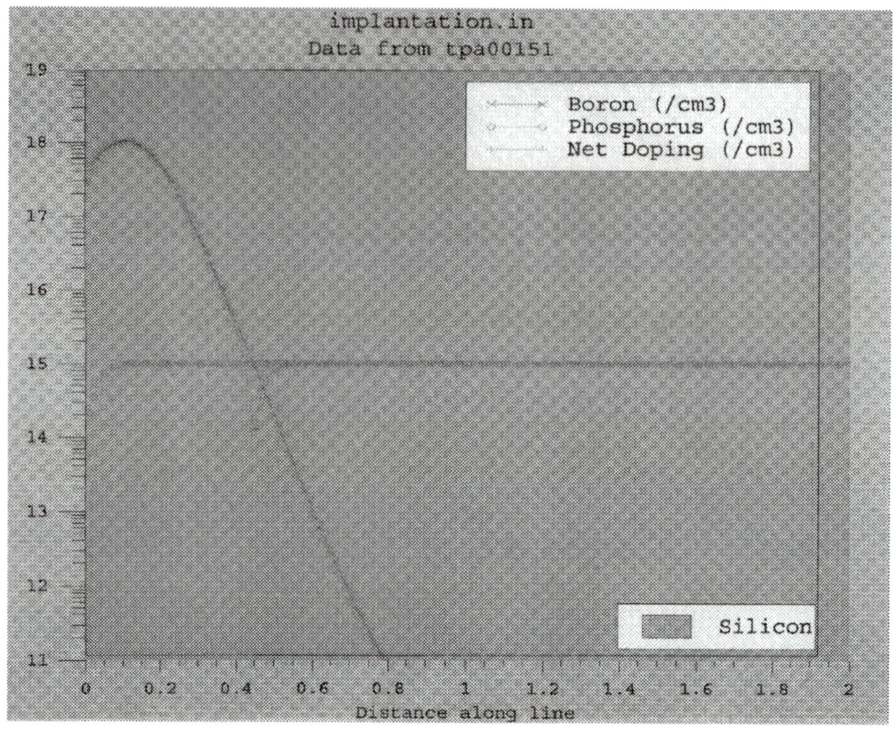

그림 7.17 SUPREM을 이용한 실리콘 내의 깊이에 따른 붕소 이온 농도의 그래프.

린다. 그 결과는 그림 7.17과 같으며 0.4454 μm인 접합 깊이를 보여 준다.

7.5 요약

이온 주입은 불순물 도핑에서 중요한 방법이다. 이온 주입에서 중요한 변수는 투영 범위(R_p)와 표준 편차(σ_p, 투영 무질서)이다. 이온 주입 형태는 반도체 기판의 표면으로부터 최고점이 R_p인 가우스 분포에 가깝다고 할 수 있다. 이온 주입 공정의 장점은 불순물 양의 정확한 제어, 재연하기 편한 도핑 형태, 그리고 확산 공정과 비교했을 때 낮은 공정 온도이다.

이 장에서는 실리콘과 갈륨 아세나이드의 다양한 요소에 의한 R_p와 σ_p 그리고 채널링 영향에 관한 논의와 그 영향을 최소화하는 방법에 대해 고찰하였다. 그러나 이온 주입은 결정 격자에 심한 손상을 발생시킨다. 이온 주입 손상을 제거하고 이동도와 다른 변수들을 보상하기 위해서 반도체는 적당한 온도와 시간의 조합에서 열처리해야만 한다. 일반적으로 빠른 열처리(RTA)는 도핑 형태의 열적 확산 없이 이온 주입 손상을 제거하기 때문에 일반적인 노(furnace)에서의 열처리보다 우선시된다.

이온 주입은 진보된 반도체 소자에 광범위하게 응용될 수 있다. 이것은 (a) 새로운 분포 형성을 위한 복식 주입, (b) 마스킹 물질의 선택과 기판에 도달한 것으로부터 입사된 이온의 주어진 확률에서 멈추기 위한 두께, (c) 좁은 접합 형태를 위한 경사각 이온 주입, (d) 절연층 형성을 위한 고에너지 주입, (e) 선행 증착을 위한 고전류 주입과 문턱 전압의 조정, 그리고 SOI 응용을 위한 절연층 형성을 포함한다.

참고 문헌

1. I. Brodie and J. J. Murray, *The Physics of Microfabrication*, Plenum, New York, 1982.
2. J. F. Gibbons, "Ion Implantation," in S. P. Keller, Ed., *Handbook on Semiconductors*, Vol. 3, North-Holland, Amsterdam, 1980.
3. S. Furukawa, H. Matsumura, and H. Ishiwara, "Theoretical Consideration on Lateral Spread of Implanted Ions," *Jpn. J. Appl. Phys*., **11**, 134 (1972).
4. B. Smith, *Ion Implantation Range Data for Silicon and Germanium Device Technologies*, Research Studies, Forest Grove, OR, 1977.
5. K. A. Pickar, "Ion Implantation in Silicon," in R. Wolfe, Ed, *Applied Solid State Science*, Vol. 5, Academic Press, New York, 1975.
6. L. Pauling and R. Hayward, *The Architecture of Molecules*, Freeman, San Francisco, 1964.
7. D. K. Brice, "Recoil Contribution to Ion Implantation Energy Deposition Distribution," *J. Appl. Phys*., **46**, 3385 (1975).
8. C. Y. Chang and S. M. Sze, Eds., *ULSI Technology*, McGraw-Hill, New York, 1996, Ch. 4.
9. D. H. Lee and J. W. Mayer, "Ion-Implanted Semiconductor Devices," *Proc. IEEE*, **62**, 1241 (1974).
10. G. Deamaley, et al., *Ion Implantation*, North-Holland, Amsterdam, 1973.
11. W. G. Oldham, "Hie Fabrication of Microelectronic Circuit," in *Microelectronics*, Freeman, San Francisco, 1977.

연습 문제

어려운 문제에는 별표를 하였다.

7.1 절: 주입된 이온의 범위

1. 지름 100 mm의 갈륨 아세나이드 웨이퍼가 10 μm의 일정한 이온 빔으로 5분 동안 100 KeV로 아연 이온을 균일하게 주입했다고 가정하자. 단위 면적 당 이온 양과 이온 농도의 최고값은 얼마인가?
2. 실리콘 p–n 접합이 80 keV의 붕소 이온 주입에 의해서 산화막 층을 통과하여 형성되었다. 만약 붕소 이온 양이 2×10^{15} cm^{-2}이고, n형 기판 농도가 10^{15} cm^{-3}일 때 야금의 접합 위치를 찾으라.
3. 이온 주입 공정에서 문턱 전압을 조절하기 위해 25 nm의 게이트 산화막을 형성하였다. 기판은 <100> 방향의 고유 저항 값이 10 Ω-cm인 p형 실리콘 웨이퍼이다. 만약 40 keV 붕소 이온 주입을 하는 동안 문턱 전압의 증가가 1 V라면 단위 면적당 총 주입된 이온 양은 얼마인가? 붕소 농도의 최대 위치를 추정해 보라.

*4. 3번 문제의 기판에서 실리콘 안의 총 이온 양의 비율은 얼마인가?

7.2절: 이온 주입 손상과 열처리

5. 만약 50 keV로 붕소 이온이 실리콘 기판에 주입될 경우, 손상 밀도를 계산하라. 실리콘 원자 밀도가 5.02×10^{22} atoms/cm^3, 실리콘 치환 에너지는 15 eV, 범위는 2.5 nm이다. 그리고 실리콘 격자 평면 사이의 공간을 0.25 nm라고 가정하라.

6. 고온의 빠른 열처리(RTA)가 결함이 없는 얕은 접합 형성에서 저온 RTA보다 좋은 이유를 설명하라.

7. 게이트 산화막 두께가 4 nm일 경우 1 V 문턱 전압의 감소를 요구하는 이온 주입 양을 추정하라. (이온 주입 전압은 산화막-실리콘 표면에서 분포의 최고점이 나타나게 조절한다고 생각하자. 이와 같이 이온 주입의 절반이 실리콘 안으로 들어갔다. 실리콘 내 이온 주입의 90%가 열처리 공정으로 전기적으로 활성화되었다고 생각하자. 이러한 가정에 따르면 문턱 조절을 위해 이온 주입의 45%가 허락된다. 뿐만 아니라 실리콘 내의 모든 전하는 실리콘-산화막 표면에 영향을 준다고 가정한다.)

7.3절: 이온 주입 관련 공정

8. 1미크론 미만을 가지는 MOSFET의 소스와 드레인 영역을 위하여 많은 양이 도핑된 접합이 0.1 μm 깊이로 형성되기를 원한다고 하자. 사용할 수 있는 옵션과 이것의 응용을 위한 도판트 활성화를 비교하라. 추천하는 옵션은 어느 것인가? 이유는?

9. 100 keV에서 비소 이온 주입이 사용되고 감광제의 두께가 400 nm이다. 이온(R_p = 0.6 μm, σ_p = 0.2 μm)의 전사를 막는 감광제 마스크의 효과들을 찾으라. 감광제 두께가 1 μm로 변할 때 마스킹 효율을 계산하라.

10. 예제 2에서 이온 주입의 99.999%가 마스킹되는 데 요구되는 산화막(SiO_2)의 두께는 얼마인가?

7.4절: 이온 주입 모의 실험

11. 인이 10^{14} cm^{-3}으로 도핑된 <100> 방향의 실리콘 기판에 붕소가 주입되었다. 주입 에너지는 10^{13} cm^{-2}의 이온 양에서 30 keV이다. SUPREM을 사용하여 붕소 이온 주입 형태를 그리라. (a) 이온 주입 형태의 최고값에서 깊이는 얼마인가? (b) 최고 깊이에서의 붕소 농도는 얼마인가? (c) 접합 깊이는?

*12. 6장 예제 3의 확산과 같은 도핑 형태가 주어지는 이온 주입 공정을 디자인하기 위해 SUPREM을 사용하라.

박막 증착
Film Deposition

독립된 소자나 집적 회로의 제작을 위해서 많은 종류의 박막이 사용된다. 박막은 5가지 그룹으로 분류할 수 있다: 열 산화막, 유전체 막, 에피택시얼 층, 다결정 실리콘, 금속 박막·열 산화막의 성장은 3장에서 이미 다루었다. 이 장에서는 박막의 증착에 관한 여러 가지 다양한 기술에 대하여 다룰 것이다.

에피택시얼 성장은 2장에서 다룬 결정 성장 개념과 밀접한 관련이 있다. 이것은 단결정 반도체 기판 위의 단결정 반도체 층의 성장을 다루고 있다. *epitoxy*라는 단어는 그리스어의 *epi*('~ 위에'를 뜻함)와 *taxis*('정렬'을 뜻함)에서 유래되었다. 에피택시얼 층과 기판 재료가 같다면 **동종 에피택시**(homoepitaxy)라고 한다. 예를 들어 n형 실리콘은 n^+ 실리콘 기판 위에 에피택시얼 성장을 할 수 있다. 반면에 에피택시얼 층과 기판이 화학적으로 또는 결정학적으로 다르다면 **이종 에피택시**(heteroepitaxy)라고 하며 GaAs 위의 $Al_xGa_{1-x}As$의 에피택시얼 성장이 한 예이다.

실리콘 산화물과 실리콘 질화물 같은 유전체 막은 전도층 간의 절연, 확산과 이온 주입 마스크, 도판트의 손실을 방지하기 위해 덮여진 도핑된 박막, 보호막을 위하여 사용된다. 흔히 **폴리실리콘**(polysilicon)이라 부르는 다결정 실리콘은 MOS 소자의 게이트 전극 재료, 다층 금속화 공정의 전도성 물질, 그리고 얕은 접합 소자의 접촉 재료로 사용된다. 알루미늄이나 실리사이드 같은 금속 박막은 낮은 저항을 갖는 상호 연결, 옴 접촉, 금속-반도체 간 정류 장벽들의 형성에 자주 사용된다.

이 장에서는 아래와 같은 주제를 다룰 것이다.

- 에피택시의 기초 기술 즉 단결정 기판 위에서 이루어지는 단결정 층의 성장
- 격자 정합 및 변위 층 에피택시 성장의 구조와 결함
- 다결정 실리콘 박막뿐만 아니라 낮은 유전 상수 값과 높은 유전 상수 값을 갖는 박막을 형성하기 위한 증착 기술
- 광역 평탄화 공정뿐만 아니라 알루미늄과 구리의 상호 연결을 형성하기 위한 증착 기술
- 박막들의 특성과 집적 회로 공정에 대한 적용성

8.1 에피택시얼 성장 기술

에피택시얼 공정에서 기판 웨이퍼는 종자 결정처럼 사용된다. 에피택시얼 공정은 2장에서 다룬 용해-성장 공정과는 구별된다. 여기서 에피택시얼 막은 용해 온도보다 30~50% 정도 낮은 온도에서 성장된다. 에피택시얼 성장의 일반적인 기술로는 **화학 기상 증착**(CVD: chemical vapor deposition)과 **분자 빔 에피택시**(MBE: molecular beam epitaxy)가 있다.

8.1.1 화학 기상 증착 CVD

CVD는 **기상 에피택시**(VPE: vapor-phase epitaxy)로도 알려져 있다. CVD는 에피택시얼 막이 가스 화합물들 사이의 화학 반응에 의해 형성되는 공정이다. CVD는 상압(APCVD) 혹은 저압(LPCVD)에서 실행된다.

그림 8.1은 에피택시얼 성장을 위한 세 가지 일반적인 서스셉터(susceptor)를 보여 주고 있다. 서스셉터의 기하학적인 모양에 따라 수평형, 팬케이크형, 원통형으로 반응기의 이름이 나타난다. 이들 모두 다 흑연 블록으로 만들어진다. 에피택시얼 반응기 내의 서스셉터는 결정 성장로 안의 도가니와 유사하다. 서스셉터는 기계적으로 웨이퍼를 지지할 뿐만 아니라 유도 가열 반응기 내에서 반응을 위한 열 에너지 소스로도 역할을 한다. CVD의 반응 기구는 여러 단계들을 포함하고 있다. (a) 반응물(가스와 도판트)은 기판 영역으로 이동된다. (b) 그것들은 기판 표면으로 이동되고 거기에서 흡착된다.(c) 표면에서 촉매 작용에 의해 화학 반응이 일어나며 에피택시얼 막의 성장이 계속

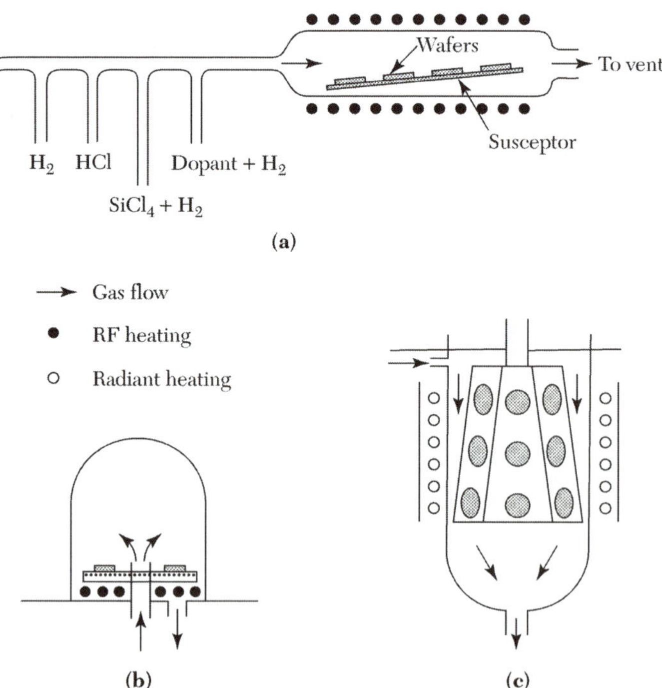

그림 8.1 화학 기상 증착의 세 가지 일반적인 서스셉터. (*a*) 수평형. (*b*) 팬케이크형. (*c*) 원통형.

일어난다. (d) 가스 생성물은 탈착되어 주 가스 흐름에 의해 제거된다. (e) 반응 생성물은 반응기 밖으로 전달된다.

실리콘 CVD

4개의 실리콘 소스가 VPE 성장을 위해 사용된다. 그것은 $SiCl_4$(silicon tetrachloride), SiH_2Cl_2(dichlorosilane), $SiHCl_3$(trichlorosilane), 그리고 SiH_4(silane)이다. $SiCl_4$는 가장 많이 연구되어 왔고, 산업체에서 광범위하게 사용된다. 전형적인 반응 온도는 1200°C이다. 다른 실리콘 소스는 낮은 반응 온도 때문에 사용한다. $SiCl_4$에서 각 염소 원자를 수소 원자로 치환하는 것은 반응 온도를 약 50°C 정도 감소시킨다. 실리콘 층의 성장을 야기하는 $SiCl_4$의 전체적인 반응은

$$SiCl_4\ (gas) + 2H_2\ (gas) \leftrightarrow Si\ (solid) + 4HCl\ (gas) \tag{1}$$

부가적인 경합 반응은 주어진 식 (1)과 함께 일어난다.

$$SiCl_4\ (gas) + Si\ (solid) \leftrightarrow 2SiCl_2\ (gas) \tag{2}$$

결과적으로 만약 $SiCl_4$의 농도가 매우 높다면, 실리콘의 성장보다는 오히려 식각이 일어날 것이다. 그림 8.2는 반응 시 가스 상태 $SiCl_4$의 농도의 영향을 보여 주고 있으며 여기서 몰 분율은 분자의 총 개수에 대한 주어진 분자의 개수의 비율로 정의된다.[1] $SiCl_4$의 농도가 증가함에 따라 초기 성장률은 선형적으로 증가함을 주목해야 한다. $SiCl_4$의 농도가 계속 증가하면 최대 성장률에 도달하게 된다. 그것을 넘어가면 성장률은 다시 감소하기 시작하고, 마침내 실리콘의 식각이 일어나게 될 것이다. 실리콘은 그

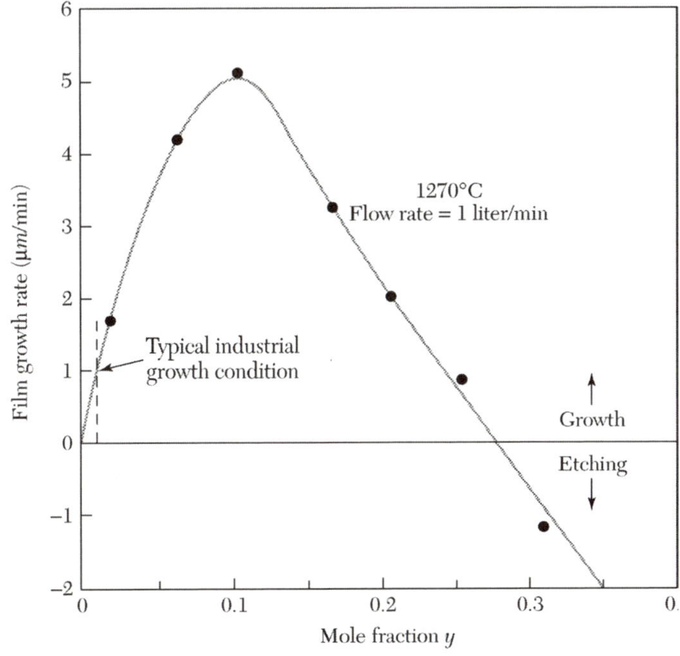

그림 8.2 실리콘 에피택시얼 성장에서 $SiCl_4$ 농도의 효과.[1]

림 8.2에서 보여 준 것같이 저농도 영역에서 성장이 일어난다.

식 (1)의 반응은 가역적이다. 즉, 그 반응은 둘 중 어느 한쪽 방향으로 일어난다. 만약 반응기 내로 들어가는 캐리어 가스가 염산을 포함한다면 제거 또는 식각이 일어날 것이다. 실제로 이러한 식각 작용은 에피택시얼 성장에 앞서 실리콘 웨이퍼의 인시튜(in situ) 세정을 위해 사용된다.

도판트는 에피택시얼 성장(그림 8.1*a*) 동안 $SiCl_4$와 동시에 공급된다. 가스 상태의 B_2H_6(diborane)는 *p*형 도판트에 사용되고 PH_3(phosphine)와 AsH_3(arsine)는 *n*형 도판트에 사용된다. 가스 혼합물은 보통, 요구되는 도핑 농도에 대한 유속을 적당히 조절하기 위해 희석제인 수소와 함께 사용된다. 비소에 대한 도판트 화학은 그림 8.3에서 보여 주고 있으며 여기서 비소는 표면에 흡착, 분해, 그리고 성장 층에 합쳐지는 모습을 보여 주고 있다. 그림 8.3은 표면에서의 성장 기구를 보여 주고 있는데 이것은 도판트 원자뿐만 아니라 주 원자(실리콘)의 표면 흡착과 이들 원자의 레지 자리(ledge site)를 향한 움직임에 기초한 것이다.[2] 이러한 흡착된 원자들에게 충분한 운동성을 주어 결정 격자 내에서 자신의 적당한 위치를 찾도록 하기 위하여, 에피택시얼 성장은 상대적으로 높은 온도가 필요하다.

갈륨 아세나이드 CVD

갈륨 아세나이드의 경우, 기본적인 장치는 그림 8.1*a*에 나타낸 것과 유사하다. 갈륨 아세나이드는 증발할 때 갈륨과 비소로 분해되기 때문에 증기 상태에서 그것들의 직접적인 전달은 불가능하다. 한 가지 접근법은 비소 구성 성분인 As_4와 갈륨 구성 성분인 $GaCl_3$(gallium-chloride)를 이용하는 것이다. 갈륨 아세나이드의 에피택시얼 성장을 이끄는 전체적인 반응은

$$As_4 + 4GaCl_3 + 6H_2 \rightarrow 4GaAs + 12HCl \quad (3)$$

As_4는 AsH_3의 열적 분해에 의해 생성된다.

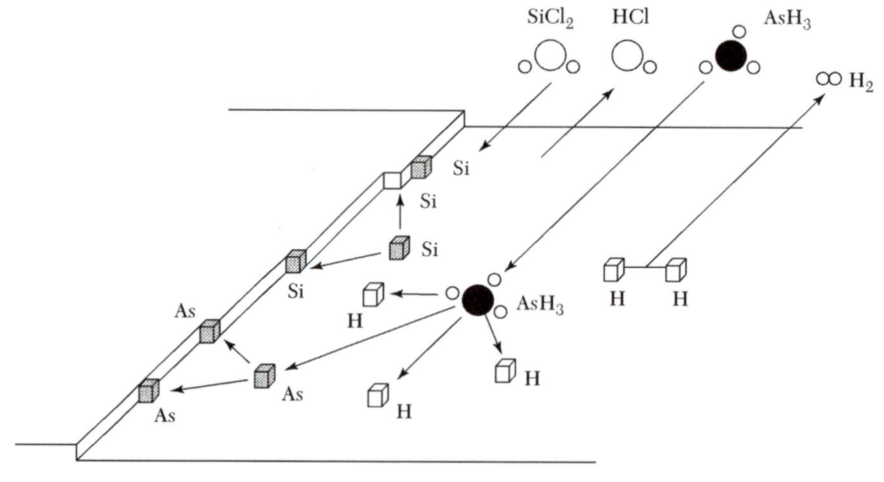

그림 8.3 비소 도핑과 성장 과정의 기하학적인 표현.[2]

$$4AsH_3 \rightarrow As_4 + 6H_2 \quad (3a)$$

그리고 $GaCl_3$는 다음 반응에 의해 생성된다.

$$6HCl + 2Ga \rightarrow 2GaCl_3 + 3H_2 \quad (3b)$$

반응물은 H_2 같은 캐리어 가스와 함께 반응기 내로 들어간다. 갈륨 아세나이드 웨이퍼는 전형적으로 650~850°C의 온도 범위에서 유지된다. 기판과 성장 층의 열적 분해를 방지하기 위해서는 충분히 높은 비소 압력이 유지되어야 한다.

금속 유기물 CVD

금속 유기물 CVD(MOCVD) 역시 열 분해 반응에 기초를 둔 VPE 공정이다. 기존의 CVD와는 달리, MOCVD는 전구체의 화학적 성질에 의해 구별된다. 안정된 수소화물이나 핼라이드(halide)를 형성하는 성분이 아니라, 적당한 증기압에서 안정화된 금속 유기 화합물을 형성하는 그러한 성분이 중요하다. MOCVD는 III-V족, II-VI족 화합물의 이종 에피택시 성장에 널리 적용되고 있다.

갈륨 아세나이드를 성장시키기 위해, Ga 성분으로 $Ga(CH_3)_3$(trimethylgallium), As 성분으로 AsH_3(arsine)와 같은 금속 유기 화합물을 사용할 수 있다. 이 화학 물질은 반응기 안으로 기상의 형태로 전달될 수 있다. 전체적인 반응은 다음과 같다.

$$AsH_3 + Ga(CH_3)_3 \rightarrow GaAs + 3CH_4 \quad (4)$$

AlAs와 같은 Al 함유 화합물로는 $Al(CH_3)_3$(trimethylaluminum)를 사용할 수 있다. 에피택시 과정에서 갈륨 아세나이드는 기상으로 도입되는 도판트에 의해 도핑된다. III-V족 화합물에서 $Zn(C_2H_5)_2$(diethylzinc)와 $Cd(C_2H_5)_2$(diethylcadmium)는 전형적인 p형 도판트이고, SiH_4(silane)는 n형 도판트이다. 황과 셀레늄의 수화물 또는 tetramethyltin도 n형 도판트로 사용되고, chromyl chloride는 반부도체 막을 형성하기 위해 갈륨 아세나이드로 Cr을 도핑하는 데 사용된다. 이 화합물은 상당한 독성이 있고 공기중에서 자발적인 가연성을 가지기 때문에, MOCVD 과정에서 안전에 대한 주의가 반드시 필요하다.

그림 8.4는 MOCVD 반응기의 개략도를 보여 준다.[3] 전형적으로 금속 유기 화합물은 수소 캐리어 가스에 의해 석영 반응기로 수송되며, 여기서 갈륨 아세나이드 성장을 위해 AsH_3와 혼합된다. 화학적 반응은 무선 주파수 가열(radio frequency heating)을 사용하는 흑연 서스셉터 위에 놓여진 기판 위에서 600~800°C로 기체를 가열함으로써 일어난다. 열 분해 반응은 갈륨 아세나이드 층을 형성한다. 금속 유기물 사용의 장점은 적당하게 낮은 온도에서 휘발성을 가지고 있으며, 반응기에서 문제를 일으키는 액체 갈륨 또는 인 소스가 없다는 것이다.

8.1.2 분자 빔 에피택시 MBE

MBE는 초고 진공 상태(≈ 10^{-8} Pa)에서 결정 표면에 분자 또는 원자의 하나 혹은 그 이상의 열 빔(thermal beam) 반응을 포함하는 에피택시얼 공정이다.[4] MBE는 화학적

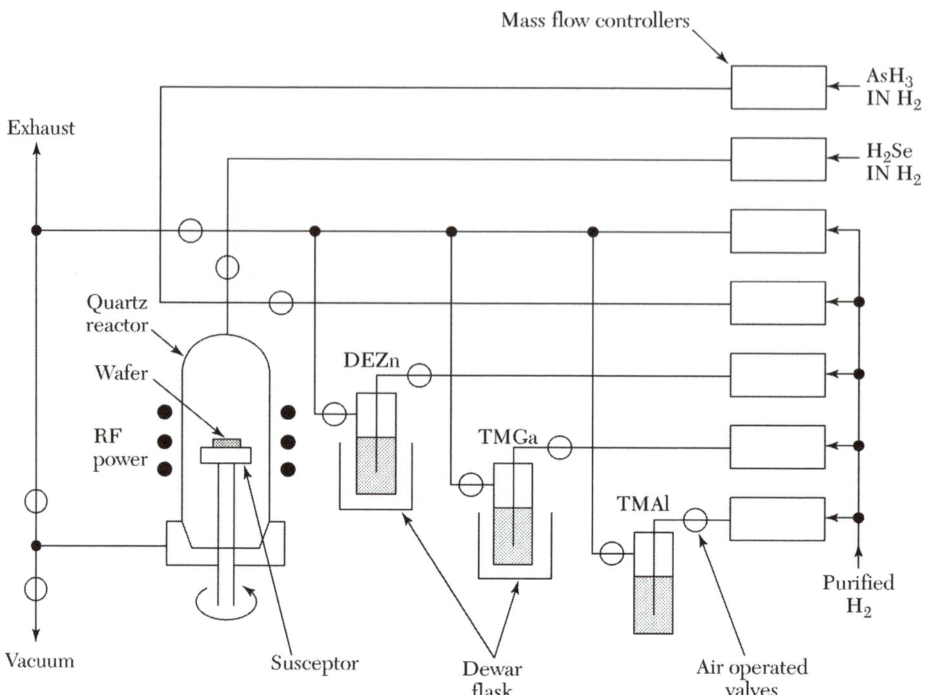

그림 8.4 수직 상압 MOCVD 반응기의 개략도.[3] DEZn: diethylzinc($Zn(C_2H_5)_2$), TMGa: trimethylgallium($Ga(CH_3)_3$), TMAl: trimethylaluminum($Al(CH_3)_3$).

조성과 도핑 분포 모두를 정확하게 제어할 수 있다. 원자 층 단위의 두께를 가지는 단결정, 다중층 구조들은 MBE를 사용하여 성장시킬 수 있다. 그러므로 MBE 방식을 통해 마이크로 이하부터 단원자 층(mono-layer) 두께까지의 반도체 이종 구조를 정확히 제작할 수 있다. 일반적으로 MBE 성장 속도는 꽤 느리다. 예를 들어, 갈륨 아세나이드는 1 μm/hr의 값을 가지는 것이 일반적이다.

그림 8.5는 $Al_xGa_{1-x}As$와 같이 III-V족과 관련된 화합물이나 갈륨 아세나이드를 만드는 MBE 시스템의 개략도를 보여 준다. 이 시스템은 박막 증착 제어, 청정도, 그리고 인시튜 화학적 분석 장치가 설치된 것을 보여 준다. 열 분해 붕소 질화물(pyrolytic boron nitride)로 만들어진 각각의 방출 오븐(effusion oven)은 갈륨, 비소, 도판트에 사용된다. 모든 방출 오븐은 초고 진공 체임버(≈ 10^{-8} Pa) 안에 놓인다. 각 오븐의 온도는 적당한 증발 속도를 얻기 위해 조절된다. 기판 홀더는 균일한 에피택시얼 층을 얻기 위해 연속적으로 회전한다(예를 들어, 도핑 변화는 ±1%, 두께 변화는 ±0.5%).

갈륨 아세나이드에 대한 갈륨의 부착 계수는 1이고 비소는 이전에 증착된 갈륨 층이 없다면 부착 계수가 0이기 때문에 과압이 유지되어야 한다. 실리콘 MBE 시스템에서 전자총이 실리콘을 증발시키기 위해 사용된다. 하나 또는 그 이상의 방출 오븐이 도판트를 위해 사용된다. 방출 오븐은 작은 면적 소스와 같이 행동하고, $\cos\theta$ 방출을 나타내며 여기서 θ는 소스의 방향과 기판 표면의 직각이 이루는 각이다.

MBE는 진공 시스템에서 증발 방법을 사용한다. 진공 기술의 중요한 변수는 분자

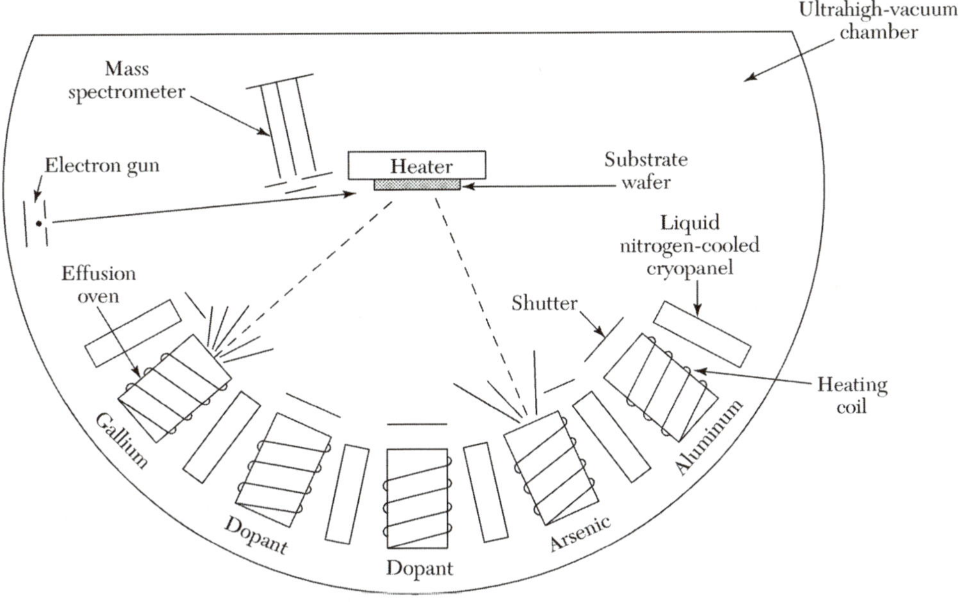

그림 8.5 일반적인 MBE 시스템에서 소스와 기판의 배열.(M. B. Panish, Bell Laboratories, Lucent Technologies 제공.)

충돌률이다. 즉, 얼마나 많은 분자들이 단위 시간당 기판의 단위 면적에 충돌하는가이다. 충돌률(ϕ)은 분자 무게, 온도, 그리고 압력의 함수이다. 충돌률은 부록 H에 유도되어 있으며 다음과 같이 표현된다.[5]

$$\phi = P(2\pi mkT)^{-1/2} \tag{5}$$

또는

$$\phi = 2.64\times10^{20}\left(\frac{P}{\sqrt{MT}}\right)\text{molecules / cm}^2\text{-s} \tag{5a}$$

여기서 P는 Pa 단위의 압력이고, m은 kg 단위의 분자 질량이고, k는 J/K 단위의 볼츠만 상수이고, T는 Kelvin 단위의 온도이고, M은 분자량이다. 그러므로 300 K, 10^{-4} Pa 압력에서 산소(M = 32)의 충돌률은 2.7×10^{14} molecules/cm^2-s이다.

▶ 예제 8.1

300 K에서, 산소의 분자 지름은 3.64 Å이고, 단위 면적 N_s당 분자의 수는 7.54×10^{14} cm^{-2}이다. 압력이 1, 10^{-4}, 그리고 10^{-8} Pa에서 산소의 단원자 층을 형성하기 위해 걸리는 시간을 구하라.

▶ *풀이*

단원자 층을 형성하는 데 필요한 시간(100% 부착된다고 가정)은 충돌률로부터 구할 수 있다.

$$t = \frac{N_s}{\phi} \frac{N_s\sqrt{MT}}{2.64\times10^{20}P}$$

그러므로

$$\begin{aligned} t &= 2.8\times10^{-4} \approx 0.28\ \text{ms} \quad \text{at 1 Pa} \\ &= 2.8\ \text{s} \quad \text{at } 10^{-4}\ \text{Pa} \\ &= 7.7\ \text{hr} \quad \text{at } 10^{-8}\ \text{Pa} \end{aligned}$$

에피택시얼 층의 오염을 피하기 위해서, MBE 공정에서 가장 중요한 것은 초고 진공 상태($\approx 10^{-8}$ Pa)를 유지하는 것이다.

분자 운동중에 분자들은 또 다른 분자와 충돌할 것이다. 분자 서로 간의 연속적인 충돌 사이에서 모든 분자들에 의해 이동된 평균 이동 거리는 **평균 자유 행로**(mean free path)로 정의된다. 이것은 단순한 충돌 이론으로부터 유도될 수 있다. 지름 d와 속도 v를 가지는 분자는 시간 δt 동안 거리 $v\delta t$를 이동할 것이다. 분자는 그 중심이 또 다른 분자의 중심 거리 d 안의 어디엔가 있다면, 또 다른 분자들과 충돌을 한다. 그러므로 분자는 지름 $2d$의 실린더를 (충돌 없이) 지나친다. 실린더의 부피는

$$\delta V = \frac{\pi}{4}(2d)^2 v\delta t = \pi d^2 v\delta t \tag{6}$$

단위 체적(cm^3) 내에 n개의 분자가 있으므로, 한 분자의 부피는 평균 $1/n$ cm^3이다. 부피 δV가 $1/n$과 같을 때, 평균적으로 하나의 다른 분자를 가지고 있어야 한다. 그러면 충돌은 일어날 것이다. 충돌 사이의 평균 시간을 $\tau = \delta t$라 두면

$$\frac{1}{n} = \pi d^2 v\tau \tag{7}$$

그렇다면 평균 자유 행로(λ)는

$$\lambda = v\tau = \frac{1}{\pi n d^2} = \frac{kT}{\pi P d^2} \tag{8}$$

좀 더 엄격한 유도는 상온에서 공기 분자들(평균 분자 지름이 3.7 Å)에 대해 다음과 같다.

$$\lambda = \frac{kT}{\sqrt{2}\pi P d^2} \tag{9}$$

그리고

$$\lambda = \frac{0.66}{P(\text{in Pa})}\ \text{cm} \tag{10}$$

그러므로 10^{-8} Pa의 시스템 압력에서 λ는 660 km가 될 것이다.

▶ 예제 8.2

면적 A = 5 cm^2이고 오븐의 윗부분과 10 cm의 갈륨 아세나이드 기판 사이의 거리는 L이라고 가정하자. 900°C에서 갈륨 아세나이드로 가득 채워진 방출 오븐의 MBE 성장 속도를 계산하라. Ga 원자의 표면 밀도는 6 × 10^{14} cm^{-2}이고 단원자 층의 평균 두께는 2.8 Å이다.

▸ *풀이*

갈륨 아세나이드를 가열하게 되면 휘발성인 비소가 먼저 증발하고, Ga-rich 용액을 만든다. 그러므로 그림 2.11의 'Ga-rich'라고 표시된 압력이 중요하다. 900°C에서 압력은 갈륨에 대해 5.5 × 10^{-2} Pa이고, 비소에 대해서는 1.1 Pa이다. 도착 속도는 충돌률에 $A/\pi L^2$을 곱함으로써 얻어진다.

$$\text{Arrival rate} = 2.64\times10^{20}\left(\frac{P}{\sqrt{MT}}\right)\left(\frac{A}{\pi L^2}\right)\text{molecules}/\text{cm}^2\text{-s}$$

Ga의 분자량(M)은 69.72이고, As_2는 74.92 × 2이다. P, M, T (1173 K)의 값을 위 식에 대입하면

$$\begin{aligned}\text{Arrival rate} &= 8.2\times10^{14}/\text{cm}^2\text{-s for Ga}\\ &= 1.1\times10^{16}/\text{cm}^2\text{-s for As}^2\end{aligned}$$

GaAs의 성장 속도는 Ga의 도착 속도에 의해 지배받는다. 성장 속도는

$$\frac{8.2\times10^{14}\times2.8}{6\times10^{14}}\approx3.8\text{A/s} = 23\text{ nm/min}$$

성장 속도가 VPE의 그것과 비교해서 비교적 느림에 주목하라.

MBE에서 표면을 인시튜(in-situ)로 세정하는 두 가지 방법이 있다. 고온으로 가열하는 법은 자연 산화막을 분해할 수 있고, 웨이퍼로의 확산 또는 증발에 의해 흡착된 다른 종들을 제거할 수 있다. 또 다른 방법은 표면을 스퍼터 세정하기 위해 불활성 기체의 낮은 에너지 이온 빔을 사용하는 것으로, 사용한 후 표면 격자 구조를 재배열하기 위해 낮은 온도에서 열처리가 필요하다.

MBE는 다양한 종류의 도판트(CVD 및 MOCVD와 비교하여)를 사용할 수 있고, 도판트 분포를 정확하게 조절할 수 있다. 그러나 도핑 공정은 증기-상 성장 공정과 유사하다: 증발된 도판트 원자의 흐름이 적절한 격자 자리에 도달하고, 성장하는 계면에 따라 결합된다. 도핑 분포의 정확한 제어는 실리콘 원자(실리콘 에피택시얼 막에 대해) 또는 갈륨 원자(갈륨 아세나이드 에피택시얼 막에 대해)의 유속에 대해 도판트 유속을 조정함으로써 가능하다. 또한 도판트(7장 참조)를 주입하기 위해 낮은 전압, 낮은 에너지의 이온 빔을 사용하여 에피택시얼 막을 도핑하는 것도 가능하다.

MBE에 대한 기판의 온도 범위는 400°C에서 900°C이고 성장 속도는 0.001~0.3

μm/min이다. 낮은 온도 공정과 낮은 성장 속도 때문에 일반적인 CVD로는 얻을 수 없는 다양하고 독특한 도핑 분포와 합금 조성을 MBE에서는 형성할 수 있다. 많은 새로운 구조가 MBE를 사용하여 만들어졌다. 이런 것에는 전자의 평균 자유 행로(예를 들면 각 층마다 10 nm 또는 그보다 더 작은 두께를 가진 GaAs/$Al_xGa_{1-x}As$)보다 작은 주기를 갖는 매우 얇은 박막을 교대로 증착하여 형성한 주기 구조인 **초격자**(superlattice)가 있고, 이종 접합 트랜지스터도 있다.

MBE 기술의 계속적인 발전은 TMG(trimethylgallium) 또는 TEG(triethylgallium)와 같은 금속 유기 화합물로 III족 원자 소스를 대체해 왔다. 이러한 접근은 **금속 유기 분자 빔 에피택시**(MOMBE: metalorganic molecular beam epitaxy) 또는 **화학 빔 에피택시**(CBE: chemical beam epitaxy)라고 부른다. MOMBE는 MOCVD와 매우 가까운 연관이 있지만 MBE의 특별한 형태로 고려된다. 금속 유기물은 충분히 휘발성이 있어서 MBE 성장 체임버에 빔으로서 바로 사용할 수 있으며 빔을 형성하기 전에는 분해되지 않는다. 도판트는 대개 원소 소스이고 p형에 대해 Be, n형 갈륨 아세나이드 에피택시얼 층에 대해 실리콘 또는 주석을 사용한다.

8.2 에피택시얼 층의 구조와 결함

8.2.1 격자 정합 및 변위 층 에피택시

전형적인 동종 에피택시얼 성장에 있어서 단결정 반도체 층은 단결정 반도체 기판 위에서 성장한다. 반도체 층과 기판은 동일한 격자 상수를 가지는 동일한 물질이다. 그러므로 정의에 의해 동종 에피택시는 격자 정합 에피택시 공정이라고 한다. 동종 에피택시얼 공정은 소자나 회로의 성능을 최적화하는 도핑 분포를 조절하는 중요한 방법이다. 예를 들면 비교적 낮은 도핑 농도를 가진 n형 실리콘 층은 n^+ 실리콘 기판 위에 에피택시얼 성장을 할 수 있다. 이 구조는 기판과 연관된 시리즈 저항을 감소시킨다.

이종 에피택시의 경우, 에피택시얼 층과 기판은 두 개의 다른 반도체이고, 에피택시얼 층은 이상적인 계면 구조를 유지하면서 성장해야 한다. 이것은 계면을 따라 원자 결합이 연속적 이어야만 한다는 것을 의미한다. 그러므로 두 개의 반도체는 동일한 격자 간격을 갖거나, 공통의 간격을 적용하여 변형될 수 있어야만 한다. 이러한 두 경우를 각각 **격자 정합 에피택시**(lattice-matched epitaxy)와 **변위 층 에피택시**(strained-layer epitaxy)라고 부른다.

그림 8.6a는 기판과 박막이 동일한 격자 상수를 가지는 격자 정합 에피택시를 보여 준다. 중요한 예는 갈륨 아세나이드 기판 위에 $Al_xGa_{1-x}As$를 에피택시얼 성장시키는 것이고, 여기서 0부터 1 사이의 어떤 x값에 대해서도 $Al_xGa_{1-x}As$의 격자 상수는 갈륨 아세나이드의 격자 상수와 0.13% 이하의 차이를 보인다.

격자 정합의 경우에, 만약 에피택시얼 층이 더 큰 격자 상수를 갖고 가변적이라면 그것은 기판 간격을 맞추기 위해 성장하는 면 방향으로 압축이 될 것이다. 탄성력은 계면에 수직인 방향으로 강제로 팽창시킨다. 이런 형태 구조를 변위 층 에피택시라 하며 그림 8.6b에 나타내었다.[6] 한편 에피택시얼 층이 더 작은 격자 상수를 가진다면 그것은

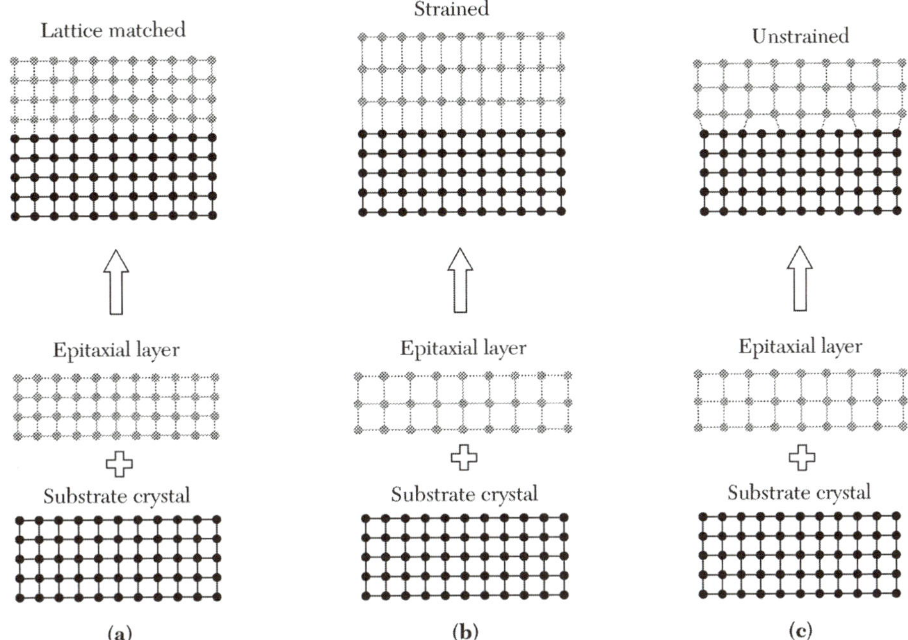

그림 8.6 (*a*) 격자 병합된, (*b*) 변형된,[6] 그리고 (*c*) 완화된 이종 에피택시 구조의 개략도. 동종 에피택시는 구조적으로 격자 병합 이종 에피택시와 동일하다.

성장 면에서 팽창될 것이고 계면에 수직인 방향으로 압축될 것이다. 위의 변위층 에피택시에서 변형된 층 두께가 증가함에 따라 틀어진 원자 결합 변형하의 원자의 전체 수는 증가하고 어떤 시점에서 부정합 전위(misfit dislocation)가 균질한 변형 에너지를 줄여 주기 위해 생성된다. 이 두께를 이 시스템의 **임계층 두께**(critical layer thickness)라고 한다. 그림 8.6*c*는 계면에 칼날 전위가 있는 경우를 보여 준다.

두 개의 물질로 이루어진 시스템에서의 임계 막 두께는 그림 8.7에서 보여 준다.[7] 위의 곡선은 실리콘 기판 위의 Ge_xSi_{1-x} 박막의 변위 층 에피택시에 대한 것이고, 아래 곡선은 갈륨 아세나이드 기판 위의 $Ga_{1-x}In_xAs$ 박막에 대한 것이다. 예를 들면 Si 위의 $Ge_{0.3}Si_{0.7}$에서 최대 에피택시얼 두께는 약 70 nm이다. 더 두꺼운 박막에서는 칼날 전위가 형성될 것이다.

연관된 이종 에피택시 구조는 **변위 층 초격자**(SLS: strained-layer superlattice)이다. 초격자(superlattice)는 약 10 nm의 주기를 가지는 서로 다른 물질들에 의해 구성된 인위적인 1차원 주기적 구조이다. 그림 8.8은 두 개의 서로 다른 평형 격자 상수 $a_1 > a_2$를 갖는 두 반도체가 공통의 면 방향 격자 상수 b를 가지는 구조($a_1 > b > a_2$)로 성장된 SLS를 보여 준다.[4] 충분히 얇은 막에서 격자 불일치는 박막에서 균질한 변형에 의해 수용되어 있다. 이러한 조건하에서는 어떠한 부정합 전위도 계면에서 생성되지 못하므로, 고품질의 결정을 성장시킬 수 있다. 이러한 인위적 구조 재료는 MBE로 성장시킬 수 있다. 이런 재료는 반도체 연구에 새로운 분야를 제공하고, 특히 고속이나 광소자 적용을 위한 새로운 고체 소자 개발을 가능하게 한다.

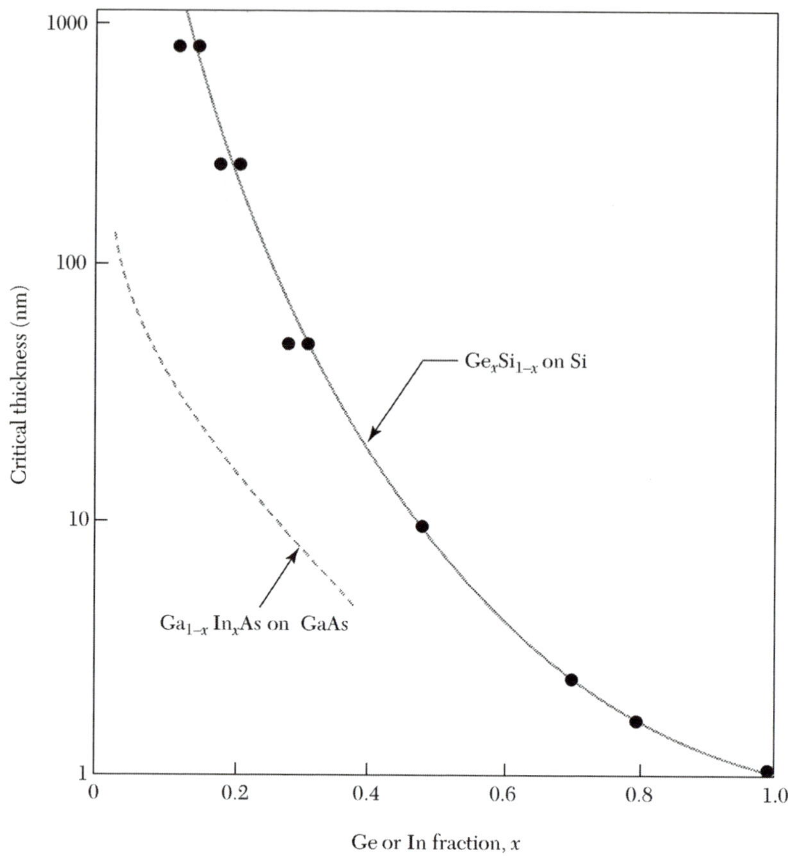

그림 8.7 실리콘 위의 Ge_xSi_{1-x}와 갈륨 아세나이드 위의 $Ga_{1-x}In_xAs$의 무결함, 변위 층 에피택시 성장을 위해 실험적으로 결정된 임계 층 두께.[7]

8.2.2 에피택시얼 층의 결함

에피택시얼 층의 결함은 소자의 성질을 감소시킨다. 예를 들면, 결함은 이동도를 감소시키거나 누설 전류를 증가시킬 수 있다. 에피택시얼 층의 결함은 크게 다섯 가지로 나눌 수 있다.

1. **기판으로부터의 결함**. 이 결함은 기판에서 에피택시얼 층으로 옮겨진다. 이 결함을 피하기 위해 전위가 없는 반도체 기판이 필요하다.
2. **계면으로부터의 결함**. 에피택시얼 층과 기판의 계면에 존재하는 산화막 침전물과 오염물은 적층 결함을 함유한 핵 또는 방향이 불일치하는 클러스터의 형성을 야기할지도 모른다. 이런 클러스터와 적층 결함은 정상적인 핵과 합체되고 역피라미드 형태의 박막으로 성장한다. 이러한 결함을 피하기 위해 기판의 표면은 매우 깨끗해야 한다. 그리고 식 (1)의 가역 반응과 같은 인시튜 에치백(in-situ etchback)이 사용될 수 있다.
3. **침전물 혹은 전위 루프**. 이것은 불순물이나 도판트의 과포화 때문에 형성된다. 인위적이거나 우연하게 도판트 또는 불순물 농도를 매우 높게 포함하고 있는 에

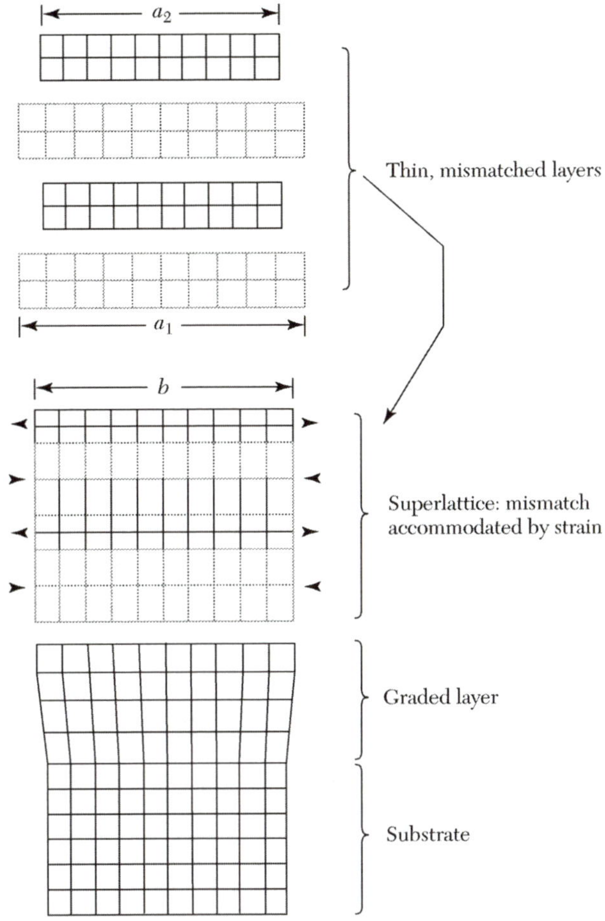

그림 8.8 변위 층 초격자(SLS)의 형성과 요소의 그림.[4] 화살표는 변형의 방향을 나타낸다.

피택시얼 층은 이러한 결함을 수용하기 쉽다.

4. **저각 결정입자 경계 및 쌍정**. 성장되는 동안 에피택시얼 박막의 배열이 잘못된 지역은 이와 같은 결함을 형성하기 위해 만나서 합쳐진다.
5. **칼날 전위**. 이것은 두 개의 격자불일치 반도체의 이종 에피택시에서 형성된다. 만약 두 개의 격자가 단단히 고정되어 있고, 각자의 격자 간격을 유지하고 있다면, 계면은 부정합 또는 칼날 전위(edge dislocation)로 표현되는 잘못 결합된 원자의 배열을 갖게 될 것이다. 칼날 전위는 박막의 두께가 임계 박막 두께 이상으로 커지게 되면 변형된 층으로부터 형성될 것이다.

8.3 유전체 증착

증착된 절연 박막은 개별 소자와 집적 소자의 절연과 보호를 위해 주로 사용되고 있다. 일반적으로 많이 사용하는 세 가지 증착 방법이 있다: 상압 CVD, 저압 CVD(LPC-

VD), 플라즈마 보강 화학 기상 증착(PECVD 또는 플라즈마 증착). PECVD는 플라즈마 에너지가 전형적인 CVD 시스템의 열에너지에 부가된 에너지 보강 CVD 방법이다. 증착 방법을 선택하는 데 있어서 고려할 점은 기판 온도, 증착 속도, 박막 균일도, 표면 형상, 전기적 · 기계적 특징, 유전체 막의 화학적 조성이다.

상압 CVD의 반응기는 다른 가스가 가스 주입구에 사용된다는 점을 제외하고 그림 3.2에서 보여 준 것과 같다. 석영 관은 그림 8.9*a*에서 보여 준 것과 같은 저압 반응기의 열벽(hot wall)에서, 세 영역로에 의해 가열되고, 가스는 한쪽 끝으로 들어와서 다른 쪽 끝으로 펌프로 배출된다. 반도체 웨이퍼는 홈이 파진 석영 보트에서 수직으로 고정된다.[8] 석영 튜브 벽은 노와 인접해 있기 때문에 무선 주파수 가열을 하는 수평 에피택시얼 반응기와 같고 냉벽(cold wall) 반응기와 비교해 매우 뜨겁다.

그림 8.9*b*에서 보여 준 평행 판, 라디칼 흐름 PECVD 반응기는 Al 끝판으로 봉합된 Al 체임버 또는 실린더 유리로 구성되어 있다. 내부에는 두 개의 평행 Al 전극이 있다. 무선 주파수(rf) 전압은 위 전극에 부가되는 반면에 아래 전극은 접지되어 있다. rf 전압은 전극 사이의 플라즈마 방전을 야기한다. 웨이퍼는 아래 전극에 위치하고, 저항 히터에 의해 100°C에서 400°C 사이로 가열된다. 반응 가스는 아래 전극의 주변에 위

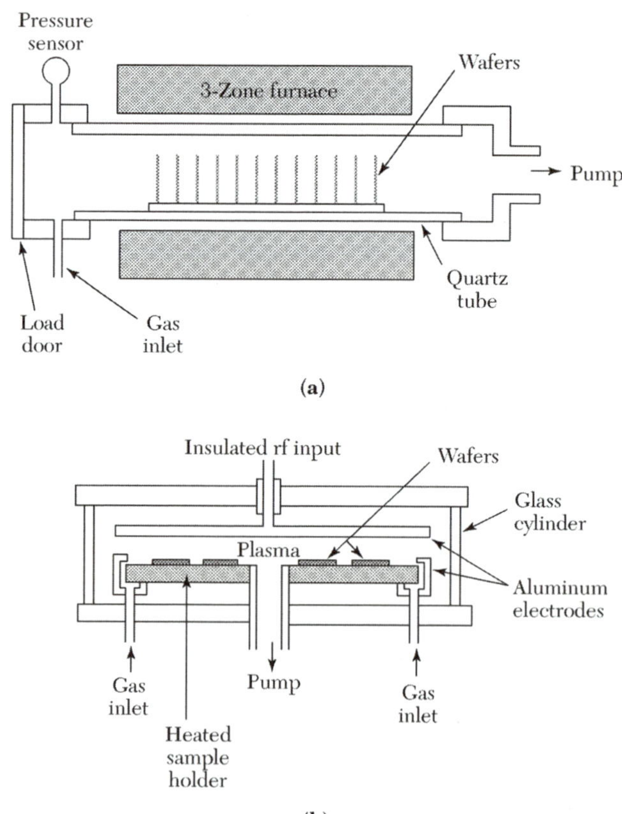

그림 8.9 화학 기상 증착 반응기의 개략도. (*a*) 열벽, 저압 반응기. (*b*) 평행한 플라즈마 증착 반응기. rf는 무선 주파수.

치한 출구로부터 방전 영역을 통과하여 흐른다. 이러한 반응기의 주요한 장점은 낮은 증착 온도이다. 그러나 그것의 용량은 특히 광폭 웨이퍼의 경우 매우 제한되어 있으며, 만약 느슨하게 부착된 증착물이 웨이퍼 위로 떨어진다면 오염될 수도 있다.

8.3.1 실리콘 이산화물

CVD 실리콘 이산화물은 열 산화막을 대체할 수 없는데 그 이유는 최고의 전기적 특성을 열에 의해 성장된 박막에서 얻을 수 있기 때문이다. CVD 산화막은 열 산화막을 보조하기 위해 대신 사용된다. 도핑이 안 된 실리콘 이산화물 박막은 다층 금속화 공정을 절연하기 위해, 이온 주입과 확산을 가리기 위해, 그리고 열적으로 성장시킨 필드 산화막의 두께를 증가시키기 위해 사용된다. 인이 도핑된 실리콘 이산화막은 금속막 사이의 절연체로서 그리고 소자 뒤에서 마지막 보호막으로서 사용된다. 인, 비소, 붕소로 도핑된 산화막은 때때로 확산 소스로 사용된다.

증착 방법

실리콘 이산화막은 여러 방법에 의해 증착될 수 있다. 낮은 온도 증착(300~500°C)에서 막은 SiH_4, 도판트, 산소의 반응에 의해 형성 된다. 인이 도핑된 산화막의 화학 반응은 다음과 같다.

$$SiH_4 + O_2 \xrightarrow{450^\circ C} SiO_2 + 2H_2 \quad (11)$$

$$4PH_3 + 5O_2 \xrightarrow{450^\circ C} 3P_2O_5 + 6H_2 \quad (12)$$

증착 공정은 CVD 반응기의 대기압에서 또는 LPCVD 반응기(그림 8.9*a*)의 감소된 압력에서 수행될 수 있다. SiH_4-O_2 반응의 낮은 증착 온도는 막이 Al 막 위에 증착이 되어야만 할 때 적당한 공정이 된다.

중간 증착 온도(500~800°C)에서 실리콘 이산화물은 LPCVD 반응기에서 $Si(OC_2H_5)_4$(tetraethylorthosilicate)를 분해시킴으로써 형성될 수 있다. 약자로 TEOS인 이 화합물은 액체 소스로부터 기화된다. TEOS 화합물은 다음과 같이 분해된다.

$$Si(OC_2H_5)_4 \xrightarrow{700^\circ C} SiO_2 + \text{by-products} \quad (13)$$

이때 실리콘 이산화물 및 유기물과 실리콘 이산화물 부산물의 혼합물을 형성한다. 반응을 위한 온도가 고온이어서 Al 위에 사용할 수 없지만, 좋은 계단 씌우기는 균일한 절연막을 필요로 하는 다결정 실리콘 게이트에 알맞다. 좋은 계단 씌우기는 고온에서 표면 이동도 증가의 결과이다. 산화막은 에피택시얼 성장에서의 공정과 유사하게 작은 양의 도판트 수소화물(phosphines, arsine, 또는 diborane)를 첨가함으로써 도핑할 수 있다.

온도의 함수로서 증착 속도는 $\exp(-E_a/kT)$에 따라 변하며, 여기서 E_a는 활성화 에너지이다. SiH_4-O_2 반응의 E_a는 꽤 작다. 도핑이 안 된 산화막에 대해서는 약 0.6 eV이고, 인이 도핑된 산화막에 대해서는 거의 0이다. 이와는 대조적으로 TEOS 반응의 E_a는 매우 크다. 도핑이 안 된 산화막에 대해서는 약 1.9 eV이고 인이 도핑된 화합물이 존재할 때는 1.4 eV이다. TEOS 부분압의 증착 속도 의존성은 $(1-e^{-P/P_0})$에 비례하고, P는 TEOS의 부분압이고 P_0는 약 30 Pa이다. 낮은 TEOS 부분압 P에서 증착 속도는 표면 반응의 속도에 의해 결정된다. 높은 부분압에서, 표면은 흡착된 TEOS로 거의 포화되고, 증착 속도는 TEOS 압력에 무관하게 된다.[8]

최근 그림 8.10에 나타낸 것과 같이 TEOS와 오존(O_3)을 사용하는 상압 CVD와 저압 CVD가 제안되었다.[9] 이러한 CVD 기술은 낮은 증착 온도하에서 높은 등도포성(conformality)과 낮은 점성을 가지는 산화막을 생산한다. 열처리 동안 산화막의 수축은 그림 8.11에서 보여 준 것처럼 오존 농도의 함수이다. 그것의 기공성 때문에 오존-TEOS CVD 산화막은 종종 ULSI 공정에서 평탄화를 수행하기 위해 플라즈마-보강 산화막이 동반되기도 한다.

고온의 증착(900°C)에서 실리콘 이산화막은 감소된 압력에서 N_2O(nitrous oxide)

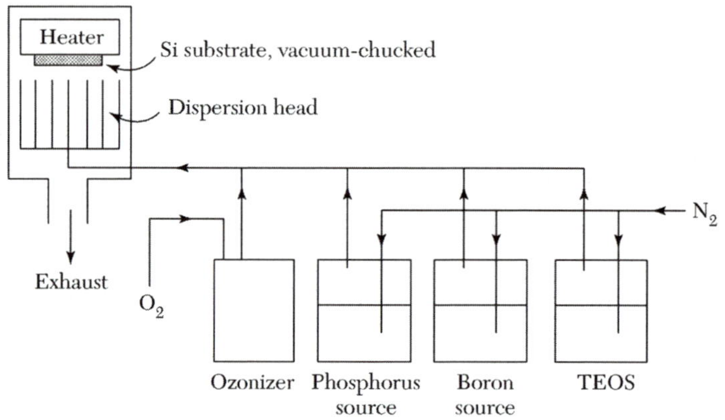

그림 8.10 오존-TEOS 화학 기상 증착 시스템의 실험 장비.

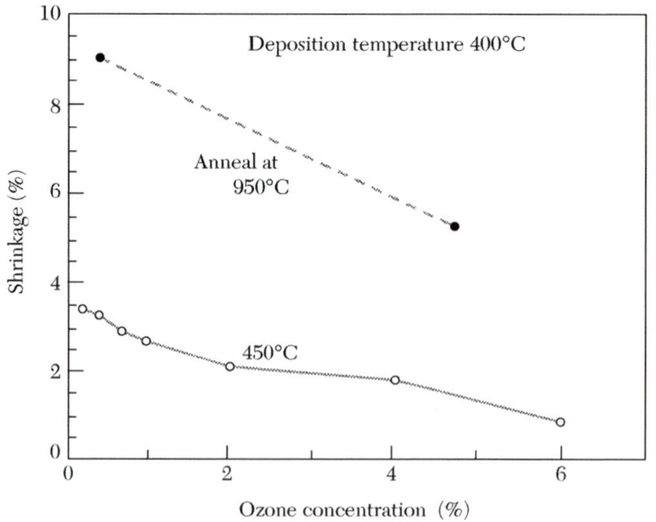

그림 8.11 열처리를 할 때 오존 농도에 대한 오존-TEOS 화학 기상 증착막의 수축 의존성.(SAMCO Company, Japan 제공.)

와 $SiCl_2H_2$(dichlorosilane)를 반응시킴으로써 형성된다.

$$SiCl_2H_2 + 2N_2O \xrightarrow{900^\circ C} SiO_2 + 2N_2 + 2HCl \tag{14}$$

이 증착은 우수한 박막 균질성을 나타내고, 때때로 다결정 실리콘 위에 절연막을 증착하는 데 사용된다.

실리콘 이산화물의 특성

표 8.1은 증착법과 실리콘 이산화막의 특성에 대해 정리한 것이다.[8] 일반적으로 증착 온도와 박막의 질 사이에는 직접적인 상관 관계가 있다. 더 높은 온도에서 증착된 산화막은 열에 의해 성장된 실리콘 이산화물과 구조적으로 비슷하다.

낮은 밀도의 산화막은 500°C 이하에서 증착된 막에서 나타난다. 증착된 실리콘 이산화막을 600~1000°C 사이의 온도에서 가열하면 산화막의 두께가 감소하고 동시에 밀도가 2.2 g/cm^{3}으로 증가하는 밀집화가 일어난다. 실리콘 이산화막의 굴절 지수는 0.6328 μm의 파장에서 1.46이다. 낮은 지수를 가지는 산화막은 SiH_4-O_2 증착으로 만든 산화막과 같이 다공성이고, 1.44의 굴절 지수를 갖는다. 또한 산화물의 다공성은 더 낮은 유전 강도를 갖게 하고, 산화막에 높은 전류를 흐르게 한다. HF-산용액에서 산화막의 식각 속도는 증착 온도, 열처리 이력, 도판트 농도에 의존한다. 보통 더 양질의 산화막은 낮은 속도로 식각된다.

계단 씌우기(단차 피복성)

계단 씌우기(step coverage)는 반도체 기판 위의 다양한 단차에 증착된 막의 표면 형상과 관련이 있다. 그림 8.12*a*에서 보여 준 이상적 이고 **등도포성**(conformal)인 계단 씌우기 그림에서 막의 두께는 단차의 모든 표면을 따라 일정하다. 막 두께의 균일성은 형상에 상관없이 반응물이 단차 표면 위에 흡수된 후 빠르게 이동하기 때문이다.[10]

그림 8.12*b*는 비등도포성 계단 씌우기의 예를 보여 주며 이것은 반응물이 표면 이동 없이 흡착되어 반응할 때 일어난다. 이 예에서 증착 속도는 가스 분자가 도착하는

표 8.1 실리콘 이산화막의 특성

Property	Thermally Grown at 1000°C	SiH_4 + O_2 at 450°C	TEOS at 700°C	$SiCl_2H_2$ + N_2O at 900°C
Composition	SiO_2	SiO_2 (H)	SiO_2	SiO_2(Cl)
Density (g/cm3)	2.2	2.1	2.2	2.2
Refractive index	1.46	1.44	1.46	1.46
Dielectric strength (106V/cm)	>10	8	10	10
Etch rate (A/min) (100:1 H2c):HF)	30	60	30	30
Etch rate (A/min) (buffered HF)	440	1200	450	450
Step coverage	-	Nonconfbrmal	Conformal	Conformal

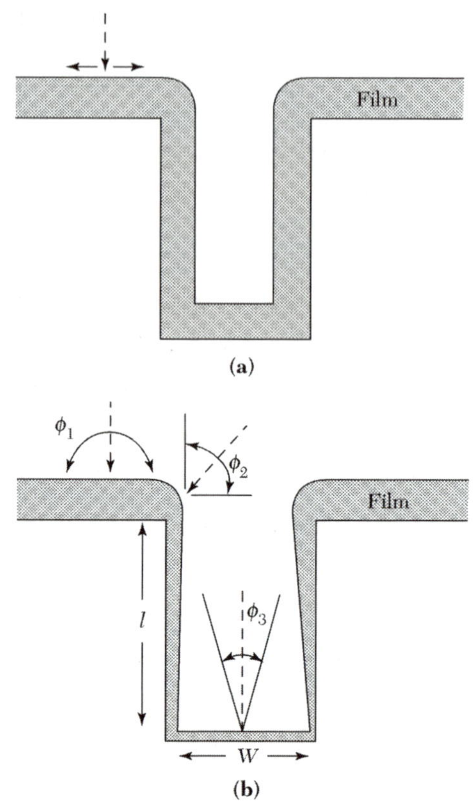

그림 8.12 증착된 박막의 계단 씌우기.[10] (*a*) 등도포성 계단 씌우기. (*b*) 비등도포성 계단 씌우기.

각도에 비례한다. 수평 표면의 맨 윗부분에 도착하는 반응물은 여러 각도로부터 오며, 도착하는 각도(ϕ_1)는 0°~180° 사이에서 2차원적으로 변하지만, 수직 벽의 맨 윗부분에 도착하는 반응물은 0°~90°까지 변화하는 도착 각도(ϕ_2)를 가진다. 그러므로 맨 위 표면 위의 막의 두께는 벽 표면 위 막 두께의 두 배이다. 벽을 더 내려가면 ϕ_3는 개구부의 폭에 비례하며, 막 두께는 다음과 같다.

$$\phi_3 \cong \arctan \frac{W}{l} \tag{15}$$

여기서 l은 맨 위 표면으로부터의 거리이고, W는 개구부의 폭이다. 이러한 형태의 계단 씌우기는 자체 그림자 현상에 의해 야기된 단차의 바닥에서 균열이 생길 수 있으며 수직벽을 따라 얇게 된다.

낮은 압력에서 TEOS 분해에 의해 형성된 실리콘 이산화물은 빠른 표면 이동 때문에 거의 등도포성 도포를 한다. 비슷하게 고온 $SiCl_2H_2$-N_2O 반응도 등도포성 도포를 야기한다. 그러나 SiH_4-O_2 증착 동안에 어떠한 표면 이동도 발생하지 않으며 계단 씌우기는 도착하는 각도에 따라 결정된다. 증발되고 스퍼터링 된 대부분의 물질은 그림 8.12*b*에서와 같은 계단 씌우기를 갖는다.

인-유리 흐름

균일한 형상은 보통 금속막 사이의 절연체로 사용되는 실리콘 이산화막 증착에서 필요하다. 만약 아래의 금속 층을 덮는 데 사용되는 산화막이 오목하다면, 위의 금속 층을 증착하면서 발생할 수 있는 개구부(opening)에 회로 고장이 생길 수 있다. 낮은 온도에서 증착된 인이 도핑된 실리콘 이산화막(인-유리)은 열을 가하게 되면 부드러워지고 흐르기 때문에, 균일한 표면을 만드는 데 사용되고 종종 인접한 금속 층을 절연하는 데 사용된다. 이 공정을 **인-유리 흐름**(P-glass flow)이라고 부른다.

그림 8.13은 폴리 실리콘 스텝을 덮고 있는 인-유리의 SEM 사진으로 4가지 단면을 보여 준다.이 모든 시편은 1100°C에서 20분 동안 증기 분위기에서 가열하였다. 그림 8.13*a*는 매우 적은 양의 인을 함유하고 있어서 흐르지 않는 유리의 시편을 보여 주고 있다. 막의 오목한 곳을 주목하면 대응하는 각이 약 120°이다. 그림 8.13*b*, *c*, *d*는 인의 양을 최대 7.2 wt%까지 증가시킨 인-유리의 예를 보여 준다. 이 시편에서 인-유리층의 스텝 각의 감소는 인의 농도가 증가함에 따라 어떻게 흐름(flow)이 좋아지는

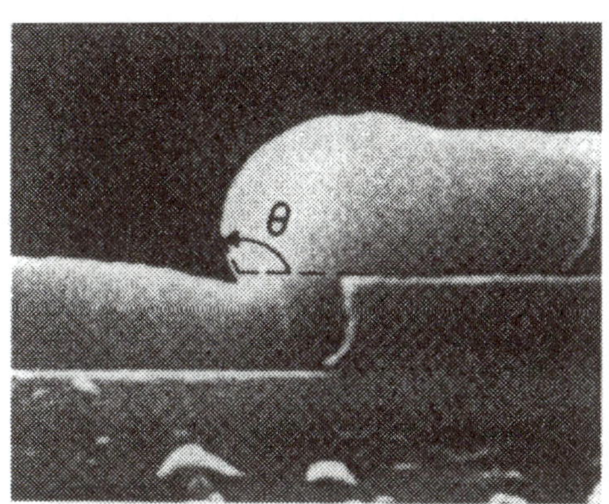

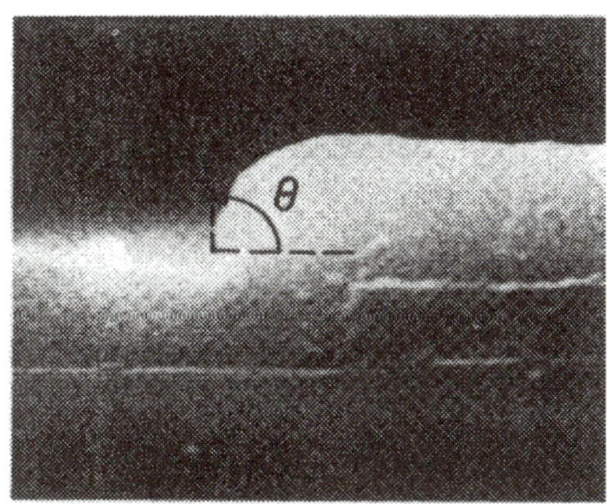

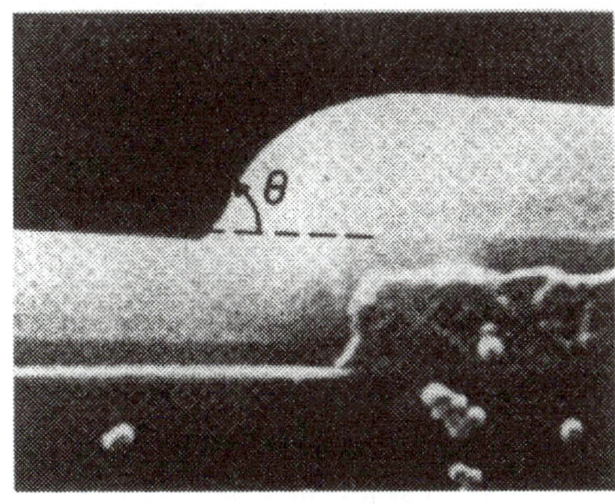

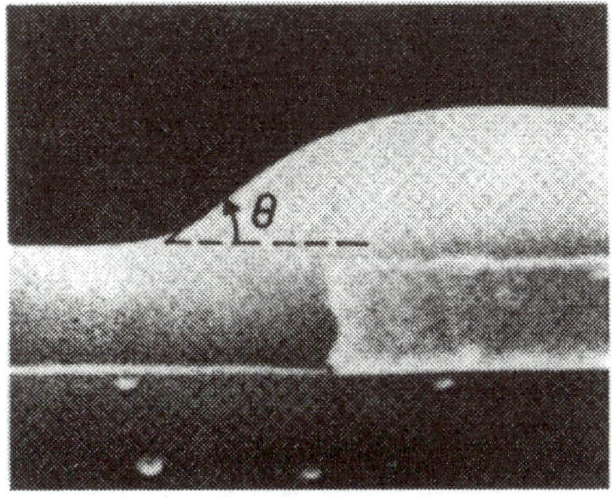

그림 8.13 다음의 인 wt%에 대해 20분 동안 1100°C에서 증기에 열처리된 시편의 SEM(10,000×).[10] (*a*) 0 wt%, (*b*) 2.2 wt%, (*c*) 4.6 wt%, (*d*) 7.2 wt%.

지를 보여 준다. 인-유리 흐름은 열처리 시간, 온도, 인 농도, 열처리 분위기에 의존한다.[10]

그림 8.13에서 보여 준 인의 wt%의 함수로서 각 θ는 대략 다음 식과 같이 주어진다.

$$\theta \cong 120^{\circ}\left(\frac{10-\text{wt}\%}{10}\right) \tag{16}$$

만약 45°보다 더 작은 각을 원한다면, 인의 농도가 6 wt% 이상이 되어야 한다. 그러나 8 wt% 이상의 농도에서 금속막(예를 들어 Al)은 산화막의 인과 대기의 습기 사이의 반응에 의해 형성된 산 생성물에 의해 부식 될 수가 있다. 그러므로 인-유리 흐름 공정은 6~8 wt% 사이의 인 농도를 사용한다.

8.3.2 실리콘 질화물

낮은 성장 속도와 높은 성장 온도 때문에 열 질화법에 의한 실리콘 질화물 성장은 매우 어렵다. 그러나 실리콘 질화막은 중간 온도(750°C) 저압 CVD 공정 또는 낮은 온도(300°C)플라즈마 보강 CVD 공정에 의해 증착될 수 있다.[11,12] 저압 CVD 막은 높은 밀도(2.9~3.1 g/cm^3)를 가지는 화학량론비 화합물(Si_3N_4)을 만든다. 이러한 막은 물과 Na(sodium)의 확산에 좋은 장벽으로 작용하기 때문에 소자를 보호하는 데 사용된다. 또한 이 실리콘 질화물은 매우 느리게 산화되고, 질화막 아래의 실리콘을 산화되지 못하게 하기 때문에 실리콘의 선택적 산화를 위한 마스크로 사용된다. 플라즈마-보강 CVD에 의해 증착된 막은 화학량론 비가 맞지 않고, 밀도(2.4~2.8 g/cm^3)가 낮은 값을 갖는다. 낮은 증착 온도 때문에 실리콘 질화막은 다 만들어진 소자 위에 증착될 수 있고, 마지막 보호막으로 쓰인다. 플라즈마로 증착된 질화물은 훌륭한 스크래치 보호막이고 습기 장벽 막으로 작용하며 Na 확산을 막는다.

저압 CVD 공정에서 SiH_2Cl_2와 암모니아는 700~800°C 온도에서 실리콘 질화물을 증착하기 위해 감소된 압력에서 반응한다. 그 반응은 다음과 같다.

$$3SiCl_2H_2 + 4NH_2 \xrightarrow{\sim 750^{\circ}C} Si_3N_4 + 6HCl + 6H_2 \tag{17}$$

박막 균일성과 높은 웨이퍼 생산량(즉, 시간당 처리된 웨이퍼 수)은 감압 공정의 장점이다. 산화물 증착의 경우, 실리콘 질화물 증착은 온도, 압력과 반응물의 농도에 의해 조절된다. 증착을 위한 활성화 에너지는 약 1.8 eV이다. 증착 속도는 총 압력 혹은 SiH_2Cl_2의 부분압이 증가함에 따라 높아지고 암모니아와 SiH_2Cl_2의 비율이 증가하면 낮아진다.

LPCVD에 의해 증착된 실리콘 질화물은 수소가 8원자 퍼센트(at%)까지 함유된 비정질 유전체이다. 완충 HF에서의 식각 속도는 1 nm/min 미만이다. 박막은 대략 10^{10} dynes/cm^{2}의 매우 높은 인장 응력을 받으며, 이는 TEOS-증착된 SiO_2에 비해 거의 10배이다. 200 nm보다 두꺼운 박막은 매우 높은 응력 때문에 균열이 발생할 수도 있다. 상온에서 실리콘 질화물의 비저항은 약 10^{16} Ω-cm이며 이때의 유전 상수는 7, 유전강도는 10^7 V/cm이다.

플라즈마 보강 CVD 공정에서, 실리콘 질화물은 아르곤 플라즈마 안의 SiH_4와 암모니아의 반응 또는 질소 방전에서 SiH_4의 반응에 의해 형성된다. 반응식은 다음과 같다.

$$SiH_4 + NH_3 \xrightarrow{300^\circ C} SiNH + 3H_2 \tag{18a}$$

$$2SiH_4 + N_2 \xrightarrow{300^\circ C} 2SiNH + 3H_2 \tag{18b}$$

생성물은 증착 조건에 크게 좌우된다. 레이디얼−플로(radial-flow), 평행 평형판 반응기(그림 8.9*b*)가 박막의 증착에 사용된다. 일반적으로 온도, 입력 전원, 반응 가스 압력이 높을수록 증착 속도가 증가한다.

플라즈마 증착된 박막에는 높은 농도의 수소가 함유되어 있다. 반도체 공정에 쓰이는 플라즈마 질화물(SiN이라고도 함)은 일반적으로 20~25 at%의 수소를 포함한다. 플라즈마 증착에 의해 낮은 인장 응력($\approx 2 \times 10^9$ dynes/cm^2)의 박막을 얻을 수 있다. $10^5 \sim 10^{21}$ Ω-cm 범위의 박막 비저항은 실리콘−질소의 비율에 의존하며, 유전 강도는 1×10^6에서 6×10^6 V/cm 사이이다.

8.3.3 저 유전 상수 물질

소자의 크기가 마이크론 이하의 영역으로 작아짐에 따라, 기생 저항(R)과 정전 용량(C)에 의한 시간 지연을 최소화하기 위해서는 다층 상호 연결선 구조가 필요하다. 그림 8.14에서 보여 주는 바와 같이 RC 시간 상수의 증가로 인한 금속 상호 연결에서의 전달 지연에 의해 게이트 레벨에서 소자 속도 개선은 상쇄된다. 예를 들면, 게이트 길이가 250 nm이거나 작은 소자에서 긴 상호 연결의 RC 지연 때문에 50%까지 시간 지연이 생긴다.[13] 그러므로 소자의 상호 연결 네트워크는 소자 속도, 혼선, 전력 소모 같은 것이 ULSI 회로의 칩 성능을 결정하는 제한 인자가 된다.

ULSI 회로의 RC 시간 상수를 줄이기 위해서는 저저항 상호 연결 물질과 낮은 정전 용량의 중간층 박막이 필요하다. $C = \varepsilon_i A/d$이고, 이때 ε_i는 유전율, A는 면적, 그리고 d는 유전체 박막의 두께이다. 낮은 정전 용량에 관해서 생각할 때, 중간 유전체의 두께를 증가시키거나(이것은 틈새 채우기가 더 힘들어진다), 또는 배선 높이와 면적을 감소시켜(이것은 상호 연결의 저항을 증가시킨다) 기생 정전 용량을 낮추는 것은 쉽지 않다. 그래서 저 유전 상수(low-k)를 가진 물질이 필요하다. 유전율은 k와 ε_0의 곱과 같으며, k와 ε_0는 각각 유전 상수와 진공의 유전율이다.

중간층 유전체 박막 특성과 형성 방법이 다음의 요건들을 만족시켜야 한다. 저 유전 상수, 낮은 잔류 응력, 좋은 평탄화, 좋은 틈새 채우기, 낮은 증착 온도, 공정의 단순함, 집적의 용이성. 많은 저-k 물질들이 ULSI 회로의 중간 금속 유전체로 합성되었다. 장래성 있는 저-k 물질을 표 8.2에 나타내었다. 이 물질들은 무기 화합물이거나 유기 화합물이며 CVD나 spin-on 기술에 의해 증착될 수 있다.[13]

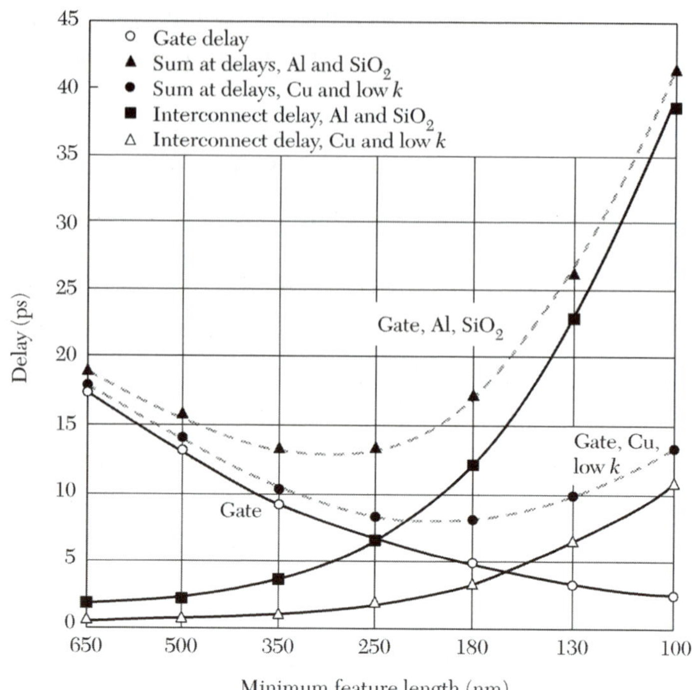

그림 8.14 기술 세대에 따른 계산된 게이트와 상호 연결의 지연. 저-k 물질의 유전 상수는 2.0. Al과 Cu의 상호 연결은 두께가 0.8 μm이고 길이는 43 μm이다.

표 8.2 저-k 물질들

Determinant	Materials	Dielectric Constant
Vapor-phase deposition polymers	Fluorosilicate glass (FSG)	3.5-4.0
	Parylene N	2.6
	Parylene F	2.4-2.5
	Black diamond (C-doped oxide)	2.7-3.0
	Fluorinated hydrocarbon	2.0-2.4
	Teflon-AF	1.93
Spin-on polymers	HSQ/MSQ	2.8-3.0
	Polyimide	2.7-2.9
	SiLK (aromatic hydrocarbon polymer)	2.7
	PAE [poly(arylene ethers)]	2.6
	Fluorinated amorphous carbon	2.1
	Xerogels (porous silica)	1.1-2.0

예제 8.3

두께가 0.5 μm인 폴리이미드($k \approx 2.7$) 유전층에 의해 분리되고, 단면적이 0.5 μm × 0.5 μm이고, 길이가 1 mm인 두 개의 평행한 Al 배선의 진성 *RC* 값을 계산하라. Al의 비저항은 2.7 μΩ-cm이다.

풀이

t_m을 배선 단면적의 치수라 하자. 저항은 ρl을 배선의 단면적으로 나눈 것과 같으므로

$$RC = \left(\rho \frac{l}{t_m^2}\right) \times \left(\varepsilon_i \frac{A}{\text{Spacing width}}\right)$$
$$= \left(2.7\times10^{-6} \times \frac{10^{-1}}{0.25\times10^{-8}}\right) \times \left(8.85\times10^{-14} \times 2.7 \times \frac{0.5\times10^{-4}\times10^{-1}}{0.5\times10^{-4}}\right) = 2.57 \text{ ps}$$

8.3.4 고 유전 상수 물질

고-k 물질은 ULSI 회로, 특히 DRAM(dynamic random access memory) 회로에도 필요하다. DRAM의 저장 축전기는 적정 연산을 위해 정전 용량의 어떤 값(예를 들면 40 fF)을 유지해야 한다. 주어진 정전 용량에서 d의 최소값은 보통 허용된 누설 전류의 최대값과 요구된 절연파괴 전압의 최소값의 조건을 만족시키기 위해 선택된다. 축전기의 면적은 적층 혹은 트렌치 구조를 이용함으로써 늘릴 수 있다. 이 구조들은 9장에서 다루게 될 것이다. 그러나 평탄한 구조를 위해, DRAM의 밀도가 증가함에 따라 면적은 감소하게 되었다. 그러므로 박막의 유전 상수는 커져야만 한다.

BST(barium strontium titanate)와 PZT(lead zirconium titanate) 같은 몇 가지 고-k 물질들이 제시되어 왔다. 이 물질들을 표 8.3에 표시하였다. 이에 더하여, 알칼리토금속 같은 하나 이상의 억셉터들로 도핑되거나, 희토 원소 같은 하나 이상의 도너들

표 8.3 고-k 물질들

	Materials	Dielectric Constant
Binary	Ta_2O_5	25
	TiO_2	40
	Y_2O_3	17
	Si_3N_4	7
Paraelectric perovskite	$SrTiO_3$ (STO)	140
	$(Ba_{1-x}Sr_x)\ TiO_3$(BST)	300–500
	$Ba(Ti_{1-x}Zr_x)O_3$(BZT)	300
	$(Pb_{1-x}La_x(Zr_{1-y}Ti_y)O_3$(PLZT)	800–1000
	$Pb(Mg_{1/3}Nb_{2/3})O_3$(PMN)	1000–2000
Ferroelectric perovskite	$Pb(Zr_{0.47}Ti_{0.53})O_3$(PZT)	>1000

로 도핑된 타이타네이트가 있다. 탄탈륨 산화물(Ta_2O_5)은 20~30 사이의 유전 상수를 가지고 있다. 참고로, Si_3N_4의 유전 상수 범위는 6~7이고 SiO_2는 3.9이다. Ta_2O_5 박막은 가스 상태의 $TaCl_5$와 O_5를 사용하여 CVD 공정으로 증착될 수 있다.

예제 8.4

DRAM 축전기가 다음의 값을 가지고 있다: C = 40 fF, 셀 크기(A) = 1.28 μm^2 그리고 실리콘 이산화물의 k = 3.9. 만약 두께의 변화 없이 SiO_2를 Ta_2O_5(k = 25)로 교체한다면 축전기의 등가의 셀 면적은 어떻게 되겠는가?

▸ *풀이*

$$C = \frac{\varepsilon_i A}{d}$$

따라서

$$\frac{3.9 \times 1.28}{d} = \frac{25 \times A}{d}$$

그러므로 등가의 셀 크기는

$$A = \frac{3.9}{25} \times 1.28 = 0.2\ \mu m^2$$

8.4 다결정 실리콘 증착

MOS 소자에서 게이트 전극으로 다결정 실리콘을 사용하는 것은 MOS 기술에서의 중요한 발전이다. 한 가지 중요한 이유는 다결정 실리콘이 알루미늄보다 전극의 신뢰도가 더 좋기 때문이다. 그림 8.15는 다결정 실리콘과 알루미늄을 축전기의 전극으로 사용했을 때 파손에 이르는 최대 시간을 나타내고 있다.[14] 다결정 실리콘이 확실히 우수하며, 특히 더 얇은 게이트 산화물에서 유리하다. 알루미늄 전극의 파손 시간이 우수하지 못한 이유는 전기장 안에서 얇은 산화물 속으로 알루미늄 원자가 이동하기 때문이다. 다결정 실리콘은 또한 얕은 접합을 형성하기 위해서 확산 소스로 사용되며, 결정 실리콘과 옴 접촉을 확실하게 하기 위해서 쓰인다. 추가적으로 전도체와 고저항 값의 저항체 제작에 쓰인다.

600~650°C에서 작동되는 저압 반응기(그림 8.9*a*)는 아래 반응식에 따라 열 분해 SiH_4에 의해 다결정 실리콘 증착에 사용된다.

$$SiH_4 \xrightarrow{600^\circ C} Si + 2H_2 \tag{19}$$

가장 일반적인 두 가지 저압 공정 중에서, 한 방법은 100% SiH_4를 사용하여 25~130

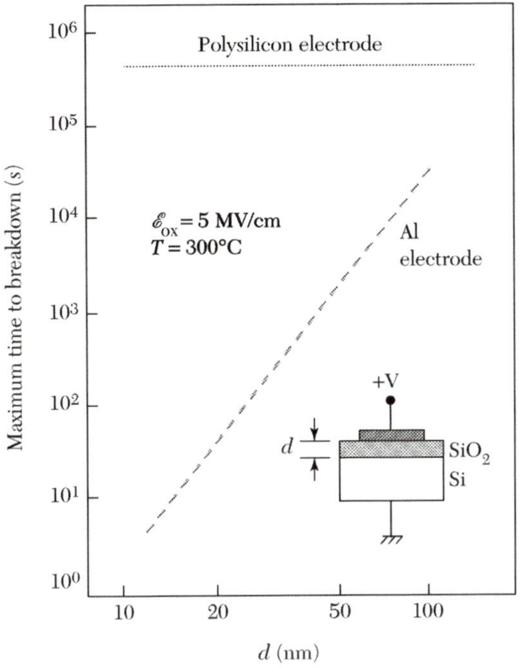

그림 8.15 다결정 실리콘 전극과 알루미늄 전극의 산화물 두께에 따른 파손 시간의 최대값.[14]

Pa의 압력에서 이루어지는 것이며, 나머지 다른 방법은 동일한 총 압력에서 질소에 20~30%의 SiH_4를 묽게 혼합하여 수행하는 것이다. 두 공정 모두 좋은 균일도(즉, 두께 ±5% 이내)를 유지하면서 한 번에 몇백 장씩 웨이퍼에 다결정 실리콘을 증착할 수 있다.

그림 8.16은 4가지 증착 온도에 대한 증착 속도를 나타내고 있다. 낮은 SiH_4 부분압에서 증착 속도는 SiH_4 압력에 비례한다.[8] 높은 SiH_4 농도에서는 증착 속도의 포화

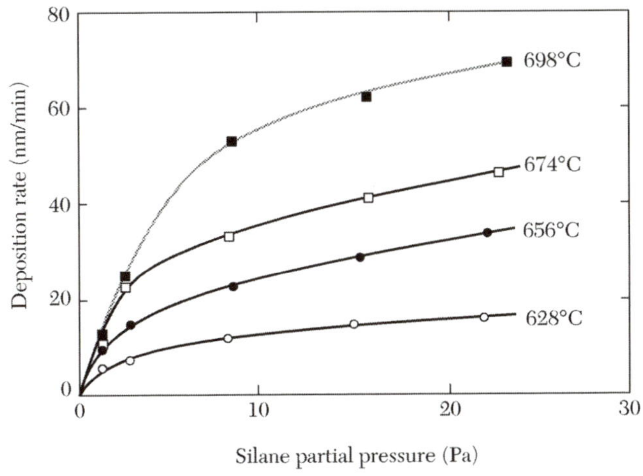

그림 8.16 다결정 실리콘 증착 속도에 대한 SiH_4 농도의 영향.[8]

가 일어난다. 낮은 압력에서의 증착은 일반적으로 600~650°C의 온도로 제한된다. 이 온도 구간에서 증착 속도는 $\exp(-E_a/kT)$로 변화하며, E_a는 1.7 eV이고, 이는 본질적으로 반응기의 총 압력에 무관하다. 높은 온도에서는 거칠고 느슨하게 결합되는 기체 상태 반응이 심각해지고, SiH_4 고갈이 발생하며, 균일도가 떨어진다. 600°C보다 훨씬 낮은 온도에서는 증착 속도가 실용화하기에 너무 느리다.

다결정 실리콘 구조에 영향을 미치는 공정 변수는 증착 온도, 도판트, 그리고 다음 증착 단계가 적용되는 가열 사이클이다. 다결정 실리콘이 600~650°C 사이의 온도에서 증착되었을 때 주상정(columnar) 구조를 갖는다. 이 구조는 0.03~0.3 μm 크기의 다결정 결정립으로 구성되며 (110) 방향으로 배열한다. 950°C에서 인이 확산되면, 구조는 결정화되고 결정립의 크기는 0.5~1.0 μm로 커진다. 산화되는 동안 온도가 1050°C로 올라가면 결정립의 크기는 최종적으로 1~3 μm에 도달한다. 비록 600°C 아래에서 초기 증착된 박막은 비정질 상태이지만, 도핑과 가열 후에는 다결정 결정립의 주상정 구조와 비슷한 성장 특징이 관찰된다.

다결정 실리콘은 확산, 이온 주입, 또는 인시튜 **도핑**이라고 하는 증착 도중에 도판트 가스를 첨가함으로써 도핑할 수 있다. 이온 주입 방법은 낮은 공정 온도로 인해 가장 일반적으로 쓰이고 있다. 그림 8.17은 단결정 실리콘과 이온 주입을 이용하여 인과 안티몬을 도핑한 500 nm 다결정 실리콘의 면 저항을 나타내고 있다.[15] 이온 주입 공정은 7장에서 논의되었다. 이온 주입 양, 열처리 온도, 열처리 시간 모두 주입된 다결정 실리콘의 면 저항에 영향을 미친다. 결정립계에서의 캐리어 트랩은 적은 양이 주입된 다결정 실리콘에서 매우 높은 저항을 유발한다. 그림 8.17에서와 같이, 캐리어 트랩이 도판트와 함께 포화되면서 저항이 급격히 낮아져, 주입된 단결정 실리콘 값에 근접하고 있다.

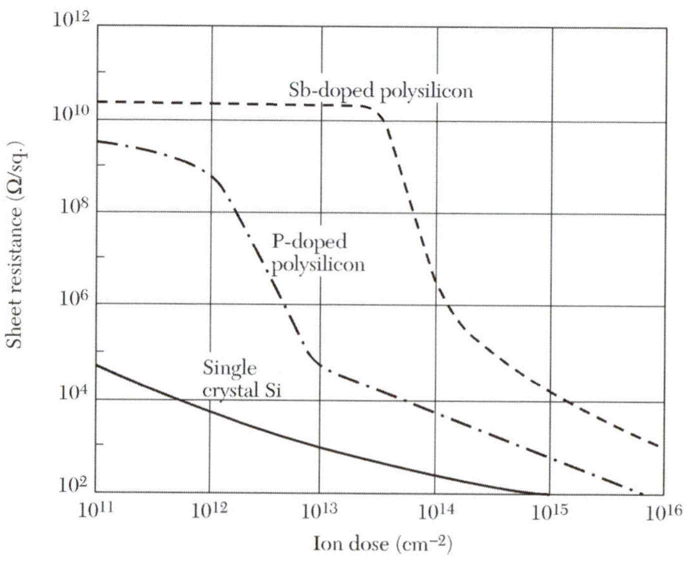

그림 8.17 30 keV에서 다결정 실리콘 500 nm 안의 이온 주입 양에 대한 면 저항.[15]

8.5 금속화 공정

8.5.1 물리 기상 증착법

가장 일반적인 금속의 물리 기상 증착 방법(PVD)은 증발, 전자 빔 증발, 플라즈마 스프레이 증착, 그리고 스퍼터링이다. Ti, Al, Cu, TiN, 그리고 TaN 같은 금속과 금속 화합물은 PVD로 증착될 수 있다. 증발은 소스 물질이 진공 체임버 안에서 녹는점보다 높은 온도로 가열될 때 일어난다. 증발된 원자는 직선 궤도를 빠른 속도로 이동한다. 소스는 저항 가열, rf 가열, 또는 집중된 전자 빔에 의해 용융될 수 있다. 증발과 전자 빔 증발이 집적 회로의 초기 단계에 폭넓게 사용되었지만, ULSI 회로부터는 스퍼터링으로 교체되고 있다.

이온 빔 스퍼터링에서 이온 소스는 타깃을 향해 가속되고, 표면에 충돌한다. 그림 8.18*a*는 표준 스퍼터링 시스템을 보여 준다. 스퍼터링된 물질은 타깃과 마주하는 웨이퍼에 증착된다. 이온의 전류와 에너지는 각각 조절될 수 있다. 타깃과 웨이퍼가 저압의 체임버 안에 있기 때문에 더 많은 타깃 물질과 더 적은 불순물이 웨이퍼 상에 전달될 수 있다.

이온 밀도를 높임으로써 스퍼터 증착 속도를 높일 수 있는 한 가지 방법은 더 많은 전자를 이온화시킬 수 있는 제 3의 전극을 이용하는 것이다. 다른 한 가지 방법은 **전자 가속 공명**(ECR: electron cyclotron resonance) 같은 자기장을 이용하는 것으로 전자를 포획하여 나선 방향으로 가속시켜 스퍼터링의 타깃 주변에서 이온화 효율을 높이는 방법이다. 이 기술은 **자기 스퍼터링**(magnetron sputtering)이라 부르는데 1 μm/min에 근접하는 속도로 알루미늄과 알루미늄 합금의 증착에 폭넓게 응용되고 있다.

긴 거리 스퍼터링(long-throw sputtering)은 각 분포를 조절할 수 있는 또 다른 기술이다. 그림 8.18*b*는 긴 거리 스퍼터링 시스템을 나타내고 있다. 표준 스퍼터링의 형태에서, 표면에 입사 유속의 넓은 각 분포가 생기는 2가지 주요 이유가 있다. 작은 타깃과 기판 사이의 d_{ts}의 사용, 그리고 유속이 타깃에서 기판으로 이동할 때 작용 가스에 의한 유속의 산란. 이 두 인자는 작은 값의 d_{ts}가 충분한 가스 산란이 있을 때 생산량, 균일도, 그리고 박막의 성질을 좋게 하기 위해 필요하기 때문에 서로 연관되어 있다. 이 문제에 대한 해답은 매우 낮은 압력에서 스퍼터링하는 것인데, 그 능력은 좀더

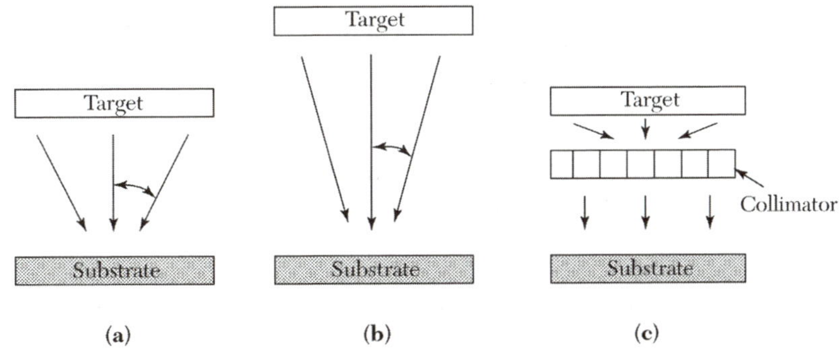

그림 8.18 (*a*) 표준 스퍼터링. (*b*) 긴 거리 스퍼터링. (*c*) 콜리메이터를 이용한 스퍼터링.

까다로운 조건 아래에 마그네트론 플라즈마를 유지할 수 있는 다양한 시스템을 이용하여 개발된 것이다. 이 시스템은 0.1 Pa 이하의 공정압에서 스퍼터링이 가능하게 된다. 이 압력에서 가스 산란은 중요하지 않으며 타깃과 기판 사이 거리가 크게 증가될 수 있다. 단순히 기하학적 측면에서 볼 때, 각 분포를 상당히 감소시키며, 접촉 구멍처럼 큰 종횡 비를 갖는 바닥에 더 많은 증착을 가능하게 한다.

큰 종횡 비를 가지는 접촉 구멍은 산란 작용으로 물질이 접촉 구멍의 바닥에 증착되기 전에 구멍의 윗부분을 막게 되기 때문에 물질을 채우기가 어렵다. 이 문제는 증착되는 유속을 수직으로 ±5°로 제한하기 위해 웨이퍼 위에 콜리메이팅 튜브를 위치시킴으로써 스퍼터 원자를 평행하게 하여 해결될 수 있다. 콜리메이터를 사용한 스퍼터링을 그림 8.18*c*에 나타내었다. 궤도가 수직으로부터 5° 이상인 원자는 콜리메이터의 내부 표면에 증착된다.

8.5.2 화학 기상 증착법 CVD

CVD는 균일하고 좋은 단차 피복성을 갖는 코팅을 제공하고 한 번에 많은 웨이퍼를 증착할 수 있기 때문에 금속화 공정에서 매우 매력적이다. 기본적인 CVD 장비는 유전체와 다결정 실리콘 증착 장비와 같다(그림 8.9*a* 참조). 저압 CVD는 넓은 범위에 걸쳐 균일한 단차 피복성이 가능하고 종종 PVD 증착에서 얻은 막보다 낮은 전기적 비저항을 가진다.

집적 회로를 생산하기 위한 CVD금속 증착에서 중요한 새 응용법 중 하나는 내화 금속 증착이다. 예를 들면 텅스텐의 낮은 전기 비저항(5.3 μΩ-cm)과 내화 성질은 집적 회로 제작에 적절하다.

CVD 텅스텐

텅스텐은 접촉 플러그와 첫 번째 준위 금속으로서 이용된다. 텅스텐은 상온에서 액체인 WF_6를 소스 가스로 이용하여 증착될 수 있다. 실리콘, 수소, SiH_4에 의해 WF_6는 환원될 수 있다. CVD W의 기본적인 반응식은 다음과 같다.

$$WF_6 + 3H_2 \rightarrow W + 6HF \text{ (hydrogen reduction)} \quad (20)$$

$$2WF_6 + 3Si \rightarrow 2W + 3SiF_4 \text{ (silicon reduction)} \quad (21)$$

$$2WF_6 + 3SiH_4 \rightarrow 2W + 3SiF_4 + 6H_2 \text{ (silane reduction)} \quad (22)$$

실리콘과 접촉하게 되면, 선택적 반응은 실리콘의 환원 반응으로부터 시작한다. 이 반응은 SiO_2 위에서가 아니라, Si 위에 성장된 W의 핵 생성 층을 제공한다. 수소 환원 반응은 플러그를 형성하면서 핵 생성층 위에 빠르게 W를 증착할 수 있다. 수소 환원 반응은 표면에 훌륭한 균일 피복을 제공한다. 그러나 이 반응은 완벽하게 선택적이지 않다. 그리고 반응의 HF 가스 부산물은 산화물의 침식뿐만 아니라 증착된 W 박막의 거친 표면에도 책임이 있다.

SiH_4 환원 반응은 빠른 증착 속도와 수소 환원 반응에서 얻을 수 있는 것보다 더 작은 W결정 립 크기를 얻을 수 있다. 게다가 HF 부산물 발생이 없기 때문에 침식과

거친 텅스텐 표면의 문제는 사라진다. 보통, SiH_4 환원 반응은 핵 생성 층 역할과 접합 손상을 줄이기 위해 전체 표면 W증착의 첫 단계로 이용된다. SiH_4 환원 뒤에 전체 표면 W막을 성장시키기 위해 수소 환원이 이용된다.

CVD TiN

TiN은 금속화 공정에서 확산 방지 금속 층으로 폭넓게 사용되고 있으며, 화합물 타깃을 스퍼터링하거나, CVD법에 의해 증착될 수 있다. CVD TiN은 마이크론 이하 기술에서 PVD 방법보다 더 나은 계단 씌우기 특성을 갖는다. CVD TiN은 $TiCl_4$와 NH_3, H_2/N_2 또는 NH_3/H_2를 사용하여 증착될 수 있다.[16-18]

$$6TiCl_4 + 8NH_3 \rightarrow 6\ TiN + 24HCl + N_2 \tag{23}$$

$$2TiCl_4 + N_2 + 4H_2 \rightarrow 2TiN + 8HCl \tag{24}$$

$$2TiCl_4 + 2NH_3 + H_2 \rightarrow 2TiN + 8HCl \tag{25}$$

NH_3 환원을 위한 증착 온도는 400°C에서 700°C 사이이고, N_2/H_2 반응은 700°C 이상이다. 더 높은 증착 온도에서 더 좋은 TiN 박막을 얻고,TiN 내에 Cl이 적게 함유된다(≈5%).

8.5.3 알루미늄 금속화 공정

알루미늄과 알루미늄 합금은 집적 회로의 금속화 공정에서 집중적으로 사용되고 있다. Al 박막은 PVD나 CVD에 의해 증착될 수 있다. 알루미늄과 그것의 합금은 낮은 비저항(Al 2.7 μΩ-cm 합금은 3.5 이하)을 가지고 있기 때문에, 이러한 금속들은 낮은 저항 조건을 만족시킨다. 알루미늄은 또한 실리콘 이산화물에 잘 흡착된다. 그러나 얕은 접합의 집적 회로에서 알루미늄은 스파이킹이나 전자 이탈(electromigration) 같은 문제를 일으키기도 한다. 이 절에서는 알루미늄 금속화 공정의 문제점과 그에 대한 해답을 논의한다.

접합 스파이킹

그림 8.19는 1기압에서 Al–Si 계의 상태도이다.[19] 상태도는 두 성분의 온도에 관한 변화를 말해 준다. Al–Si 계는 **공정**(eutectic) 특성을 보인다. 다시 말해서 두 성분의 첨가로 인해 계의 녹는점이 두 금속의 녹는점 아래로 낮아진다. 11.3%의 Si와 88.7% Al 조성에서 **공정 온도**(eutectic temperature)라 부르는 용융 온도의 최소값은 577°C이다. 순수 알루미늄과 순수 실리콘의 용융 온도는 각각 660°C와 1412°C이다. 공정 특성 때문에, 알루미늄의 증착 시 실리콘 기판의 온도는 577°C 이하로 유지되어야 한다.

그림 8.19에 삽입되어 있는 것은 알루미늄의 실리콘 고용도를 보여 준다. 예를 들면, 알루미늄에서 실리콘은 400°C에서 0.25 wt%, 450°C에서 0.5 wt%, 그리고 500°C에서 0.8 wt%의 고용도를 보인다. 그러므로 알루미늄과 실리콘이 접촉 시 실리콘은 열처리하는 동안 알루미늄 속으로 녹아 들어갈 것이다. 녹아 들어가는 실리콘의 양은 열처리 온도에서의 고용도뿐 아니라, 실리콘에 의해 포화될 알루미늄의 부피에도 의존할 것이다. 그림 8.20에서와 같이 면적 ZL의 실리콘과 접촉하고 있는 긴 알루미늄

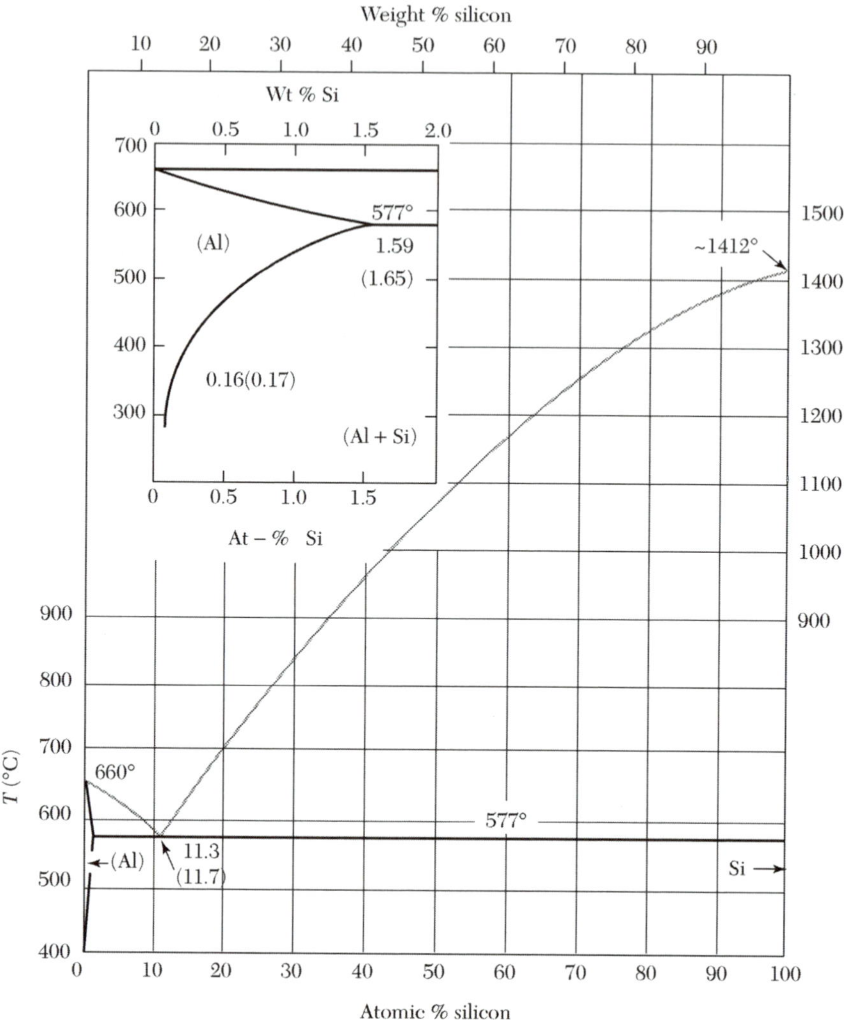

그림 8.19 알루미늄–실리콘 계의 상태도.[19]

금속선을 생각해 보자. 열처리 시간 t 후에, 실리콘은 접촉의 가장자리부터 알루미늄 선을 따라 대략 $\sqrt{Dt}$ 거리를 확산할 것이다. D는 $4 \times 10^{-2}\exp(-0.92/kT)$로 주어졌으며 이것은 증착된 알루미늄 박막에서 실리콘 확산에 대한 확산 계수이다. 이 알루미늄의 길이가 실리콘으로 완전히 포화된다고 가정하면 소모된 실리콘의 부피는

$$\text{Vol} \cong 2\sqrt{Dt}(HZ)S\left(\frac{\rho_{\text{Al}}}{\rho_{\text{Si}}}\right) \tag{26}$$

ρ_{Al}과 ρ_{Si}는 각각 알루미늄과 실리콘의 밀도이고, S는 열처리 온도에서 알루미늄에 녹는 실리콘의 고용도이다.[20] 만약 접촉 면적 A(균일 분해에서 $A = ZL$)에 걸쳐 균일하게 소모가 이루어졌을 때 실리콘이 소모된 깊이는

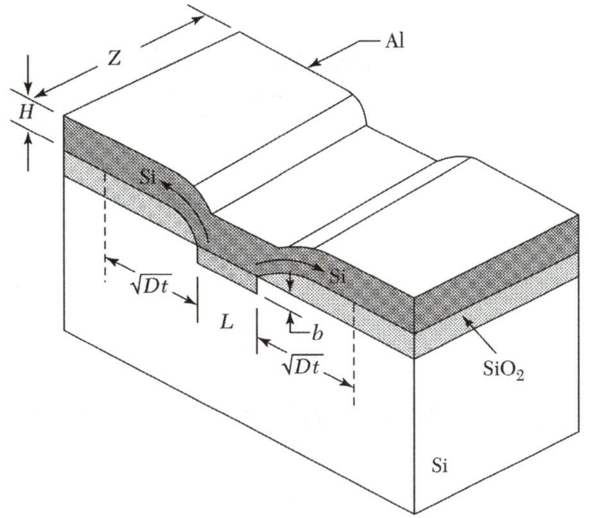

그림 8.20 알루미늄 금속화 공정에서 실리콘의 확산.[20]

$$b \cong 2\sqrt{Dt}\left(\frac{HZ}{A}\right)S\left(\frac{\rho_{Al}}{\rho_{Si}}\right) \tag{27}$$

예제 8.5

T = 500°C, t = 30 min, ZL = 16 μm², Z = 5 μm, 그리고 H = 1 μm일 때 균일하게 분해된다고 가정하고 깊이 b를 구하라.

풀이

알루미늄에서 실리콘의 확산 계수는 500°C에서 약 2 × 10⁻⁸ cm²/s이다. 따라서 $\sqrt{Dt}$는 60 μm이다. 밀도 비율은 2.7/2.33 = 1.16이고, 500°C에서 S는 0.8 wt%이다. 식 (27)로부터

$$b = 2\times 60\left(\frac{1\times 5}{16}\right)0.8\%\times 1.16 = 0.35\ \mu\text{m}$$

알루미늄은 실리콘이 소모된 곳을 b = 0.35 μm의 깊이로 채울 것이다. 만약 접촉 점에서 깊이 b보다 작은 얕은 접합이 있다면 실리콘의 알루미늄으로의 확산은 접합을 단락시킬 수 있다.

실제적인 상황에서, 실리콘의 분해는 몇몇의 점에서 균일하게 일어나지 않는다. 식 (27)의 유효 면적은 실제 접촉 면적보다 작다. 그러므로 b는 매우 크다. 그림 8.21은 스파이크가 형성된 몇 개의 점에서 알루미늄이 실리콘으로 침투한 p–n 접합의 실제 상황을 나타내고 있다. 알루미늄 스파이킹을 최소화하는 한 가지 방법은 합금이 고용 요

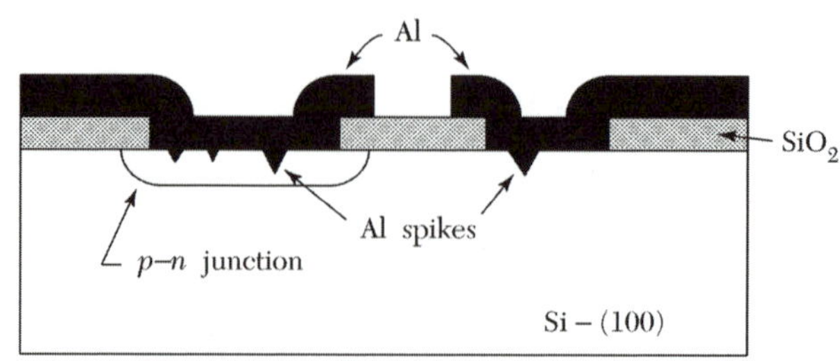

그림 8.21 실리콘을 포함한 알루미늄 막의 개략도. 실리콘 기판의 알루미늄 스파이크를 주목하라.

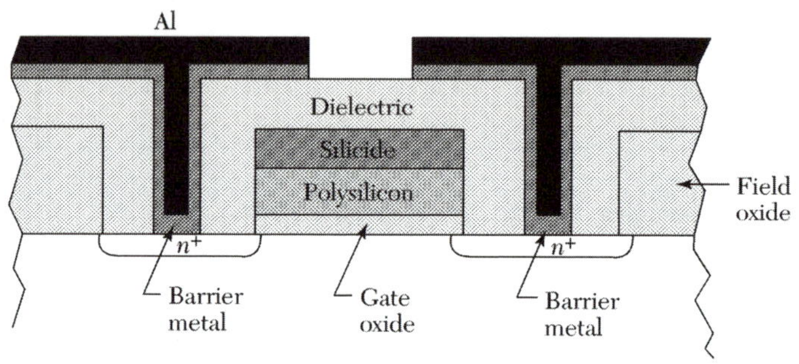

그림 8.22 실리사이드와 다결정 실리콘으로 된 복합 게이트 전극과, 알루미늄과 실리콘 사이에 금속 방지막을 삽입한 MOSFET의 단면도.

건을 만족시키는 양의 실리콘을 동시-증발에 의해 알루미늄에 넣는 것이다. 다른 한 가지 방법은 알루미늄과 실리콘 기판 사이에 금속 방지막을 도입하는 것이다(그림 8.22). 이 금속 방지막은 다음의 요건을 만족시켜야 한다. 실리콘과 낮은 접촉 저항을 형성하고, 알루미늄과 반응하지 않으며, 증착과 형성이 모든 공정에 적합해야 한다. 타이타늄 질화물(TiN) 같은 금속 방지막은 30분간 550°C까지의 접촉 열처리 온도에서 안정하다고 알려졌다.

전자 이탈

소자의 크기가 작아지면서, 이에 따라 전류 밀도는 커지고 있다. 높은 전류 밀도는 전자 이탈에 의해 소자의 파열을 초래한다. **전자 이탈**(electromigration)이란 전류가 흐르는 금속에서 물질(즉, 원자들)의 이동을 뜻한다. 이는 전자로부터 양금속 이온으로의 운동량 전이에 의해 발생한다. 집적 회로에서 얇은 금속 도체를 통해 높은 전류가 흐를 때, 금속 이온이 어느 영역에는 쌓일 것이고, 다른 영역에서는 빈 구멍(void)을 형성할 것이다. 이 쌓임 현상은 인접한 도체 사이에 단락 회로를 형성하게 되고, 반면에 공동은 개방 회로를 형성한다.

전자 이탈에 의한 도체의 **평균 파괴 시간**(MTF: mean time to failure)은 전류 밀도(J) 및 활성화 에너지와 연관이 있다.

$$\mathrm{MTF} \sim \frac{1}{J^2}\exp\left(\frac{E_a}{kT}\right) \qquad (28)$$

실험을 통해 증착된 알루미늄으로부터 $E_a \cong 0.5$ eV 값이 얻어진다. 이것은 저온의 결정립계 확산이 물질 이동의 중요한 수단임을 나타낸다. 왜냐하면 단결정 알루미늄의 자기 확산 활성화 에너지가 $E_a \cong 1.4$ eV이기 때문이다. 알루미늄 도체의 전자 이탈에 대한 저항을 몇 가지 방법으로 증가시킬 수 있다. 이 방법은 구리를 첨가하거나(예를 들면 Al에 0.5% Cu 첨가), 도체를 유전체로 감싸거나, 박막 증착 시 산소를 넣는 것이다.

8.5.4 구리 금속화 공정

상호 접속 연결의 *RC* 시간 지연을 줄이기 위해 높은 전도도의 배선과 저 유전 상수 절연체가 필요한 것은 이미 잘 알려져 있다. 구리는 알루미늄보다 더 높은 전도도와 전자 이탈 저항성을 가지고 있기 때문에 새로운 상호 연결 금속화 공정에서 확실한 선택이다. 구리는 PVD, CVD, 그리고 전기 화학적 방법으로 증착될 수 있다. 그러나 ULSI 회로에서 Al의 대체 물질로 Cu를 사용할 경우, 일반적인 칩 제작 조건에서의 부식 경향, 적절한 건식 식각 방법과 Al의 Al_2O_3와 비슷한 안정한 자기 보호 산화물의 결여, 그리고 SiO_2와 저-*k* 폴리머 같은 유전 물질과 좋지 않은 부착성 같은 단점을 가지고 있다. 이 절에서는 구리 금속화 공정 기술에 대해 알아볼 것이다.

다층 구리 상호 연결의 제작에 관한 몇 가지 다른 기술들이 보고되고 있다.[21,22] 첫 번째 방법은 금속선을 패터닝하는 일반적인 방법으로서 유전체 증착이 뒤따른다. 두 번째 방법은 먼저 유전체 층은 패터닝하고, 트렌치 안에 구리 금속을 채우는 것이다. 이 스텝은 유전체 표면 위에 있는 과다한 금속을 제거하기 위해 **화학적 기계적 연마**(CMP: chemical mechanical polishing)를 하여 홀과 트렌치에 구리 물질을 남겨 놓는 것이다. 이 방법은 **상감 기법**(damascene) 공정이라고도 알려져 있다.

상감 기법

구리/저-*k* 유전체 상호 연결 구조의 제작을 위한 접근은 상감 기술 또는 이중 상감 기술 공정에 의한다. 그림 8.23은 첨단 구리 상호 연결 구조의 이중 상감 기술 순서이다. 전형적인 상감 기술 구조에서 금속선을 위한 트렌치가 중간층 유전체를 식각하여 만들어지며, 뒤이어 TaN/Cu로 금속 증착된다. TaN 층은 확산 방지막의 역할을 하고, 구리가 저-*k* 유전체로 침투하는 것을 방지한다. 표면으로 과도하게 채워진 구리 금속은 유전체 홈(트렌치 내부)에 채워진 금속층을 평탄한 구조로 만들기 위해 제거된다.

이중 상감 기법 공정에서는 유전체에 있는 비어와 트렌치가 Cu 금속을 증착하기 전에 두 번의 노광 공정과 반응 이온 식각(RIE) 스텝을 통해 윤곽을 나타낸다(그림 8.23*a*~*c*). 그 후, Cu 화학적 기계적 연마 공정으로 표면 위 금속을 제거하며, 평탄화된 배선과 절연체 안에 심은 비어를 남긴다.[23] 이중 상감 기법 공정의 한 가지 특별한 장점은 비어 플러그가 이제 금속 배선과 같은 물질이라는 점과 비어의 전자 이탈 파괴의 위험이 줄었다는 점이다.

▶ 예제 8.6

만약 Al 배선을 SiO_2 층 대신에 어떤 저-*k* 유전체(k = 2.6)와 연결된 Cu 배선으로 바

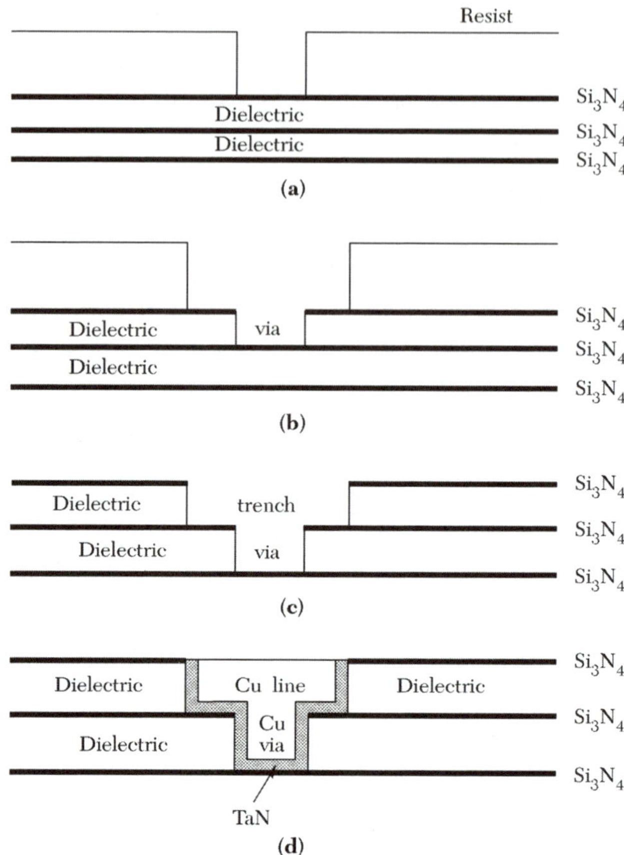

그림 8.23 이중 상감 기법을 이용한 Cu 선 스터드 구조를 제작하는 순서. (*a*) 감응제 형판을 적용. (*b*) 반응 이온 식각 유전체와 감응제 패터닝. (*c*) 트렌치와 비어 윤곽 정의. (*d*) Cu 증착 후 화학적 기계적 연마.

꾼다면, *RC* 시간 지연을 몇 퍼센트 줄일 수 있겠는가? Al 비저항은 2.7 μΩ-cm이고, Cu의 비저항은 1.7 μΩ-cm이다.

▶ *풀이*

$$\frac{1.7}{2.7}\times\frac{2.6}{3.9}\times 100\% = 42\%$$

화학적 기계적 연마

최근에, 화학적 기계적 연마(CMP)의 개발은 광역 평탄화(즉, 웨이퍼 전체를 평탄하게 만드는 것)를 가능하게 하는 유일한 기술이기 때문에 다층 상호 연결에 그 중요성이 점차 증가하고 있다. 그것은 크거나 작은 구조의 광역 평탄화, 결함 밀도의 감소, 플라즈마 손상의 회피 등을 포함하여 다른 기술에 비해 많은 장점을 지니고 있다. CMP에 대한 세 가지 접근법을 표 8.4에서 요약하고 있다.

표 8.4 화학적 기계적 연마(CMP)의 세 가지 방법

Method	Wafer Facing	Platen Movement	Slurry Feeding
Rotary CMP	Down	Rotary against rotating wafer carrier	Dripping to pad surface
Orbital CMP	Down	Orbital against rotating wafer carrier	Through the pad surface
Linear CMP	Down	Linear against rotating wafer carrier	Dripping to pad surface

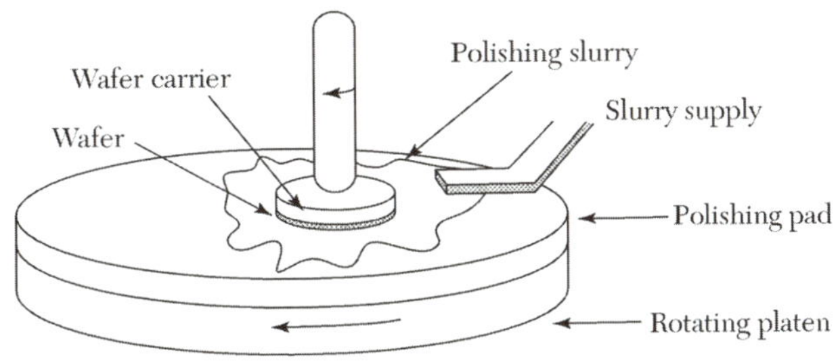

그림 8.24 CMP 연마기의 개요.

CMP 공정은 시편의 표면과 패드 사이에 슬러리를 집어넣고 그 패드에 대해 시편 표면의 움직임으로 이루어져 있다. 슬러리에 들어 있는 연마 입자는 시편 표면에 기계적 충격을 주고, 화학적인 반응을 촉진시키기 위해 물질을 느슨하게 하고, 표면의 조각을 분쇄하여 슬러리로 보내고 거기에서 분해되거나 폐기된다. 이 공정은 표면의 높은 점에서 물질의 제거 속도를 증대하기 위해 만들어졌으며, 그래서 대부분의 화학적 작용이 등방성이기 때문에 평탄화에 영향을 준다. 이론적으로는 기계적 연마만으로 요구되는 평탄화를 달성했을지 모르지만, 물질 표면에 많은 충격을 주었을 것이라고 예상되므로 바람직하지 않다. CMP 공정에는 세 가지 중요한 부분이 있다: (a) 연마될 표면, (b) 패드, 이것은 기계적인 작용을 연마될 표면에 전달하는 주 매개체이다. (c) 슬러리, 이것은 화학적 효과와 기계적 효과를 동시에 제공한다. 그림 8.24에서 CMP 구조를 보여 주고 있다.[24]

예제 8.7

산화물의 제거율과 산화물 아래층(정지막)의 제거율이 각각 $1r$과 $0.1r$이다. 산화물 1 μm와 정지막 0.01 μm를 제거하기 위해 총 제거 시간은 5.5분이 걸린다. 산화물 제거율을 구하라.

풀이

$$\frac{1}{1r} + \frac{0.01}{0.1r} = 5.5$$

$$r = 0.2\ \mu\text{m/min}$$

표 8.5 $TiSi_2$와 $CoSi_2$ 막의 비교

Properties	$TiSi_2$	$CoSi_2$
Resistivity	13~16	22~28
Silicide/metal ratio	2.37	3.56
Silicide/Si ratio	1.04	0.97
Reactive to native oxide	Yes	No
Silicidation temperature (°C)	800~850	550~900
Film stress (dyne/cm^2)	1.5×10^{10}	1.2×10^{10}

8.5.5 실리사이드

실리콘은 금속과 반응하여 안정한 금속이나 반도체 화합물을 형성한다. 여러 금속 실리사이드는 낮은 비저항 값과 높은 열적 안정성을 보이고 있어 ULSI에 적용이 용이하다. $TiSi_2$나 $CoSi_2$ 같은 실리사이드는 상당히 낮은 고유 저항 값을 가지며, 일반적으로 집적 회로 공정에 적합하다. 실리사이드는 소자가 더 작아짐에 따라 중요한 금속화 공정 재료가 되었다. 실리사이드의 한 가지 중요한 용도는 단독이건 다결정 실리콘(폴리사이드)과 함께든 간에 게이트 산화막 위에서 MOSFET의 게이트 전극으로 사용되는 것이다. 표 8.5에서 타이타늄 실리사이드와 코발트 실리사이드의 비교를 보여 주고 있다.

금속 실리사이드는 소스, 드레인, 게이트 전극, 상호 연결의 접촉 저항을 감소시키기 위해 사용된다. 자기 정렬 금속 실리사이드 기술[**샐리사이드**(salicide)]은 마이크로 이하의 소자나 회로의 성능을 향상시키는 데 매우 중요한 기술로 여겨진다. 자기 정렬 공정은 MOSFET(7장에서 다룬 이온 주입법에 의해)의 소스와 드레인 전극을 형성하기 위해 실리사이드 게이트 전극을 마스크로 사용한다. 이 공정은 이런 전극의 겹침을 최소화하고, 따라서 기생 정전 용량을 감소시킨다.

그림 8.25는 폴리사이드와 샐리사이드 공정을 나타내고 있다. 전형적인 폴리사이드 형성 순서를 그림 8.25*a*에서 보여 주고 있다. 스퍼터 증착 시, 고온에서 고순도의 타깃은 실리사이드의 순도를 결정한다. 폴리사이드 공정에서 가장 일반적으로 사용되는 실리사이드는 WSi_2, $TaSi_2$, $MoSi_2$이다. 이것들은 대부분 녹이기 어렵고, 열적으로 안정하며, 화학적 공정에 대해 저항력이 있다. 자기 정렬 실리사이드 공정은 그림 8.25*b*에서 보여 주고 있다. 이 공정에서 다결정 실리콘 게이트는 실리사이드 없이 패터닝 되었으며 사이드 벽 간격(실리콘 이산화물 또는 실리콘 질화물)은 실리사이드 공정 동안 소스와 드레인에 대해 게이트의 단락을 방지하기 위해 형성된다. Ti나 Co 같은 금속 층은 전체 구조의 표면을 덮는 스퍼터링(blanket-sputtering) 후 실리사이드 소결을 한다. 원칙적으로 실리사이드는 금속이 실리콘과 접하는 곳에서 형성된다. 반응하지 않는 금속을 습식 화학 액으로 제거하고 실리사이드만 남게 한다. 이 기술은 폴리사이드 게이트 구조를 패터닝할 필요성을 없애고 접촉 저항을 감소시키기 위해 소스/드레인 영역에 실리사이드를 추가한다.

실리사이드는 저항이 낮고 열 안정성 이 우수하기 때문에 ULSI 회로의 매우 유망한 재료이다. 코발트 실리사이드는 낮은 저항 값과 높은 열적 안정성 때문에 널리 연구

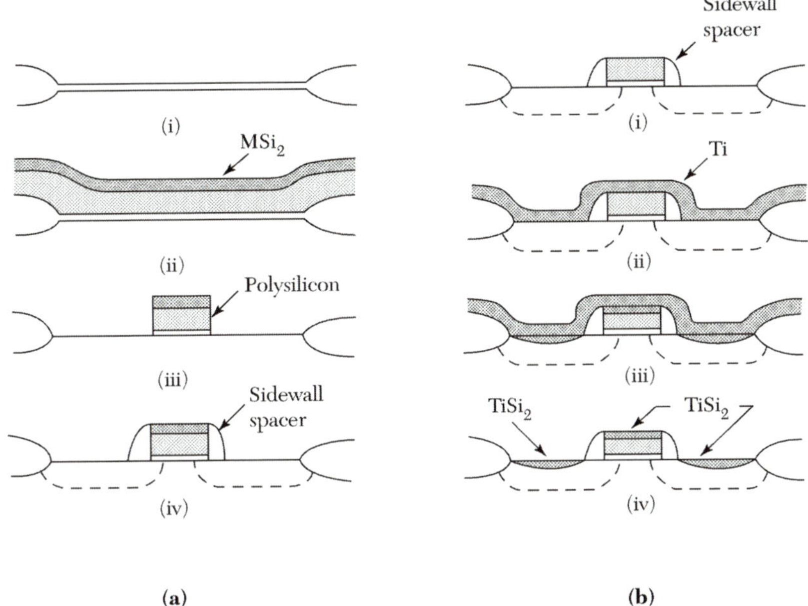

그림 8.25 폴리사이드와 샐리사이드 공정. (*a*) 폴리사이드 구조: (i) 게이트 산화막, (ii) 다결정 실리콘과 실리사이드, (iii) 폴리사이드 패터닝, (iv) 약하게 도핑된 드레인(LDD) 주입, 사이드 벽 형성, 그리고 소스/드레인 주입. (b) 샐리사이드 구조: (i) 게이트 패터닝(다결정 실리콘만), LDD, 사이드 벽, 그리고 소스/드레인 주입; (ii) 금속(Ti, Co) 증착, (iii) 샐리사이드를 형성하기 위한 열처리, (iv) 반응하지 않는 금속을 제거하기 위한 선택적(wet) 식각.

되어 왔다. 그러나 코발트는 산소를 함유한 환경뿐 아니라 자연 산화막에 민감하고, 실리사이드 형성 시 실리콘을 소모한다.

예제 8.8

요구되는 면 저 항이 0.6 Ω/□일 때 코발트 실리사이드의 두께를 구하라. 고유 저항은 18 μΩ-cm이다.

풀이

저항은 면 저항과 박막 두께의 곱과 같다.

$$\rho = R_s \times t$$

그러면

$$t = \frac{\rho}{R_s} = \frac{18\times10^{-6}}{0.6} = 3\times10^{-5}\ \text{cm} = 300\ \text{nm}$$

8.6 증착 모의 실험

SUPREM은 증착 공정의 모의 실험에 사용된다. 식각 모의 실험같이 증착 모델링은 매우 간단하다. 모의 실험은 DEPOSITION 명령어로 수행되는데 현재의 구조에 사용자가 지정한 물질을 증착한다. 증착된 물질은 도핑이 되지 않거나 아니면 균일하게 도핑된 것이다. 만약 단결정 실리콘이 증착된다면 결정의 방위가 지정되어야 한다. 만약 다결정 실리콘이 증착된다면, 적당한 다결정립 크기를 결정하기 위해 온도는 SUPREM에서 결정되어야 한다.

예제 8.9

대략 400 Å 두께의 건식 산화막 위에 800 Å CVD 실리콘 질화물의 증착을 모의 실험한다고 가정하자. p형 실리콘 기판이 10^{15} cm^{-3}에서 붕소로 도핑되어 있을 경우, SUPREM을 이용하여 최종 산화물과 질화물 층의 두께와 산화물과 질화물 층의 붕소 도핑 분포를 결정해 보라.

풀이

SUPREM에 입력할 값들은 다음과 같다.

```
TITLE          Deposition Example
COMMENT        Initialize silicon substrate
INITIALIZE     <100> Silicon Boron Concentration=1e15
COMMENT        Grow 400A oxide
DIFFUSION      Time=40 Temperature=1000 DryO2
COMMENT        Deposit 800A CVD nitride
DEPOSITION     Nitride Thickness=0.08
PRINT          Layers
PLOT           Chemical Boron Net
STOP           End Deposition Example
```

모의 실험이 완료된 후의 결과는 그림 8.26에 나타내었는데, 여기서 최종 산화물과 질화물의 두께는 각각 379 Å와 800 Å을 갖게 되며 산화막에 붕소가 들어가는 것을 보여주고 있다.

8.7 요약

현대에는 반도체 소자를 제조하는 데 박막을 사용하고 있다. 에피택시얼 성장 공정에서 기판 웨이퍼는 종자(seed)로 사용된다. 고품질, 단결정 막은 녹는 점보다 30~50% 정도 낮은 온도에서 성장된다. 에피택시얼 성장의 일반적인 기술은 화학 기상 증착, 금속 유기물 CVD, 그리고 분자 빔 에피택시이다. CVD와 MOCVD는 화학적 증착 공정이다. 가스와 도판트들은 기체 상태로 기판에 전달되며 여기서 화학 반응이 일어나고 에피택시얼 막의 성장이 이루어진다. 무기 화합물은 CVD를 이용하는 반면에 금속 유기물 화합물은 MOCVD를 이용한다. 반면에 MBE는 물리 증착 공정이다. 이것은 초

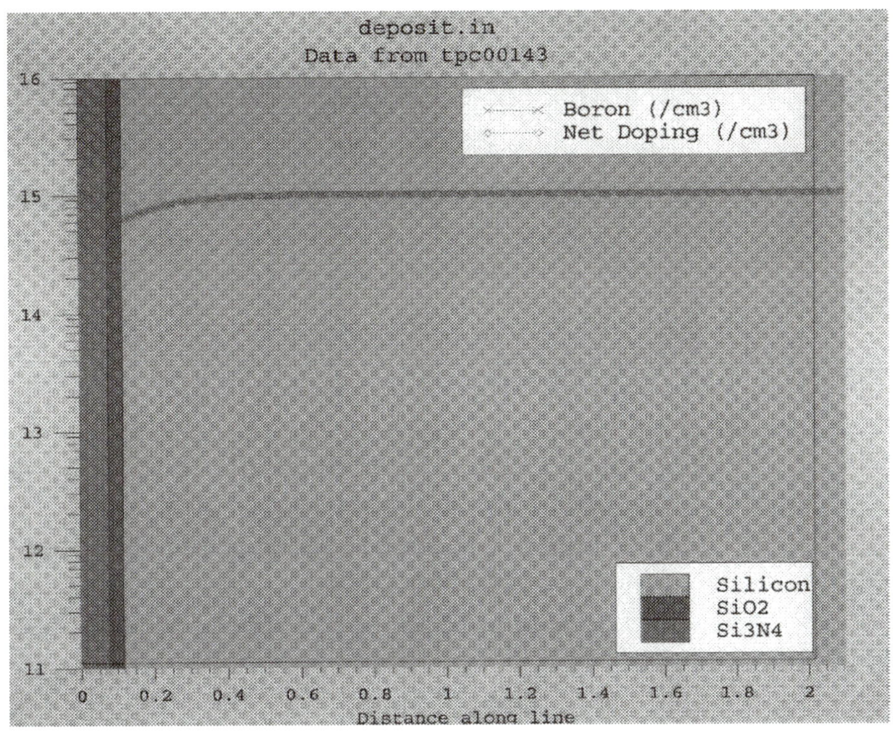

그림 8.26 SUPREM을 이용한 산화 막으로 붕소가 침투하는 도면.

고 진공 시스템에서 물질의 증발에 의해 이루어진다. 낮은 성 장률을 갖는 저온 공정이기 때문에 MBE는 단결정의 성장, 원자 층의 크기를 갖는 다층 구조의 성장을 가능하게 한다.

이 장에서는 n^+ 실리콘 기판 위의 n형 실리콘 같은 전형적인 동종 에피택시와 격자 정합과 변위 층 구조의 이종 에피택시에 대해서도 살펴보았다. 변위 층 에피택시의 경우 칼날 전위가 변형 에너지를 완화하기 위해 생성되는 임계 막 두께가 존재한다.

에피택시얼 층의 칼날 전위 이외에 기판의 결함, 계면의 결함, 침전물, 저각 결정립계, 쌍정 등이 존재한다. 이러한 결함들은 소자의 성능을 떨어뜨리게 된다. 결함이 없는 반도체 층을 동종 에피택시얼 성장 또는 이종 에피택시얼 성장시키기 위하여 이러한 결함들을 최소화하거나 심지어 완전히 없애는 다양한 방법들이 제시되었다.

에피택시얼 막 이외에도, 4가지 다른 중요한 종류의 막들이 있다: 열 산화막, 유전체 막, 다결정 실리콘 막, 그리고 금속 막. 막 형성과 깊은 관련이 있는 주된 주제로는 저온 공정, 계단 씌우기, 선택적 증착, 균일도, 막의 질, 평탄화, 생산성, 큰 웨이퍼 용량 등이 있다.

열 산화는 Si-SiO_2 계면에 대해 품질이 가장 우수한 막을 제공하고 가장 낮은 계면 포획 밀도 값을 갖게 한다(3장 참조). 그러므로 이것은 게이트나 필드 산화막을 형성하는 데 쓰인다. 유전체와 다결정 실리콘의 LPCVD는 균일한 계단 씌우기를 보인다. 반면에 PVD와 상압 CVD는 일반적으로 불균일한 계단 씌우기의 결과를 보인다.

CMP는 광역 평탄화와 결함 밀도를 감소시킨다. 균일한 계단 씌우기와 평탄화는 초미세 노광 공정에서 정확한 패턴의 전이가 요구되는 곳에 필요하다.

기생 저항과 정전 용량에 의한 *RC* 시간 지연을 최소화하기 위해, 옴 접촉을 위한 실리사이드 공정, 상호 연결을 위한 Cu 금속화 공정, 중간층 막으로 저 유전 상수 재료가 ULSI 회로의 다층 상호 연결 구조의 요구 사항을 만족시키기 위해 사용된다. 또한 이 장에서는 게이트 절연막의 성능을 향상시키기 위해, 그리고 DRAM의 단위 면적당 정전 용량을 증가시키기 위해 높은 유전 상수를 갖는 재료에 대해 논의하였다.

참고 문헌

1. A. S. Grove, *Physics and Technology of Semiconductor Devices*, Wiley, New York, 1967.
2. R. Reif, T. I. Kamins, and K. C. Saraswat, "A Model for Dopant Incorporation into Growing Silicon Epitaxial Films," *J. Electrochem. Soc.*, **126**, 644, 653 (1979).
3. R. D. Dupuis, "Metalorganic Chemical Vapor Deposition of III-V Semiconductors," *Science*, **226**, 623 (1984).
4. M. A. Herman and H. Sitter, *Molecular Beam Epitaxy*, Springer-Verlag, Berlin, 1996.
5. A. Roth, *Vacuum Technology*, North-Holland, Amsterdam, 1976.
6. M. Ohring, *The Materials Science of Thin Films*, Academic Press, New York, 1992.
7. J. C. Bean, "The Growth of Novel Silicon Materials," *Physics Today*, **39**, 10, 36 (1986).
8. For a discussion on film deposition, see, for example, A. C. Adams, "Dielectric and Polysilicon Film Deposition," in S. M. Sze, Ed., *VLSI Technology*, McGraw-Hill, New York, 1983.
9. K. Eujino, et, al., "Doped Silicon Oxide Deposition by Atmospheric Pressure and Low Temperature Chemical Vapor Deposition Using Tetraethoxysilane and Ozone," *J. Electrochem. Soc.*, **138**, 3019 (1991).
10. A. C. Adams and C. D. Capio, "Planarization of Phosphorus-Doped Silicon Dioxide," *J. Electrochem. Soc.*, **127**, 2222 (1980).
11. T. Yamamoto, et al., "An Advanced 2.5 nm Oxidized Nitride Gate Dielectric for Highly Reliable 0.25 μm MOSFETs, *Symp. VLSI Technol. Dig. Tech. Pap.*, p. 45 (1997).
12. K. Kumar, et al., "Optimization of Some 3 nm Gate Dielectrics Grown by Rapid Thermal Oxidation in a Nitric Oxide Ambient," *Appl. Phys. Lett.*, **70**, 384 (1997).
13. T. Homma, "Low Dielectric Constant Materials and Methods for Interlayer Dielectric Films in Ultralarge-Scale Integrated Circuit Multilevel Interconnects," *Mater. Sci. Eng.*, **23**, 243 (1998).
14. H. N. Yu, et al, "1 μm MOSFET VLSI Technology. Part I-An Overview," *IEEE Trans. Electron Devices, ED-26*, 318 (1979).
15. J. M. Andrews, "Electrical Conduction in Implanted Polycrystalline Silicon," *J. Electron. Mater.*, **8**, 3, 227 (1979).

16. M. J. Buiting, A. F. Otterloo, and A. H. Montree, "Kinetical Aspects of the LP-CVD of Titanium Nitride from Titanium Tetrachloride and Ammonia," *J. Electrochem. Soc.*, **138**, 500 (1991).

17. R. Tobe, et al., "Plasma-Enhanced CVD of TiN and Ti Using Low-Pressure and High Density Helicon Plasma," *Thin Solid Film*, **281-282**, 155 (1996).

18. J. Hu, et al., "Electrical Properties of Ti/TiN Films Prepared by Chemical Vapor Deposition and Their Applications in Submicron Structures as Contact and Barrier Materials," *Thin Solid Film*, **308**, 589 (1997).

19. M. Hansen and A. Anderko, *Constitution of Binary Alloys*, McGraw-Hill, New York, 1958.

20. D. Pramanik and A. N. Saxena, "VLSI Metallization Using Aluminum and Its Alloys," *Solid State Tech.*, **26**(1), 127 (1983); 26(3), 131 (1983).

21. C. L. Hu and J. M. E. Harper, "Copper Interconnections and Reliability," *Mater. Chern. Phys.*, **52**, 5 (1998).

22. P. C. Andricacos, et al, "Damascene Copper Electroplating for Chip Interconnects," *193rd Meet. Electrochem. Soc.*, p. 3 (1998).

23. J. M. Steigerwald, et al., *Chemical Mechanical Planarization of Microelectronic Materials*, Wiley, New York, 1997.

24. L. M. Cook, et al., "Theoretical and Practical Aspects of Dielectric and Metal CMP, *Semicond. Int.*, p. 141 (1995).

연습 문제

어려운 문제에는 별표를 하였다.

8.1 절: 에피택시얼 성장 기술

*1. 300 K에서 공기의 평균 분자 속도를 구하라.(공기의 분자량은 29이다.)

2. 증착 체임버에서 소스와 웨이퍼 사이의 거리는 15 cm이다. 이 거리가 소스 분자의 평균 자유 행로의 10%가 될 때의 압력을 구하라.

*3. 조밀 충전 조건 아래에서 단원자층 형성에 필요한 단위 면적당 원자의 개수(N_s)를 구하라.(각 원자는 이웃한 6개의 원자와 접촉하고 있다.) 원자의 직경(d)은 4.68 Å이라 가정한다.

*4. 기하학적으로 $A = 5\ cm^2$이고 $L = 12$ cm인 방출 오븐을 가정하자. (a) 갈륨의 도착 속도와, 방출 오븐이 970°C에서 갈륨-비소 화합물로 가득 채워졌을 경우 MBE 성장률을 계산하라. (b) 위와 같은 기하학적 구조에서 주석의 방출 오븐이 700°C에서 작동하는 경우 도핑 농도를 계산하라.(주석 원자는 앞서 말한 속도에서 성장한 갈륨-비소 화합물 내로 충분히 혼합된다고 가정하자.) 주석의 분자량은 118.69이고, 700°C에 대한 압력은 2.66×10^{-6} Pa이다.

8.2절: 에피택시얼 층의 구조와 결함

5. 만약 최종 막의 두께가 10 nm일 경우, 부정합 전위의 형성 없이 GaAs 기판 위에서 성장한 In 막의 최대 퍼센트($Ga_xIn_{1-x}As$에서 x 값)를 구하라.

6. $a_0(s)$와 $a_0(f)$가 각각 기판과 박막의 변형이 없는 상태의 격자 상수일 때 박막의 격자 부정합 f는 $f = [a_0(s) - a_0(f)]/a_0(f) = \Delta a_0/a_0$로 정의된다. InAs–GaAs와 Ge–Si 시스템에서의 f값을 구하라.

▶ 8.3절: 유전체 증착

7. (a) 20%의 수소를 포함하고 실리콘-질화물 비(Si/N)가 1.2인 플라즈마에 의해 증착된 실리콘 질화물에서, SiN_xH_y의 실험적인 공식에서 x와 y의 값을 구하라. (b) 만약 Si/N 비율에 대해 박막의 고유 저항의 변화가 $2 > \gamma > 0.8$인 경우 $5 \times 10^{28} \exp(-33.3\gamma)$에 의해 주어질 때, γ는 비율이다. (a)에서 박막의 고유 저항을 구하라.
8. SiO_2, Si_3N_4, Ta_2O_5의 유전 상수는 각각 3.9, 7.6, 25이다. 질화물과 산화물의 두께 비율이 1:1:1을 갖는 산화물/질화물/산화물이 주어지고 동일한 두께를 갖는 Ta_2O_5와 산화물/질화물/산화물 유전체 축전기의 정전 용량 비율은 얼마인가?
9. 8번 문제에서 만약 500의 유전 상수를 갖는 BST가 Ta_2O_5를 대체한다고 할 때 두 박막이 동일한 두께를 갖는 경우, 같은 정전 용량을 유지하기 위한 면적의 감소율을 계산하라.
10. 8번 문제에서 만약 둘 다 동일한 정전 용량을 갖는 경우 SiO_2의 두께로 Ta_2O_5의 동등한 두께를 계산하라. Ta_2O_5의 실제 두께는 3 μm라 가정한다.
11. 도핑되지 않은 SiO_2 박막을 증착하기 위한 SiH_4–O_2 반응에서, 증착 속도는 425°C에서 15 nm/min이다. 증착 속도를 두 배로 하기 위해 요구되는 온도는 얼마인가?
12. 인–유리 흐름 공정은 1000°C 이상의 온도를 요구한다. ULSI에서 소자의 크기가 더 작아지면 더 낮은 온도를 사용해야 한다. 금속 층 사이에 절연체로 사용할 수 있는 평탄한 형상(< 900°C)으로 형성하기 위한 방법을 제시해 보라.

▶ 8.4절: 다결정 실리콘 증착

13. 왜 SiH_4가 실리콘 염화물보다 다결정 실리콘 증착에 더 많이 사용되는가?
14. 왜 다결정 실리콘 박막의 증착 온도가 보통 600°C에서 650°C 사이의 낮은 온도인지 설명하라.

▶ 8.5절: 금속화 공정

15. 전자 빔 증발 시스템은 MOS 축전기를 형성하기 위한 알루미늄의 증착에 자주 사용된다. 만약 정전 용량의 flatband 전압이 전자 빔 방사 때문에 0.5 V만큼 이동한다고 할 때 고정 산화 전하의 개수를 구하라.(실리콘 이산화물의 두께는 50 nm이다.)
16. 금속선(L = 20 μm, W = 0.25 μm)은 5Ω/□의 면 저항을 갖는다. 금속선의 저항을 계산하라.
17. 초기 Ti와 Co 박막의 두께가 30 nm일 때, $TiSi_2$와 $CoSi_2$의 두께를 계산하라.
18. 샐리사이드 적용 시 $TiSi_2$와 $CoSi_2$의 장단점을 비교하라.
19. 유전체 물질이 두 평행한 금속선 사이에 위치하게 된다. 길이 L = 1 cm이고, 폭 W = 0.28 μm, 두께 T = 0.3 μm, 간격 S = 0.36 μm이다. (a) RC 시간 지연을 계산하라. 금속은 2.67 μΩ-cm의 고유 저항을 갖는 Al이며 유전체는 3.9의 유전 상수 값을 갖

는 산화물이다. (b) RC 시간 지연을 계산하라. 금속은 1.7 $\mu\Omega$-cm의 고유 저항을 갖는 Cu이며 유전체는 2.8의 유전 상수 값을 갖는 유기 고분자 물질이다. (c) (a)와 (b)의 값을 비교하라. RC 시간 지연은 얼마나 감소했는가?

20. 축전기의 외변 인자(fringing factor)가 3이라고 했을 때, 문제 19의 (a), (b)를 반복하라. 외변 인자는 금속선의 길이와 폭 너머 전기장 선의 퍼짐에 기인한다.

***21.** 전자 이탈 문제를 피하기 위한 알루미늄 선의 최대 허용 전류 밀도는 대략 5×10^5 A/cm^{2}이다. 만약 선이 길이 2 mm, 폭 1 μm, 두께가 수직으로 1 μm 정도라면, 또한 선 길이의 20%가 스텝을 가로지르고, 단지 0.5 μm의 두께를 갖는다고 할 때, 고유 저항이 3×10^{-6} Ω-cm인 경우 선의 총 저항을 구하라. 또 선을 가로질러 인가할 수 있는 최대 전압을 구하라.

***22.** 배선으로 Cu를 사용하기 위해서는 여러 장애물을 극복해야 한다: SiO_2를 통한 Cu의 확산, SiO_2에 대한 Cu의 부착력, 그리고 Cu의 부식. 이러한 장애물을 극복하기 위한 한 가지 방법은 Cu 배선을 보호하기 위해 클래딩/부착층(예, Ta 혹은 TiN)을 사용하는 것이다. 단면적이 0.5 μm × 0.5 μm인 다른 금속이 증착된 Cu 배선을 생각해 보고, 또 꼭대기와 바닥이 각각 40 nm와 60 nm의 TiN 층으로 된 같은 크기의 TiN/AVTiN 배선과 비교해 보라. 만약 다른 금속 층이 증착된 Cu 배선의 저항 값이 TiN/AVTiN 배선과 같다면 클래딩 층의 최대 두께는 얼마인가?

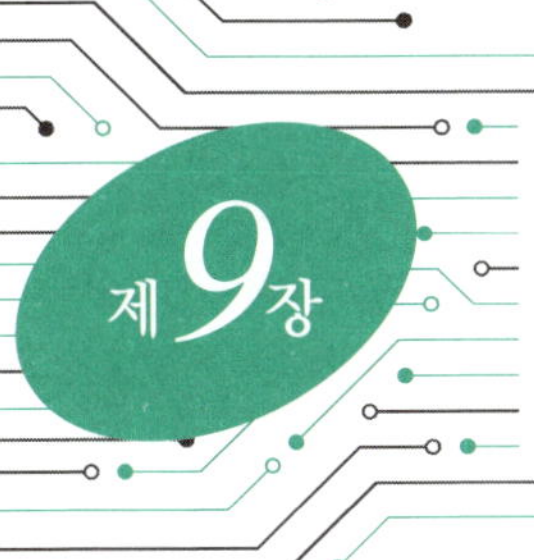

집적 공정

Process Integration

마이크로파(microwave), 광양자(photonic), 그리고 전력 소자의 응용은 일반적으로 개별 소자를 이용하고 있다. 예를 들어, IMPATT 다이오드는 마이크로파 발생기로, 주사 레이저는 광원 소자로, 사이리스터는 고 전력 스위치로 사용된다. 그러나 대부분의 전자 시스템들은 **집적 회로**(integrated circuit)에 만들어진다. 이 집적 회로는 단결정 반도체 기판 위에 형성되고 금속화 공정 모형에 따라 상호 연결된 능동 소자(즉, 트랜지스터)와 수동 소자(즉, 저항, 축전기, 그리고 유도체)들로 구성되어 있다.[1] 집적 회로는 선 접속에 의하여 연결되는 개별 소자들에 비해 많은 장점을 가지고 있다. 이 장점들은 다음과 같다. (a) 다층 구조의 금속 배선으로 이루어진 집적 회로는 전체적인 배선 길이를 근본적으로 줄일 수 있기 때문에 연결선의 기생 특성을 줄일 수 있다. (b) 개별 소자들이 집적 회로 칩 안에 빈틈없이 채워질 수 있기 때문에 반도체 웨이퍼 면적을 충실히 사용할 수 있다. 그리고 (c) 선 접속 작업이 시간 소모형이고 오류 발생이 쉬운 작업이기 때문에 공정 단가의 막대한 절감을 얻을 수 있다.

이 장에서는 능동 소자와 수동 소자를 집적 회로에 만들어 넣기 위하여 앞장에서 기술하였던 기본 공정의 배합에 대하여 논의한다. 집적 회로의 주요 요소가 트랜지스터이기 때문에 특정 공정 순서는 트랜지스터의 성능을 최적화하도록 이루어졌다. 이 장은 다음과 같은 세 개의 트랜지스터 계열과 관련된 세 가지 주요 집적 회로 기술을 고려한다: 쌍극성 트랜지스터(bipolar transistor), 금속 산화물 반도체 전계 효과 트랜지스터(MOSFET), 금속 반도체 전계 효과 트랜지스터(MESFET). 또한 극소 기계 가공 기법을 이용한 극소 전자 공작 시스템의 제작에 대하여 논의한다. 구체적으로 다음의 주제들을 다룬다.

- 집적 회로의 저항, 축전기, 그리고 유도체의 설계 및 제조
- 기본형 쌍극성 트랜지스터와 진보형 쌍극성 소자에 대한 공정 순서
- 특별히 상보성 금속 산화물 반도체 전계 효과 트랜지스터(CMOSFET)와 기억 소자에 중점을 둔 MOSFET의 공정 순서
- 고성능 MESFET과 모놀리식 마이크로파 집적 회로에 대한 공정 순서
- 매우 얕은 접합, 매우 얇은 산화물, 새로운 연결선 물질, 저전력 분산, 그리고 격리 기술을 포함한 미래의 극소 전자 공학의 주요 난제들
- 방향 종속 식각, 희생 식각, 혹은 LIGA(노광, 전기 도금, 그리고 주조) 공정에

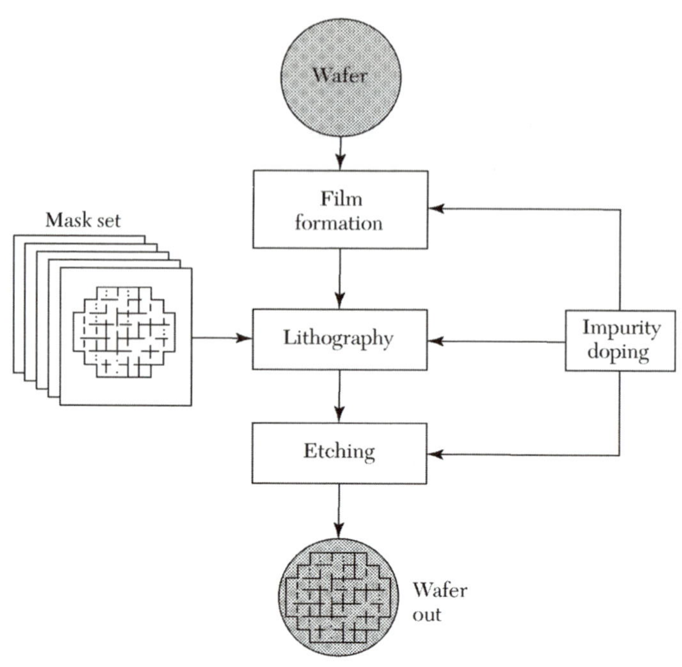

그림 9.1 집적 회로 제조 흐름의 개요도.

의하여 형성된 극소 전자 공작 시스템

- SUPREM을 이용한 집적 회로 제조 공정에 대한 모의 실험

그림 9.1은 집적 회로 제조에 사용된 주요 공정 단계들 간의 상관 관계를 보여 주고 있다. 제일 먼저 특정 고유 저항과 방향 특성을 가진 잘 연마된 웨이퍼(polished wafer)를 사용한다. 막(film) 형성 단계는 열성장 산화 막(3장), 증착된 다결정 실리콘, 유전체, 그리고 금속 막(8장)을 포함한다. 막 형성 다음 단계는 종종 노광(4장) 혹은 불순물 첨가(6, 7장) 단계로 이어진다. 노광 단계는 일반적으로 식각(5장) 단계로 이어지고, 또한 종종 또 다른 불순물 첨가 혹은 막 형성 단계로 이어진다. 최종 집적 회로는 여러 모형(pattern)들을 각각의 마스크로부터, 단계적으로(level by level), 반도체 웨이퍼 표면에 순차적으로 전사시켜 만들어진다.

공정을 마친 후, 각각의 웨이퍼는 그림 9.2*a*와 같이 수백 개의 서로 같은, 전형적으로 각 변의 길이가 1 mm에서 20 mm 정도 되는 직사각형의 칩들[혹은 **다이스**(dice)]을 포함한다. 이 칩들은 톱질 또는 레이저 절단에 의하여 분리된다. 그림 9.2*b*는 분리된 칩을 보여 준다. 그림 9.2*c*는 집적 회로 내의 부품 크기를 가늠할 수 있는 하나의 MOSFET과 하나의 쌍방향 트랜지스터의 도식적인 평면도를 보여 주고 있다. 칩을 분리하기 전에, 각각의 칩들을 전기적으로 시험한다(10장 참조). 불량 칩들은 통상적으로 검은색 잉크로 표시된다. 양질의 칩들은 전자 응용을 위하여 열적, 전기적, 그리고 연결 환경을 만들기 위하여 분리되고 포장된다.[2]

집적 회로 칩들은 소수의 부품들(트랜지스터, 다이오드, 저항, 축전기 등)을 포함

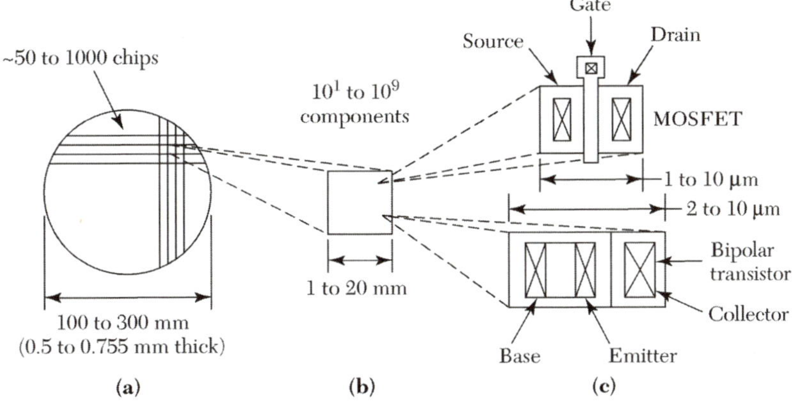

그림 9.2 웨이퍼와 개별 부품 간의 크기 비교. (*a*) 반도체 웨이퍼. (*b*) 칩. (*c*) MOSFET과 쌍극성 트랜지스터.

하거나 십억 개 또는 그 이상을 포함하고 있다. 1959년 모놀리스 집적 회로가 발명된 이래, 최신의 집적 회로에 내장된 부품의 수는 기하급수적으로 증가하였다. 집적 회로의 복잡도는 통상 집적도에 따라 분류된다. **소규모 집적**(SSI: small-scale integration)은 칩당 100개까지의 부품을 포함하고, **중간 규모 집적**(MSI: medium-scale integration)은 칩당 1000개의 부품을, **대규모 집적**(LSI: large-scale integration)은 십만 개까지의 부품을, **초 대규모 집적**(VLSI: very large-scale integration)은 천만 개까지의 부품을, 그리고 **극초 대규모 집적**(ULSI: ultralarge-scale integration)의 경우는 칩 당 무수히 많은 부품을 포함하고 있다. 9.3절은 두 가지 ULSI 칩을 기술한다: 4천 2백만 개 이상의 부품을 포함하고 있는 32비트 마이크로프로세서 칩과 20억 개 이상의 부품을 포함하고 있는 1기가 DRAM 칩.

9.1 수동 부품

9.1.1 집적 회로 저항

집적 회로 저항(resistor)을 형성하기 위하여, 실리콘 기판 위에 저항 층을 증착할 수 있고, 다음에 광 노광 및 식각에 의해 저항 층을 만든다. 실리콘 기판 위에 열적으로 성장시킨 실리콘 산화물 층에 창을 형성시킨 후, 이를 통해 반대 특성의 전도성을 갖는 불순물을 웨이퍼 내부로 주입하거나 확산시킨다. 그림 9.3은 후자의 방식에 따라 형성된 두 가지 저항에 대한 평면도와 단면도를 보여 주고 있다: 하나는 미앤더(meander)형이고, 다른 하나는 막대(bar)형이다.

우선 막대형 저항을 고려한다. 표면과 평행한 두께 dx와 깊이 x(단면 B–B로 표시된 바와 같이)로 구성된 p형 물질 박막 층의 차등 전기 전도도 dG는

$$dG = q\mu_p p(x)\frac{W}{L}dx \tag{1}$$

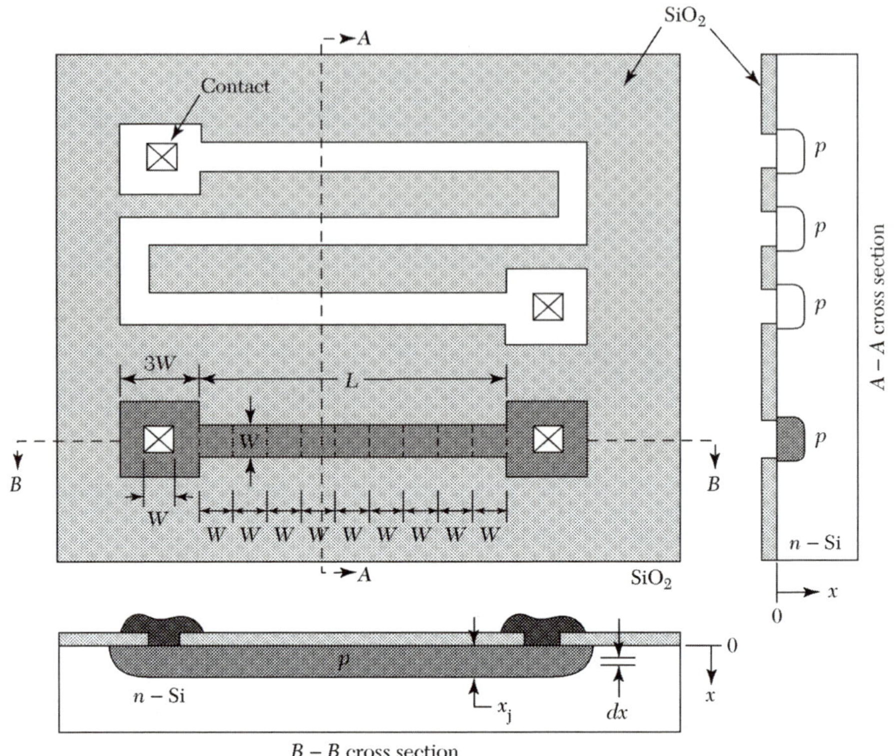

그림 9.3 집적 회로 저항. 대규모 정사각형 면적 내의 폭이 좁은 모든 선은 동일 너비 W와 동일 크기의 집촉부를 갖는다.

이때 W는 막대의 폭이고, L은 길이(당분간 끝단의 접촉 면적은 무시한다), μ_p는 정공의 이동도, 그리고 $p(x)$는 도핑 농도이다. 이온 주입된 전체 막대 지역의 전체 전기 전도도는 다음과 같이 주어진다.

$$G = \int_0^{x_j} dG = q\frac{W}{L}\int_0^{x_j} \mu_p p(x)dx \quad (2)$$

이때 x_j는 접합의 깊이이다. 만일 μ_p(정공 농도의 함수), 그리고 $p(x)$의 분포를 알고 있다면, 식 (2)에 의하여 전체 전기 전도도를 구할 수 있다. 따라서 다음과 같이 쓸 수 있다.

$$G \equiv g\frac{W}{L} \quad (3)$$

이때 $g \equiv q\int_0^{x_j} \mu_p p(x)dx$는 정사각형 모형 저항의 전기 전도도이다. 즉, $W = L$일 때 $G = g$이다.

따라서 저항 값은 다음과 같이 주어진다.

$$R \equiv \frac{1}{G} = \frac{L}{W}\left(\frac{1}{g}\right) \quad (4)$$

이때 1/g는 통상적으로 면 저항이라 부르고, $R_{\square}$ 표시로 정의한다. 면 저항의 단위는 옴(ohm)이지만, 관습적으로 단위 면적당 옴[Ω/□]의 단위로 표시한다.

집적 회로에서의 많은 저항들은 그림 9.3에서 보여 주는 바와 같이 마스크 안에 정의된 서로 다른 기하학적 모형들에 의해 동시에 제조된다. 이들 모든 저항들에 동일한 공정 주기가 적용되기 때문에, 저항 값을 다음과 같이 두 부류로 분리하면 편리하다: 이온 주입(혹은 확산) 공정에 의하여 결정되는 면 저항 값 $R_{\square}$, 그리고 모형 치수에 의하여 정해지는 L/W 비. $R_{\square}$ 값을 알게 되면 저항 값은 L/W 비에 의하여 주어지거나, 혹은 저항 모형에서의 사각형의 수(각각의 사각형은 $W \times W$ 면적을 갖는다)에 의하여 결정된다. 끝단 접촉 면적은 집적 회로 저항에 저항 값을 추가한다. 그림 9.3에 나타낸 형태에 있어서 각 끝단 접촉은 사각 면적의 약 0.65배에 해당한다. 미앤더형 저항의 경우, 구부러지는 부분에서 저항의 너비 방향을 통과하는 전계는 일정하지 않고, 내부 구석 쪽으로 몰리게 된다. 구부러지는 쪽의 면적은 사각 면적 하나와 같지 않고, 결국 사각 면적의 0.65배에 해당한다.

예제 9.1

그림 9.3의 막대형 저항과 같이 길이 90 μm, 너비 10 μm인 저항의 저항 값을 구하라. 면 저항 값은 1 kΩ/□이다.

풀이

저항은 9개의 사각형을 포함한다. 두 개의 끝단 접촉은 사각 면적의 1.3배에 해당한다. 저항 값은 (9 + 1.3) × 1 kΩ/□ = 10.3 kΩ.

9.1.2 집적 회로 축전기

기본적으로 두 종류의 축전기(capacitor)가 집적 회로에 사용된다: MOS 축전기와 p–n 접합. MOS 축전기는 고농도로 도핑된 영역(이미터 영역)을 한쪽 전극으로 사용하고, 다른 한쪽 전극은 상단의 금속 전극으로, 그리고 중간에 있는 산화물 층을 절연체로 사용하여 제조될 수 있다. 그림 9.4*a*는 MOS 축전기의 평면도와 단면도를 보여 준다. MOS 축전기를 형성하기 위하여 실리콘 기판 위에 두꺼운 산화물을 열 성장시킨다. 다음 단계로 창을 노광 기술에 의해 정의하고, 산화물 층을 식각한다. p^+ 영역을 형성하기 위하여 창 영역을 통하여 확산 혹은 이온 주입을 한다. 반면에, 둘러싸인 두꺼운 산화물 층은 마스크(차폐물)로 사용된다. 다음에 창 영역을 통하여 얇은 산화물 층을 열적으로 성장시키고 금속 배선 공정을 수행한다. 단위 면적당 정전 용량 값은 다음과 같이 주어진다.

$$C = \frac{\varepsilon_{ox}}{d} \tag{5}$$

이때 ε_{ox}는 실리콘 산화물의 유전율(유전 상수 $\varepsilon_{ox}/\varepsilon_0$는 3.9)이고, d는 산화물 두께이다.

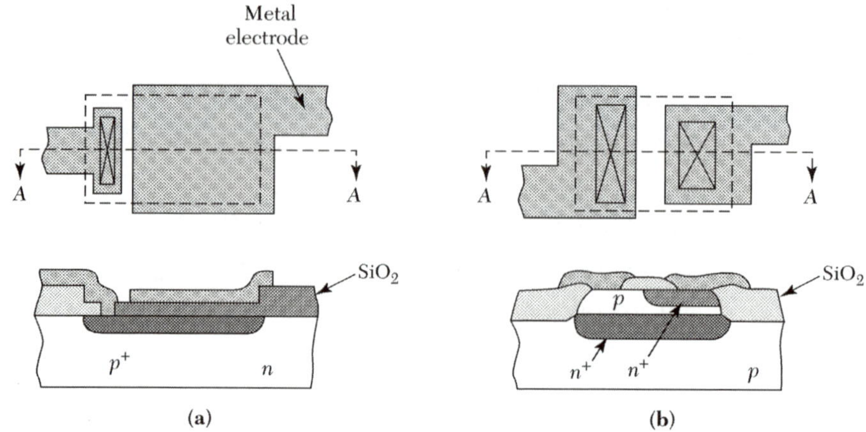

그림 9.4 (*a*) 집적된 MOS 축전기. (*b*) 집적된 *p–n* 접합 축전기.

정전 용량을 더욱 증대하기 위하여, 각각의 유전 상수가 7과 25인 Si_3N_4와 Ta_2O_5 같은 고 유전 상수를 가지는 유전 물질들이 연구되고 있다. 축전기의 아래쪽 전극이 고농도로 도핑된 물질로 이루어졌기 때문에 MOS 축전기는 본질적으로 인가된 전압에 독립적이다. 또한 연관된 직렬 저항 값을 감소시킨다.

p–n 접합은 집적 회로에서 때때로 축전기로 사용된다. 그림 9.4*b*는 n^+–p 접합 축전기의 평면도와 단면도를 보여 주고 있다. 이 구조는 쌍극성 트랜지스터의 일부를 구성하고 있기 때문에 자세한 제조 공정 사항은 9.2절에 언급되어 있다. 축전기로서, 소자는 통상적으로 역방향으로 바이어스 되어 있다. 즉, p 영역은 n^+ 영역에 비해 역방향으로 바이어스 되어 있다. 정전 용량 값은 상수가 아니고, $(V_R + V_{bi})^{-1/2}$에 따라 변한다. 이때 V_R은 접합에 역방향으로 인가된 전압이고, V_{bi}는 접합의 내부 전위이다. p 영역은 p^+ 영역보다 고유 저항이 매우 크기 때문에 직렬 저항은 MOS 축전기의 저항보다 상당히 크다.

예제 9.2

유전체의 면적이 4 μm^2이고 (a) 두께가 10 nm인 실리콘 산화물과 (b) 두께가 5 nm인 Ta_2O_5인 경우 MOS 축전기에 축적된 전하와 전자의 수는 얼마인가? 인가된 전압은 두 경우 모두 5 V이다.

풀이

(a)

$$Q = \varepsilon_{ox} \times A \times \frac{V_s}{d}$$
$$= 3.9 \times 8.85 \times 10^{-14}\,\text{F/cm} \times 4 \times 10^{-8}\ \text{cm}^2 \times \frac{5V}{10^{-6}\ \text{cm}}$$
$$= 6.9 \times 10^{-14}\,\text{C}$$
$$\text{Number of electrons} = 6.9 \times 10^{-14}\,\text{C}/q = 4.3 \times 10^5$$

(b) 유전 상수를 3.9에서 25로, 두께를 10 nm에서 5 nm로 변화시켜, Q_s = 8.85 × 10^{-13} C와 전자 수 = 8.85 × 10^{-13} C/q = 5.53 × 10^6을 얻는다.

9.1.3 집적 회로 유도체

집적 회로 유도체는 III-V족을 근간으로 하는 모놀리식 마이크로파 집적 회로(MMIC)에 널리 사용되어 왔다.[3] 실리콘 소자의 증대된 속도와 다층 연결선 기술의 진보에 따라 집적 회로 유도체는 실리콘을 기본으로 한 무선 주파수 및 고주파 응용 부분에서 더욱 주목을 받기 시작하였다. 여러 종류의 유도체들은 집적 회로 공정을 이용하여 제조될 수 있다. 가장 잘 알려진 방법은 박막 나선 유도체이다. 그림 9.5*a*와 *b*는 실리콘을 기본으로 한 이중 금속선 나선 유도체를 보여 준다. 나선 유도체를 형성하기 위하여 두꺼운 산화막이 실리콘 기판 위에 증착되거나 열 성장된다. 다음으로 첫 번째 금속선이

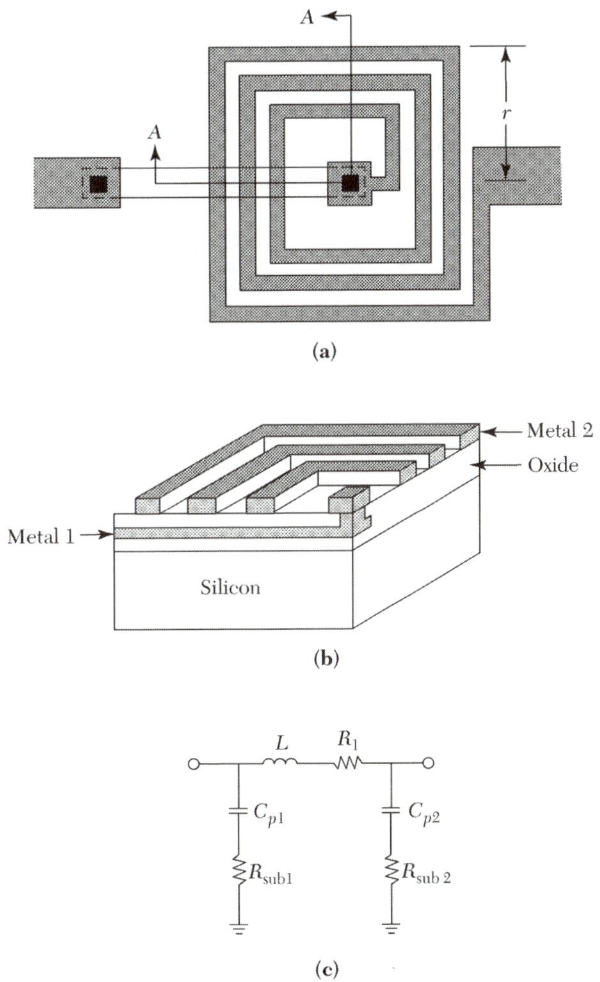

그림 9.5 (*a*) 실리콘 기판 위의 나선형 유도체의 개요도. (*b*) *A*–*A'*축 투시도. (*c*) 집적된 유도체의 등가 회로.

유도체의 한쪽 끝으로서 증착되고 정의된다. 그 다음, 또 다른 유전 층을 첫 번째 금속선 위에 증착시킨다. 비어 구멍이 노광 기술에 의해 정의되고 산화막 층을 통하여 식각된다. 두 번째 금속선이 증착되고 비어 구멍이 채워진다. 나선 모형이 유도체의 두 번째 끝단으로서 두 번째 금속선 위에 정의되고 식각된다.

품질 계수(quality factor) Q는 유도체의 성능을 평가하기 위한 중요한 장점 지수(figure of merit)이다. 이는 $L\omega/R$로 정의되고, 이때 L, R, 그리고 ω는 각각 인덕턴스, 저항 값, 그리고 주파수를 나타낸다. Q 값이 크면 클수록, 저항 성분으로부터의 손실이 점점 작아진다. 따라서 성능은 점점 우수하게 된다. 그림 9.5c는 집적 회로 유도체에 대한 등가 회로를 보여 주고 있다. R_1은 금속선의 고유 저항이고, C_{p1}과 C_{p2}는 금속선과 기판 사이의 결합 정전 용량이며, R_{sub1}과 R_{sub2}는 금속선과 관련된 실리콘 기판의 저항 값을 나타낸다. 기생 저항과 기생 정전 용량 때문에 Q 값은 처음에는 주파수에 따라 선형적으로 증가하지만, 주파수가 높은 영역에서는 감소하게 된다.

Q 값을 개선하기 위한 몇 가지 접근 방법이 있다. 첫 번째 시도는 이를 줄이기 위하여 저 유전 상수 물질(< 3.9)을 사용한다. 또 다른 시도는 R_1을 줄이기 위하여 후박 금속선을 사용하거나 저 고유 저항 금속(즉, 알루미늄 대신 구리, 금)을 사용한다. 세 번째 접근 방식은 R_{sub}를 줄이기 위하여 절연 기판[즉, SOS(silicon on sapphire), SOG(silicon on glass), 혹은 석영]을 사용한다.

박막 유도체의 정확한 값을 얻기 위하여, 유도체의 최적화와 회로 모의 실험을 수행하기 위한 복잡한 모의 실험 도구들이 사용되어야 한다. 박막 유도체의 모형은 금속의 저항, 산화막의 정전 용량, 선 간 정전 용량, 기판 저항, 기판의 정전 용량, 그리고 금속선의 인덕턴스와 상호 인덕턴스 등을 반드시 고려하여야 한다. 그러므로 집적된 인덕턴스를 계산하는 것은 집적된 정전 용량과 저항을 계산하는 것보다 훨씬 어렵다. 그러나 사각 평면 나선 유도체(square planar spiral inductor)를 평가하기 위한 간단한 식이 다음과 같이 주어진다.[3]

$$L \approx \mu_0 n^2 r \approx 1.2 \times 10^{-6} n^2 r \qquad (6)$$

이때 μ_0는 진공에서의 투자율($4\pi \times 10^{-7}$ H/m), L은 헨리 단위이고, n은 권선 수, 그리고 r은 나선의 반경으로 미터 단위이다.

예제 9.3

인덕턴스가 10 nH인 집적된 유도체에 대하여, 만일 권선 수가 20일 경우에 필요한 반경은 얼마인가?

풀이

식 (6)에 의하여

$$r = \frac{10 \times 10^{-9}}{1.2 \times 10^{-6} \times 20^2} = 2.08 \times 10^{-5} \text{ m} = 20.8\ \mu\text{m}$$

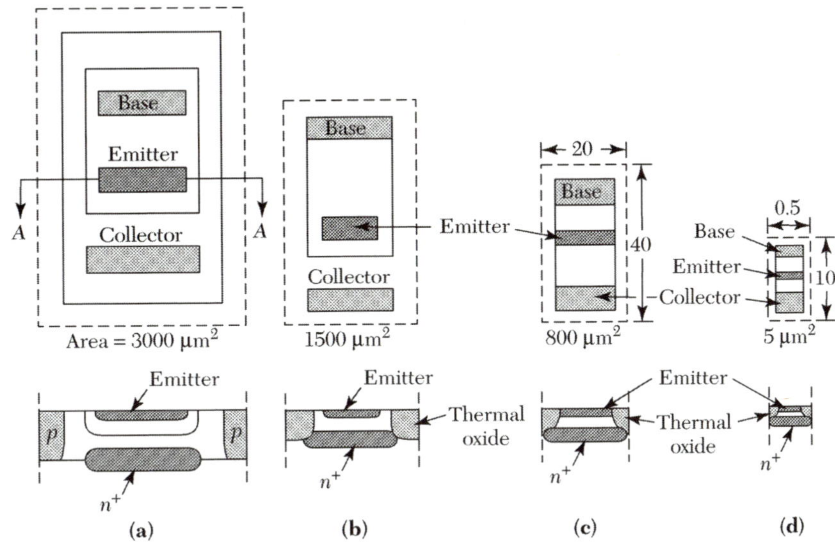

그림 9.6 쌍극성 트랜지스터의 수평과 수직 크기 축소. (a) 접합 격리. (b) 산화물 격리. (c) 축소된 산화물 격리.[4]

9.2 쌍극성 기술

초 대규모 및 극초 대규모 집적 회로와 같은 집적 회로 응용을 위하여, 쌍극성 트랜지스터의 크기는 고집적 요구 사항을 만족시키기 위하여 감소되어야만 한다. 그림 9.6은 최근 몇 년 동안의 쌍극성 트랜지스터의 크기 감소를 보여 주고 있다.[4] 개별 소자와 비교하여, 쌍극성 트랜지스터에서 모든 전극 접촉은 집적 회로 웨이퍼의 겉 표면에 위치하고, 각각의 트랜지스터는 소자들 간의 간섭 현상을 억제하기 위하여 전기적으로 격리되어야 한다. 1970년 이전에는 수평, 수직 격리가 p–n 접합(그림 9.6*a*)에 의해 이루어졌다. 그리고 수평 p 격리 영역은 항상 n형 컬렉터에 대하여 역방향으로 바이어스 되었다. 1971년, 수평 격리를 위하여 열 산화물이 사용되었는데, 베이스와 컬렉터 접촉 영역이 격리 지역과 인접하게 되기 때문에 소자의 크기를 감소시키는 실질적인 결과가 되었다(그림 9.6*b*). 1970년대 중반, 이미터 영역이 산화물 측면까지 확장되어, 추가적으로 면적이 감소되었다(그림 9.6*c*). 현재는 모든 수평, 수직 치수가 축소되었고, 이미터의 폭도 서브마이크론 영역의 값을 갖게 되었다(그림 9.6*d*).

9.2.1 기본 제조 공정

집적 회로에 사용되는 대부분의 쌍극성 트랜지스터들은 n–p–n형이다. 그 이유는 베이스 영역에서 소수 반송자(전자)의 이동도가 매우 크므로, p–n–p형보다 고속의 성능을 얻기 때문이다. 그림 9.7은 수평 격리는 산화물 벽으로 이루어졌고 수직 격리는 n^+–p 접합으로 이루어진 n–p–n 쌍극성 트랜지스터의 개략적인 모습을 보여 준다. 수평 산화물 격리 접근법은 소자의 크기뿐만 아니라 기생 정전 용량도 감소시키는데, 이는 실리콘 산화물의 유전 상수(실리콘의 경우 11.9인 데 비하여 3.9)가 매우 작기 때문이다.

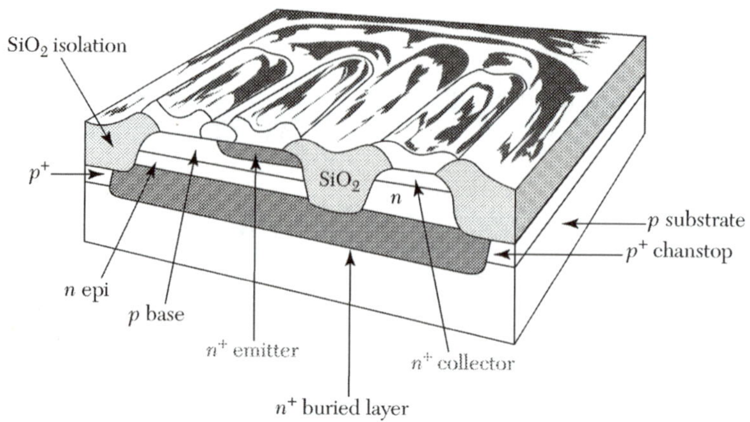

그림 9.7 산화물-격리 쌍극성 트랜지스터의 투시도.

이 절에서는 그림 9.7에 나타낸 소자를 제조하기 위한 주요 공정 단계를 검토한다.

n–p–n 쌍극성 트랜지스터를 위하여 *p*형, 저농도로 도핑 ($\approx 10^{15}$ cm^{-3})된, <111> 혹은 <100> 방향의 연마된 실리콘 웨이퍼를 사용한다. 접합을 반도체 내에 형성하기 때문에 결정 방향의 선택은 MOS 소자(9.3절 참조)의 경우만큼 중요하지 않다. 첫 번째 단계는 매립 층 형성이다. 매립 층의 주요 목적은 컬렉터의 직렬 저항을 최소화하는 것이다. 두꺼운 산화막(0.5~1 μm)이 웨이퍼 위에 열적으로 성장되고, 창이 산화 막에 열리게 된다. 정확한 양으로 제어된 비소 이온(≈30 keV, $\approx 10^{15}$ cm^{-2})을 선증착[또는 선확산(predeposit)] 용도로 사용하기 위하여 창 영역을 통하여 낮은 에너지로 이온 주입한다(그림 9.8*a*). 다음으로, 전형적인 면 저항이 약 20 Ω/□인 n^+ 매립 층을 고온(≈1100°C)의 후확산(drive-in) 단계에서 형성한다.

두 번째 단계는 *n*형 에피택시얼 층을 성장시키는 것이다. 산화막을 제거한 뒤, 에피택시얼을 성장시키기 위하여 웨이퍼를 에피택시얼 반응기에 넣는다. 에피택시얼 층의 두께와 도핑 농도는 소자의 최종 사용 용도에 따라 결정된다. 아날로그 회로(증폭 기능을 위하여 고전압을 사용하는)는 두꺼운 층(≈10 μm)과 저농도($\approx 5 \times 10^{15}$ cm^{-3})를 필요로 하는 반면에 디지털 회로(스위칭을 위하여 저전압을 사용하는)는 얇은 층(≈3 μm)과 고농도($\approx 2 \times 10^{16}$ cm^{-3})를 요구한다. 그림 9.8*b*는 에피택시얼 공정이 끝난 후 소자의 단면을 보여 준다. 매립 층으로부터 에피택시얼 층으로 외부로의 확산(outdiffusion)이 약간 있음을 유의하여야 한다. 외부로의 확산을 최소화하기 위하여 저온 에피택시얼 공정이 채택되어야 하며, 저 확산 계수의 불순물(비소)이 매립 층에 사용되어야 한다.

세 번째 단계는 수평 산화물 격리 영역을 형성하는 것이다. 에피택시얼 층에 얇은 산화물 패드(≈50 nm)를 열적으로 성장시킨 후, 실리콘 질화물을 증착한다(≈100 nm). 만일 질화물이 얇은 산화물 패드 없이 실리콘 위에 직접 증착된다면, 바로 연속되는 고온 공정 단계 동안 실리콘 표면에 손상을 초래하게 된다. 다음 단계로, 감광막을 마스크로 이용하여 질화물-산화물 층과 에피택시얼 층의 절반을 식각한다(그림 9.8*c*와 *d*). 붕소 이온을 노출된 실리콘 지역에 주입한다(그림 9.8*d*).

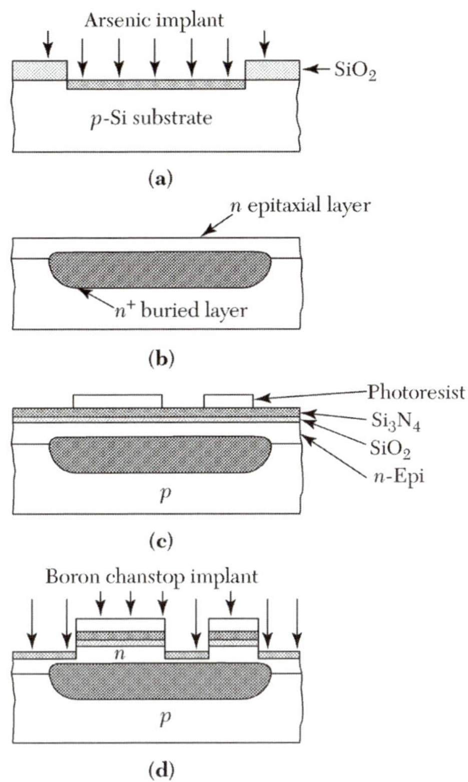

그림 9.8 쌍극성 트랜지스터 제로 공정의 단면도. (*a*) 매립 층 이온 주입. (*b*) 에피택시얼 층. (*c*) 감광막 마스크. (*d*) 채널 저지 이온 주입.

감광막을 제거하고, 웨이퍼를 산화로(oxidation furnace)에 넣는다. 질화물 층은 매우 낮은 산화율을 갖기 때문에 질화물 층에 의해 보호되지 않는 지역에만 두꺼운 산화막이 성장될 것이다. 통상적으로, 격리 산화층은 산화물의 상단이 표면 위상을 최소화하기 위한 원래의 실리콘 표면과 같은 면이 되는 두께까지 성장된다. 이러한 산화 격리 공정을 **부분 실리콘 산화**(LOCOS: local oxidation of silicon)라 한다. 그림 9.9*a*는 질화물 층을 제거한 후의 격리 산화물의 단면을 보여 주고 있다. 편석(segregation) 효과로 인하여, 대부분의 이온 주입된 붕소 이온들은 p^+ 층을 형성하기 위하여 격리 산화물 아래쪽으로 밀려 내려간다. 이를 p^+ **채널 저지**(channel stop, 혹은 chanstop)라고 부른다. 그 이유는 p형 반도체의 고농도가 표면의 반전 현상을 방지하고, 주변의 매립 층 사이에 고전도도 통로(혹은 채널) 형성의 가능성을 배제하기 때문이다.

네 번째 단계는 베이스 영역의 형성이다. 감광막은 소자의 오른쪽 반을 보호하기 위한 마스크로서 사용된다. 다음으로, 그림 9.9*b*에서 보여 주는 바와 같이 베이스 영역을 형성하기 위하여 붕소 이온($\approx 10^{12}$ cm^{-2})이 이온 주입된다. 또 다른 노광 공정은 베이스 영역 중앙 근처의 작은 영역을 제외한 얇은 패드 산화막 전부를 제거한다(그림 9.9*c*).

다섯 번째 단계는 이미터 영역의 형성이다. 그림 9.9*d*와 같이 베이스 접촉 영역은

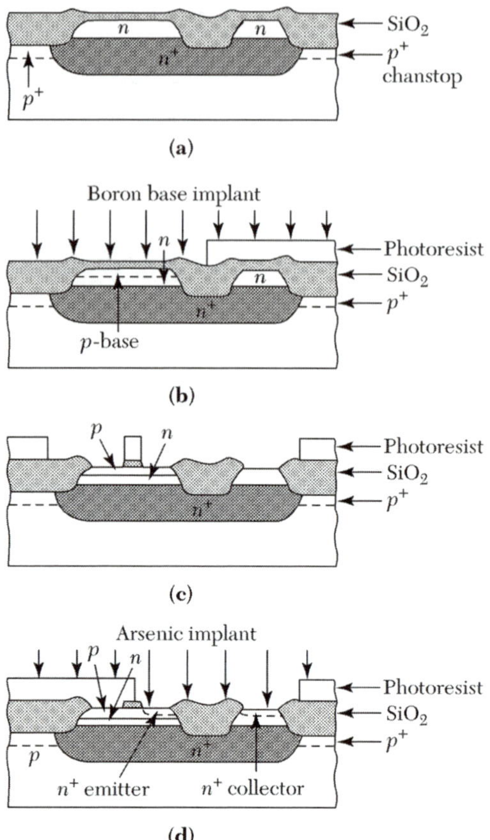

그림 9.9 쌍극성 트랜지스터 제조 공정의 단면도. (*a*) 산화물 격리. (*b*) 베이스 이온 주입. (*c*) 박막 산화물 제거. (*d*) 이미터와 컬렉터 이온 주입.

감광막 마스크로 보호된다. 그 다음, n^+ 이미터와 n^+ 컬렉터 접촉 영역은 저에너지, 고농도 비소($\approx 10^{16}$ cm^{-2}) 도스를 이온 주입하여 형성된다. 감광막을 제거한 후, 그림 9.7에 나타낸 바와 같이 마지막 금속화 공정 단계는 베이스, 이미터, 그리고 컬렉터에 연결하기 위한 접촉 영역을 형성한다.

이와 같은 기본적인 쌍극성 공정에서, 여섯 번의 막 형성 작업, 여섯 번의 노광 작업, 네 번의 이온 주입, 그리고 네 번의 식각 작업이 이루어진다. 각각의 작업들은 정밀하게 제어되고 감시되어야 한다. 일반적으로 이 작업들 중 어느 하나라도 잘못되면 웨이퍼를 사용할 수 없게 된다.

이미터, 베이스, 컬렉터를 표면의 수직 방향을 따라 통과하는 완성된 트랜지스터의 도핑 분포가 그림 9.10에 나와 있다. 이미터 분포는 비소의 농도 종속 확산 특성 때문에 가파르게(abrupt) 된다. 이미터 바로 아래의 베이스 도핑 분포는 한정된 시료 확산으로 인하여 가우스 분포 형태를 보인다. 컬렉터 도핑 분포는 대표적인 스위칭 트랜지스터의 경우, 에피택시얼 도핑 수준($\approx 2 \times 10^{16}$ cm^{-3})을 보여 준다. 그러나 깊은 지역에서의 컬렉터 도핑 농도는 매립 층으로부터 외부로의 확산 현상으로 인하여 증가한다.

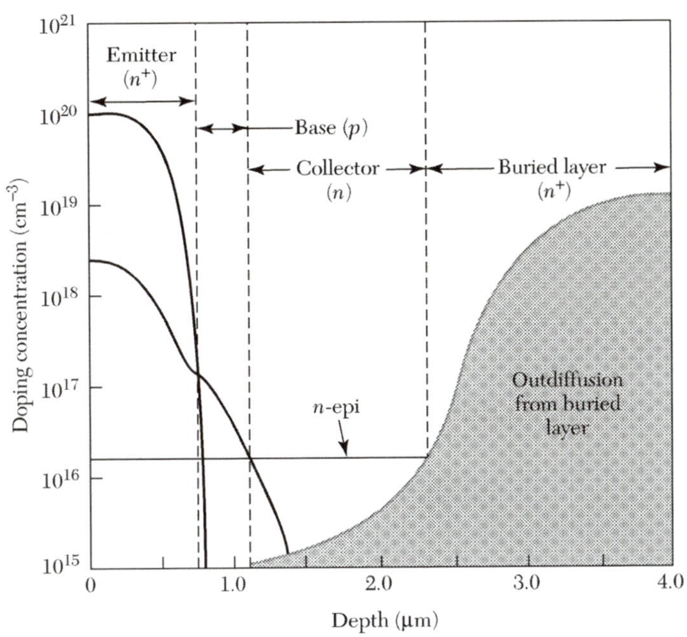

그림 9.10 n–p–n 트랜지스터 도핑 분포.

9.2.2 유전체 격리

앞에서 언급한 쌍극성 트랜지스터에 대한 격리 기술의 경우, 각 소자들은 그 주변을 둘러싸고 있는 산화물 층으로 인하여 다른 소자들과 격리되며 또한 n^+p 접합(매립 층)에 의해 공통 기판으로부터 격리된다. 고전압 응용의 경우에는, 여러 개의 단결정 반도체를 에워싼 것(pocket)을 격리하기 위한 격리 통(isolating tub)을 형성하기 위해 **유전체 격리**(dielectric isolation)라 부르는 다른 방식이 사용된다. 이와 같은 접근 방법에서, 각 소자들은 유전체 층에 의해 공통 기판과 주변에 둘러싸인 소자들 모두로부터 격리된다.

유전체 격리의 공정 순서가 그림 9.11에 묘사되어 있다. 산화물 층이 고에너지 산소 이온 주입에 의해 <100> 방향 n형 실리콘 기판 내부에 형성된다(그림 9.11a). 그 다음, 고온 열 처리 공정을 진행함으로써 주입된 산소는 실리콘과 반응하여 산화물 층을 형성한다. 이온 주입에 의해 발생된 손상도 이 공정 단계에서 회복(anneal out)된다(그림 9.11b). 이 과정 후 산화물 층 상부에 완전히 격리된 n형 실리콘 층을 얻게 된다(이름하여 silicon-on-insulator 혹은 SOI 층). 이 공정을 SIMOX(separation by implanted oxygen: 산소 주입에 의한 절연)라 부른다. 상부의 실리콘이 매우 얇기 때문에, 격리 영역은 그림 9.8c에서 설명한 LOCOS 공정 또는 식각에 의하여 트렌치(그림 9.11c)를 만들고 산화물로 이를 채우는 방법(그림 9.11d)에 의해 쉽게 형성된다. 다른 공정 단계는 p형 베이스, n^+ 이미터, 그리고 n형 컬렉터를 형성하기 위하여 그림 9.8c부터 그림 9.9까지 사용하였던 공정 기술과 대부분 같다.

이 기술의 주요 장점은 이미터와 컬렉터 사이의 절연 파괴 전압이 수백 볼트 이상

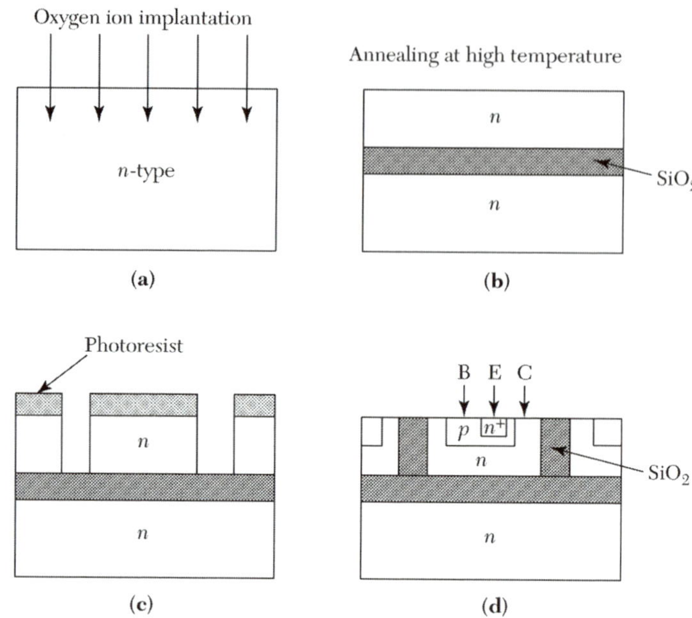

그림 9.11 고전압 응용을 위하여 SOI를 이용한 유전체 격리 쌍극성 소자의 공정 순서. (*a*) 산소 이온 주입. (*b*) 격리 유전체 형성을 위한 고온 처리. (*c*) 건식 식각 공정에 의하여 형성된 트렌치 격리. (*d*) 베이스, 이미터와 컬렉터 형성.

이 된다는 점이다. 이 기술은 최신의 CMOS 집적화에도 적합하다(9.3.3절). CMOS-적합 공정은 혼합 고전위, 고밀도 집적 회로에 매우 유용하다.

9.2.3 자기 정렬 이중-다결정 실리콘 쌍극성 구조

그림 9.9*c*에 나타낸 공정은 베이스와 이미터. 접촉 영역을 분리하게 하는 산화물 영역을 정의하기 위하여 또 다른 노광 공정 단계를 필요로 한다. 이 과정은 격리된 경계 영역 안에 비활성 소자 면적이 커지도록 한다. 이는 기생 정전 용량을 증가시킬 뿐만 아니라 트랜지스터의 성능을 저하시킨다. 이러한 효과를 줄이는 가장 효율적인 방법은 **자기 정렬**(self-aligned) 구조를 사용하는 것이다.

가장 널리 사용되는 자기 정렬 구조는 그림 9.12에서 보는 바와 같이 다결정 실리

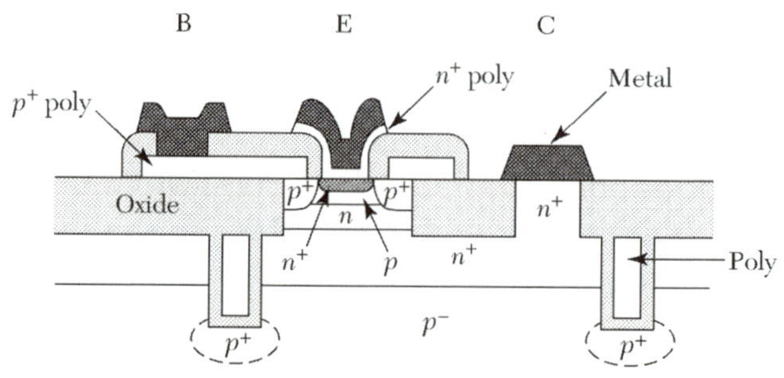

그림 9.12 진보된 트렌치 격리 구조를 갖는 자기 정렬 이중-다결정 실리콘 쌍극성 트랜지스터의 단면도.[5]

콘으로 채워진 트렌치로 구성된, 진보된 격리 기술로 이루어진 이중-다결정 실리콘 구조이다.[5] 그림 9.13은 자기 정렬된 이중-다결정 실리콘(n–p–n) 쌍극성 구조에 대한 자세한 순차적 단계를 보여 주고 있다.[6] 트랜지스터는 n형 에피택시얼 층 상부에 만들어졌다. 깊이가 약 5.0 μm 정도인 트렌치가 반응 이온 식각 공정에 의해 n^+ 부 컬렉터(subcollector) 영역을 통해 p^- 기판 영역까지 식각되어 만들어졌다. 열 산화 박막이 그 다음 성장되어, 트렌치 아래에 붕소를 사용하여 채널 저지 이온 주입 공정을 실시할 때 차폐 산화막 역할을 한다. 다음 단계로 트렌치는 도핑되지 않은 다결정 실리콘으로 채워지고, 두꺼운 평판 필드 산화물로 덮인다.

첫 번째 다결정 실리콘 층이 증착되고 붕소가 고농도로 도핑된다. p^+ 다결정 실리콘(폴리 1이라 부름)은 외부 베이스 영역과 베이스 전극을 형성하기 위한 고상 확산원(solid-phase diffusion source)으로 사용될 것이다. 화학 기상 증착 산화막(CVD oxide)과 질화막(CVD nitride)이 순차적으로 이 층을 덮게 된다(그림 9.13*a*). 이미터 영역을 형성하기 위하여 이미터 마스크가 사용되고, CVD 산화막과 폴리 1에 구멍(opening)을 만들기 위해 건식 식각 공정을 사용한다(그림 9.13*b*). 다음 공정으로 열 산화물이 식각된 구조 위에 성장되고, 상대적으로 두꺼운 산화물(약 0.1~0.4 μm)이 높게 도핑된 폴리의 수직 측면 위로 성장된다. 이 산화물의 두께가 베이스와 이미터 양단 간의 거리를 결정한다. p^+ 베이스 외부 영역은 폴리 1에서 기판 쪽으로 확산하는 붕소로 인하여 열 산화물 성장 단계 중에 형성된다(그림 9.13*c*). 붕소는 수직 방향과 마찬가지로 수평 방향으로도 확산하기 때문에, 베이스 외부 영역은 다음 단계에서 이미터 접촉 지역 아래 형성되는 본래의 베이스 영역과 연결될 수 있다.

산화물 성장 단계 후 공정으로, 본래의 베이스 영역이 붕소 이온 주입 공정으로 형성된다(그림 9.13*d*). 이 공정은 본래의 베이스 영역과 베이스 외부 영역을 자기 정렬시키는 역할을 한다. 접촉 영역의 모든 산화물 층을 제거하여 깨끗이 한 후, 두 번째 다결정 실리콘 층을 증착하고 비소(As)나 인(P)으로 이온 주입한다. n^+ 다결정 실리콘(폴리 2라 부름)은 이미터 영역과 이미터 전극을 형성하기 위하여 고상 확산원으로 사용된다. 얕은 이미터 영역은 폴리 2로부터 외부로 확산되는 도판트에 의해 형성된다. 베이스와 이미터의 외부로의 확산 단계를 위한 급속 열 처리 공정은 얕은 이미터-베이스 접합과 컬렉터-베이스 접합 형성을 가능하게 한다. 마지막으로, 백금(Pt) 층이 증착되고, n^+ 다결정 실리콘 이미터 접촉 영역과 p^+ 다결정 실리콘 베이스 접촉 영역 위에 PtSi를 형성하기 위하여 소결(sintered)된다(그림 9.13*e*).

이러한 자기 정렬 구조는 최소 노광 치수보다 작은 이미터 영역의 제조를 가능하게 한다. 측벽-공간 산화물이 성장될 때, 열 산화물이 다결정 실리콘의 원래 체적보다 더 큰 체적을 채우기 때문에 접촉 개구부를 어느 정도 채운다. 따라서 만일 0.2 μm 두께의 측벽 산화물이 각 방향으로 성장된다면 개구부 폭 0.8 μm는 약 0.4 μm까지 축소될 수 있다.

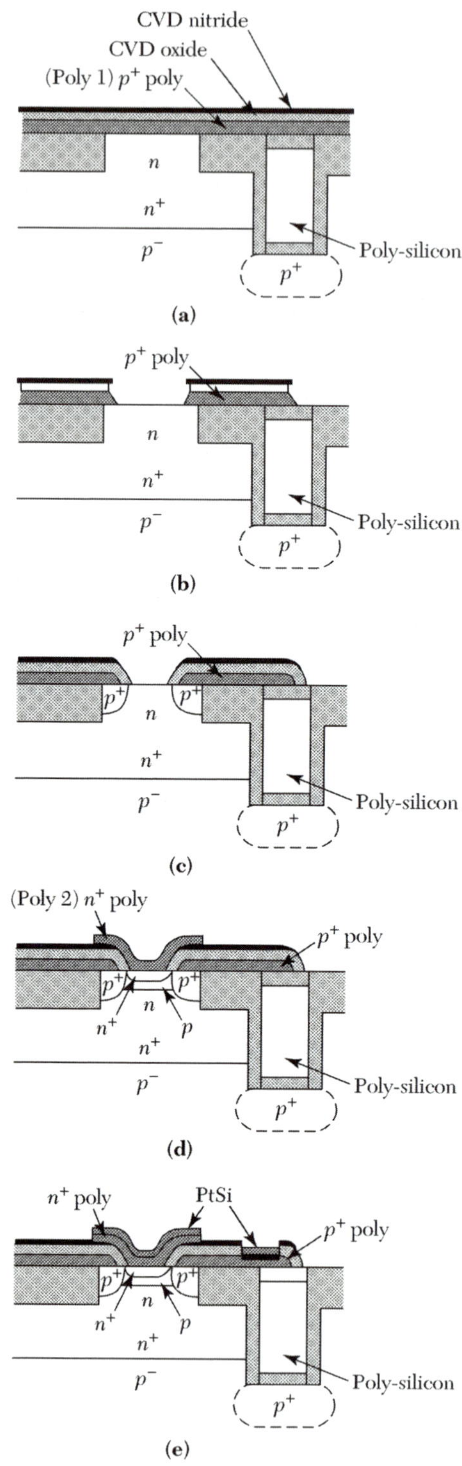

그림 9.13 자기 정렬 이중-다결정 실리콘 *n–p–n* 쌍극성 트랜지스터 제조 공정 순서.[6]

9.3 MOSFET 기술

현재, 금속 산화물 반도체 전계 효과 트랜지스터(MOSFET)는 다른 종류 소자들보다 더욱 작은 치수까지 축소될 수 있기 때문에 극초 대규모 집적 회로에 사용되는 유력한 소자이다. MOSFET에 적용되는 유력한 기술은 **상보성 금속 산화물 반도체 전계 효과 트랜지스터**(CMOS: complementary MOS) 기술로, 같은 칩 안에 n 채널 소자들과 p 채널 소자들(각각 NMOS, PMOS라고 부름)이 함께 제공된다. CMOS 기술은 모든 집적 회로 기술에 대해 저전력 소모 특성을 갖기 때문에 특히 극초 대규모 집적 회로에 적합하다.

그림 9.14는 최근 몇 년 동안의 MOSFET 크기의 감소 경향을 보여 주고 있다. 1970년대 초에는 게이트 길이가 7.5 μm이었고, 이에 대응하는 소자의 면적이 대략 6000 μm²이었다. 소자의 크기가 작게 축소됨에 따라 소자의 면적도 엄청나게 감소하였다. 게이트 길이가 0.5 μm인 MOSFET 경우, 소자의 면적이 초창기 MOSFET 면적의 1%보다도 더 작게 축소되었다. 소자의 축소는 지속될 것으로 예상된다. 게이트 길이는 아마도 21세기 초반에 0.10 μm보다 더 작아질 것이다. MOSFET 소자의 장래 기술 경향은 9.7절에서 간략하게 언급될 것이다.

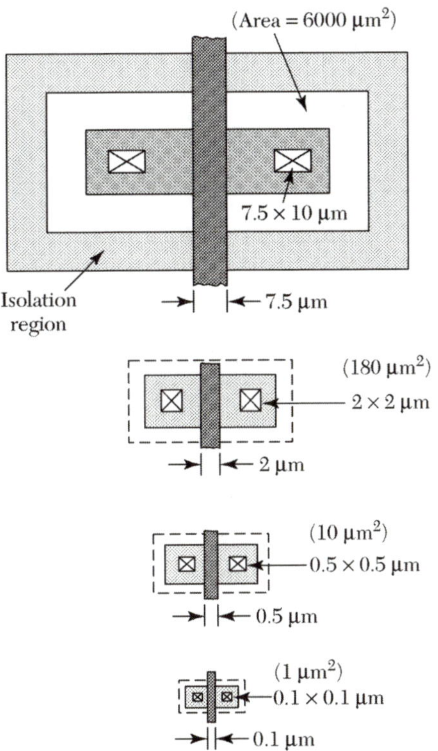

그림 9.14 게이트 길이(최소 길이) 축소에 따른 MOSFET 면적 축소.

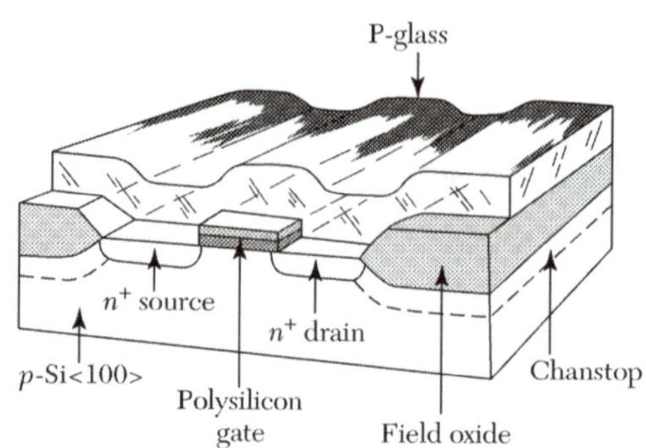

그림 9.15 n 채널 MOSFET의 투시도.[7]

9.3.1 기본 제조 공정

그림 9.15는 최종 금속화 공정을 행하기 전 상태의 n 채널 MOSFET의 개략도를 보여준다.[7] 상층부는 다결정 실리콘 게이트와 게이트 금속화 공정 사이의 절연체로 사용되고, 또한 이동 이온들을 모으는 게터링 층 역할을 하는 인(phosphorus)으로 도핑된 실리콘 산화물(P-glass: 인-유리)이다. 쌍극성 트랜지스터를 묘사하는 그림 9.7과 그림 9.15를 비교하여, MOSFET의 기본 구조가 상당히 간단하다는 점에 유의하라. 비록 양쪽 소자들이 모두 횡방향 산화물 격리 방법을 사용하지만, MOSFET의 경우에는 수직형 격리 방법이 필요 없다. 반면에 쌍극성 트랜지스터 경우에는 n^+p 접합 매립 층이 필요하다. MOSFET의 도핑 분포는 쌍극성 트랜지스터 경우처럼 복잡하지 않고, 도판트 분포의 제어 또한 다소 쉽다. 이 절에서는 그림 9.15에 묘사된 소자를 제조하기 위해 사용하는 주요 공정 단계들을 검토하기로 한다.

n 채널 MOSFET(NMOS)을 제조하기 위하여, 저농도($\approx 10^{15}$ cm^{-3})로 도핑되고, <100> 방향의 연마된 p형 실리콘 웨이퍼를 사용한다. <100> 방향이 <111> 방향보다 선호되는데, 이는 <100> 방향의 계면 포획 밀도가 <111>의 경우에 비해 십분의 일 정도이기 때문이다. 첫 번째 단계는 LOCOS 기술을 사용하여 산화물 격리 영역을 형성하는 것이다. 이 단계의 공정 순서는 쌍극성 트랜지스터의 공정 순서와 거의 비슷하다. 얇은 패드 산화막(≈35 nm)이 열 성장되고, 이어서 실리콘 질화막(≈150 nm)이 증착된다(그림9.16a).[7] 활성 소자 영역이 감광막 마스크와 채널 저지 층에 의해 정의된 후, 질화물-산화물 복합 층을 통한 이온 주입에 의해 형성된다(그림 9.16b). 감광막 마스크로 보호되지 않은 질화물 층은 후속 식각 공정에 의해 제거된다. 감광막을 제거한 뒤 질화물 층이 선택적으로 제거된 지역에 [**필드 산화물**(field oxide)이라 부르는] 산화물을 성장시키고, 또한 주입된 붕소를 후확산시키기 위하여 웨이퍼를 산화로에 넣는다. 필드 산화물의 두께는 일반적으로 0.5~1 μm이다.

두 번째 단계는 게이트 산화막을 성장시키고 문턱 전압을 조절하는 것이다. 활성 소자 영역 상부의 질화물-산화물 복합 층이 제거되고, 얇은 게이트 산화막(10 nm보다 얇은)이 성장된다. 증식형 n 채널 소자를 제작하기 위하여 그림 9.16c에 묘사된 바와 같이 문턱 전압이 미리 결정된 값(즉, +0.5 V)까지 증가하도록 붕소 이온을 채널 영

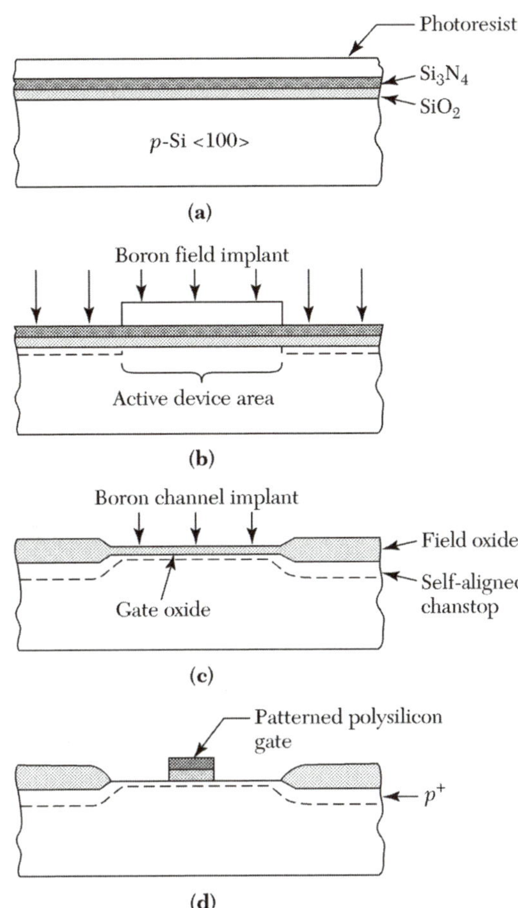

그림 9.16 NMOS 제조 공정 순서의 단면도.[7] (*a*) SiO2 Si3N4와 감광막 층 형성. (*b*) 붕소 이온 주입. (*c*) 필드 산화물. (*d*) 게이트.

역에 이온 주입한다. 공핍형 n 채널 소자를 제작하기 위하여 문턱 전압이 미리 결정된 값(즉, –0.5 V)까지 감소하도록 비소 이온을 채널 영역에 이온 주입한다.

세 번째 단계는 게이트 형성이다. 다결정 실리콘이 증착되는데, 다결정 실리콘은 전형적인 면 저항이 20∼30 Ω/□가 되도록 인을 사용한 이 온 주입 방식 또는 확산 방식에 따라 고농도로 도핑된다. 이 저항 값은 게이트 길이가 3 μm 이상인 MOSFET 소자에 적합하다. 작은 소자의 경우에는 폴리사이드(금속 실리사이드와 폴리사이드의 복합층, 즉 텅스텐-폴리사이드)가 면 저항을 1 Ω/□ 정도로 감소시키기 위하여 게이트 물질로 사용될 수 있다.

네 번째 단계는 소스와 드레인 형성이다. 게이트가 형성된 후(그림 9.16*d*), 이러한 게이트는 게이트에 대하여 자기 정렬된 소스와 드레인을 형성하기 위하여, 비소 이온 주입 공정(≈30 keV, $\approx 5 \times 10^{15}$ cm^{-2})에 대한 마스크 역할을 하게 된다(그림 9.17*a*).[7] 이 단계에서, 게이트에 겹친 부분은 주입된 이온들(30 keV As의 경우, $\sigma_{\perp}$는 단지 5 nm)의 횡적 표준 편차에 기인한다. 만일 횡적 확산을 최소화하기 위하여 저온 공정이

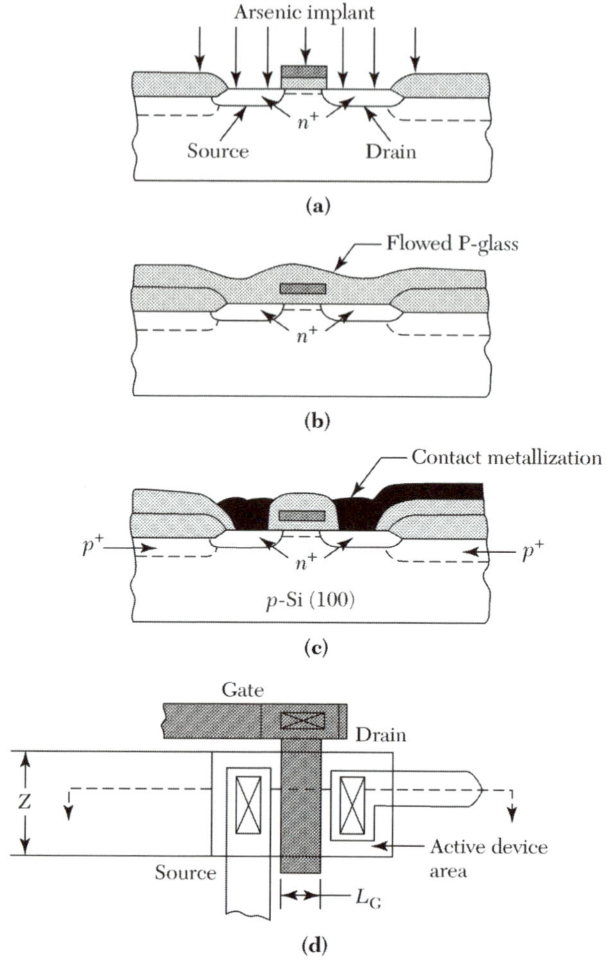

그림 9.17 NMOS 제조 공정 순서.[7] (*a*) 소스와 드레인. (*b*) 인-유리 도포. (*c*) MOSFET 단면. (*d*) MOSFET 평면도.

사용된다면 게이트-드레인과 게이트-소스 기생 결합 정전 용량이 게이트-채널 정전 용량보다 작게 될 수 있다.

마지막 단계는 금속 배선 공정이다. 웨이퍼 전역에 인으로 도핑된 산화막(인-유리)을 도포한 후, 웨이퍼를 가열하고 인-유리가 흐르게 하여 평탄한 표면 상태를 얻는다(그림 9.17*b*). 접촉 창을 정의하고 인-유리를 통하여 식각한다. 알루미늄 같은 금속층을 증착하고 형상화한다. 완전한 MOSFET의 단면이 그림 9.17*c*에 묘사되어 있으며 평면도는 그림 9.17*d*에 있다. 게이트 접촉은 얇은 게이트 산화막에 나타날 수 있는 손상을 회피하기 위하여 통상적으로 활성 소자 영역 외부에 형성한다.

▶ 예제 9.4

5 nm의 게이트 산화막을 갖는 MOSFET이 견딜 수 있는 최대 게이트-소스 전압은

얼마인가? 산화막 파괴 전압은 8 MV/cm이고 기판 전압은 영이라 가정한다.

▸ *풀이*

$$V = \xi \times d = 8 \times 10^6 \times 5 \times 10^{-7} = 4\,\text{V}$$

9.3.2 기억 소자

기억 소자들은 디지털 정보(혹은 자료)를 **비트**(bit: 이진수)라는 표현으로 저장할 수 있는 소자이다. 여러 종류의 메모리 칩들이 설계되고, NMOS 기술을 이용하여 제작되어 왔다. 대규모 메모리의 경우, RAM(무작위 접근 메모리) 구조가 널리 사용된다. RAM의 경우 메모리 셀은 행렬 구조로 구성되며, 정보는 물리적인 위치에 관계없이 무작위로 접근(즉, 저장, 검색, 지움)될 수 있다. SRAM(static random access memory)은 전원이 공급되는 한, 저장된 정보를 유지할 수 있다. SRAM은 기본적으로 한 비트의 정보를 저장할 수 있는 플립-플롭 회로로 구성된다. SRAM 셀은 네 개의 증식형 MOSFET과 두 개의 공핍형 MOSFET으로 이루어진다. 공핍형 MOSFET은 전력 소모를 줄이기 위하여 도핑되지 않은 다결정 실리콘으로 형성된 저항으로 대체될 수 있다.[8]

셀 면적과 전력 소모를 줄이기 위하여 DRAM(dynamic RAM)이 개발되었다. 그림 9.18*a*는 스위치로 동작하고, 저장 축전기에 한 비트의 정보를 저장할 수 있는 하나의 트랜지스터 DRAM 셀의 회로도를 보여주고 있다. 축전기에 인가된 전위 수준이 셈의 상태를 결정한다. 예를 들어, +1.5 V는 논리 '1'(logic '1')을, 0 V 경우는 논리 '0'(logic '0') 상태를 표시한다. 축전기의 누설 전류 특성이 주 요인이 되기 때문에 저장된 전하는 통상적으로 수 밀리초 이내에 제거될 수 있다. 따라서 DRAM은 저장된 전하에 대한 주기적인 '리프레싱(refreshing)' 작업이 필요하다.

그림 9.18*b*는 DRAM 셀의 배치도(layout)를 보여 주고, 그림 9.18*c*는 A–A' 방향에 해당하는 단면을 보여 준다. 저장 축전기는 채널 영역을 한쪽 전극으로 사용하고, 다결정 실리콘 게이트를 다른 한쪽 전극으로, 그리고 게이트 산화막을 유전체로 사용한다. 열(row line)은 기생 저항(R)과 기생 정전 용량(C), 이들 곱인 RC에 의해 야기되는 지연 현상을 최소화하는 금속선이다. 행(column line)은 n^+ 확산으로 형성된다. MOSFET의 내부 드레인 영역은 저장 게이트 아래의 반전 층과 전송 게이트를 연결하는 전도체 역할을 수행한다. 드레인 영역은 그림 9.18*d*와 같이 이중-다결정 실리콘 방식을 사용하여 제거될 수 있다. 두 번째 다결정 실리콘 전극은, 두 번째 전극이 정의되기 전에 첫 번째 다결정 실리콘 상부에 열 성장된 산화물에 의하여, 첫 번째 다결정 실리콘 축전기 전극과 분리된다. 전하는 전송 게이트와 저장 게이트 하단의 연속된 반전층에 의해 행에서 저장 게이트 하단 지역으로 직접 이동된다.

고집적 DRAM의 필요 조건을 만족시키기 위하여 DRAM 구조는 트렌치 축전기 혹은 스택 (stack) 축전기로 구성된 3차원 구조를 갖는다. 그림 9.19*a*는 간단한 트렌치 셀 구조를 보여 준다.[9] 트렌치 형태의 장점은 셀이 차지하는 실리콘 표면적의 증가 없

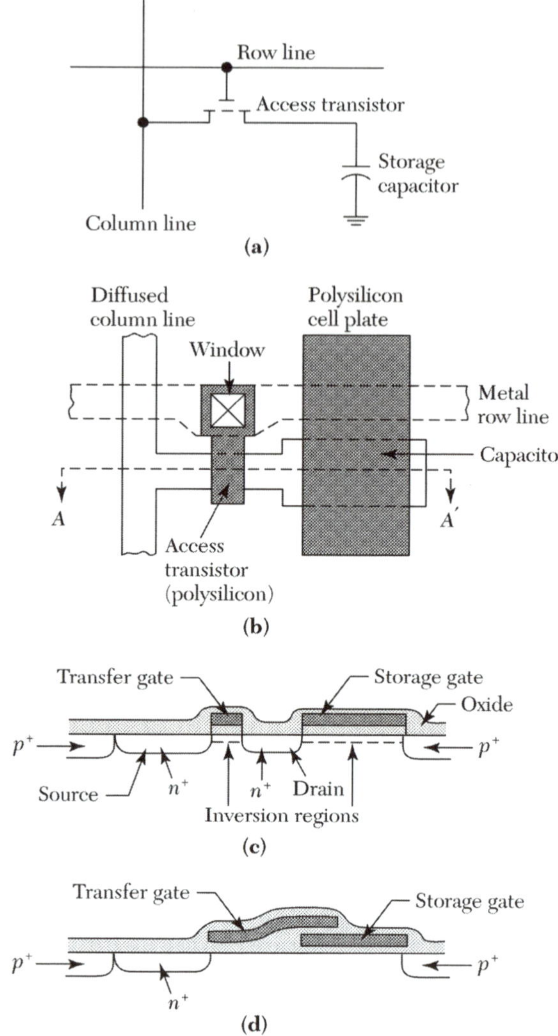

그림 9.18 저장 축전기를 갖는 하나의 트랜지스터 DRAM 셀.[8] (*a*) 회로도. (*b*) 셀 배치도. (*c*) *A–A′*축 단면도. (*d*) 이중-다결정 실리콘.

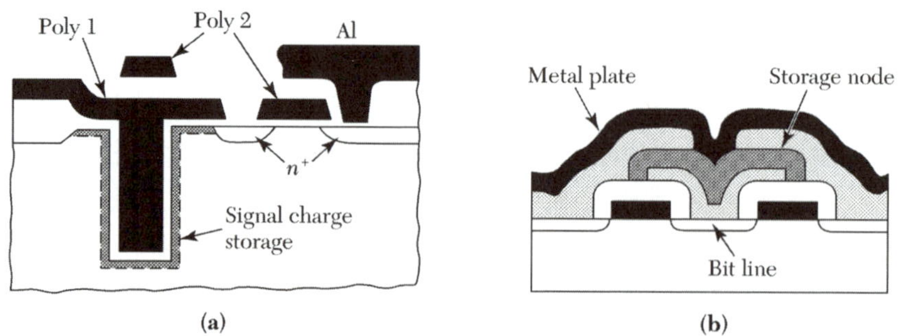

그림 9.19 (*a*) 트렌치 셀 구조 DRAM.[9] (*b*) 단일 적층형 축전기 셀.

이 트렌치 깊이의 증가만으로 셀의 정전 용량이 증대된다는 점이다. 트렌치 형태의 셀을 형성하는 가장 어려운 점은 트렌치를 깊게 식각한 뒤 원형의 바닥 모서리를 형성하고, 트렌치 벽에 균일한 유전체 박막을 도포하는 기술이다. 그림 9.19*b*는 스택 셀 구조를 나타내고 있다. 저장 정전 용량은 저장 축전기를 접근 트랜지스터 상부에 쌓아올림에 따라 증가한다. 열 산화 공정 또는 CVD 질화 공정을 이용하여 다결정 실리콘 전극 양단 사이에 유전체를 형성한다. 따라서 스택 셀 제조 공정이 트렌치 셀 제조 공정보다 용이하다.

그림 9.20은 1 Gb DRAM 칩을 보여 준다. 이 메모리 칩은 0.18 μm 설계 규칙을 사용한다. 트렌치 축전기와 주변 회로는 9.3.3절에서 논의한 CMOS로 구성된다. 메모리 칩은 면적이 390 mm^2(14.3 mm × 27.3 mm)이며, 20억 개 이상의 구성 요소를 포함하고 2.5 V에서 동작한다. 1 Gb DRAM은 적절한 열 발산을 제공하는 88핀 세라믹 패키지에 장착된다.

SRAM과 DRAM 모두 휘발성 메모리이다. 즉, 전원이 차단되면 저장된 정보를 잃게 된다. 반면에, 비휘발성 메모리는 전원이 차단되어도 저장된 정보를 보존한다. 그림 9.21*a*는 부동(floating) 게이트로 구성된 비휘발성 메모리를 나타내고 있다. 이 소자는 기본적으로는 전통적인 MOSFET 소자이나, 수정된 게이트 전극 구조로 되어 있다. 복합 구조의 게이트는 정상[제어(control)] 게이트와 절연체에 둘러싸인 부동 게이트로 이루어진다. 제어 게이트에 높은 양 전위를 인가하면 전하는 채널 영역으로부터 게이트 산화막을 통과하여 부동 게이트로 주입하게 된다. 인가된 전압을 제거하면, 주입된 전하는 오랫동안 부동 게이트에 저장될 수 있다. 이 전하를 제거하기 위하여, 제어 게이트에 높은 부 전위를 인가하여 야 하며 결국 전하는 채널 영역으로 되돌아가게 될 것

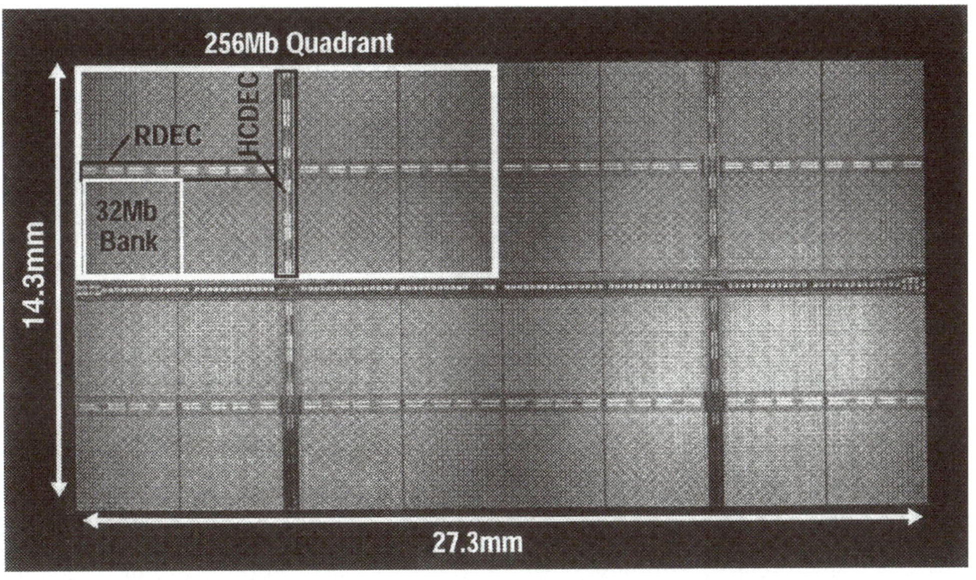

그림 9.20 20억 개 이상의 부품을 갖는 1 Gb DRAM. (IBM/Siemens 사 사진 제공, 1999 IEEE Int. Solid State Circuit Conference.)

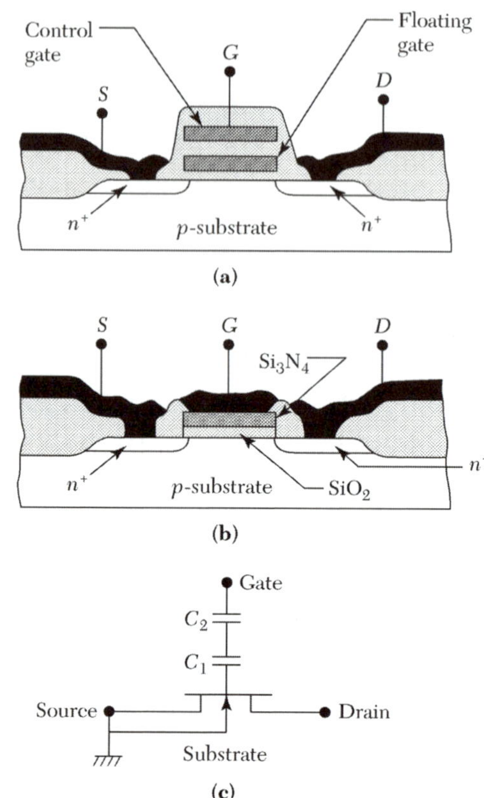

그림 9.21 비휘발성 메모리 소자. (*a*) 부동 게이트 비휘발성 메모리. (*b*) MNOS 비휘발성 메모리. (*c*) 비휘발성 메모리 등가 회로.

이다.

MNOS(metal-nitride-oxide-semiconductor)형 구조는 그림 9.21*b*에 나타낸 바와 같이 또 다른 종류의 비휘발성 메모리 구조이다. 게이트에 양 전위가 인가되면 전자들은 얇은 산화막(≈2 nm)을 통해 터널링하여, 산화물-질화물 계면에 있는 트랩에 포획되어 그곳에 저장된 전하가 된다. 위에서 언급한 두 종류의 비휘발성 메모리 게이트 구조를 두 개의 축전기가 직렬로 연결된 형태로 표시한 등가 회로가 그림 9.21*c*에 있다. 축전기(C_1)에 저장된 전하는 문턱 전압을 변화시키고, 높은 문턱 전압 상태(논리 '1')를 유지한다. 잘 설계된 메모리 소자의 전하 보존 시간은 100년 이상이 될 수 있다. 정보(즉, 저장된 전하)를 지우고, 낮은 문턱 전압 상태(논리 '0')로 되돌아가기 위하여 게이트 전압 또는 다른 수단(자외선)이 사용될 수 있다.

비휘발성 반도체 메모리(NVSM)는 휴대폰이나 디지털 사진기와 같은 휴대용 전자기기에 광범위하게 사용되어 왔다. 또 다른 흥미로운 분야는 칩 카드, IC 카드라 부르는 것으로, 그림 9.22의 사진이 IC 카드이다. 그림 9.22 하단의 도형은 중앙 처리 장치에 연결된 접속선(bus)을 통하여 읽고 쓸 수 있는 데이터를 저장하고 있는 비휘발성 메모리 소자를 설명한다. 통상적인 자기 테이프 카드에 내장된 한정적인 용량(IkB)에 반하여, 비휘발성 메모리의 용량을 응용 분야(즉, 개인 사진이나 지문을 저장할 수 있

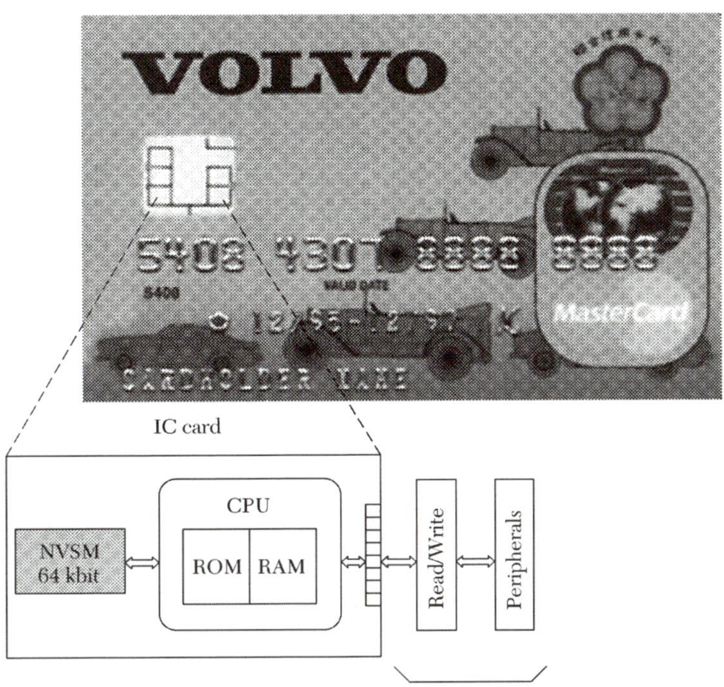

그림 9.22 IC 카드. NVSM에 저장된 정보는 중앙 처리 장치의 접속선을 통하여 접근 가능하다. 읽기/쓰기 장치에 연결된 여러 개의 금속 패드로 구성. (Retone Information System 사 사진 제공.)

다)에 따라 16 kB, 64 kB, 혹은 그 이상으로 증가시킬 수 있다. IC 카드 기록/판독기(read/write machine)를 통하여, 데이터는 여러 종류의 응용 분야에 사용될 수 있다. 응용 분야는 원격 통신(카드 전화, 이동 라디오), 납부 처리기(payment transaction: 전자 지갑, 신용 카드), 지불 텔레비전(pay television), 수송 수단(전자 승차권, 공공 교통 수단), 건강 관리(환자 기록 카드), 그리고 접근 제어(access control) 등이 있다. IC 카드는 미래의 광범위한 정보 체계와 서비스 사회에서 중심 역할을 적절히 수행할 것이다.[10]

9.3.3 CMOS 기술

그림 9.23*a*는 CMOS 인버터(inverter)이다. 상단의 PMOS 소자의 게이트는 하단의 NMOS 소자의 게이트에 연결되어 있다. 양쪽 소자는 모두 증식형 MOSFET으로, PMOS 소자의 문턱 전압 V_{T_p}는 0보다 작으며, NMOS 소자의 문턱 전압 V_{T_n}은 0보다 크다(통상적으로 문턱 전압은 1/4 V_{DD}이다). 입력 전압(V_i)이 0이거나 혹은 아주 작은 양(positive) 전압 값일 경우, PMOS 소자는 동작하고(turned on)(PMOS의 게이트-접지 간 전위는 V_{T_p}보다 매우 낮은 $-V_{DD}$이다), NMOS 소자는 동작하지 않는다(off). 따라서 출력 전압(V_o)은 거의 V_{DD}와 같게 된다(논리 '1'). 입력이 V_{DD}와 같으면 PMOS($V_{GS} = 0$)는 꺼지게 되고 NMOS($V_i = V_{DD} > V_{T_n}$)는 켜진다. 따라서 출력 전압(V_o)은 0이 된다(논리 '0').

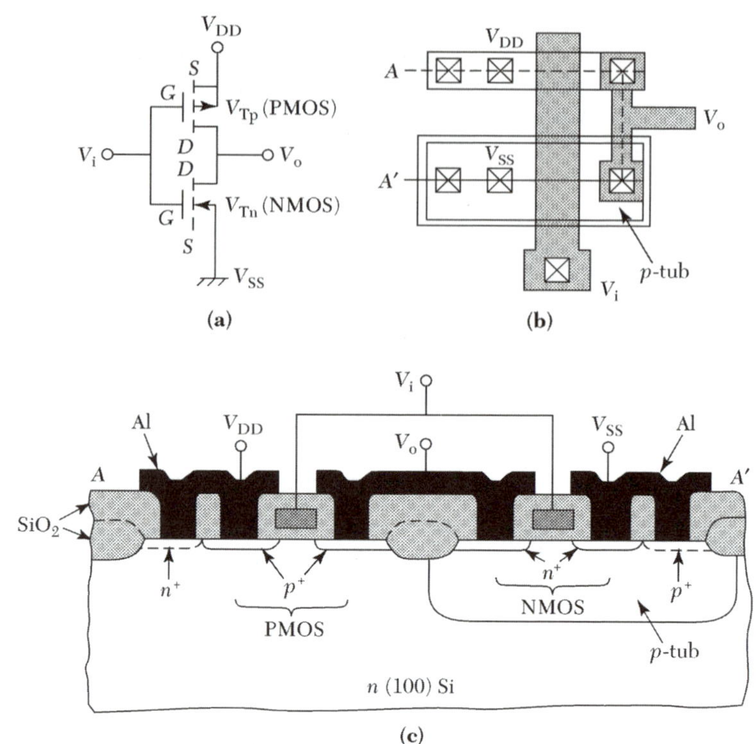

그림 9.23 CMOS 인버터. (*a*) 회로도. (*b*) 회로 배치도. (*c*) (b)에 표시된 *A–A′*선에 따른 단면도.

CMOS 인버터는 특유의 기능을 가지고 있다: 어느 쪽의 논리 상태라도 V_{DD}에서 접지 사이의 직렬 연결 통로 상에 있는 하나의 소자는 반드시 비전도 특성을 보인다. 어느 쪽이든 정상 상태에서 흐르는 전류는 작은 누설 전류이다. 그리고 스위칭 하는 동안에 두 소자 모두가 동작 상태가 될 경우에만 CMOS 인버터에 많은 전류가 흐른다. 결국, 평균 소비 전력은 나노와트(nanowatt) 수준 정도로 매우 작다. 칩당 부품 수가 증가함에 따라 소비 전력은 중요한 제한 요인이 된다. 저소비 전력이 CMOS 회로의 가장 매력 있는 기능이다.

그림 9.23*b*는 CMOS 인버터의 배치도를 보여 주며, 그림 9.23*c*는 *A–A′* 축을 따라 소자의 단면을 나타내고 있다. 먼저 *p*형 통[*p* tub: *p*형 **우물**(*p* well)이라 부르기도 함]을 형성하기 위하여 이온 주입을 행하고, 이어서 *n*형 기판 쪽으로 확산시킨다. *p*형 도판트 농도는 *n*형 기판의 농도를 과잉 보상할 수 있을 정도로 충분히 높아야 한다. *p*형 통 내부에 *n* 채널 MOSFET을 형성하는 연속적인 공정 단계는 앞에서 기술한 바와 같다. *p* 채널 MOSFET의 경우, 소스와 드레인 영역을 형성하기 위하여 $^{11}B^+$ 혹은 $^{49}(BF_2)^+$ 이온을 *n*형 기판 쪽으로 이온 주입한다. 문턱 전압을 조절하기 위하여 $^{75}As^+$ 이온을 채널에 이온 주입하고, *p* 채널 소자 주변의 필드 산화물 바로 아래에 n^+ 채널 저지 영역을 형성한다. *p*형 통과 *p* 채널 MOSFET을 제작하기 위하여 필요한 추가적인 공정 단계 때문에, CMOS 회로를 제작하기 위한 공정 단계는 근본적으로 NMOS 회로 제작 시 필요한 단계의 두 배이다. 따라서 공정의 복잡성과 소비 전력 감소 사이

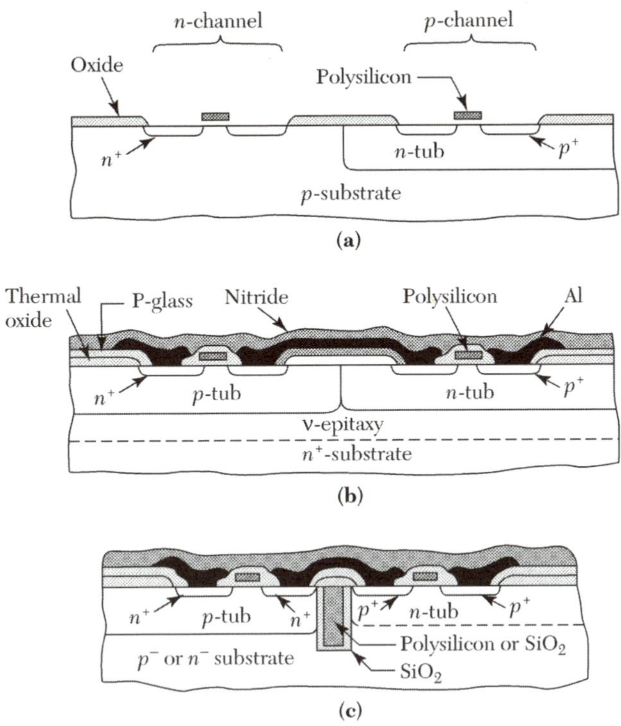

그림 9.24 여러 가지 CMOS 구조. (*a*) *n*형 통. (*b*) 이중 통.[1] (*c*) 다시 채워진 트렌치.[11]

의 거래(trade-off)를 고려해야 한다.

바로 앞에서 설명한 *p*형 통 대신에 그림 9.24*a*에 나타낸 바와 같이 *p*형 기판에 형성된 *n*형 통을 사용하는 방법이 있다. *n*형 도판트 농도는 *p*형 기판의 농도를 과잉 보상할 수 있을 정도로 충분히 높아야 한다(즉, $N_D > N_A$). *n*형 통 방식과 *p*형 통 방식 모두에서, 이동도는 전체 농도($N_A + N_D$)에 의해 결정되기 때문에 채널 이동도가 저하될 것이다. 낮은 농도로 도핑된 기판에 이온 주입되어, 두 개로 분리되어 형성된 통을 이용하는 방법이 그림 9.24*b*에 나타나 있다. 이 구조를 **이중 통**(twin tub)이라 한다.[1] 이중 통 어느 경우에도, 과잉 보상이 필요 없기 때문에 높은 채널 이동도를 얻을 수 있다.

모든 CMOS 회로는 기생 쌍극성 트랜지스터와 관련된 **래치업**(latchup)이라는 골치 아픈 잠재적 문제를 가지고 있다. 이러한 기생 소자들은 PMOS 소스/드레인 영역, *n*형 기판, *p*형 통으로 형성된 *p–n–p* 트랜지스터와 NMOS 소스드레인 영역, *p*형 통, *n*형 기판에 의해 형성된 *n–p–n* 트랜지스터로 구성되어 있다. 적절한 조건 아래, *p–n–p* 소자의 컬렉터는 *n–p–n*에 베이스 전류를 공급하고, 그 반대의 경우도 마찬가지이다. 이러한 래치업 전류는 CMOS 회로에 심각한 부정적인 영향을 준다.

래치업 문제를 제거하기 위한 효과적인 기법으로 그림 9.24*c*에 나타낸 바와 같이 깊은 트렌치 격리 방법을 이용할 수 있다.[11] 이 기법에서는 우물(well) 깊이보다 더 깊은 트렌치가 이방성 반응 스퍼터 식각(anisotropic reactive sputter etching) 공정에 의해 실리콘 안에 형성된다. 트렌치 바닥과 측벽 에 산화막 층을 열 성장시키고, 증착된 다결정 실리콘이나 실리콘 산화물로 채운다. 이 기법은 n 채널과 p 채널 소자들이 다시 채워진 트렌치에 의해 물리적으로 격리되어 있기 때문에 래치업 현상을 제거한다. 트렌치 격리에 대한 자세한 공정 단계와 관련된 CMOS 공정 단계들이 다음에 논의 된다.

우물 형성 기술

CMOS의 우물은 단우물(single well), 이중 우물(twin well), 혹은 역행 우물(retrograde well)로 될 수 있다. 이중 우물 공정은 약간의 단점을 보여 준다. 예를 들어, 2 내지 3 μm를 필요로 하는 우물 깊이를 얻기 위하여 고온 공정(1050°C 이상)과 긴 확산 시간(8시간 이상)이 필요하다. 이 공정 과정에서, 도핑 농도는 표면에서 가장 높고, 깊이에 따라 단조 감소한다.

공정 온도와 시간을 줄이기 위하여 고에너지 이온 주입을 사용한다(즉, 원하는 깊이를 얻기 위하여 표면에서부터 확산을 시키는 대신에 이온 주입을 수행한다). 이온 주입 에너지에 의해 깊이가 결정되기 때문에, 여러 가지 다른 주입 에너지를 가지고 우물 깊이를 설계할 수 있다. 이러한 경우, 우물 농도 분포의 최고점(peak)이 기판 내의 한 곳에 위치한다. 이를 **역행 우물**(retrograde well)이라 부른다. 그림 9.25는 역행 우물과 통상적인 열 확산 우물의 불순물 분포 비교를 보여 준다.[12] n형과 p형 역행 우물의

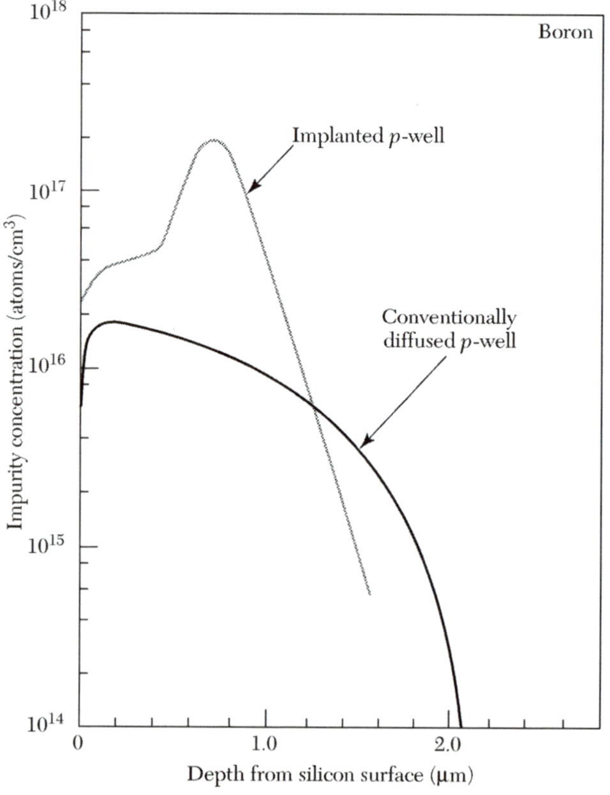

그림 9.25 이온 주입된 역행 p 우물의 농도 분포. 전통적으로 확산된 우물.[12]

에너지는 각각 700 keV와 400 keV 정도이다. 앞에서 언급한 바와 같이 고에너지 이온 주입은 저온과 단시간에 우물을 형성할 수 있다. 따라서 횡적 확산을 줄일 수 있고 또한 소자의 집적도를 증대할 수 있다. 역행 우물 기법은 통상적인 우물 기법에 비해 몇 가지 장점을 가지고 있다: (a) 하단부의 고농도로 인해 우물의 고유 저항이 통상적인 우물의 고유 저항보다 낮다. 래치업 문제를 최소화할 수 있다. (b) 채널 저지가 역행 우물 이온 주입 공정과 동시에 이루어져, 공정 단계와 시간을 줄인다. (c) 우물 하단부의 고농도로 인하여 드레인과 소스 사이의 펀치 스루(punchthrough) 현상의 발생 확률이 감소한다.

선행(진보된) 격리 기술

기존의 격리 공정 기술(9.3.1절)은 디프–서브마이크론(deep-submicron: 0.25 μm 또는 그 이하 치수) 제조 공정에 적합하지 않은 몇 가지 단점을 가지고 있다. 실리콘에 대한 고온 산화 공정과 긴 산화 시간은 채널 저지 주입된 채널 저지 이온(통상적으로 NMOS의 경우, 붕소)이 활성 영역으로 측면 침투(encroachment)하는 현상과 문턱 전압(V_T)의 변화를 초래한다. 횡방향 산화 현상에 의하여 활성 영역의 면적이 축소된다. 또한 서브마이크론 격리 간격에서 형성된 필드 산화막 두께는 넓은 간격에서 형성된 산화막 두께보다 매우 얇다. 트렌치 격리 기술은 이러한 문제를 피할 수 있으며 격리 방법의 주요 기술로 자리잡게 되었다.

그림 9.26은 깊지만(3 μm보다 깊음) 좁은(2 μm보다 작다) 트렌치 격리 구조를 형

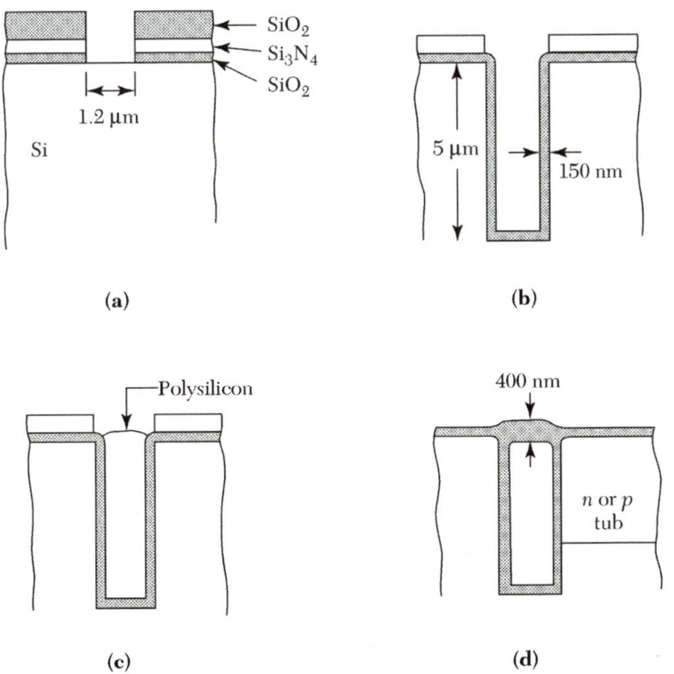

그림 9.26 깊고 좁은 트렌치 격리 구조 형성을 위한 공정 순서. (*a*) 트렌치 마스크 모형. (*b*) 트렌치 식각 및 산화막 성장. (*c*) 트렌치를 채우기 위한 다결정 실리콘 증착. (*d*) 평탄화.

성하는 공정 순서를 보여 준다. 다음과 같이 네 단계로 되어 있다: 영역 형상화, 트렌치 식각 및 산화막 성장, 산화물 또는 도핑되지 않은 다결정 실리콘 같은 유전 물질 채움, 그리고 평탄화. 이러한 깊은 트렌치 격리 기술은 진보된 CMOS와 쌍극성 소자 모두에, 또한 트렌치형 DRAM에 적용할 수 있다. 격리 물질이 CVD(화학 기상 증착) 공정에 의해 증착되기 때문에 깊은 트렌치 격리 기술은 긴 시간 혹은 고온 공정이 필요 없으며, 횡방향 산화 현상과 붕소의 측면 침투 문제를 제거한다.

또 다른 예는 그림 9.27에 나타낸 바와 같이 CMOS에 대한 얕은 트렌치(깊이가 1 μm 보다 작은) 격리 기술이다. 영역 형상화 과정 후(그림 9.27*a*), 트렌치 영역을 식각하고(그림 9.27*b*), 그 다음 산화물로 채운다(그림 9.27*c*). 다시 채움 공정 이전에 채널 저지 주입을 수행한다. 산화물이 트렌치에 과잉으로 채워지기 때문에 질화막 상단의 산화물은 제거되어야 한다. 질화막 상단의 산화물을 제거하고 표면을 평탄하게 하기 위하여 8.5.4절에서 논의한 화학적 기계적 연마(CMP: chemical mechanical polishing) 기술을 적용한다(그림 9.27*d*). 질화막은 연마하기 어렵기 때문에 CMP 공정을 정지시키는 정지 층(stop layer)으로 사용한다. 연마 과정 후에, 질화막과 산화막 층은 각각 H_3PO_4와 HF를 사용하여 제거된다. 이러한 초기 평탄화 공정 단계는 이어지는 다결정 실리콘 형상화 공정과 다층 연결선 공정에 대한 평탄화 작업을 수월하게 한다.

게이트 공학 기술

만일 n^+ 다결정 실리콘이 PMOS와 NMOS 게이트로 사용된다면 PMOS 문턱 전압(V_{T_p} ≅ −0.5∼−1.0 V)은 붕소 이온 주입에 의해 조절되어야만 한다. 그림 9.28*a*에서 보여 주는 바와 같이 PMOS의 채널은 매립형이 된다. 매립형 PMOS는 소자의 크기가 0.25 μm 이하로 축소됨에 따라 심각한 단채널 효과를 갖는다. 가장 널리 알려진 단채널 효

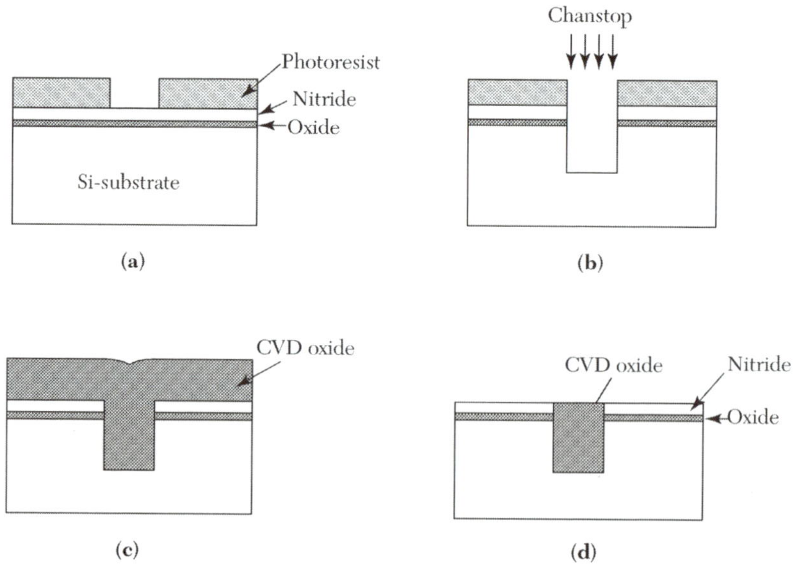

그림 9.27 CMOS용 얕은 트렌치 격리. (*a*) 질화/산화막 위에 감광막을 이용한 모형화. (*b*) 건식 식각 및 채널 저지 이온 주입. (*c*) 다시 채움용 산화막 화학 기상 증착. (*d*) 화학적 기계적 연마 공정 후 평탄화.

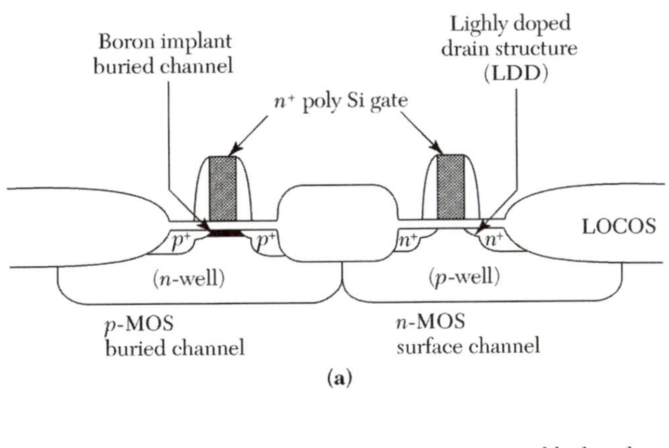

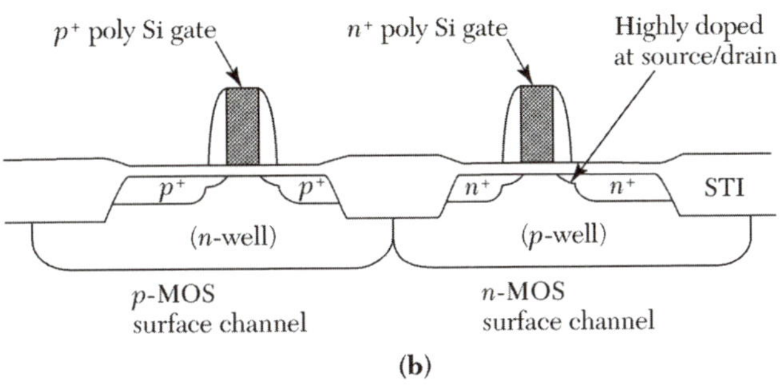

그림 9.28 (*a*) 단일 다결정 실리콘 게이트(n^+)의 일반적인 긴 채널 CMOS 구조. (*b*) 이중-다결정 실리콘 게이트의 진보된 CMOS 구조.

과는 문턱 전압 급속 저하(roll-off), 드레인 유기 장벽 감소(DIBL: drain-induced barrier lowering), 그리고 오프 상태에서의 많은 누설 전류 등이며, 결국 게이트 전압이 0 V임에도 불구하고 소스에서 드레인을 통하여 누설 전류가 흐른다. 이러한 문제를 경감하기 위하여 PMOS 게이트를 n^+ 다결정 실리콘에서 p^+ 다결정 실리콘으로 바꿀 수 있다. 일 함수 차로 인하여(n^+와 p^+ 다결정 실리콘 사이의 차 1.0 eV), 붕소를 이용한 문턱 전압(V_T) 조절용 이온 주입 없이 p형 표면형 채널 소자를 얻을 수 있다. 따라서 공정 기술이 0.25 μm 또는 그 이하로 축소됨에 따라 이중 게이트(dual gate)가 요구된다: PMOS 경우에는 p^+ 다결정 실리콘 게이트, NMOS 경우는 n^+ 다결정 실리콘 게이트(그림 9.28*b*). 표면형 채널과 매립형 채널의 V_T 비교 결과를 그림 9.29에서 볼 수 있다. 디프-서브마이크론 영역에서 표면형 채널의 V_T 급속 저하는 매립형 채널 소자의 경우보다 훨씬 느리다는 사실에 유의하여야 한다. 이는 디프-서브 마이크론 소자 동작에 적절한 p^+ 다결정 실리콘 게이트로 이루어진 표면 채널 소자 제작을 가능하게 한다.

통상적으로 p^+ 다결정 실리콘 게이트를 형성하기 위하여 BF_2^+ 이온 주입을 이용한다. 그러나 붕소는 고온에서 다결정 실리콘에서 산화막을 통과하여 실리콘 기판으로 침투하며, V_T 변화를 초래한다. 이러한 침투 현상은 불소(F) 원자에 의해 더욱 가속된다. 이 현상을 감소시키는 몇 가지 방법들이 있다: 고온에서 공정 시간 단축 및 이 결과에 따라 나타나는 붕소 확산의 감소 현상을 얻기 위한 급속 열처리(RTA: rapid thermal annealing) 공정 적용, 붕소는 쉽게 질소와 결합할 수 있고 이 결과 이동성이 저하

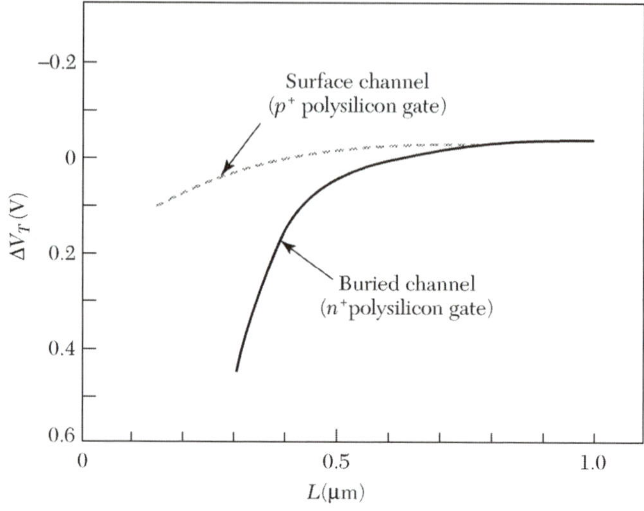

그림 9.29 매립형 채널과 표면형 채널의 문턱 전압 급속 저하. 채널 길이가 0.5 μm보다 작아짐에 따라 매우 급격히 저하된다.

되기 때문에 붕소의 침투를 막기 위한 질화 산화막을 사용, 두 개 층 계면에서 붕소 원자를 포획하기 위한 다결정 실리콘의 다층화.

그림 9.30은 면적이 대략 200 mm^2 정도이며, 4천 2백만 개 정도의 부품을 가지고 있는 마이크로프로세서(microprocessor) 칩(Pentium 4)을 보여 주고 있다. 이러한 극초 대규모(ULSI) 칩은 6층 알루미늄 금속 배선 공정으로 이루어진 0.18 μm CMOS 기술을 사용하여 제작되었다.

9.3.4 BiCMOS 기술

BiCMOS는 하나의 집적 회로에 CMOS와 쌍극성 소자들을 함께 병합하는 기술이다. 서로 다른 두 개의 기술을 병합하는 이유는 CMOS와 쌍극성 소자들 모두의 장점을 취한 집적 회로 칩을 개발하기 위한 것이다. CMOS는 전력 소모, 잡음 여유와 집적도 등의 장점을 갖고 있는 반면에 쌍극성 기술의 경우 스위칭 속도, 전류 구동 능력과 아날로그 능력 면에서 장점들을 보여 준다. 결과적으로, 주어진 설계 규칙 조건에서 BiCMOS는 CMOS보다 빠른 속도, 아날로그 회로에서의 우수한 성능을, 한편으로는 쌍극성 트랜지스터보다 낮은 전력 소모와 높은 집적도(higher component density)를 갖는다. 그림 9.31은 BiCMOS와 CMOS 논리 게이트를 비교하는 그림이다. CMOS 인버터의 경우, 부하 C_L을 구동하는(혹은 충전하는) 전류는 드레인 전류 I_{DS}이다. BiCMOS 경우, 전류는 $h_{fe}I_{DS}$이다. 이때 h_{fe}는 쌍극성 트랜지스터의 전류 이득이고, I_{DS}는 쌍극성 트랜지스터의 베이스 전류이며 CMOS M_2의 드레인 전류이다. h_{fe}가 1보다 매우 크기 때문에 속도는 충분히 증대된다.

BiCMOS는 여러 응용 분야에 널리 사용된다. 초기에는 SRAM 회로에 사용되었다. 근래 들어 BiCMOS 기술은 무선 송수신기(transceiver), 증폭기, 그리고 무선 통신 장비의 발진기 응용 개발에 성공적으로 적용되었다. 대부분의 BiCMOS 공정은

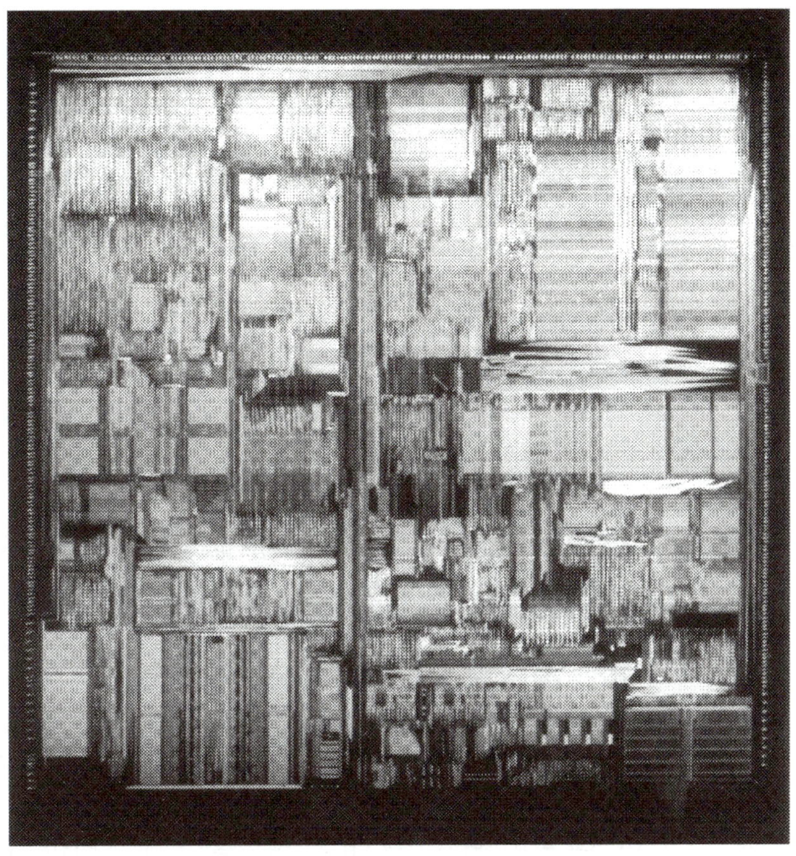

그림 9.30 32비트 펜티엄 4 마이크로프로세서 칩 사진. (인텔사 사진 제공.)

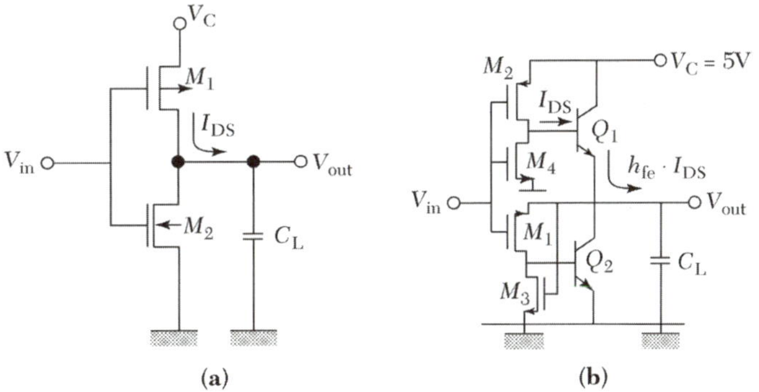

그림 9.31 (*a*) CMOS 논리 게이트. (*b*) 쌍극성 CMOS(BiCMOS) 논리 회로.

CMOS 공정을 근간으로 하며, 쌍극성 트랜지스터 제조용 마스크들을 추가하는 약간의 수정이 이루어진다. 다음에 기술하는 예(그림 9.32)는 이중 우물 CMOS 공정을 근간으로 하는 고성능 BiCMOS 공정을 보여 준다.[13]

p형 실리콘 기판으로 시작한다. 그 다음, 컬렉터 저항을 줄이기 위한 n^+ 매립 층을 형성한다. 펀치스루를 방지하는 목적으로 p형 매립 층의 농도를 증가시키기 위한 이

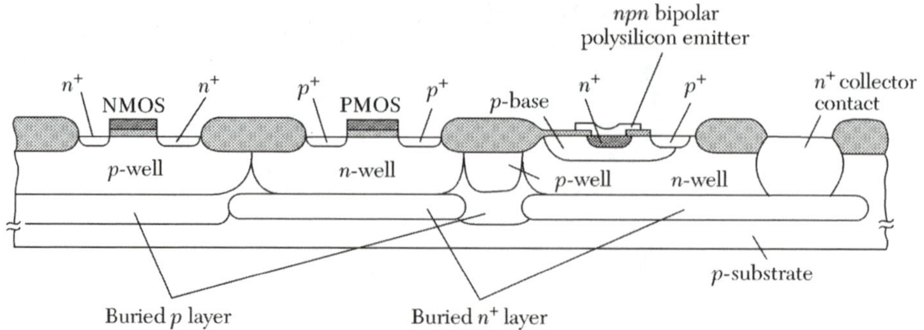

그림 9.32 최적화된 BiCMOS 소자 구조. 주요 특징은 다음과 같다: 집적도를 개선하기 위한 자기 정렬된 *p*형과 n^+형의 매립 층, 진성 배경 도핑 위의 에피택시얼 층에 형성된 이중 우물 CMOS(*n*형과 *p*형으로 각각 최적화된), 쌍극성 트랜지스터의 성능을 개선하기 위한 다결정 실리콘 이미터.[13]

온 주입 공정을 수행한다. 낮게 도핑된 *n*형 에피 층을 형성한 후, CMOS를 위한 이중 우물 공정을 수행한다. 쌍극성 트랜지스터의 고성능 특성을 얻기 위하여 네 장의 마스크가 추가로 필요하다. 이들 마스크는 n^+ 매립 마스크(buried n^+ mask), 컬렉터용 깊은 n^+ 마스크(collector deep n^+ mask), 베이스용 *p* 마스크(base *p* mask) 및 폴리-이미터 마스크(poly-emitter mask)이다. 다른 공정 단계에서, 베이스 접촉 지역용 p^+ 영역은 PMOS 소스/드레인 형성 이온 주입 공정 수행 시 p^+ 이온 주입으로 형성하고, n^+ 이미터는 NMOS 소스/드레인 형성 이온 주입 공정 수행 시 함께 형성한다. 표준 CMOS와 비교하여 추가된 마스크 수와 길어진 공정 시간이 BiCMOS의 중요한 결점이다. 추가 비용은 개선된 성능에 의해 증명되어야만 한다.

9.4 금속–반도체 전계 효과 트랜지스터(MESFET) 기술

새로운 제조 방법 및 회로 설계 방법과 관련하여 갈륨 아세나이드 공정 기법이 향상됨으로써 '실리콘 같은(silicon-like)' 갈륨 아세나이드 집적 회로 기술의 개발이 가능하게 되었다. 갈륨 아세나이드는 실리콘과 비교하여 세 개의 원천적인 장점이 있다: 주어진 소자 구조에 대한 낮은 직렬 저항을 초래하는 고속 전자 이동도, 소자의 속도를 향상시키는 주어진 전계 조건에서의 높은 표동 속도, 그리고 반절연성 물질(semiinsulating), 즉 격자 정합 유전체 절연 기판(lattice-matched dielectric-insulated substrate)을 제조할 수 있는 능력. 이에 반하여 세 가지 단점을 동시에 갖는다: 매우 짧은 소수 반송자 수명, 안정성 부족과 자연 발생 산화막 도포, 마지막으로 실리콘의 경우보다 몇십 배 높은 결정 결함. 짧은 소수 반송자 수명과 고품질 절연 막의 결핍 등이 갈륨 아세나이드를 이용한 쌍극성 소자의 개발을 방해하여 왔고, 또한 MOS 기술의 지연을 초래하였다. 따라서 갈륨 아세나이드 집적 기술은 MESFET 영역에 집중된다. 이 경우 주요 관심 분야는 다수 반송자의 이송 현상과 금속–반도체 접촉 분야이다.

고성능 MESFET에 대한 전형적인 제조 순서[14]가 그림 9.33에 나타나 있다. GaAs의 에피택시얼 층이 반절연성 GaAs 기판에 성장되고, 뒤이어 n^+ 접촉 층이 형성

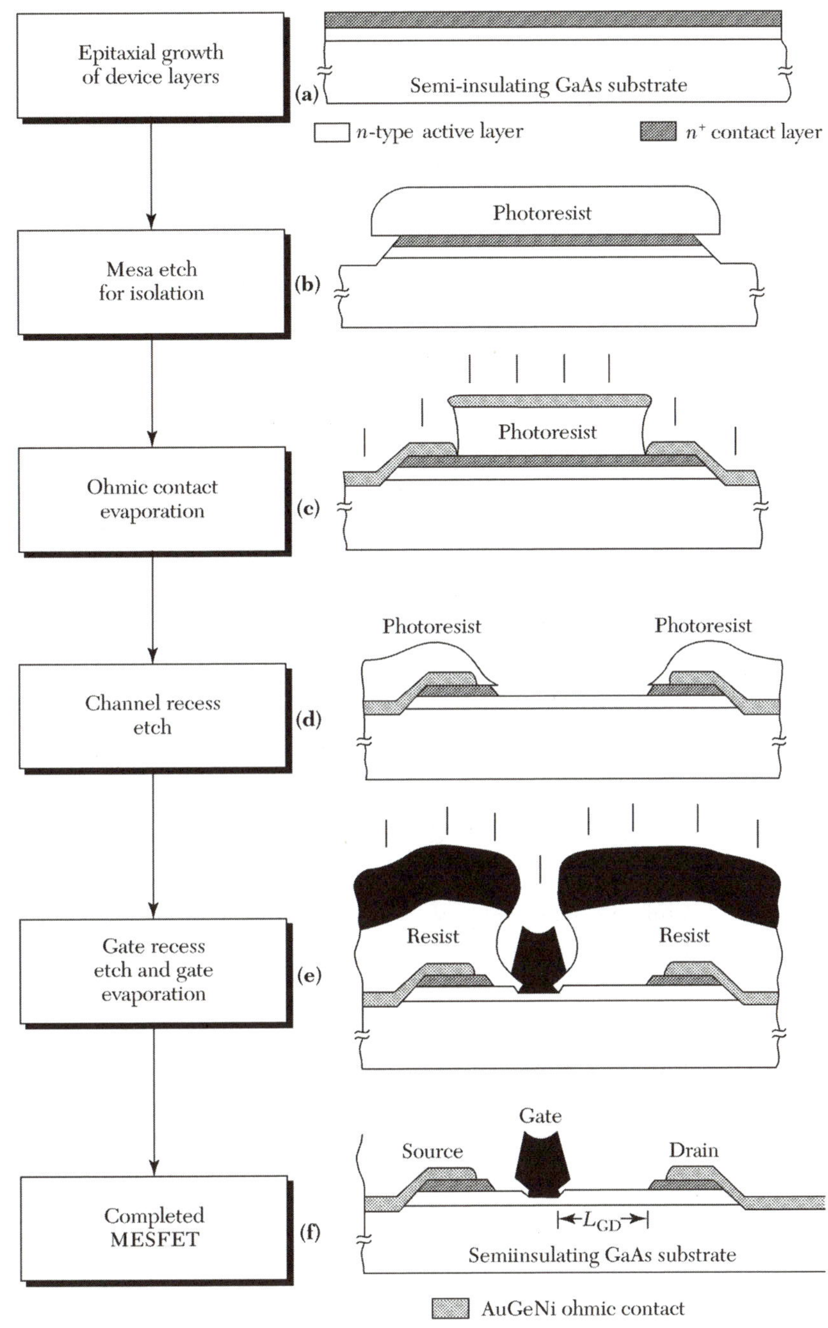

그림 9.33 GaAs MESFET의 제조 순서.[14]

된다(그림 9.33*a*). 격리 공정을 위하여 메사(mesa) 식각 공정 단계가 수행되고(그림 9.33*b*), 소스와 드레인의 저항성 접촉을 형성하기 위하여 금속 층이 기화(evaporated) 공정에 의해 형성된다(그림 9.33*c*). 안으로 패인(recess) 채널 식각 공정 다음으로 게이트 리세스(recess) 식각 공정과 게이트 기화 공정이 수행된다(그림 9.33*d*와 9.33*e*). 그림 9.33*e*와 같이 감광막을 제거하기 위한 떠오름(lift-off) 공정 뒤에 MESFET이 완성된다(그림 9.331*f*).

n^+ 접촉 층은 소스와 드레인의 저항성 접촉 저항을 감소시킨다. 게이트는 소스 저항을 최소화하기 위하여 소스 쪽으로 치우쳐 위치한다는 점에 유의하자. 에피택시얼 층은 소스와 드레인 저항의 표면 공핍 효과를 최소화할 수 있을 정도로 충분히 두껍다. 게이트 전극은 낮은 게이트 저항과 최소 게이트 길이를 제공하는 최소 단위를 갖는 아주 작은 단면적을 가진다. 길이 (L_{GD})는 게이트–드레인 절연 파괴 조건의 공핍 폭보다 더 크게 설계되어야 한다.

그림 9.34는 MESFET 집적 회로에 대한 대표적인 제조 순서를 보여 주고 있다.[15] n^+ 소스와 드레인 영역들은 각 MESFET 게이트에 자기 정렬된다. 증식형 스위칭 소자를 위하여 상대적으로 낮은 채널 이온 주입 공정이 수행되고, 공핍형 부하 소자를 위하여 고농도 이온 주입 공정이 수행된다. 게이트 리세스 공정은 일반적으로 디지털 집적 회로 제조에 사용하지 않는다. 그 이유는 각각의 깊이에 대한 균일성을 제어하기가 어렵고, 수용할 수 없는 문턱 전압의 변화를 야기하기 때문이다. 이러한 공정 순서는 **모놀리식 마이크로파 집적 회로**(MMIC: monolithic microwave integrated circuit) 제조에도 물론 사용될 수 있다. 갈륨 아세나이드 MESFET 공정 기술은 실리콘 기반의 MOSFET 공정 기술과 비슷한 점에 유의하자.

대규모 집적 수준(≈10,000 부품/칩)까지의 복잡성을 갖는 갈륨 아세나이드 집적 회로가 제조되어 왔다. 높은 표동 속도(실리콘보다 ≈20% 높은)로 인하여, 갈륨 아세나이드 집적 회로는 동일한 설계 규칙을 사용하는 실리콘 집적 회로의 경우보다 20% 높은 속도 특성을 갖는다. 그러나 갈륨 아세나이드가 극초 대규모 집적 회로 응용 분야에 대한 실리콘의 탁월한 위치에 도전하기 전에 결정(crystal)의 질과 공정 기술의 본질적인 개선이 필요하다.

9.5 MEMS 기술

다결정 실리콘으로 된 급회전 초소형 모터(spinning micromotor)가 실리콘 칩에 제작된 1980년대 후반부터 **극소 전자 공작 시스템**(MEMS: microclectromechanical system)에 대한 관심이 고조되어 왔다.[16,17] 실리콘 MEMS 제작 방식은 실리콘 집적 회로 제작을 위하여 개발되어 온 많은 고도의 기술들을 채택하였다. 이러한 접근 방식으로 MEMS 제품들이 집적 회로와 마찬가지로 일괄 제작 방식에 의해 싼 가격으로 생산될 수 있었다. 집적 회로 제조 공정에 추가하여, MEMS에 대한 다수의 특별한 기술이 개발되어 왔다. 이 절에서는 세 가지 특수한 식각 기법에 대해 고찰하고자 한다: 몸체 극소 기계 가공(bulk micromachining), 표면 극소 기계 가공(surface micromachining), 그리고 LIGA(lithographic, galvanoformung, abformung) 공정.

9.5.1 몸체 극소 기계 가공

몸체 극소 기계 가공(bulk micromachining) 방식에서는 소자(즉, 감지 장치와 작동

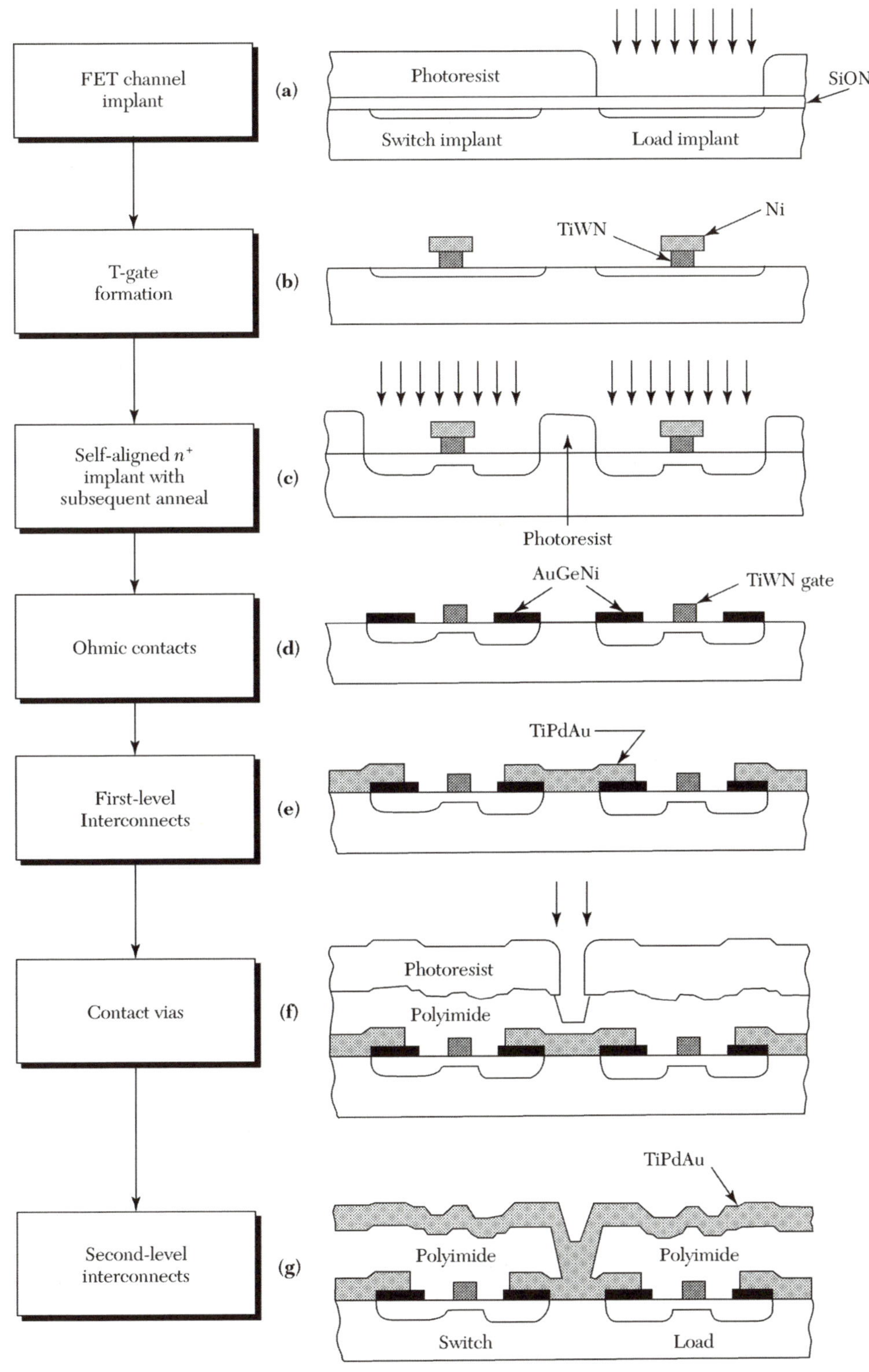

그림 9.34 활성 부하를 갖는 직접 결합 FET 논리(DCFL) MESFET의 제조 공정. 소스 및 드레인 영역이 자기 정렬되어 있다.[15]

기)가 커다란 단결정 기판을 식각하는 과정을 통하여 실현된다. 변환기 기능과 격리 영역을 정의하기 위하여 몸체 기판 위에 막(film)을 모형화한다. 고해상 식각 능력과 빈틈없는 치수 제어를 위하여 방향 종속형 습식 화학 식각 기법(orientation-dependent wet chemical etching technique)이 사용된다. 몸체 극소 기계 가공 방식에 의해 제작된 소자는 종종 기계적이거나 화학적인 신호들과 같은 측정된 변수들에 노출된 한쪽 면과, 다른 한쪽은 깨끗한 패키지에 둘러싸인, 자체적으로 격리된 구조를 생성하는 양면 공정을 사용한다. 양면 구조는 극소 전자 소자들에 비우호적인 환경에서 동작하는 데 매우 적합하다. 진동판(diaphragm) 압력 감지 장치, 멤브레인(membrane), 그리고 cantilever-beam piezoresistive 가속 감지기와 같은 간단한 기계적인 소자들이 이러한 기법에 의해 상업적으로 제조되었다. 그림 9.35는 간단한 실리콘 고무 멤브레인에 대한 제조 공정을 보여 준다.[18]

9.5.2 표면 극소 기계 가공

표면 극소 기계 가공(surface micromachining)된 소자들은 모두 박막으로 만들어진다. 몸체와 박막 물질에 의해 만들어진 구조들 사이에는 여러 가지 다른 점들과 거래(trade-off)들이 있다. 몸체 극소 기 계 가공된 감지 장치는 전형적으로 밀리미터(millimeter) 정도의 크기를 갖는 데 반하여, 표면 극소 기계 가공된 소자들은 마이크로미터(micrometer) 정도의 크기를 갖는다. 표면 극소 기계 가공 기술은 적층화, 층의 모형화, 혹은 박막을 '기초적 요소화(building block)' 하여 구조적으로 복잡한 소자들의 제작을 가능하게 한다. 반면에 다층화된 몸체 소자들은 만들기가 어렵다. 독립 구조로 된 부품과 이동 가능한 부품들은 희생적인 층을 이용하여 제조될 수 있다. 그림 9.36은 희생적인 식각 기법이 회전자와 중앙 허브 사이가 서브마이크론 허용 크기로 잘 정의된 정전 극소 모터를 생성하는 데 어떻게 사용되는가를 보여 준다.[17]

9.5.3 LIGA 공정

LIGA는 독일어 머리글자로 *lithographic*, *galvanoformung*, *abformung*을 나타낸

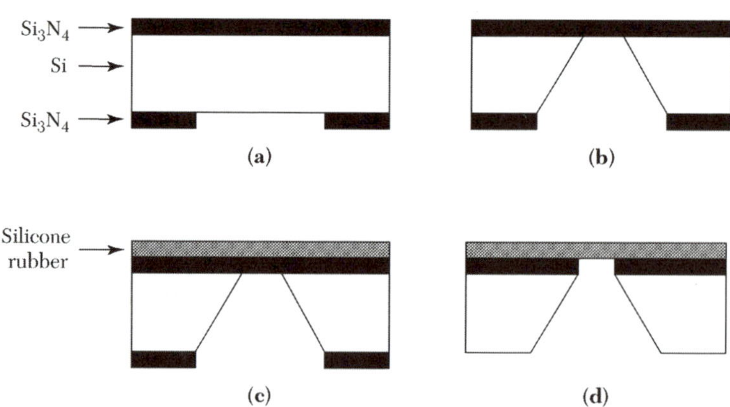

그림 9.35 간단한 실리콘 고무 멤브레인의 제조 공정. (*a*) 질화막 도포 및 모형화. (*b*) KOH 식각. (*c*) 실리콘 고무 회전 도포. (*d*) 뒷면의 질화막 제거.[18]

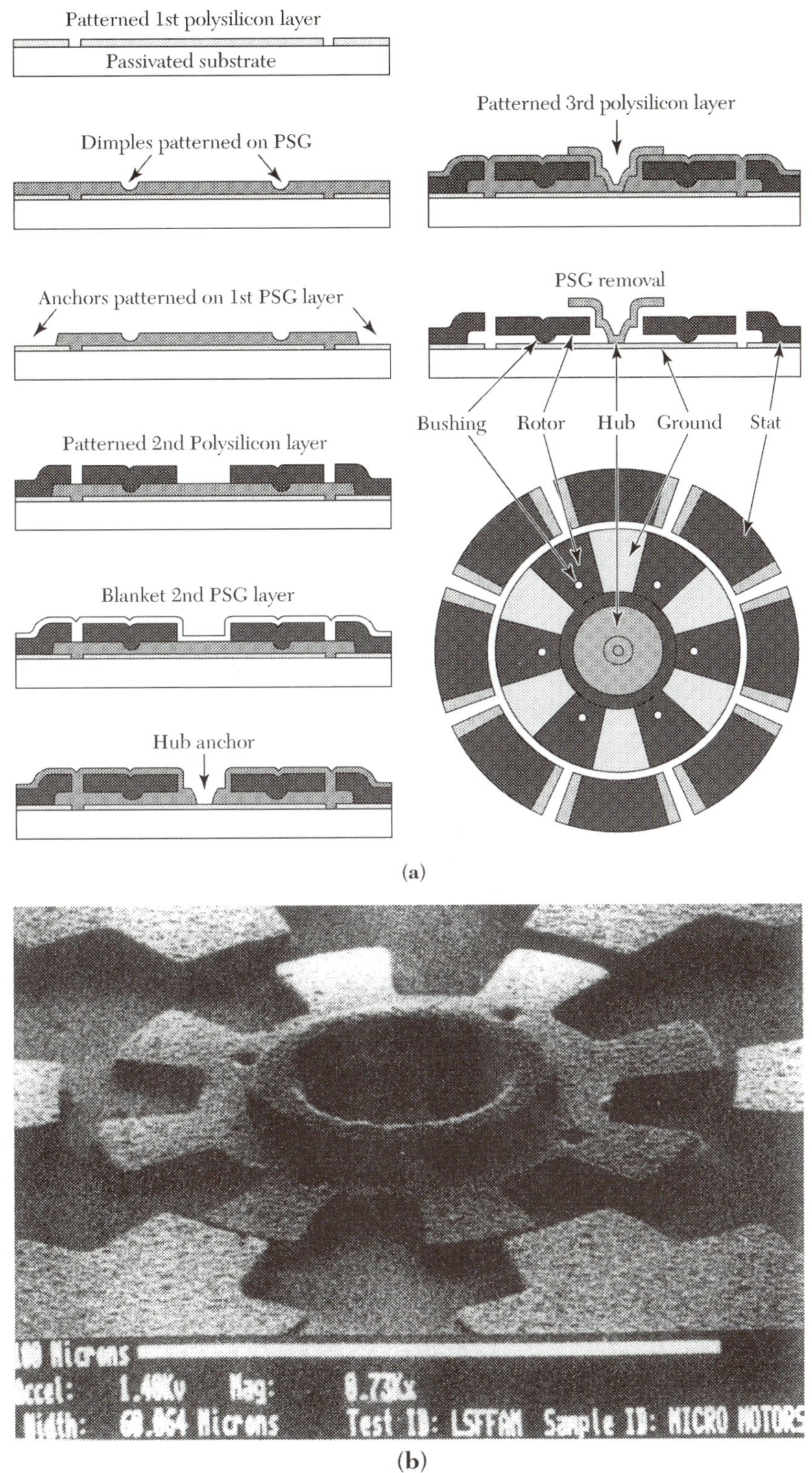

그림 9.36 (*a*) 정전기 극소 모터의 희생 공정 흐름. PSG, 인-규산염 유리. (*b*) 극소 모터의 사진.[17]

다.[19] 이는 세 가지 기본적인 공정 단계로 이루어져 있다: 노광(lithography), 전기 도금(electroplating), 그리고 성형물(molding). LIGA 공정은 입자 가속 장치에 의해 발생된 X선 방사를 기본으로 한다. 이 공정은 마이크로미터 정도의 횡적 크기를 갖고 또한 다양한 물질 종류에 따라 수백 마이크로미터의 구조적 높이를 갖는 미세 구조를 제작할 수 있다. 잠재적인 응용 분야는 마이크로 전자 공학, 감지기, 마이크로 광학, 마이크로 공학과 생물 공학 등이다.

LIGA 공정의 예가 그림 9.37에 있다. 두께가 300 μm에서 500 μm 이상 되는 X선 감응제가 전기적으로 전도성이 있는 기판 위에 증착된다. 그림 9.37*a*에서 보여 주는 바와 같이 강하게 집속시킨 X선을 X선 마스크를 통하여 집중적으로 조사하여 노광 모형 공정이 이루어진다. 꽃 모양의 트렌치 구조가 현상 처리된 후에 두꺼운 감응제 내에 형성된다(그림 9.37*b*). 다음 단계로 노출된 바닥의 전도성 기판 표면에 금속을 도금하고, 트렌치 형태를 채운 다음에 감응제로 상단의 표면을 덮는다(그림 9.37*c*). 감응제를 제거하면 금속 구조물이 형성된다(그림 9.37*d*). 이 구조는 본래의 도금용 금속 베이스의 다양한 플라스틱 복제품을 제작하기 위한 사출 성형기구의 금형 삽입물로 반복하여 사용될 수 있다(그림 9.37*e*). 도금용 금속 베이스 복제품은 그림 9.37*f*와 9.37*g*에 나타낸 바와 같이 최종 제조물로서 많은 금속 구조를 전기 도금하기 위해 사용될 수 있다.

LIGA 공정의 명백한 장점은 표면 극소 기계 가공 기술과 마찬가지로 어느 정도의 설계 융통성을 유지한 채 몸체 극소 기계 가공된 소자들과 같이 두꺼운 3차원 구조를 생성하는 능력이다. 그러나 초기의 입자 가속 방사 공정은 매우 고가의 공정 단계이고, 금형물 분리 단계들은 본래의 금형 삽입물의 퇴화를 초래한다.

9.6 공정 모의 실험

SUPREM은 완전한 집적 회로 제조 순서에 대한 모의 실험에 매우 유용하게 사용된다. 예를 들어,[20] 9.3.1절에서 기술한 NMOS 다결정 실리콘 게이트 공정 모의 실험을 검토하기로 하자. 모의 실험하고자 하는 소자의 단면은 그림 9.17*c*에 나와 있는데, 그림 9.38에 다시 나타내었다. 절단 축 *A–A′*, *B–B′*, 그리고 *C–C′*로 표시된 소자의 세 개의 수직 영역을 모의 실험한다. 이러한 세 개의 모의 실험은 소자의 중앙부, 소스/드레인 영역과 필드 영역을 각각 나타낸다.

모두 다섯 개의 SUPREM 입력 덱(deck)을 사용하여 이 구조를 모의 실험한다. 첫 번째 덱은 공정 순서가 게이트와 소스드레인 영역으로 갈라지는 지점까지 소자의 활성 영역에 관련된 공정 단계를 모의 실험한다. 두 번째와 세 번째 덱은 첫 번째 덱의 결과를 가지고 시작하며, 게이트 영역과 소스/드레인 영역 각각에 대하여 공정 단계를 완료한다. 이 과정은 구조에 대한 정보를 저장하기 위하여 첫 번째 덱의 마지막 단계에서 `SAVEFILE` 명령문을 사용하고, 바로 뒤에 이어서 두 번째와 세 번째 덱에서 `INITIALIZE` 명령문에 저장된 구조에 대한 정보를 사용하여 이루어진다. 네 번째 덱은 필드 영역에 대한 공정 단계를 모의 실험하는 과정을 제외하고는 첫 번째 덱과 비슷하다. 다섯 번째 덱은 필드 영역 공정 과정을 마무리한다.

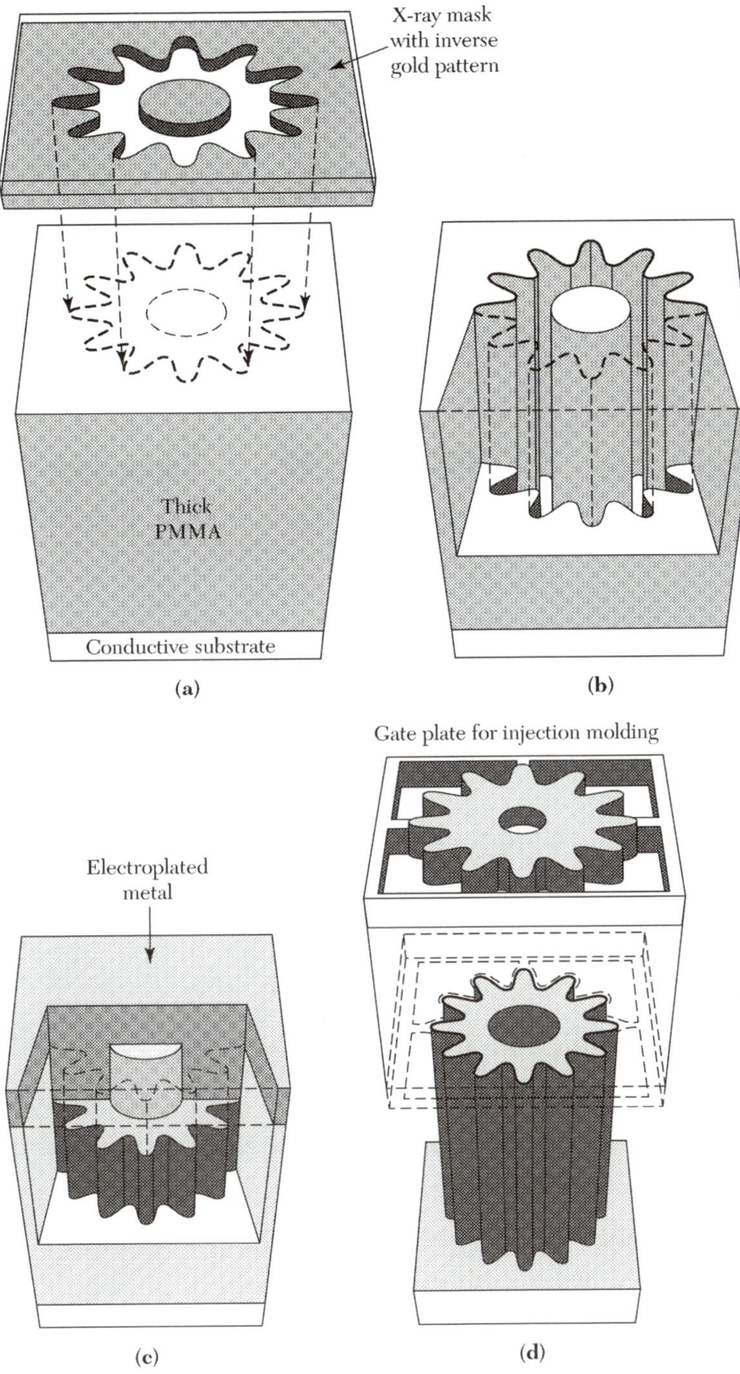

그림 9.37 LIGA 공정.[19]

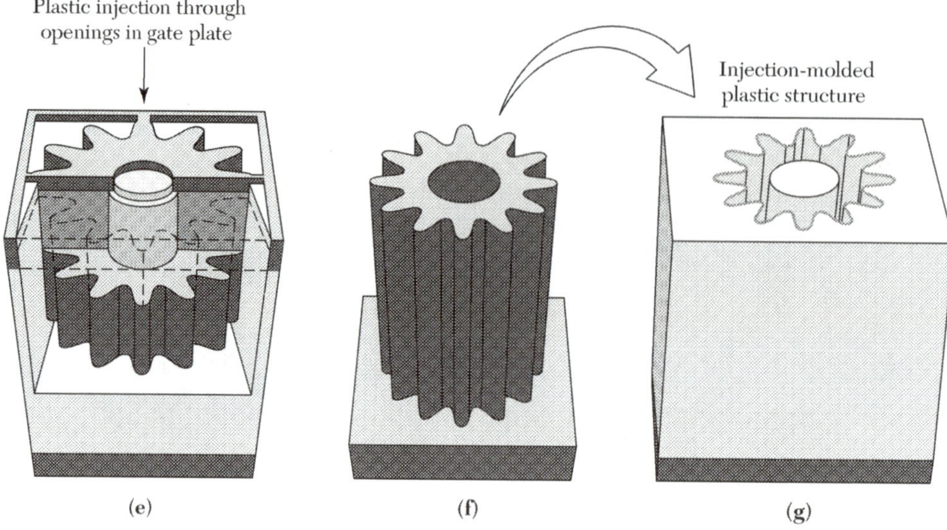

그림 9.37 계속.

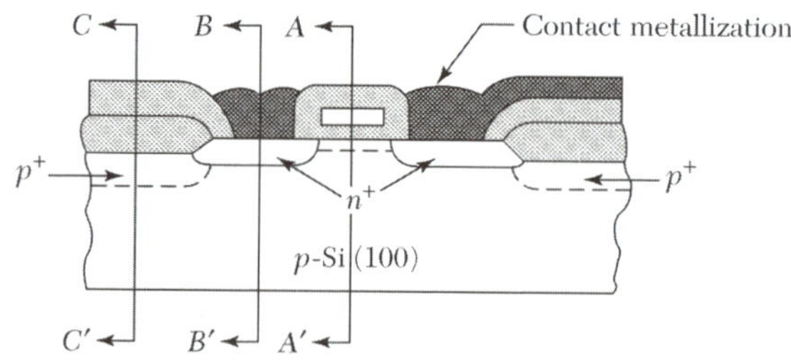

그림 9.38 SUPREM 모의 실험을 위한 NMOS 소자.

완전한 공정 순서는 다음과 같다.

1. 높은 고유 저항의 <100> p형 실리콘 기판으로 시작한다.
2. 400 Å 두께의 SiO_2 패드 층을 성장시킨다.
3. 800 Å 두께의 실리콘 질화막 층을 패드 산화막 위에 증착한다.
4. 활성 영역 이외의 지역에서 질화막을 벗긴다.
5. 필드 영역으로 붕소를 이온 주입한다.
6. 필드 영역을 1000°C, 습한 산소 분위기에서 3시간 동안 산화시킨다.
7. 활성 영역에서 실리콘 표면까지 식각한다.
8. MOSFET의 문턱 전압을 조절하기 위하여 붕소를 이온 주입한다.
9. 400 Å 두께의 게이트 산화막을 성장시킨다.
10. 0.5 μm 두께의 다결정 실리콘을 증착한다.
11. $POCl_3$를 사용하여 다결정 실리콘을 인(phosphorus)으로 도핑한다.
12. 게이트 영역 바깥에 있는 다결정 실리콘을 식각한다.

13. 소스/드레인 영역을 형성하기 위하여 비소(As: arsenic)로 이온 주입한다.
14. 이온 주입된 소스/드레인 영역의 As를 1000°C, 건조한 산소 분위기에서 10분 동안 후확산시킨다.
15. 게이트, 소스, 드레인 영역에 접촉 개구부를 뚫는다.
16. 웨이퍼 전체 표면을 인으로 도핑된 SiO_2(인-유리)로 덮는다.
17. 인-유리를 1000°C에서 30분 동안 활성화(reflow)한다.
18. 접촉 개구부를 다시 뚫은 다음 알루미늄을 증착한다.

게이트(절단면 *A–A′*) 영역, 소스/드레인(절단면 *B–B′*) 영역, 그리고 필드(절단면 *C–C′*) 영역에서의 도핑 농도 분포에 대한 그림들이 각각 그림 9.39, 9.40과 9.41에 나타나 있다. SUPREM 입력 목록은 다음과 같다.

```
TITLE          NMOS Polysilicon Gate-Deck 1
COMMENT        Active device region initial processing
COMMENT        Initialize silicon substrate
INITIALIZE     <100> Silicon Boron Concentration=1e15
COMMENT        Grow 400A pad oxide
DIFFUSION      Time=40 Temperature=1000 DryO2
COMMENT        Deposit 800A CVD nitride
DEPOSITION     Nitride Thickness=0.08
COMMENT        Grow field oxide
DIFFUSION      Time=180 Temperature=1000 WetO2
COMMENT        Etch to silicon surface
ETCH           Oxide all
ETCH           Nitride all
ETCH           Oxide all
COMMENT        Implant boron to shift threshold voltage
IMPLANT        Boron Dose=4e11 Energy=50
COMMENT        Grow gate oxide
DIFFUSION      Time=30 Temperature=1050 DryO2 HCl%=3
COMMENT        Deposit polysilicon
DEPOSITION     Polysilicon Thickness=0.5 Temperature=600
COMMENT        Dope the polysilicon using POCl3
DIFFUSION      Time=25 Temperature=1000 Phosphorus solidsol
PRINT          Layers
PLOT           Chemical Boron Phosphor Net
SAVEFILE       Structur Filename=nmosactiveinit.str
STOP           End Deck 1

TITLE          NMOS Polysilicon Gate-Deck 2
COMMENT        Gate region
COMMENT        Initialize silicon substrate
INITIALIZE     Structur=nmosactiveinit.str
COMMENT        Implant arsenic for source/drain regions
IMPLANT        Arsenic Dose=5e15 Energy=150
COMMENT        Drive-in arsenic and re-oxidize source/drain regions
DIFFUSION      Time=30 Temperature=1000 DryO2
COMMENT        Etch contact holes to gate, source, and drain regions
ETCH           Oxide
COMMENT        Deposit phosphorus-doped SiO2 using CVD
```

```
DEPOSITION    Oxide Thickness=0.75 C.phosphor=1e21
COMMENT       Reopen contact holes
ETCH          Oxide
COMMENT       Deposit Aluminum
DEPOSITION    Aluminum Thickness=1.2
PRINT         Layers
PLOT          Chemical Boron Arsenic Phosphor Net
STOP          End Deck 2

TITLE         NMOS Polysilicon Gate-Deck 3
COMMENT       Source/drain regions
COMMENT       Initialize silicon substrate
INITIALIZE    Structur=nmosactiveinit.str
COMMENT       Etch polysilicon and oxide over source/drain regions
ETCH          Polysilicon
ETCH          Oxide
COMMENT       Implant arsenic for source/drain regions
IMPLANT       Arsenic Dose=5e15 Energy=150
COMMENT       Drive-in arsenic and re-oxidize source/drain regions
DIFFUSION     Time=30 Temperature=1000 DryO2
COMMENT       Etch contact holes to gate, source, and drain regions
ETCH          Oxide
COMMENT       Deposit phosphorus-doped SiO2 using CVD
DEPOSITION    Oxide Thickness=0.75 C.phosphor=1e21
COMMENT       Reflow glass to smooth surface and dope contact holes
DIFFUSION     Time=30 Temperature=1000
COMMENT       Reopen contact holes
ETCH          Oxide
COMMENT       Deposit Aluminum
DEPOSITION    Aluminum Thickness=1.2
PRINT         Layers
PLOT          Chemical Boron Arsenic Phosphor Net
STOP          End Deck 3

TITLE         NMOS Polysilicon Gate-Deck 4
COMMENT       Isolation region initial processing
COMMENT       Initialize silicon substrate
INITIALIZE    <100> Silicon Boron Concentration=1e15
COMMENT       Grow 400A pad oxide
DIFFUSION     Time=40 Temperature=1000 DryO2
COMMENT       Implant boron to increase field doping
IMPLANT       Boron Dose=1e13 Energy=150
COMMENT       Grow field oxide
DIFFUSION     Time=180 Temperature=1000 WetO2
COMMENT       Implant boron to shift threshold voltage
IMPLANT       Boron Dose=4e11 Energy=50
COMMENT       Grow gate oxide
DIFFUSION     Time=30 Temperature=1050 DryO2 HCl%=3
COMMENT       Deposit polysilicon
DEPOSITION    Polysilicon Thickness=0.5 Temperature=600
COMMENT       Dope the polysilicon using POCl3
DIFFUSION     Time=25 Temperature=1000 Phosphorus solidsol
PRINT         Layers
PLOT          Chemical Boron Phosphor Net
SAVEFILE      Structur Filename=nmosfieldinit.str
```

```
STOP           End Deck 4

TITLE          NMOS Polysilicon Gate-Deck 5
COMMENT        Isolation region final processing
COMMENT        Initialize silicon substrate
INITIALIZE     Structur=nmosfieldinit.str
COMMENT        Etch polysilicon and oxide over source/drain regions
ETCH           Polysilicon
ETCH           Oxide Thickness=0.07
COMMENT        Implant arsenic for source/drain regions
IMPLANT        Arsenic Dose=5e15 Energy=150
COMMENT        Drive-in arsenic and re-oxidize source/drain regions
DIFFUSION      Time=30 Temperature=1000 DryO2
COMMENT        Deposit phosphorus-doped SiO2 using CVD
DEPOSITION     Oxide Thickness=0.75 C.phosphor=1e21
COMMENT        Reflow glass to smooth surface and dope contact holes
DIFFUSION      Time=30 Temperature=1000
COMMENT        Deposit Aluminum
DEPOSITION     Aluminum Thickness=1.2
PRINT          Layers
PLOT           Chemical Boron Arsenic Phosphor Net
STOP           End Deck 5
```

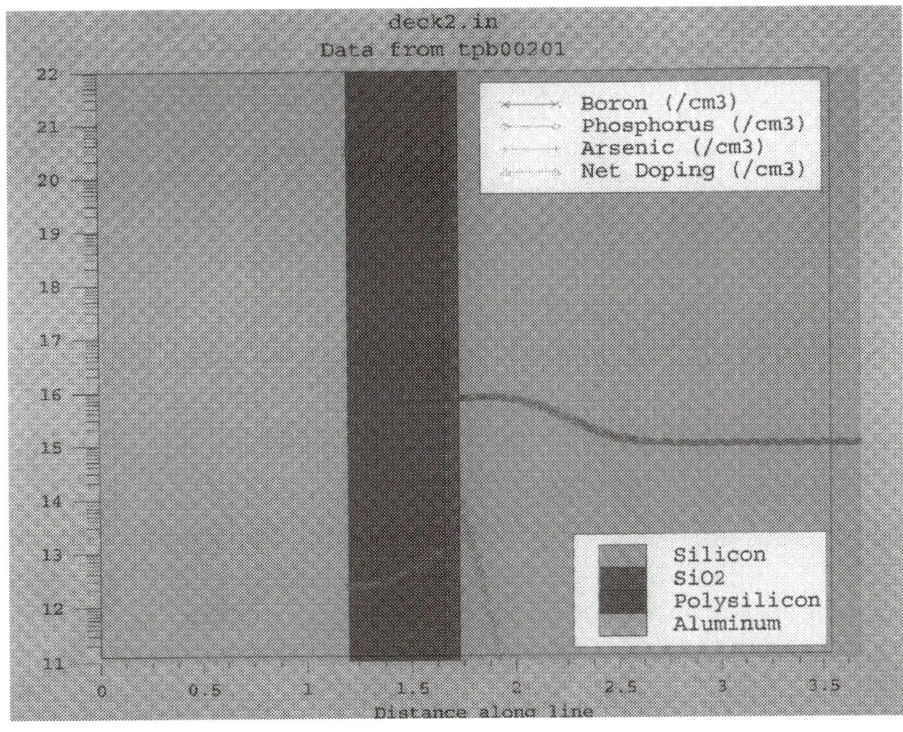

그림 9.39 게이트 영역의 도핑 분포 그림.

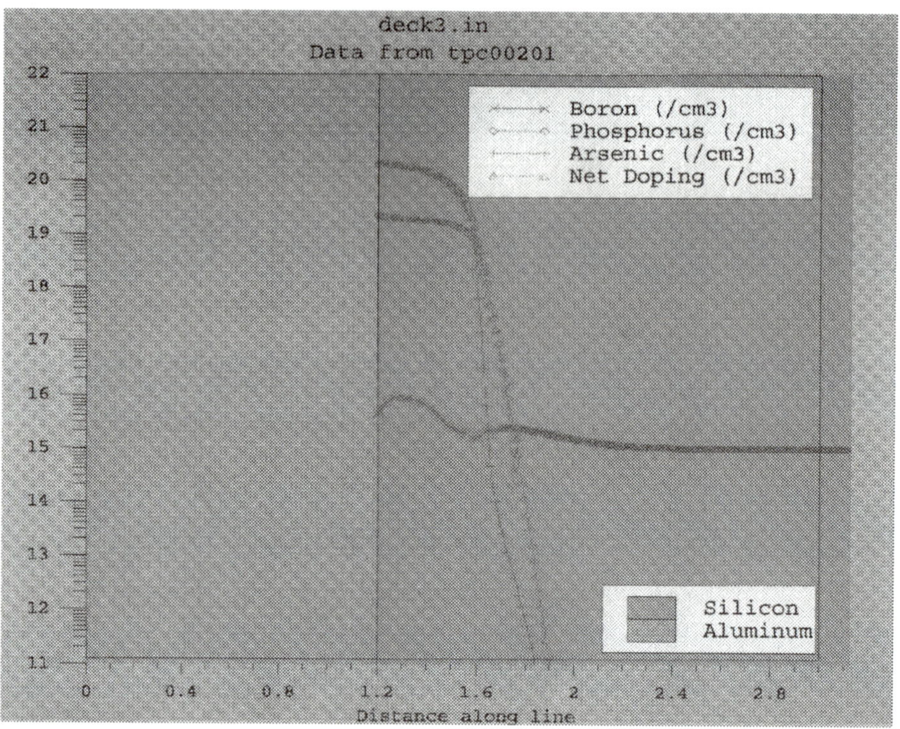

그림 9.40 소스/드레인 영역의 도핑 분포 그림.

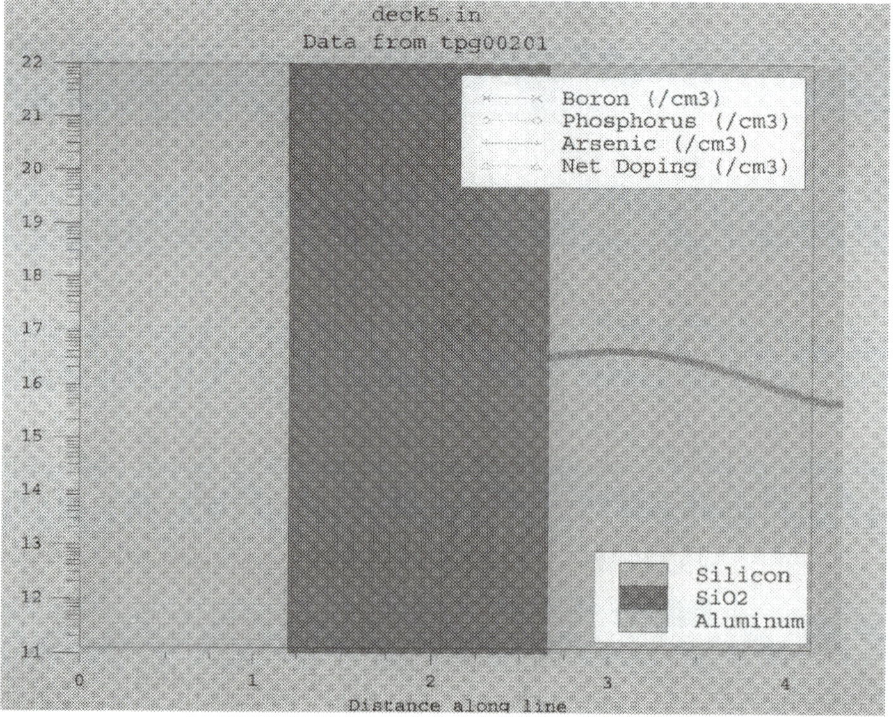

그림 9.41 필드 영역의 도핑 분포 그림.

9.7 요약

이 장에서는 수동 소자들, 능동 소자들, 집적 회로들과 MEMS에 대한 공정 기술에 대하여 고찰하였다. 쌍극성 트랜지스터, MOSFET과 MESFET에 기초한 세 가지 주요 집적 회로 기술을 자세하게 논의하였다. MOSFET은 쌍극성 트랜지스터와 비교하여 우수한 성능을 가지고 있기 때문에 적어도 2014년까지는 가장 유력한 기술이 될 것이다. 100 nm CMOS 기술을 위한 가장 좋은 가능성은 SOI 기판과 구리와 저-*k* 물질을 이용한 연결 배선을 혼합한 기술이다.

MEMS는 여전히 신흥 분야이다. MEMS는 집적 회로 제조 방식으로부터 노광 기술과 식각 기술을 채택하였다. 특별한 식각 기법들도 물론 MEMS를 위하여 개발되었다: 방향성-종속 식각 공정을 이용한 몸체 극소 기계 가공, 희생 층을 이용한 표면 극소 기계 가공, 강하게 집속시킨 조사 방식에 의한 X선 노광 기술을 이용한 LIGA.

참고 문헌

1. For a detailed discussion on IC process integration, see C. Y. Liu and W. Y. Lee, "Process Integration," in C. Y. Chang and S. M. Sze, Eds., *ULSI Technology*, McGraw-Hill, New York, 1996.
2. T. Tachikawa, "Assembly and Packaging," in C. Y. Chang and S. M. Sze, Eds., *ULSI Technology*, McGraw-Hill, New York, 1996.
3. T. H. Lee, *The Design of CMOS Radio-Frequency Integrated Circuits*, Cambridge University Press, Cambridge, U. K., 1998, Ch. 2.
4. D. Rise, "Isoplanar-S Scales Down for New Heights in Performance," *Electronics*, **53**, 137 (1979).
5. T. C. Chen, et al., "A Submicrometer High-Performance Bipolar Technology," *IEEE Electron Device Lett.*, **10**(8), 364 (1989).
6. G. P. Li et al, "An Advanced High-Performance Trench-Isolated Self-Aligned Bipolar Technology," *IEEE Trans. Electron Devices*, **34**(10), 2246 (1987).
7. W. E. Beasle, J. C. C. Tsai, and R. D. Plummer, Eds., *Quick Reference Manual for Semiconductor Engineering*, Wiley, New York, 1985.
8. R. W. Hunt, "Memory Design and Technology," in M. J. Howes and D. V. Morgan, Eds., *Large Scale Integration*, Wiley, New York, 1981.
9. A. K. Sharma, *Semiconductor Memories—Technology, Testing, and Reliability*, IEEE, New York, 1997.
10. U. Hamann, "Chip Cards-The Application Revolution," *IEEE Tech. Dig. Int. Electron Devices Meet.*, p. 15 (1997).
11. R. D. Rung, H. Momose, and Y. Nagakubo, "Deep Trench Isolation CMOS Devices," *IEEE Tech. Dig. Int. Electron Devices Meet.*, p. 237 (1982).
12. D. M. Bron, M. Ghezzo, and J. M. Primbley, "Trends in Advanced CMOS Process Technology," *Proc. IEEE*, p. 1646 (1986).
13. H. Higuchi, et al., "Performance and Structure of Scaled-Down Bipolar De-

vices Merge with CMOSFETs," *IEEE Tech. Dig. Int. Electron Devices Meet.*, p. 694 (1984).

14. M. A. Hollis and R. A. Murphy, "Homogeneous Field-Effect Transistors," in S. M. Sze, Ed., *High-Speed Semiconductor Devices*, Wiley, New York, 1990.

15. H. P. Singh, et al., "GaAs Low Power Integrated Circuits for a High Speed Digital Signal Processor," *IEEE Trans. Electron Devices*, **36**, 240 (1989).

16. C. H. Mastrangelo and W. C. Tang, "Semiconductor Sensor Technology," in S. M. Sze, Ed., *Semiconductor Sensors*, Wiley, New York, 1994.

17. L. S. Fan, Y. C. Tai, and R. S. Muller, "IC-Processed Electrostatic Micromotor," in *IEEE Int. Electron Devices Meet.*, p. 666 (1988).

18. X. Yang, et al., "A MEMS Thermopneumatic Silicone Rubber Membrane Valve," *Sens. Actuators*, **A64**,101 (1998).

19. W. Ehrfeld, et al., "Fabrication of Microstructures Using the LIGA Process, *Proc. IEEE Micro Robots and Teleoperators Workshop*, Hyannis, MA, Nov. 1987.

20. C. P. Ho and S. E. Hansen, *SUPREM III User's Manual*, Stanford University, 1983.

연습 문제

어려운 문제에는 별표를 하였다.

9.1 절: 수동 부품

1. 면 저항이 1 kΩ/□인 경우, 4 μm 피치(즉, 평행으로 지나는 두 선의 중앙에서 중앙까지의 거리)를 갖는 2 μm 선을 이용하여 면적이 2.5 × 2.5 mm인 칩에 제작할 수 있는 최대 저항을 구하라.
2. 5 pF MOS 축전기를 제작할 수 있는 마스크 세트를 설계하라. 산화막 두께는 30 nm이다. 최소 창 크기는 2 × 10 μm이고 최대 기재(registration) 오차는 2 μm이다.
3. 기판 위에 세 번 감긴(권선) 나선형 유도체를 제작하는 완전한 마스크 세트를 단계적으로 그리라.
4. 10 nH 정방형 나선 유도체를 설계하라. 연결 배선의 전체 길이는 350 μm이고 돌림(권선) 간의 간격은 2 μm이다.

9.2절: 쌍극성 기술

5. 클램프된(clamped) 트랜지스터의 회로도와 소자의 단면도를 그리라.
6. 자기 정렬된 이중-다결정 실리콘 쌍극성 구조에 대하여 아래에 기술한 단계의 목적을 설명하라:

(a) 그림 9.13*a*에서 트렌치 내의 도핑되지 않은 다결정 실리콘, (b) 그림 9.13*b*에서 폴리 1, 그리고 (c) 그림 9.13*d*에서 폴리 2.

9.3절: MOSFET 기술

*7. NMOS 공정에서 10 Ω-cm, <100> 방향의 p형 실리콘 웨이퍼로 시작한다. 두께가 25 nm인 게이트 산화막을 통하여 10^{16} ions/cm^2, 30 keV로 비소(As)를 이온 주입하여 소스와 드레인을 형성한다. (a) 이 소자의 문턱 전압 변화를 추정하라. (b) 표면에 수직인 방향에 따라 채널 영역이나 소스 영역을 지나는 도핑 분포를 그리라.

8. (a) NMOS 제조 과정에서 <100> 방향을 선호하는 이유는 무엇인가? (b) NMOS 소자에 사용된 필드 산화물 두께가 너무 얇을 경우, 단점은 무엇인가? (c) 게이트의 길이가 3 μm보다 작을 경우에 다결정 실리콘을 게이트로 사용할 경우 나타나는 문제들은 무엇인가? 다른 물질로 다결정 실리콘을 대체할 수 있는가? (d) 어떻게 자기 정렬 게이트를 얻을 수 있는가? 이들의 장점은 무엇인가? (e) 인−유리 (P-glass)를 사용하는 목적은?

*9. 부동 게이트 비휘발성 메모리의 경우, 아래쪽 절연 물질은 유전 상수가 4이고 두께는 10 nm이다. 부동 게이트 위의 절연 물질은 유전 상수가 10이고 두께는 100 nm이다. 아래쪽 절연 물질 내에서의 전류 밀도 J는 $J = \sigma E$로 주어지고, 이때 $\sigma = 10^{-7}$ S/cm이다. 한편 다른 쪽 유전 물질 내의 전류는 무시할 수 있을 만큼 작다. 다음의 조건 (a) 0.25 μs, (b) 아래쪽 절연 물질 내에서의 전류 밀도 J가 무시할 수 있을 만큼 작게 되도록 충분히 오랜 시간을 갖는 경우, 제어 게이트에 10 V를 인가하여 야기되는 소자의 문턱 전압 변화를 구하라.

10. 그림 9.23에서 보여 주는 바와 같이 CMOS 인버터 제작 과정에 대한 완전한 마스크 세트를 단계적으로 그리라. 단위를 고려하여 그림 9.23*c*에서 보여 주는 바와 같은 단면에 특별히 주의를 기울이라.

*11. 0.5 μm 디지털 CMOS 기술을 사용한 5 μm 폭의 트랜지스터들이 있다. 최소 선 폭은 1 μm, 금속 배선 층은 1 μm 두께의 알루미늄으로 되어 있다. μ_n은 400 cm^2/V-s, d는 10 nm, V_{DD}는 3.3V이고 문턱 전압은 0.6 V라고 가정한다. 마지막으로, 단면적이 1 μm^{2}인 알루미늄 배선에 NMOS 트랜지스터가 공급할 수 있는 최대 전류가 흐를 때 허용 전압 강하 값이 0.1 V라 가정한다. 배선의 길이는 얼마가 될 수 있는가? MOS 전류 구동력(알루미늄의 고유 저항은 2.7×10^{-8} Ω-cm)을 예상하기 위하여 간단한 제곱 법칙과 긴 채널 모델을 사용하라.

12. 다음에 제시된 공정 단계에 해당하는 이중 통(twin-tub) CMOS 구조의 단면을 그리라: (a) n형 통 이온 주입, (b) p형 통 이온 주입, (c) 이중 통 형성 후확산, (d) 비선택적 p^+ 소스/드레인 이온 주입, (e) 감광제를 마스크로 사용한 선택적 n^+ 소스/드레인 이온 주입, 그리고 (f) 인−유리 증착.

13. PMOS를 위하여 p^+ 다결정 실리콘 게이트를 사용하는 이유를 설명하라.

14. p^+ 다결정 실리콘 PMOS의 붕소 침투 문제는 무엇인가? 이 문제를 해결하는 방법

은 무엇인가?

15. 양질의 계면 특성을 얻기 위하여 고-k 물질과 기판 사이에 통상적으로 완충 층을 증착한다. 적층 게이트 유전체 구조가 (a) 0.5 nm 두께의 완충 질화물일 경우와 (b) 10 nm 두께의 Ta_2O_5일 경우, 유효 산화막 두께를 계산하라.

16. LOCOS 기술의 단점을 기술하고, 얕은 트렌치 격리 기술의 장점을 기술하라.

▶ 9.4절: MESFET 기술

17. 그림 9.34*f*에 사용된 폴리이미드(potyimide)의 목적은 무엇인가?

18. GaAs를 사용하여 쌍극성 트랜지스터와 MOSFET을 만들기 어려운 이유는 무엇인가?

▶ 9.6절: 공정 모의 실험

*19. 9.2.1절에 기술된 쌍극성 공정을 모의 실험하기 위하여 SUPREM을 이용하라. 다음에 언급한 수직 단면에 대한 도핑 분포를 그리라: (a) 베이스 접촉의 상단부로부터, (b) 이미터 접촉의 상단부로부터, (c) 컬렉터 접촉의 상단부로부터.

*20. 그림 9.23에 기술된 CMOS 공정을 모의 실험하기 위하여 SUPREM을 이용하라. 다음에 언급한 수직 단면에 대한 도핑 분포를 그리라: (a) PMOS 소스/드레인 영역을 통과하는, (b) PMOS 게이트 영역을 통과하는, (c) NMOS 소스/드레인 영역을 통과하는, (d) NMOS 게이트 영역을 통과하는.

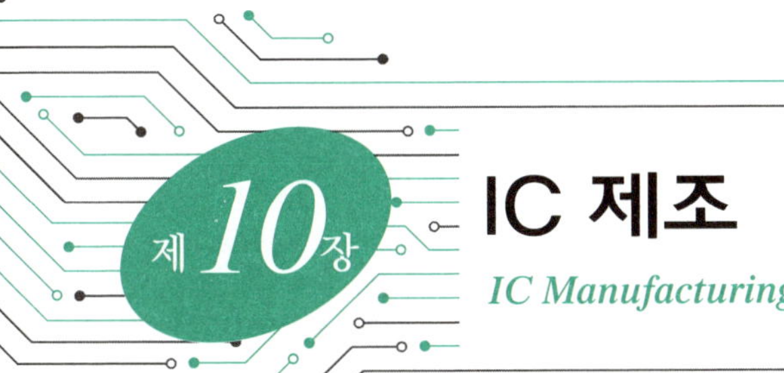

IC 제조

IC Manufacturing

제조란 가공되지 않은 물질로부터 최종 제품을 만들어 내는 과정이라고 정의할 수 있다. 그림 10.1과 같이 제조 공정은 가공되지 않은 물질과 공급 물질을 입력하여 최종 상품을 출력하는 과정으로 그려 낼 수 있다. 집적 회로의 제조에 있어서 입력되는 물질은 반도체 웨이퍼, 절연체, 불순물, 그리고 금속이며, 출력은 IC 자체이다. IC 제조에서 필요한 과정의 종류는 이 책의 앞장에서 다루었듯이 산화와 증착 과정, 노광, 식각, 그리고 도핑(주입 그리고/또는 확산)이다.

그러나 IC가 여러 가지 상용 시스템이나 제품(컴퓨터, 휴대폰, 디지털 카메라 등과 같은)에 적용되기 위해서는 여러 가지 다른 중요한 공정을 거쳐야 한다. 이들 과정 중에는 전기적 시험과 패키징 작업이 있다. 시험은 고품질의 제품을 만들기 위해서는 필수적인 것이다. 품질의 우수성을 확보하기 위해서는 생산된 제품을 일련의 사양에 맞도록 하고 제조 과정상의 불균일성을 감소시켜야 한다. 품질을 유지하려면 종종 통계적 과정을 사용해야 한다. 계획된 실험은 품질 특성에 영향을 주는 주요 요인들을 발견하는 데 매우 유용한 도구가 된다. 통계적 실험 계획법은 제어 가능한 공정 조건들을 체계적으로 변화시키고, 이들이 품질을 나타내는 출력 매개 변수에 어떤 영향을 미치는지 결정하는 데 매우 유용한 접근법이다.

모든 제조 과정을 평가할 수 있는 핵심 기준은 비용이고, 비용은 바로 수율과 직접적인 연관이 있다. **수율**(yield)은 요구되는 일련의 사양(specification) 조건들에 맞게 생산된 제품의 비율이다. 수율은 총 생산비에 반비례한다. 즉, 수율이 높으면 높을수록 비용은 감소하게 되는 것이다. 마지막으로 컴퓨터에 의한 통합 생산은 컴퓨터 하드웨어, 소프트웨어 기술에서 최신의 것을 사용하여 공정 단가를 최소화하는 것이 목적이다.

이 장에서는 이 모든 개념들을 기술한다. 특히 다음의 주제에 대하여 다룬다.

- 전기적 시험과 시험 구조
- 전자적 패키징 과정

그림 10.1 제조 공정 시스템의 블록 다이어그램.

- IC 제조 환경에 적합한 통계적 공정 변수 제어와 실험 계획법
- IC의 수율과 여러 가지 수율 모델
- 컴퓨터에 의한 통합 생산 시스템

시스템 수준의 관점에서 본다면 IC 제조에는 거의 모든 분야의 제조 과정이 필요하다. 예를 들면 설계, 제작, 통합, 조립, 시험, 그리고 패키징 등이 있다. 최종 결과는 모든 규정된 성능, 품질, 가격, 그리고 요구된 신뢰도를 만족시키는 전자 시스템이 된다.

10.1 전기적 시험

시험 구조 상에서 수행된 전기적 측정값들은 IC의 수율(10.5절 참조)뿐만 아니라 다른 생산 효율을 평가하기 위한 주요 메커니즘이다. 이런 측정은 제작 공정의 중간과 결과물 양쪽에서 수행된다. 아울러 최종 생산품에 대한 전기적 시험은 품질 유지를 위하여 엄격해야 한다. 이 개념들은 앞으로 좀더 자세하게 다룬다.

10.1.1 시험 구조

먼지, 오염, 또는 다른 원인에 의한 반도체 웨이퍼 상의 결함에 대한 영향 평가를 위해서는 특별히 고안된 시험 구조가 사용된다. 이들 시험 구조는 **공정 제어 모니터**(PCM: process control monitor)라고도 알려져 있으며, 단일 트랜지스터, 단일 금속선, MOS 축전기, 그리고 상호 연결 모니터를 포함한다. 생산 웨이퍼는 일반적으로 표면 전체에 분포되어 있는 다이 내부 또는 다이 사이에 새겨진 선(scribe line이라 부름) 내부에 여러 개의 PCM 구조를 포함한다(그림 10.2 참조).[1]

공정 진행 현장의 여러 단계에서, 각 단계에 해당되는 PCM 구조에 대한 측정을

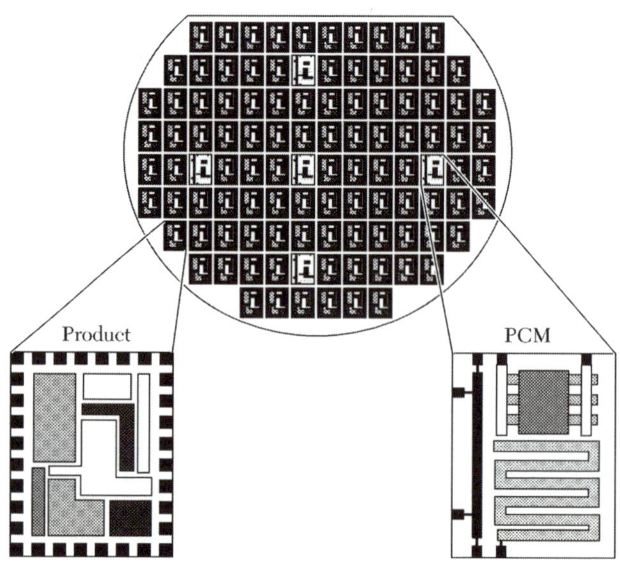

그림 10.2 전형적인 반도체 웨이퍼 위의 생산물과 PCM의 구조.[1]

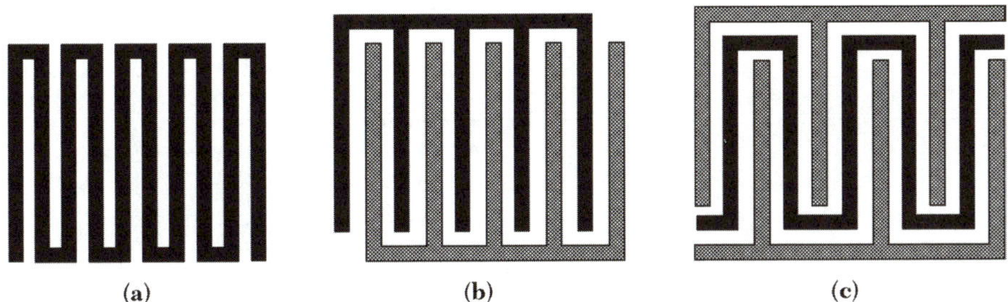

그림 10.3 상호 연결 층들을 위한 기본 시험 구조.[1] (*a*) 미앤더 구조. (*b*) 이중 빗살 구조. (*c*) 빗살–미앤더–빗살 구조.

통하여 공정 품질이 점검된다. 세 가지의 전형적인 상호 연결 시험 구조를 그림 10.3에서 볼 수 있다.[1] 이런 시험 구조를 이용하여, 간단한 저항 측정으로 회로의 개방과 단락의 존재를 알고 이로부터 결함의 존재를 평가할 수 있다. 예를 들면, 미앤더(meander) 구조는 이 구조의 양단 저항의 증가를 통하여 개방 회로의 탐지를 도와준다. 마찬가지로 이중 빗살(double-comb) 구조는, 어떤 여분의 전도체가 두 빗살 구조의 사이에 연결되었다면 두 빗살 사이의 저항이 작아지기 때문에, 단락 회로의 검출에 이용된다. 빗살-미앤더-빗살(comb-meander-comb) 구조는 두 가지 구조 각각의 기능을 수행할 뿐만 아니라, 회로의 개방과 단락을 검출할 수 있다. 이들 시험 구조에 여러 가지 조합의 선 두께와 공간을 만들면 여러 가지 크기의 결함에 대한 통계적 인 수집이 가능하다.

10.1.2 최종 시험

제조의 완료를 위한 기능 시험은 품질과 수율의 마지막 조정 과정이다. 최종 시험의 목적은 제품이 최초 계획된 사양대로 동작하는지를 확인하는 과정이다. 집적 회로에서 시험 과정은 시험하는 소자가 논리 소자인지 기억 소자인지에 따라 크게 달라진다. 앞의 두 가지 경우에서 자동화 시험 장치(ATE: automated test equipment)는 소자를 검사하고 결과를 기록하는 데 사용된다. ATE의 주 기능들은 입력 파형 발생, 파형 적용, 그리고 출력 응답 검출이다.[2]

이런 기능 시험 과정 동안 입력 벡터들은 ATE를 통하여 시간 순서대로 소자에 공급된다. 출력 반응은 읽혀져 예상되는 결과와 비교된다. 이런 과정들이 입력 패턴 각각에 대하여 반복 수행된다. 이 시험들은 소자의 동작 가능한 범위에서 전원 전압과 동작 온도 등을 바꿔 가며 수행할 필요가 있다. 출력된 결과에서 실패의 횟수와 과정은 제조 공정의 결함을 표시한다.

시험 결과는 여러 가지 방법으로 표현할 수 있는데,[2] 이 중에서 두 가지 방법을 그림 10.4와 10.5에 나타내었다. 그림 10.4는 가상의 쌍극성 제품에 대한 **시무 플롯**(shmoo plot)이라 부르는 2차원 그림이다. 시무 플롯에서 테두리가 있는 어두운 부분은 소자가 정상 동작하는 범위이고, 바깥의 흰 범위는 불량 범위이다. 다른 전형적인 시험 출력은 그림 10.5에 나타낸 구역 지도(cell map)이다. 구역 지도는 특히 메모리 부분에서 소자의 불량을 알아내고 분리하는 데 매우 유용하다. 이에 더하여 구역 지도

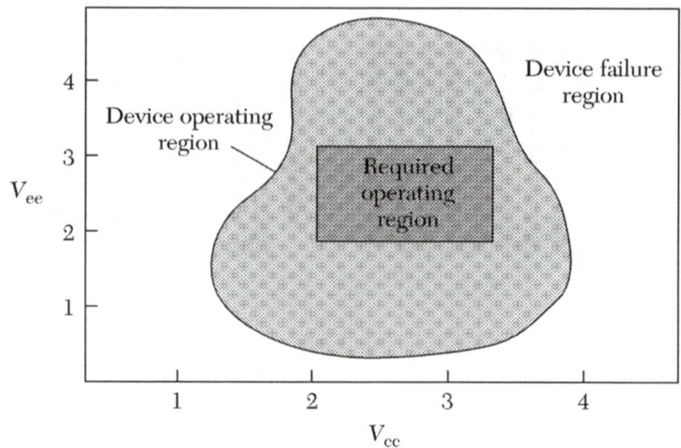

그림 10.4 바이폴라 IC를 위한 2차 전압 시무 플롯의 예.[2]

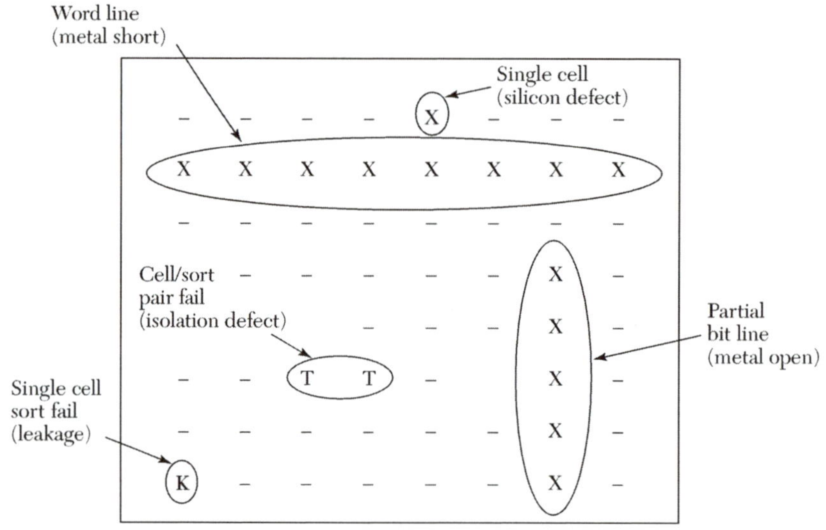

그림 10.5 실패 유형과 결함 종류의 예를 보여 주는 구역 지도.[2]

로 생성된 패턴은 집계, 분류되어 발생하는 결함 종류의 라이브러리와 비교된다. 그 결과 결점에 대한 원인 분석이 이루어질 수 있다.

10.2 패키징

대략 정의하면 **패키징**(packaging)이란 IC와 전기 장치를 연결해 주는 기술과 과정의 세트라고 할 수 있다. 이해하기 쉽도록 전자 제품을 사람의 몸에 비유해 보자. 인체와 같이, 이들 제품은 '두뇌'에 해당하는 IC가 있고, 전자 패키징은 '신경 계통'과 '골격 구조'에 해당한다고 볼 수 있다. 패키징은 상호 배선, 전력 공급, 냉각, 그리고 IC 보호와 같은 역할을 한다.[3] 이들 개념을 그림 10.6에 나타내었다.

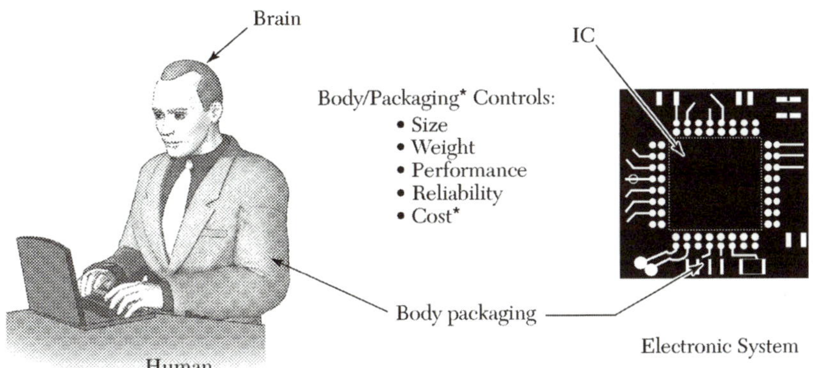

그림 10.6 전자 패키징과 인체의 비유.[3]

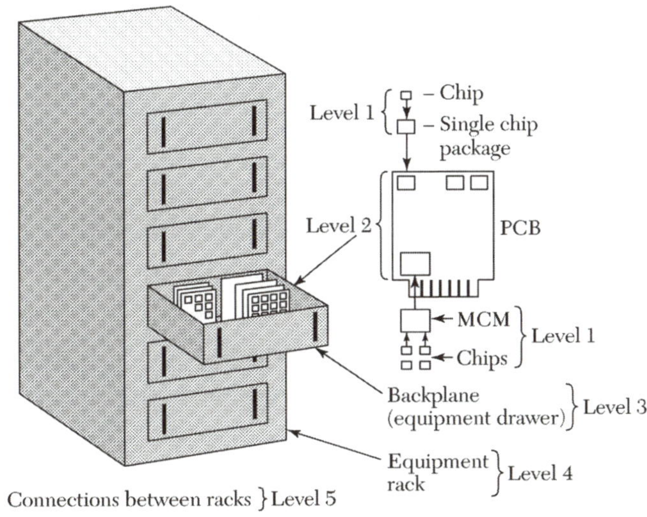

그림 10.7 전자 패키징의 체계도.[4] PCB는 인쇄 회로 기판, MCM은 다중칩 모듈을 나타냄.

결국 전자 시스템은 여러 수준의 패키징으로 구성되어 있고, 이들 각각은 독특한 방법으로 소자들을 연결해 주고 있다. 그림 10.7은 이러한 패키징의 체계를 보여 주고 있다.[4] 레벨 1은 소자 내부의 연결을 구성하고 있다. 소자와 기판 사이 또는 소자와 모듈의 연결은 레벨 2에 해당되며, 기판과 기판의 연결은 레벨 3에 해당된다. 레벨 4와 5는 각각 서브어셈블리들 사이와 시스템들 사이를 연결한다.

10.2.1 다이 분리

기능 시험을 거친 후에는 기판으로부터 개개의 IC를 분리해야 한다. 이것은 패키징 과정의 첫 번째 단계이다. 오랜 시간 이용되어 온 일반적인 방법으로, 웨이퍼 기판을 고정기에 고정시키고 다이아몬드 칼로 x와 y의 양 방향으로 선을 긋는다. 이 작업은 IC 제조 과정에서 칩의 주변에 형성시킨 75~250 μm 폭의 경계선을 따라 이루어진다. 이들 경계선은 가능하다면 기판의 결정 면을 따라 정렬되어야 한다. 선을 그은 후 웨이퍼

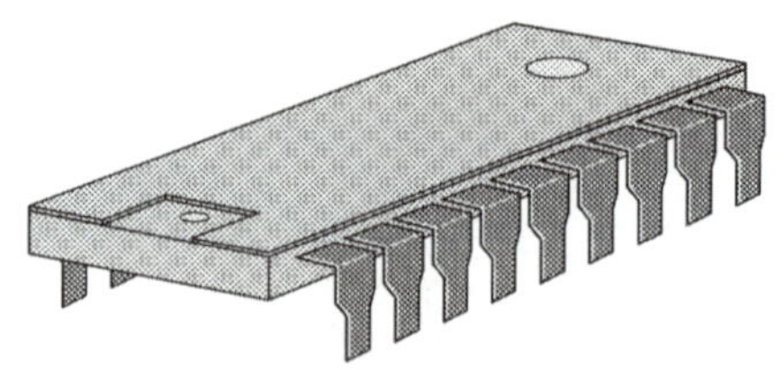

그림 10.8 이중선 패키지.[4]

를 홀더로부터 꺼내어 부드러운 지지대에 뒤집어 놓은 후 롤러를 사용하여 압력을 가하면 그어진 선을 따라 웨이퍼는 조각나게 된다. 이러한 과정은 개별 소자들에 손상이 가해지지 않게 수행해야 한다.

최근의 다이 분리 과정은 다이아몬드 칼을 사용하는 대신 다이아몬드 톱을 사용한다. 이 과정에서는 웨이퍼를 마일라 막에 붙여 고정시킨다. 그리고 톱으로 웨이퍼에 선을 긋거나 완전히 자른다. 잘라 낸 후 칩들을 마일라에서 분리시킨다. 분리된 칩들은 패키지에 들어가게 된다.

10.2.2 패키지 형태

단일 IC를 패키징하는 방법에는 여러 가지가 있다. **이중선 패키지**(DIP: dual in-line package)(그림 10.8)는 대부분의 사람들이 IC라고 하면 떠올리는 패키지일 것이다. DIP는 1960년대에 개발되었는데, 빠른 시간에 기본적인 IC 패키지가 되었고, 전자 부품 패키지 시장에서 오랫동안 가장 많이 이용되었다. DIP는 플라스틱이나 세라믹으로 만들 수 있으며, 세라믹으로 만든 패키지는 나중에 **CerDIP**로 불리게 되었다. CerDIP는 두 개의 세라믹 판과 그 사이에 리드가 나온 형태로 이루어진다.

1970년대에서 1980년대 사이에 DIP에서 사용할 수 있는 핀 수보다 많은 핀 수가 필요해서 **표면 실장 패키지**(surface mount package)가 개발되었다. DIP와는 다르게 표면 실장 패키지의 리드는 부착되는 인쇄 회로 기판(PCB: printed circuit board)을 통과하지 않는다. 이것은 패키지를 기판의 양면에 부착할 수 있기 때문에 더 많은 부품을 실장할 수 있다. 이런 패키지의 하나를 예로 들면 쿼드 플랫팩(quadflatpack) 또는 QFP라는 것이 있는데(그림 10.9), 이것은 부품의 네 면에 리드를 부착할 수 있어서 좀 더 많은 수의 입출력(I/O) 핀을 연결할 수 있다.

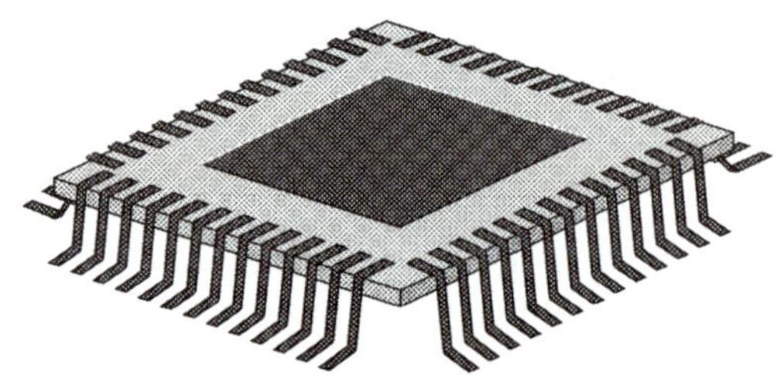

그림 10.9 쿼드플랫팩.[4]

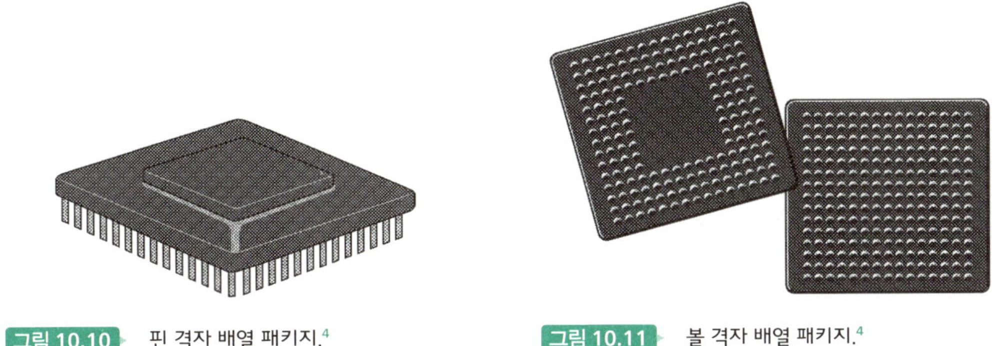

그림 10.10 핀 격자 배열 패키지.[4]

그림 10.11 볼 격자 배열 패키지.[4]

최근에는 점점 더 많은 I/O를 연결하기 위하여 핀 격자 배열(PGA: pin grid array), 볼 격자 배열(BGA: ball grid array) 패키지 등이 개발되었다(그림 10.10과 10.11). 핀 수가 200개 정도인 QFP에 비하여 PGA는 I/O 핀 수가 600개이며, BGA는 더 커서 1000핀까지 가능하다. BGA는 패키지의 아랫면에 있는 땜납돌기로 구별할 수 있다. QFP의 경우 리드 간의 간격이 좁아지면 생산 수율은 급격히 감소한다. BGA의 경우에는 QFP보다는 많은 핀 수를 적은 공간에 넣을 수 있으나, 제조 공정은 본질적으로 좀 더 비싸지게 된다.

가장 최근에 개발된 패키징 방법으로는 칩 규모 패키지(CSP: chip scale package)라고 하는 것이 있는데, 그림 10.12에 그 모양을 나타내었다. 이 패키지는 IC 다이 자체 크기보다 20% 이상 크지 않은 패키지로 정의하는데 종종 BGA를 축소해 놓은 것 같이 보인다. 이것들은 기존의 장치와 납땜 흐름을 이용하는 플립-칩(flip-chip) 장착(10.2.3절 참조)을 위하여 고안되었다. CSP는 일반적으로 외부 전원과 I/O 신호들을 만들고 웨이퍼를 자르기 전에 마감된 실리콘 다이를 포장한다. 특히 CSP는 IC를 위한 연결 구조를 가지고 있기 때문에, 나누기 전의 각각의 다이는 보통 완전히 조립된

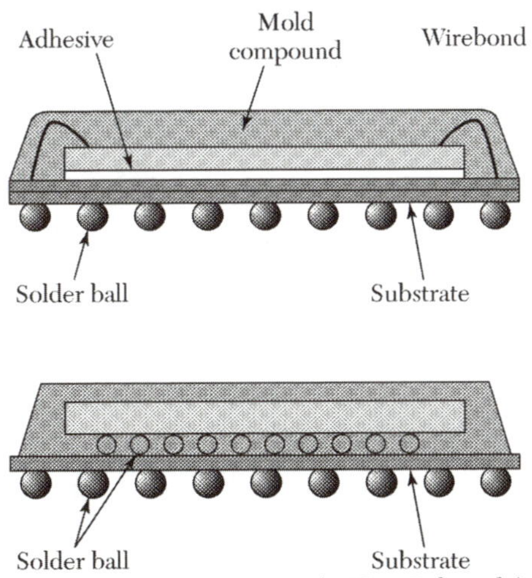

그림 10.12 2가지 전형적인 CSP의 예.[3]

IC와 마찬가지로 모든 기능(외부 전원 전극, 마감된 실리콘의 포장 등)을 가지고 있다. 이 방법의 두 가지 중요한 특징은 리드와 중간 층(전기적 기능과 구조적 안정을 위하여 IC에 더해진 층)이 충분히 유연해서 패키징된 소자가 전체 시험과 통전 시험을 위한 시험 장비에 쉽게 적용될 수 있고, 또한 조립 중이나 사용 중에 수직 방향으로 평면이 아닌 면과 아래의 온도에 따라 늘어나거나 수축하는 인쇄 회로 기판 등에 적용할 수 있는 것이다.

10.2.3 배선 방법

IC는 패키지에 고정되어 접착되어야 하고, 패키지는 전자 장치에 사용되기 전에 인쇄 회로 기판에 부착되어야 한다. IC를 붙이는 방법은 **준위 1 패키징**(level 1 packaging)이라고 한다. 베어 다이(bare die)를 패키지에 부착하는 기술은 제조되는 전자 장치의 전기적, 기계적, 열적인 특성에 중요한 영향을 받는다. 칩에서 패키지로의 연결은 와이어 접속(wire bonding), 자동화된 테이프 접착(tape-automated bonding), 또는 플립-칩 접속(flip-chip bonding) 중의 한 가지로 완성된다(그림 10.13).

와이어 접속

와이어 접속(wire bonding)은 가장 오래된 부착 방법이고, 200개 미만의 I/O 연결 칩에 사용되는 방법 중에서 가장 많이 사용된다. 와이어 접속은 패키지와 칩의 접착점 사이를 연결하기 위하여 금이나 알루미늄으로 된 와이어가 필요하다. IC들은 연결점이 위로 오게 하여 열전도도가 좋은 접착제로 기판에 부착된다. 금이나 알루미늄 와이어는 칩의 접착점과 기판에 초음파(ultrasonic), 열적 음파(thermosonic), 또는 열 압착

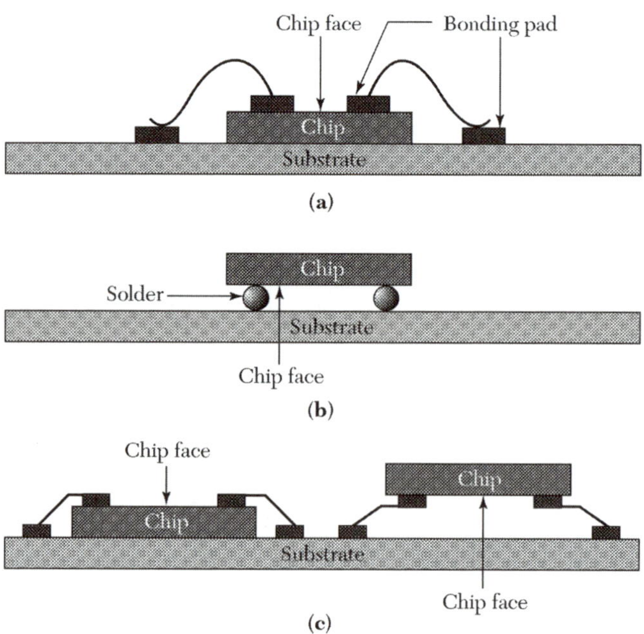

그림 10.13 각 접속 방법들의 설명. (*a*) 와이어 접속, (*b*) 플립-칩 접속, (*c*) 자동화된 테이프 접착.[4]

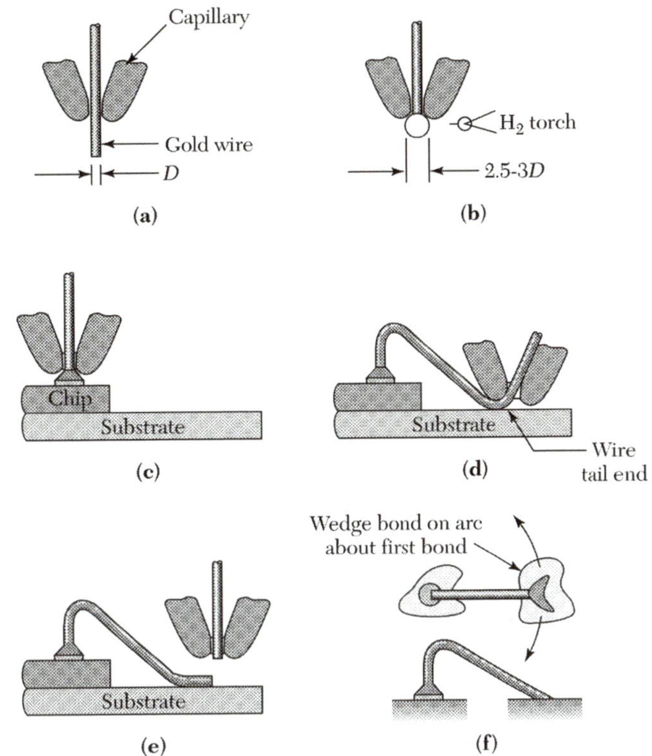

그림 10.14 열 압착 접속 공정.[5] (*a*) 모세관 내부 금 와이어. (*b*) 볼 형성. (*c*) 접속. (*d*) 와이어 루프와 에지 접속. (*e*) 에지의 와이어 절단. (*f*) 볼과 웨지의 기하학적 구조.

접속(thermocompression bonding) 등으로 접착된다.[5] 비록 자동으로 실행되지만 각각의 와이어는 개별적으로 부착되어야 하기 때문에 아직까지는 시간이 많이 드는 작업이다.

열 압착 기술(그림 10.14)에서, 가는 접속 와이어(지름 15~75 μm)는 가열된 모세관을 통하여 공급된다. 작은 수소 용접기나 전기 스파크 장치가 와이어의 끝을 녹여 볼을 만든다. 그 볼은 칩의 접착점에 위치하고, 모세관이 칩 위로 내려앉으면서 모세관의 열과 압력으로 볼이 '손톱 모양'으로 눌리게 되는 것이다. (기판의 온도는 150°C에서 200°C 사이, 접촉면의 온도는 280°C에서 350°C 정도를 유지한다.) 다음 단계에서 모세관이 올라가고, 와이어가 스풀(spool)에서 공급되고 패키지 기판으로 이동하게 된다. 패키지에는 모세관의 끝으로 와이어를 변형시켜 만든 웨지(wedge) 모양의 연결점이 형성된다. 그런 후 모세관은 올라가게 되고 와이어는 연결점의 끝 부근에서 끊어지게 된다.

고온에서 알루미늄이 산화되면 와이어 끝에서 좋은 모양의 볼이 만들어지는 것이 어렵게 된다. 또한 많은 종류의 에폭시 수지는 열 압착 접속에 필요한 온도에 견딜 수 없다. **초음파 접속**은 접속을 하기 위해서 압력과 기계적 진동을 결합한 저온 접속 방법이다(그림 10.15). 이 방법에서 접속될 접속 와이어들은 접속 기구의 구멍을 통해 스풀로부터 공급되며, 20~60 kHz의 초음파 진동에 의해 상온에서도 금속이 변형되어 흘

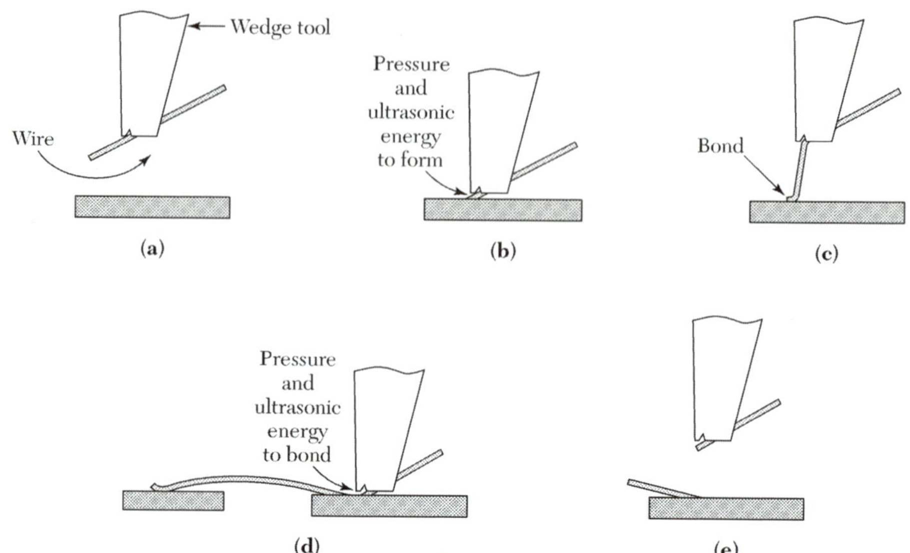

그림 10.15 초음파 접속 공정.[5] (*a*) 와이어를 패키지로 옮기는 웨지 툴. (*b~d*) 압력과 초음파 에너지에 의한 접속. (*e*) 와이어 절단.

러내리는 위치로 낮추어진다. 패키지에 연결점이 형성된 후 기구가 올라가면, 집게가 선을 잡아 자른다.

열적 음파 접속은 다른 두 가지 기술을 조합한 것이다. 기판의 온도는 150°C를 유지하고, 초음파와 압력을 가하면 금속이 녹게 되고 접속이 이루어진다. 열적 음파 접속 기구는 매우 빠르게 동작한다—초당 5~10개의 접속을 할 수 있다.

자동화된 테이프 접착

자동화된 테이프 접착(TAB: tape-automated bonding)은 1970년대 초에 개발되었고 패키지를 인쇄 회로 기판에 접속하는 데 사용되어 왔다. TAB에서 칩은 반복되는 구리 연결 패턴(그림 10.16)이 있는 유연한 중합체 테이프[일반적으로 폴리이미드(polyimide)]에 먼저 장착된다. 구리 리드는 노광법이나 식각으로 만들어지는데, 리드 패턴은 수백 개의 연결을 포함하기도 한다. IC 패드들이 테이프의 금속 연결과 정렬되면, 열압착 기법으로 접속된다(그림 10.17). 금 돌기들이 다이 또는 테이프의 면에 형성되어 다이와 테이프의 접착에 사용된다.

TAB의 이점으로는 모든 접착이 동시에 이루어져서 생산량의 향상에 큰 도움을 준다는 것이다. 그러나 모든 리드들이 동일 평면에 있지 않을 경우에는 신뢰성의 문제가 발생할 수 있다. 또한 TAB는 복잡한 야금학을 통한 여러 층의 땜 돌기를 필요로 한다. 일반적으로 이들 돌기는 기본 구성물로 금이나 구리를 사용하고 합금이 되는 것을 방지하기 위한 확산 방지 물질로 타이타늄이나 텅스텐을 사용한다. 또한 특정한 테이프는 그것과 연결 패턴이 맞는 칩과 패키지에만 사용할 수 있어서, TAB는 주문에 따라 많이 달라지는 과정이며, 그 과정에 사용되는 접속 기구도 상대적으로 비싸지게 된다.

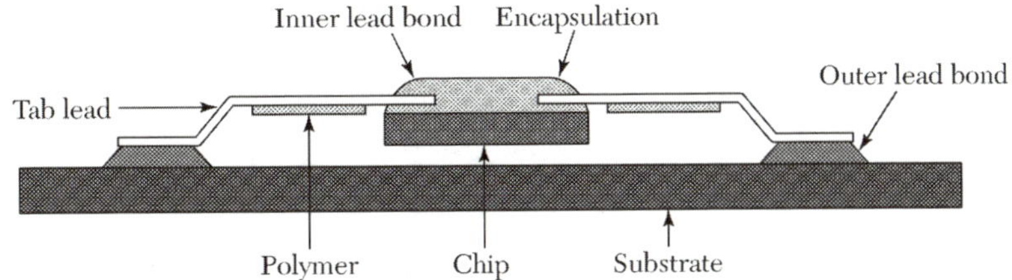

그림 10.16 자동화된 테이프 접착.[4]

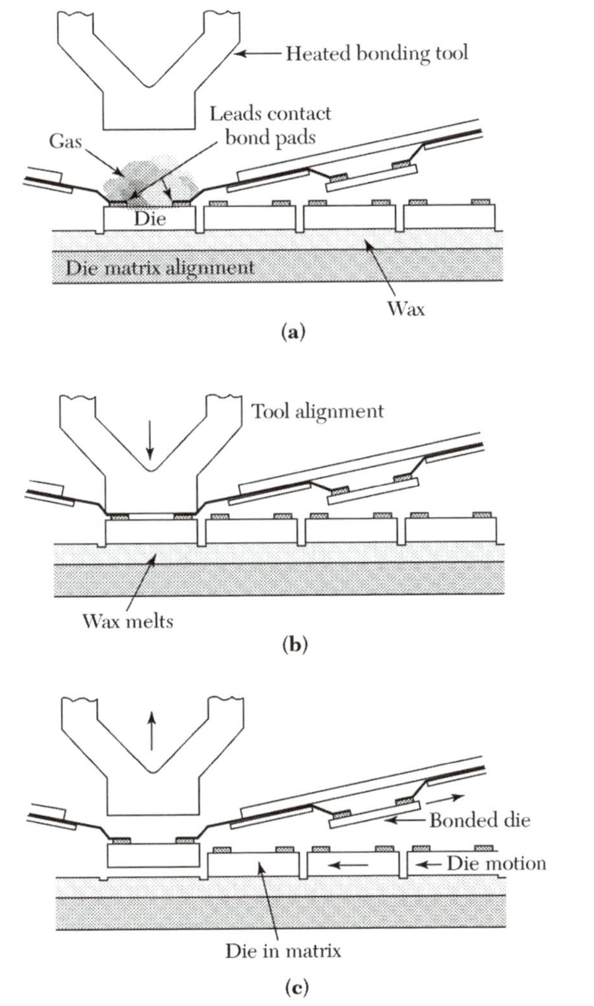

그림 10.17 TAB 고정 과정.[5] (*a*) 접속 패드 위로의 리드의 이동. (*b*) 접속 도구의 하강 및 접속 수행. (*c*) 접속 툴과 막이 들어 올려지고 새로운 다이를 위치시킴.

플립–칩 접속

플립–칩 접속(flip-chip bonding)은 IC를 모듈이나 인쇄 회로 기판에 뒤집어서 장착시키는 직접적인 연결 방법이다. 전기적 연결은 칩의 표면에 형성된 땜 돌기(또는 에폭

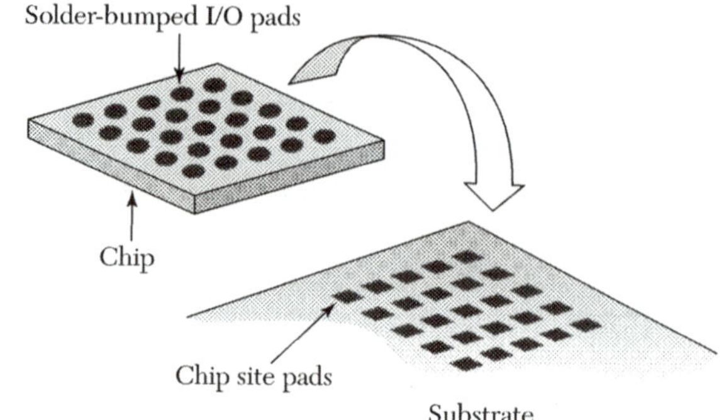

그림 10.18 플립–칩 접속.[4]

시나 도전성 접착제처럼 땜 없이 할 수 있는 물질)를 통해서 이루어진다. 돌기는 칩의 어느 곳에도 형성시킬 수 있기 때문에 플립–칩 접속은 칩과 기판의 연결 거리를 최소화해 준다. I/O 밀도는 이웃하는 연결점의 최소 거리에 영향을 받는다.

플립–칩 공정에서 칩들은 칩의 I/O 패드가 기판의 패드와 위치가 맞도록 모듈 기판에 뒤집힌 채로 놓여지게 된다(그림 10.18). 그 후 납땜 공정으로 모든 연결을 동시에 형성하므로 와이어 접속에 비하여 작업 처리량을 극적으로 증대시키는 것이다. 그러나 한편 돌기를 만드는 과정이 매우 복잡하고 비용이 많이 든다.

땜 없는 플립–칩 기술 중에는 IC에 수행하는 유기 중합체의 스텐실(stencil) 인쇄가 있는데, 이 방법에서는 접속 패드가 코팅되지 않은 채로 남게 된다. 고전도도의 유기 중합체 페이스트(paste)를 접속 패드에 스텐실로 인쇄하여 땜 없는 돌기를 만들고, 이 돌기는 굳어진다. 같은 유기 중합체가 기판의 접속 패드에 스텐실로 인쇄된다. 정렬이 이루어진 후 돌기에 압력과 열을 가하여 최종적으로 접착이 이루어진다.

10.3 통계적 공정 변수 제어

IC 제조 과정은 제품과 사양에 맞는 성과를 얻기 위하여 안정적이고, 반복 가능하며, 고품질이어야 한다. 이것은 IC 제조에 참여하는 모든 사람들(오퍼레이터, 기술자, 경영자)이 제조 공정의 출력을 향상시키고 변동을 줄이는 데 지속적인 주의를 기울여야 함을 의미한다. 변동을 줄이는 것은 엄격한 공정 제어로써 가능하다. 이 절에서는 고품질의 생산품을 얻기 위한 수단으로 **통계적 공정 변수 제어**(SPC: statistical process control) 기술에 대하여 초점을 맞출 것이다.

SPC는 공정의 안정성과 변동을 줄이기 위한 문제 해결 도구로서 강력한 수단이라 할 수 있다. 아마도 이들 수단 중에서 가장 중요하고 기술적으로 정교한 것은 관리도(control chart)일 것이다. 관리도는 1920년대에 벨 전화 연구소의 월터 쉬와트(Walter Shewhart) 박사에 의해서 개발되었다.[6] 이러한 이유 때문에 관리도는 종종 **쉬와트 관리도**(Shewhart control chart)라고도 한다.

관리도는 공정 성능의 변동이 일어나는 것을 감지하기 위하여 실행 중에 이루어지는 SPC 기술이다. 그렇기 때문에 잘못된 생산 공정을 조정하기 위하여 조사와 교정이

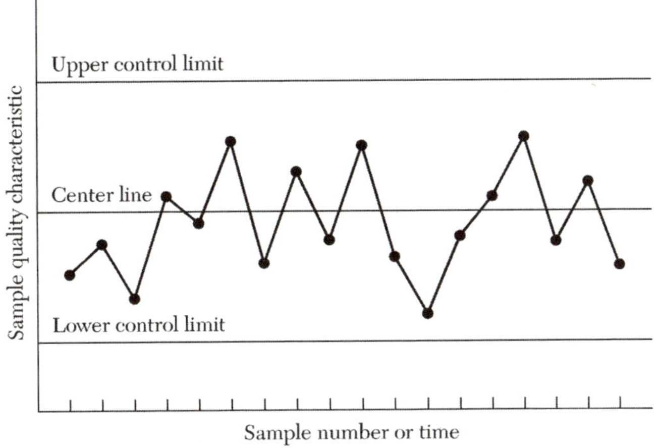

그림 10.19 전형적인 관리도.[6]

수행된다. 전형적인 관리도를 그림 10.19에 나타내었다. 이 차트는 표본에서 측정된 품질의 특성을 표본 순번이나 시간의 함수로 하여 그래프로 보여 준다. 차트는 다음과 같은 선들로 이루어진다. (a) **중심선**(center line): 제어 상태에 상응하는 특성의 평균값을 표시한다. (b) **상한 제어 한계**(UCL: upper control limit), (c) **하한 제어 한계**(LCL: lower control limit). 공정 제어 한계는 공정이 통계적으로 제어되고 있을 때 거의 대부분의 표본값들이 이 한계 사이에 있도록 설정된다. 만약 품질의 분산이 σ^2이고 특성의 표준 편차가 σ라면 제어 한계는 일반적으로 중심선으로부터 $\pm 3\sigma$로 한다. 제어 한계에서 벗어난 점들은 그 공정이 제어되지 않는다는 것을 보여 주는 증거가 될 수 있다.

10.3.1 속성들을 위한 관리도

어떤 품질 특성들은 종종 숫자로 나타낼 수 없다. 예를 들면 와이어 접속의 결함이 있는지 없는지를 고려할 때이다. 이 경우 접속은 결함의 유무(달리 표현하면 적합하다 또는 아니다)로만 분류되고, 접속의 품질을 수치로 나타낼 수는 없다. 이런 형태의 품질 특성을 **속성**(attribute)이라고 한다.

속성을 표현하는 관리도 중 흔한 두 가지는 **결함 차트**(defect chart, c-chart)와 **결함 밀도 차트**(defect density chart, u-chart)이다. 제품이 사양에 맞지 않을 때 결함이나 부조화가 생긴다. 그럴 경우 전체 결함의 숫자나 결함 밀도를 나타내는 관리도의 개발이 가능하다. 이들 차트는 일정 한 크기의 표본에 결함이 존재하는 것을 **포아송 분포**(Poisson distribution)[6]로 나타낼 수 있다고 가정한다. 포아송 분포에서는 결함의 발생 확률이

$$P(x) = \frac{e^{-e}c^{x}}{x!} \quad (1)$$

로 주어진다. 여기에서 x는 결함의 개수, c는 영보다 큰 상수이다. 포아송 분포에서 c는 평균이며 또한 분산이다. 그러므로 $\pm 3\sigma$의 제어 한계를 가지는 c-차트에서는 c를 알고 있다고 할 때

$$\begin{aligned} \text{UCL} &= c + 3\sqrt{c} \\ \text{Centerline} &= c \\ \text{LCL} &= c - 3\sqrt{c} \end{aligned} \tag{2}$$

으로 주어진다. (*주의*: 만약 이 계산에서 LCL이 음수로 나올 경우 보통 LCL의 값은 0으로 한다.) 만약 c를 모른다면 표본 결함의 평균($\bar{c}$)으로부터 산정해야 한다. 이 경우 관리도는 다음과 같이 된다.

$$\begin{aligned} \text{UCL} &= \bar{c} + 3\sqrt{\bar{c}} \\ \text{Center line} &= \bar{c} \\ \text{LCL} &= \bar{c} - 3\sqrt{\bar{c}} \end{aligned} \tag{3}$$

예제 10.1

25개의 실리콘 웨이퍼를 조사했더니 37개의 결함이 발견되었다. 이 경우의 c-차트를 설정하라.

풀이

c는 다음 식으로 산정한다.

$$\bar{c} = \frac{37}{25} = 1.48$$

이것은 c-차트의 중심선이다. 제어 한계의 상한과 하한은 식 (3)으로부터 다음과 같이 구할 수 있다.

$$\begin{aligned} \text{UCL} &= \bar{c} + 3\sqrt{\bar{c}} = 5.13 \\ \text{LCL} &= \bar{c} - 3\sqrt{\bar{c}} = -2.17 \end{aligned}$$

이 경우 –2.17이 0보다 작기 때문에 LCL은 0으로 놓는다.

표본의 개수가 n개인 생산품에 대하여 결함의 **평균** 개수에 대한 관리도를 만든다고 가정하자. 만약 n개의 표본 중에 전체 결함이 c개라면 표본당 평균 결함의 개수는

$$u = \frac{c}{n} \tag{4}$$

가 된다. 3σ의 결함 밀도 차트(u-차트)의 변수들은 다음과 같이 주어진다.

$$\begin{aligned} \text{UCL} &= \bar{u} + 3\sqrt{\frac{\bar{u}}{n}} \\ \text{Center line} &= \bar{u} \\ \text{LCL} &= \bar{u} - 3\sqrt{\frac{\bar{u}}{n}} \end{aligned} \tag{5}$$

여기에서 u는 크기가 n인 m개 표본 그룹에서의 평균 결함 개수이다.

예제 10.2

IC 제조자가 결함 밀도 차트를 작성하려 한다. 크기 n = 5인 웨이퍼에서 20개의 다른 표본을 검사했는데, 모두 183개의 결함이 발견되었다. 이 경우의 u-차트를 설정하라.

풀이

다음 식을 이용하여 u를 설정할 수 있다.

$$\bar{u} = \frac{u}{m} = \frac{c}{mn} = \frac{183}{(20)(5)} = 1.83$$

이것은 u-차트의 중심선이며, 제어 한계 상한과 하한은 식 (5)로부터 다음과 같다.

$$\text{UCL} = \bar{u} + 3\sqrt{\frac{\bar{u}}{n}} = 3.64$$

$$\text{LCL} = \bar{u} - 3\sqrt{\frac{\bar{u}}{n}} = 0.02$$

10.3.2 변수를 위한 관리도

많은 경우 품질 특성은 결함 발생 확률보다는 구체적인 수치 측정으로 표현한다. 예를 들면, 측정되고 제어되어야 하는 막의 두께는 중요한 특성이다. 이와 같은 연속적인 변수에 대한 관리도는 c-차트나 u-차트와 같은 속성 제어 차트에 비하여 제조 공정 성능에 관한 더 많은 정보를 제공한다.

연속적인 변수들을 제어할 때 품질 특성의 평균과 분산에 대한 제어가 중요한데, 그 이유는 이들 두 매개 변수의 변화는 치명적으로 잘못된 공정을 초래할 수 있기 때문이다. 평균의 제어는 $\bar{x}$-차트를 이용하며, s-차트의 표준 편차로 분산을 측정할 수 있다. 이들 두 차트의 명칭은 **표본 평균**(sample mean, $\bar{x}$)과 **표본 분산**(sample variance, s^2)으로부터 연유되며 이들은 다음과 같이 나타낼 수 있다.

$$\bar{x} = \frac{x_1 + x_2 + \ldots + x_n}{n} = \frac{1}{n}\sum_{i=1}^{n} x_i \tag{6}$$

$$s^2 = \frac{1}{n-1}\sum_{i=1}^{n}(x_i - \bar{x})^2 \tag{7}$$

여기에서 $x_1, x_2, \ldots, x_n$은 크기가 n인 표본의 관찰 값이고, **표본 표준 편차**(sample standard deviation, s)는 표본 분산의 제곱근이다.

크기가 n인 m개 그룹 표본에서, 만약 $\bar{x}_1, \bar{x}_2, \ldots, \bar{x}_m$이 표본 평균이라 하면 실제 평균(μ)의 가장 적절한 추정값(estimator)은 **총 평균**(grand average, $\bar{\bar{x}}$)이 될 것이고 그

값은 다음과 같다.

$$\bar{\bar{x}} = \frac{\bar{x}_1 + \bar{x}_2 + \ldots + \bar{x}_m}{m} \quad (8)$$

총 평균($\bar{\bar{x}}$)은 μ의 근사값이므로 $\bar{x}$-차트의 중심선으로 사용할 수 있다. 품질 특성이 평균 μ와 표준 편차 σ의 정규 분포를 가질 때, $\bar{x}$ 역시 평균 μ와 표준 편차 $\sigma/\sqrt{n}$의 정규 분포를 가진다.[6] 따라서 $\bar{x}$-차트에서 중심선과 제어 한계는 다음과 같다.

$$\begin{aligned} \text{UCL} &= \bar{\bar{x}} + 3\sqrt{\frac{\sigma}{n}} \\ \text{Center line} &= \bar{\bar{x}} \\ \text{LCL} &= \bar{\bar{x}} - 3\sqrt{\frac{\sigma}{n}} \end{aligned} \quad (9)$$

σ값을 모르기 때문에, 이것 역시 과거의 데이터로부터 추정하여야 한다. s는 σ의 **공평한**(unbiased) 추정값('**공평한**'이라는 용어는 추정값의 기대값이 추정되는 매개 변수와 같다는 것을 의미한다)이 아니므로, s를 직접 사용할 수 없다는 것에 주의해야 한다. 이런 s 대신 실제 사용할 수 있는 추정값은 $c_4 s$인데, 여기에서 c_4는 표본의 크기에 따라 달라지는 통계적 매개 변수이다(표 10.1). 크기가 n인 m개 그룹 표본의 경우 평균 표본 표준 편차는 다음과 같다.

$$\bar{s} = \frac{1}{m}\sum_{i=1}^{m} s_i \quad (10)$$

통계값 $\bar{s}/c_4$는 σ의 공평한 추정값인 것을 알 수 있다.

그리고 s의 표준 편차는 $\sigma\sqrt{1-c_4^2}$가 된다. 이 값들로 s-차트의 제어 한계를 구해보면 다음과 같다.

$$\begin{aligned} \text{UCL} &= \bar{s} + 3\frac{\bar{s}}{c_4}\sqrt{1-c_4^2} \\ \text{Center line} &= \bar{s} \\ \text{LCL} &= \bar{s} - 3\frac{\bar{s}}{c_4}\sqrt{1-c_4^2} \end{aligned} \quad (11)$$

σ의 추정값으로 $\bar{s}/c_4$를 사용할 때, s-차트의 한계들은 다음과 같이 정의할 수 있다.

$$\begin{aligned} \text{UCL} &= \bar{\bar{x}} + \frac{3\bar{s}}{c_4\sqrt{n}} \\ \text{Center line} &= \bar{\bar{x}} \\ \text{LCL} &= \bar{\bar{x}} - \frac{3\bar{s}}{c_4\sqrt{n}} \end{aligned} \quad (12)$$

표 10.1 s-차트를 위한 c_4 매개 변수

Sample Size (n)	c_4
2	0.7979
3	0.8862
4	0.9213
5	0.9400
6	0.9515
7	0.9594
8	0.9650
9	0.9693
10	0.9727
11	0.9754
12	0.9776
13	0.9794
14	0.9810
15	0.9823
16	0.9835
17	0.9845
18	0.9854
19	0.9862
20	0.9869
21	0.9876
22	0.9882
23	0.9887
24	0.9892
25	0.9896
$n > 25$	$c_4 \cong \frac{4(n-1)}{4n-3}$

예제 10.3

노광 공정에서 선폭을 제어하기 위해 $\bar{x}$-차트와 s-차트를 만들고자 한다. 크기 $n = 5$인 25개의 다른 표본 선폭들이 측정되었다. 125개 선의 총 평균이 4.01 μm라 가정한다. 만약 $\bar{s} = 0.09$ mm라면 s-차트의 제어 한계는 얼마인가?

풀이

$n = 5$일 때, 표 10.1로부터 c_4의 값은 0.94이다. $\bar{x}$에 대한 제어 한계 상한과 하한은 식 (12)로부터 다음과 같이 구할 수 있다.

$$\mathrm{UCL} = \bar{\bar{x}} + \frac{3\bar{s}}{c_4\sqrt{n}} = 4.14\ \mu\mathrm{m}$$

$$\mathrm{LCL} = \bar{\bar{x}} - \frac{3\bar{s}}{c_4\sqrt{n}} = 3.88\ \mu\mathrm{m}$$

s에 대한 제어 한계 상한과 하한은 식 (11)에 의하여 다음과 같이 구한다.

$$\mathrm{UCL} = \bar{s} + 3\frac{\bar{s}}{c_4}\sqrt{1-c_4^2} = 0.19\ \mu\mathrm{m}$$

$$\mathrm{LCL} = \bar{s} - 3\frac{\bar{s}}{c_4}\sqrt{1-c_4^2} \approx 0$$

주의: LCL이 (약간) 음수이기 때문에 이것은 0으로 놓는다.

10.4 통계적 실험 계획법

실험을 통하여 연구자들은 여러 변수들이 주어진 공정 과정 또는 생산물에 미치는 영향을 알 수 있다. **실험 계획법**(designed experiment)은 변수들이 공정 과정과 생산물에 미치는 영향을 관찰하기 위하여, 변수들을 의도적으로 변화시키는 하나 혹은 일련의 시험들을 말한다. **통계적 실험 계획법**(statistical experimental design)은 체계적으로 공정 변수들을 변화시키고 궁극적으로 공정이나 생산물 품질에 어떤 영향을 미치는지 결정하는 효율적인 접근법이다. 이 접근법은 여러 방법을 비교하고, 상호 의존성을 알아내며, 미치는 영향을 예측하는 모델을 만드는 데 유용하다.

통계적 공정 변수 제어법(SPC)과 실험 계획법은 매우 밀접한 관련이 있는데, 이런 기술들은 변화성(variability)을 줄이기 위하여 사용된다. 실험 계획법은 공정상의 여러 조건들을 바꾸어 가며 행하는 능동적인 접근법인 데 반해, SPC는 생산 과정을 관찰하면서 데이터를 모으는 수동적인 접근법이다. 잘 고안된 실험은 가장 중요한 공정 변수를 알아내고 최적의 변수값들을 알아내는 데 도움이 되기 때문에, 실험 계획법은 SPC를 이행하는 데 도움이 될 수 있다.

결과적으로 실험 계획법은 생산 공정을 개선하는 데 있어서 효과적인 공학 도구인 것이다. 실험 계획법의 적용은 생산성을 높이거나 변화성, 공정 단가, 개발 시간을 줄이는 데 크게 기여할 수 있다. 결과적으로 개선된 생산성, 성능, 안정도를 얻을 수 있다. 이 절에서는 IC 제작에서 실험 계획법들의 적용에 대해 알아보기로 하겠다.

10.4.1 비교 분포

표준 방법(Method A)과 수정된 방법(Method B)에 의해 제조된 10개 웨이퍼의 두 그룹이 있다. IC 제작 과정에서 얻은 수율(표 10.2)을 고려해 보자. 실험에서 얻은 이 데이터로부터 과연 Method B가 Method A보다 나은가 하는 의문이 생길 것이다.

이 질문의 답을 구하기 위해서 각 과정의 평균 수율을 조사해 보았다. 수정된 방법은 표준 방법에 비해 1.30% 높은 수치를 보여 준다. 그러나 각 시험을 수행하는 과정에서의 변화성 때문에 Method B가 Method A보다 우월하다고 섣불리 결론 내릴 수는 없다. 사실, 두 공정에서 수치상의 차이는 실험상의 에러, 오퍼레이터 에러, 또는 순전히 우연으로 일어날 수 있다고도 볼 수 있다.

두 제조 공정 사이의 차이가 중요한지 여부를 결정하기 위한 적당한 접근법이 **가설 시험**(hypothesis test)이다. 통계적 가설은 확률 분포상의 매개 변수 값에 대한 기술

표 10.2 가상적인 IC 제조 공정으로부터 얻은 수율 데이터

Wafer	Method A Yield (%)	Method B Yield (%)
1	89.7	84.7
2	81.4	86.1
3	84.5	83.2
4	84.8	91.9
5	87.3	86.3
6	79.7	79.3
7	85.1	86.2
8	81.7	89.1
9	83.7	83.7
10	84.5	88.5
Average	84.24	85.54

이다. 가설 시험은 기준에 따라 가설의 정당성을 평가하는 것이다. 가설들은 다음과 같이 나타낸다.

$$\begin{aligned} &H_0: \mu = \mu_0 \\ &H_1: \mu \neq \mu_0 \end{aligned} \tag{13}$$

여기서 H_0: $\mu = \mu_0$는 **영 가설**(null hypothesis), H_1: $\mu \neq \mu_0$는 **대안적 가설**(alternative hypothesis)이다. 가설 시험을 위해서, 모집단에서 임의적인 표본을 추출하고 이것으로부터 적절한 시험 통계(test statistic)를 계산함으로써 영 가설을 받아들이거나 버린다. 수율 실험을 위한 가설 시험은 다음과 같이 표현할 수 있다.

$$\begin{aligned} &H_0: \mu_A = \mu_B \\ &H_1: \mu_A \neq \mu_B \end{aligned} \tag{14}$$

여기서 μ_A와 μ_B는 각각의 방법을 통한 평균 수율을 의미한다.

이 가설을 계산하기 위해서 **시험 통계**가 필요하다. 이 경우에 적절한 시험 통계값[6]은 다음과 같다.

$$t_0 = \frac{(\bar{y}_A - \bar{y}_B)}{s_p\sqrt{\dfrac{1}{n_A} + \dfrac{1}{n_B}}} \tag{15}$$

여기서 $\bar{y}_A$와 $\bar{y}_B$는 각 공정법에서 임의로 산출된 수율의 평균이며, n_A와 n_B는 각 표본의 크기이다(각 공정법의 표본 크기: 10). 그리고 두 공정에서 **공통 분산의 공동 추정**(pooled estimate of common variance)은 다음과 같다.

$$s_p^2 = \frac{(n_A - 1)s_A^2 + (n_B - 1)s_B^2}{n_A + n_B - 2} \tag{16}$$

식 (16)의 분모는 가설 시험에서 **자유도**(degree of freedom) 수치라고 부른다. 표본의

분산은 식 (7)로써 구해지는데 $s_A = 2.90$, $s_B = 3.65$이다. 그리고 식 (15), (16)에 의해 $t_0 = 0.88$, $s_p = 3.30$이 된다.

특정한 자유도 수치의 t 통계 수치를 얻는 확률을 결정하는 데 부록 K를 사용할 수 있다. 이 확률은 부록 K에서 어두운 부분을 나타낸다. 부록 K로부터 보간법을 사용하면, $n_A + n_B - 2 = 18$의 자유도를 가지는 t 통계값이 0.88일 수 있는 확률은 0.195이다. 이 0.195는 가정 시험에서 **통계적 중요도**(statistical significance)이다. 두 평균 수율 값의 차는 순전히 우연에 의해 발생할 확률이 19.5%에 달한다는 것을 의미한다. 다른 말로 하면 Method B가 Method A보다 진짜 낫다고 80.5% 확신할 수 있다는 것을 의미한다.

10.4.2 분산 분석

앞선 예는 가설 검증을 통해 서로 다른 두 분포를 어떻게 비교할 수 있는지를 보여 주었다. 그러나 IC 제조 공정의 응용에서는 종종 여러 개의 분포를 비교할 수 있는 것이 중요하다. 더욱이 제조 과정에서 어떤 조건들이 공정 과정의 성능 면에 특별한 영향을 끼치는지를 결정하는 것은 흥미롭다. 이러한 목적을 위해 **분산 분석**(ANOVA: analysis of variance)은 탁월한 방법이다. ANOVA는 우선 가정 시험을 그 기반으로 하고 있으며, 생산 과정 조건의 세트들을 비교하거나 주어진 처리법이 통계적으로 질적 향상에 중요한 영향을 끼치는지 결정하는 데 사용된다.

ANOVA 과정을 예를 들어 설명하고자 한다. 4가지의 다른 제조 공정에 따른 웨이퍼에서 측정된 가상적 결함 농도를 보자(표 10.3). ANOVA 방법을 통하여 우리는 서로 다른 제조 공정들 **사이**의 비어 지름(via diameter)의 차이가, 같은 공정법을 통해 만들어진 각 그룹 **내**의 비어 지름의 변동보다 큰지를 결정할 것이다.

4가지 제조 공정법($k = 4$)을 사용하였다. 각 공정 과정을 위한 표본 크기는 다음과 같고: $n_1 = 4$, $n_2 = n_3 = 6$, $n_4 = 8$, 평균값(cm^{-2} 단위로)은 다음과 같다: $\bar{y}_1 = 61$, $\bar{y}_2 = 66$, $\bar{y}_3 = 68$, $\bar{y}_4 = 61$. 전체 표본 크기(N)는 24개이고 이것의 총 평균($\bar{\bar{y}}$)은 64 cm^{-2}이다.

제곱 합

ANOVA를 수행하기 위해서는 중요한 몇 가지 매개 변수를 계산해야 한다. **제곱 합**

표 10.3 4가지 다른 공정법에 대한 가상적 결함 농도(cm^{-2})

Recipe 1	Recipe 2	Recipe 3	Recipe 4
62	63	68	56
60	67	66	62
63	71	71	60
59	64	67	61
	65	68	63
	66	68	64
			63
			59

(sum of squares)이라고 부르는 이 매개 변수는 서로 다른 공정법들 사이(between treatments)에서와 각 공정법 내(within treatments)의 값들에서 벗어나는 정도를 양적으로 나타낸다. y_{ti}는 t번째 공정법에 의하여 측정된 값들 중 i번째 값을 나타낸다. t번째 공정 내의 제곱 합은 다음과 같다.

$$S_t = \sum_{1}^{n_t} \left(y_{ti} - \bar{y}_t \right)^2 \qquad (17)$$

여기서 n_t는 표본 크기를 나타내며 y_t는 t번째 공정의 평균값을 나타낸다. **모든 공정법 내부 제곱 합**(within-treatment sum of squares)은 다음과 같고

$$S_R = S_1 + S_2 + \ldots + S_k = \sum_{t=1}^{k} \sum_{t=1}^{n_t} \left(y_{ti} - \bar{y}_t \right)^2 \qquad (18)$$

전체 평균에서 각 공정의 평균이 얼마만큼 벗어났는지 알기 위한 **각 공정법 사이의 제곱 합**(between-treatment sum of squares)은 다음과 같이 나타난다.

$$S_T = \sum_{t=1}^{k} n_t \left(\bar{y}_t - \bar{\bar{y}} \right)^2 \qquad (19)$$

마지막으로, 전체 평균에 대해 모든 값들의 총체적인 제곱 합은 다음과 같다.

$$S_D = \sum_{t=1}^{k} \sum_{t=1}^{n_t} \left(\bar{y}_{ti} - \bar{\bar{y}} \right)^2 \qquad (20)$$

각 제곱 합의 계산에는 연관된 자유도 수치가 포함된다. 공정들 사이, 공정들 내부, 또는 총 제곱 합에 대한 자유도는 각각 다음과 같이 표현된다.

$$\begin{aligned} \nu_R &= N - k \\ \nu_T &= k - 1 \\ \nu_D &= N - 1 \end{aligned} \qquad (21)$$

분산 분석을 위해서 마지막으로 필요한 값은 각 제곱 합으로 수치화된 분산의 공동 추정값이다(pooled estimate of the variance). **평균 제곱**(mean square)이라 부르는 이 값은 제곱 합을 연관된 자유도 수치로 나눈 값이다. 이에 따르면 각각의 제곱 합은 다음과 같이 나타난다.

$$\begin{aligned} s_R^2 &= \frac{S_R}{\nu_R} = \frac{\sum_{t=1}^{k} \sum_{t=1}^{n_t} \left(y_{ti} - \bar{y}_t \right)^2}{N - k} \\ s_T^2 &= \frac{S_T}{\nu_T} = \frac{\sum_{t=1}^{k} n_t \left(\bar{y}_t - \bar{\bar{y}} \right)^2}{k - 1} \\ s_D^2 &= \frac{S_D}{\nu_D} = \frac{\sum_{t=1}^{k} \sum_{t=1}^{n_t} \left(y_{ti} - \bar{\bar{y}} \right)^2}{N - 1} \end{aligned} \qquad (22)$$

ANOVA 표

위에서 언급된 매개 변수 값을 계산하고 나서, **ANOVA 표**라고 부르는 표를 만드는 것이 일반적이다. 이 표의 일반적인 형식은 표 10.4에 나타나 있다. 표 10.5는 표 10.3의 결함 밀도 데이터와 상응하는 ANOVA 표이다. 제곱 합과 자유도를 나타내는 두 열(column)에서, 공정들 내부 또는 사이의 값들은 상응하는 총체적인 값을 구하기 위해서 합산된다. 이 제곱 합의 덧셈 성질은 다음 식의 대수적인 동일성에서 온다.

$$\sum_{t=1}^{k}\sum_{i=1}^{n_t}(y_{ti}-\bar{\bar{y}})^2=\sum_{t=1}^{k}n_t(\bar{y}_t-\bar{\bar{y}})^2+\sum_{t=1}^{k}\sum_{i=1}^{n_t}(y_{ti}-\bar{y}_i)^2 \tag{23}$$

또는

$$S_D = S_T + S_R$$

완전한 ANOVA 표는 모든 공정법의 평균이 동일하다는 가설 검증을 위한 메커니즘을 제공한다. 이 경우 영 가설은

$$\mathrm{H}_0\text{: } \mu_1 = \mu_2 = \mu_3 = \mu_4$$

이다. 만약 영 가설(null hypothesis)이 사실이라면, s_T^2/s_R^2는 ν_T와 ν_R의 자유도를 가지는 F 분포를 따른다. 부록 L의 보간법을 사용한다면, $\nu_T = 3$, $\nu_R = 30$의 자유도에서 찾은 F 비율은 13.6인데, 이의 **유의 수준**(significance level, 즉 표 머리의 F_{n,ν_1,ν_2}에서 유의 값)은 0.000046이다. 즉, 평균들이 같을 수 있는 확률이 0.0046%뿐이라는 것과, 영 가설은 적합하지 않다는 것을 의미한다. 달리 표현하면, 이 예제에서는 4개의 공정들 사이의 차이가 존재할 확률이 99.9954%에 달한다고 볼 수 있다.

10.4.3 인수 계획법

실험 계획법은 제한된 수의 실험을 통하여 최대의 정보를 뽑아내기 위한 체계화된 방

표 10.4 ANOVA 표의 일반적인 형태

Source of Variation	Sum of Squares	Degrees of Freedom	Mean Square	*F* Ratio
Between treatments	S_T	$\nu_T = k - 1$	s_T^2	s_T^2/s_R^2
Within treatments	S_R	$\nu_R = N - k$	s_R^2	
Total	S_D	$\nu_D = N - 1$	s_D^2	

표 10.5 비어 지름 데이터에 대한 ANOVA 표

Source of Variation	Sum of Squares	Degrees of Freedom	Mean Square	F Ratio
Between treatments	$S_T = 228$	$\nu_T = 3$	$s_T^2 = 76.0$	$s_T^2/s_R^2 = 13.6$
Within treatments	$S_R = 112$	$\nu_R = 20$	$s_R^2 = 5.6$	
Total	$S_D = 340$	$\nu_D = 23$	$s_D^2 = 14.8$	

법이다. 실험 계획법 기술들은 수율과 같은 결과에 영향을 미치는 온도와 같은 **요인**(factor)들과 입력 변수 세트의 영향을 체계적이고 효율적으로 조사하기 위해 제조 공정 상에 도입된다. '한 번에 한 변수(one-variable-at a time)'를 변화시키는 전통적인 방법에 비해 통계적인 실험 계획법의 공통된 특징은 모든 요인들을 동시에 변화시킨다는 점이다. 이러한 방법과 무작위의 표본화를 통한 적절한 실험 계획법은 실험 실행 횟수를 최소화할 수 있다.

인수 실험 계획법은 IC 제조 공정의 응용에 있어서 실용적으로 중요하다. 인수 실험 계획법을 수행하기 위해서는 여러 변수 각각에 대하여 고정 **레벨**을 선택하고, 레벨의 모든 가능한 조합에 대한 실험을 수행해야 한다. 인수 실험 계획법에서 가장 중요한 점은 실험에서 변화하는 요인들의 선택이고, 다음으로는 변화가 발생할 수 있는 범위를 구체화하는 것이다. 요인들의 수를 선택하는 것은 직접적으로 수행하여야 하는 실험의 횟수에 영향을 끼치며 이것은 곧 돈과 연관된다.

2개 인자 계획법

인수 계획법에서 생산 과정 변수들의 필요한 범위는 최소, 최대, '중간' 레벨들로 이산화될 수 있다. **2개 인자 계획법**(two-level factorial design)에서 각각 –1과 +1로 정규화된 각 요인들의 최소, 최대 레벨들은 모든 가능한 조합에서 함께 사용된다. 따라서 n개의 요인들을 가지는 최대의 2개 인자 계획법은 2^n번의 실험이 필요하다. 3가지 요인을 가지는 실험에서 다양한 요인 레벨 조합들은 그림 10.20과 같이 정육면체의 정점들로 표현된다.

표 10.6은 CVD 생산 과정에서 2^3 인수 계획법을 보여 준다. 세 가지 요인은 온도(T), 압력(P), 가스의 유동률(F)이고, 측정되는 결과는 증착 비율(deposition rate) D이다. 각 요인들에 있어서 최대, 최소 레벨은 +, – 부호로 나타낸다. 이 표에서 첫 번째 3열에서 나타나는 레벨들의 표현은 **계획 행렬**(design matrix)이라 한다.

이 인수 계획법으로부터 무엇을 결정할 수 있는지와, 수집된 데이터가 압력이 증

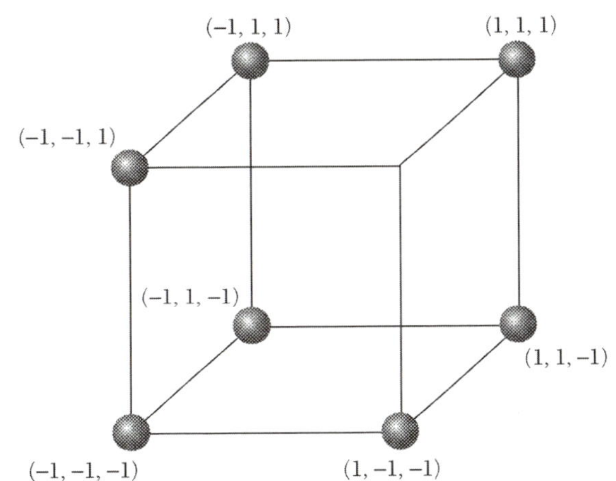

그림 10.20 정육면체의 정점으로 나타낸 3가지 요인 실험에서 각 요인 레벨의 조합들.

표 10.6 2개 인자 계획법

Run	P	T	F	D (Å/min)
1	–	–	–	$d_1 = 94.8$
2	+	–	–	$d_2 = 110.96$
3	–	+	–	$d_3 = 214.12$
4	+	+	–	$d_4 = 255.82$
5	–	–	+	$d_5 = 94.14$
6	+	–	+	$d_6 = 145.92$
7	–	+	+	$d_7 = 286.71$
8	+	+	+	$d_8 = 340.52$

착 비율에 미치는 영향에 대하여 무엇을 말해 주는지에 대하여 알아보자. 어떤 하나의 변수가 결과에 미치는 영향을 **주된 영향**(main effect)이라 한다. 이런 주된 영향을 계산하는 방법은 압력이 낮을 때(1, 3, 5, 7번째 실험)의 평균 증착 비율과 압력이 높을 때(2, 4, 6, 8번째 실험)의 증착 비율들 사이의 차이를 찾는 것이다. 수학적으로 다음과 같이 표현할 수 있다.

$$P = d_{p+} - d_{p-} = 1/4[(d_2 + d_4 + d_6 + d_8) - (d_1 + d_3 + d_5 + d_7)] = 40.86 \quad (24)$$

여기서 P: 압력에 의한 주된 효과

d_{p+}: 압력이 높을 때의 평균 증착 비율

d_{p-}: 압력이 낮을 때의 평균 증착 비율

최저 레벨에서 최고 레벨까지 압력을 증가시킬 때의 평균 효과는 증착 비율이 40.86 Å/min만큼 증가하는 것임을 알 수 있다. 온도와 가스의 유동률에 따른 주된 효과는 위와 비슷한 방법으로 계산된다. 일반적으로 2개 인자 계획법에서 각 요인에 대한 효과는 두 개의 평균 결과값(y) 사이의 차이이다.

$$\text{Main effect} = y_+ - y_- \quad (25)$$

2개 또는 그 이상의 요인들 사이의 **상호 작용**을 수치적으로 표현하는 것 또한 흥미롭다. 예를 들어, 압력의 영향이 낮은 온도에서보다 높은 온도에서 더 크다고 할 때, 상호 작용의 측정은 낮은 온도와 높은 온도에서 평균 압력 영향의 차로 주어진다. 이 차의 **반**(half)은 **온도에 대한 압력의 상호 작용**(pressure-by-temperature interaction)이라 하고, $P \times T$ 상호 작용으로 나타낸다. 반대로, 이 상호 작용은 두 레벨의 압력에서 평균 온도 영향의 차를 반으로 나눈 값으로 생각할 수도 있다. 수학적으로 이것은 다음과 같다.

$$P \times T = d_{PT+} - d_{PT-} = 1/4[(d_1 + d_4 + d_5 + d_8) - (d_2 + d_3 + d_6 + d_7)] = 6.89 \quad (26)$$

$P \times F$와 $T \times F$는 비슷한 방법으로 얻어진다. 마지막으로 모든 3개 요인에 의한 상호 작용인 $P \times T \times F$ 상호 작용을 알아보자. 이 상호 작용은 세 번째 요인의 높고 낮은 두

레벨에서 모든 2개 요인들의 상호 작용 사이의 평균 차이로 정의한다. 이것을 수식으로 나타내면 다음과 같다.

$$P \times T \times F = d_{PTF+} - d_{PTF-} = -5.88 \tag{27}$$

어떤 요인이라도 다른 요인들과 상호 작용하지 않는다면, 이 요인에 의한 주된 영향은 개별적으로 해석될 수 있음은 중요한 사실이다.

Yates 알고리즘

만약 3개 이상의 요인들이 존재한다면 앞서 설명되었던 2개 인자 실험 계획법으로 상호 작용의 효과를 계산하기란 참으로 따분한 작업이 될 수 있다. 운 좋게도 **Yates 알고리즘**(Yates algorithm)을 사용하면 컴퓨터로 쉽게 프로그래밍하여 빠른 실행 결과를 얻을 수 있다. 이 알고리즘을 구현하기 위해서는 실험 계획 행렬이 **표준 순서**(standard order)에 맞게 구성되어야 한다. 2^n의 인수 계획법은 계획 행렬의 첫 번째 열은 번갈아 –, + 부호로, 다음 열은 두 번 주기의 + 부호로, 이와 같은 규칙성을 바탕으로 하면, k 번째 열은 2^{k-1} 주기의 –, +로 나타난다.

증착 비율 데이터를 위한 Yates의 계산은 표 10.7로 나타난다. 열 y는 매 실험마다의 증착 비율을 포함하며, 두 개씩 쌍으로 생각한다. 열 (1)에서 처음 4개 항들은 y 열의 쌍 내의 두 값의 합이며, 나머지 4개의 항들은 y 열의 쌍 내의 아래 값에서 위 값을 뺀 값이다. (2) 열의 값들은 (1) 열을 사용하여 같은 방식으로 계산한 것이고, (3) 열은 (2) 열을 이용하여 계산한다. 실험적인 효과를 얻으려면 (3) 열을 제수(divisor) 열로 나누기만 하면 된다. 제수 열의 첫 번째 항은 2^n이며 나머지 항들은 2^{n-1}이다. 구분(ID: identification) 열의 첫 번째 항은 모든 실험값의 평균이며, 나머지는 P, T, PT 순으로 표와 같은 값을 의미한다.

Yates 알고리즘은 비교적 간단하게 수치적으로 실험적 효과를 얻을 수 있는 방법론을 제공하지만, 최근의 통계적 실험 분석에는 상업용 통계 소프트웨어가 독점적으로 사용된다. 몇 가지 일반적인 소프트웨어 패키지로는 RS/1, SAS와 Minitab 등이 있다. 이런 패키지들은 손으로 풀어야 하는 번거로움을 경감시켜 준다.

표 10.7 **Yates 알고리즘의 설명**

P	*T*	*F*	*y*	(1)	(2)	(3)	Divisor	Effect	ID
–	–	–	94.8	205.76	675.70	1543.0	8	192.87	Avg
+	–	–	110.96	469.94	867.29	163.45	4	40.86	*P*
–	+	–	214.12	240.06	57.86	651.35	4	162.84	*T*
+	+	–	255.82	627.23	105.59	27.57	4	6.89	*PT*
–	–	+	94.14	16.16	264.18	191.59	4	47.90	*F*
+	–	+	145.92	41.70	387.17	47.73	4	11.93	*PF*
–	+	+	286.71	51.78	25.54	122.99	4	30.75	*TF*
+	+	+	340.52	53.81	2.03	–23.51	4	–5.88	*PTF*

부분 인자 계획법

2개 인자 계획법의 단점은 요인들의 개수에 따라 실험 횟수가 지수적으로 증가한다는 것이다. 정식 인자 계획법의 실험 횟수를 체계적으로 줄이면 **부분 인자 계획법**(fractional factorial design)이 생성된다. 예를 들어, n개의 요인에 대하여 반 부분 계획법(half fractional design)을 행하면, 단지 2^{n-1}번의 실험 횟수가 필요할 뿐이다. 정식 또는 부분 2개 인자 계획법에서 요인들 사이의 상호 작용 효과뿐만 아니라, 각 요소들의 주된 효과를 측정할 수도 있다. 그러나 정식 또는 부분 2개 인자 계획법으로 이차 이상 차수의 효과에 대해서는 측정할 수 없다. 하지만 이것이 심각한 단점은 아닌데, 그 이유는 높은 차수의 효과나 상호 작용은 낮은 차수의 것보다 일반적으로 그 값은 작아지게 마련이기 때문이다. 여기에서 높은 차수를 무시하는 것은 테일러 급수에서 높은 차수를 무시하는 것과 비슷하다.

부분 인자 계획법의 사용을 알아보기로 하자. $n = 5$이고 2^5 인수 계획법인 경우 완전한 인수 계획법을 구현한다면 실험을 32번 행하여야 한다. 이에 반하여 2^{5-1}의 부분 인자 계획법을 행한다면 단지 16번만 실험하면 된다. 2^{5-1} 부분 인수 계획법은 표준 순서로 2^4 정식 인수 계획법의 계획 행렬을 나열하고, 다섯 번째 열은 앞서 만든 행렬에서 같은 행의 부호들을 서로 '곱하여' 얻어진다.

예를 들어, 우리의 CVD 실험을 다시 한번 보자. 시간과 자금의 부족으로 2^3의 정식 인수 계획법(8번의 증착 실험 필요)을 수행하는 데 4번의 증착 실험만이 가능하다고 가정하자. 이럴 경우 대안적인 2^{3-1} 부분 인자 계획법이 필요하다. 이 새로운 계획법은 압력과 온도의 변수를 위한 2^2의 정식 계획법을 작성하고, 유동률의 세 번째 열은 앞의 두 열을 곱하여 얻는다. 이 과정이 표 10.8에 나타나 있다. 이 방식의 유일한 단점으로는 세 번째 열(F 열)을 계산하기 위해서 단지 PT의 관계를 사용했기 때문에 $P \times T$의 상호 작용과 F의 주된 효과의 영향을 구분할 수 없다는 것이다. 이러한 현상 때문에 2개의 영향은 **혼동된다**(confounded)고 말한다.

10.5 수율

IC 공정 단계에서 변화성(variability)은 완성품의 변형이나 규격 미달을 발생시킨다. 이런 과정상의 변화성은 종종 **불량**(fault)이나 전자 제품의 예상치 못한 오동작을 일으킨다. 이런 불량의 발생은 공정상의 수율로써 그 정도를 측정할 수 있다. **수율**(yield)은 성능 사양(performance specification)과 부합하는 소자나 회로의 퍼센트로 정의된다.

표 10.8 CVD 예에서 2^{3-1} 부분 인자 계획법의 예시

Run	P	T	F
1	−	−	+
2	+	−	−
3	−	+	−
4	+	+	+

수율은 **기능상**(functional) 수율과 **매개 변수상**(parametric) 수율로 구분할 수 있다. 하드 수율(hard yield)이라고도 하는 기능상 수율은 먼지 입자(particles)들과 같은 물리적인 결함으로 인한 단락 회로나 개방 회로에 의해 특징지어진다. 즉, 기능상으로 완전하게 동작하는 제품의 비율을 나타낸다. 이에 반해 기능상으로 완전함을 가지더라도 몇 가지 매개 변수들(예를 들어 속도, 잡음 수준, 전력 소모)에 대해서는 성능 사양과 맞지 않을 수도 있다. 이럴 경우는 매개 변수상 수율로 나타내야 하며 소프트 수율(soft yield)이라고도 한다.

10.5.1 기능상 수율

IC의 기능상 수율(functional yield)을 측정하기 위한 모델을 개발하는 것은 제조에 꼭 필요하다. 공정상의 정확한 수율을 제공하는 모델은 제품의 생산 단가를 예측하거나 생산 장비의 활용을 최적화하는 데 도움이 될 뿐만 아니라, 실제 측정된 공정상의 수율을 평가할 측정 기준으로도 사용될 수 있다. 수율 모델은 문제가 발생하는 제품이나 공정 과정의 확인과 새로운 기술의 사용 여부에 대한 결정에 있어서 아주 중요하다.

앞서 언급되었던 것과 같이 기능상 수율은 결함(defect)과 아주 밀접한 관계가 있다. 결함들은 많은 원인들(장비나 생산 과정에서 발생하는 오염이나 마스크의 결함, 공기중의 입자들과 같은)에 의해 발생한다. 물리적으로 이런 결함은 회로의 단락과 개방, 잘못된 정렬(misalignment), 감광제의 틈과 조각, 핀홀(pin-hole), 긁힘, 결정학적인 흠 등을 포함한다. 그림 10.21은 이것들을 보여 주고 있다.

수율 모델은 단위 면적당 평균 결함 개수(D_0)와 **임계 영역**(critical area)의 면적(A_c)의 함수로 나타난다. 식으로는 다음과 같이 나타낼 수 있다.

$$Y = f(A_c, D_0) \tag{28}$$

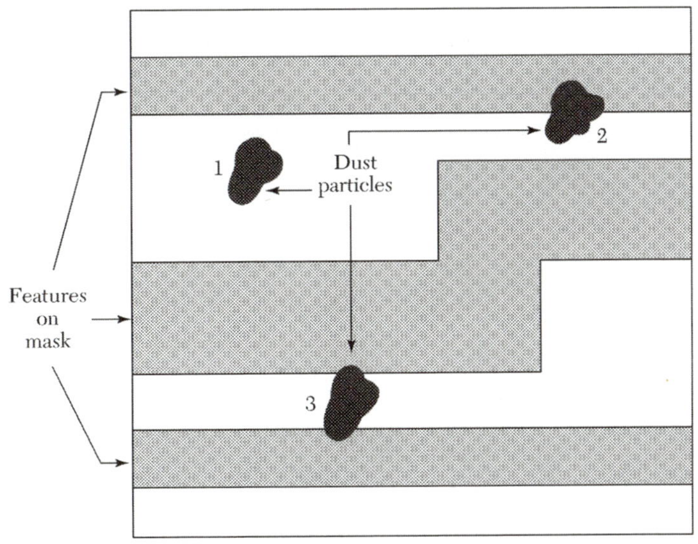

그림 10.21 먼지 입자들이 내부 연결 마스크 패턴을 방해하는 여러 가지 방법

여기서 Y는 기능상 수율을 나타낸다. 임계 영역이란 발생한 결함이 불량을 일으킬 확률이 높은 곳을 나타낸다. 예를 들어, 그림 10.21에서 입자 3이 충분히 크고 전도성을 가진다면 양쪽으로 놓인 금속선의 단락을 일으킬 수 있는 영역이다. 수율, 결함 밀도, 임계 면적 사이의 관계는 매우 복잡하다. 이것은 회로의 구조, 광 노광 패턴의 밀도, 공정상 사용되는 광 노광 과정의 횟수, 그리고 다른 요인들에 의해서 결정된다. 이런 관계를 수치화하려는 몇 가지 모델들이 다음 절에서 소개될 것이다.

포아송 모델

포아송 모델(Poisson model)은 기본적으로 모든 결함이 기판에 걸쳐 고르게 분포되고 각 결함은 불량을 발생시킨다는 가정에서 시작한다. Pineda de Gyves 이 모델을 아주 훌륭하게 이끌어 냈다.[7] C는 기판 상의 회로의 개수(IC 개수)이고, M은 발생 가능한 결함의 종류의 개수일 때, M 종류의 결함들이 C개의 회로 상에 분포하는 모든 방법의 수는 C^M과 같다. 예를 들어, 3개의 회로(C1, C2, C3)가 있고 3종류의 결함(M1 = 금속 개방, M2 = 금속 단락, M3 = 금속 1과 금속 2의 연결)이 있다고 하면, 3가지의 결함이 3개의 칩에 분포될 모든 가능한 방법이 표 10.9에 나열되어 있다.

$$C^M = 3^3 = 27 \quad (29)$$

만약 C개의 칩 중 하나에 결함이 전혀 없다고 한다면, 남은 칩들에서 M개의 결함이 분포될 방법의 수는 다음과 같다.

$$(C-1)^M \quad (30)$$

따라서 한 회로가 어떤 형태의 불량도 가지지 않을 확률은 다음과 같다.

표 10.9 불량 결합 방법을 나타내는 진리표

Combination	C1	C2	C3	Combination	C1	C2	C3
1	M1M2M3			15	M3		M2M1
2		M1M2M3		16		M1M2	M3
3			M1M2M3	17		M1M3	M2
4	M1M2	M3		18		M2M3	M1
5	M1M3	M2		19		M1	M2M3
6	M2M3	M1		20		M2	M1M3
7	M1M2		M3	21		M3	M2M1
8	M1M3		M2	22	M1	M2	M3
9	M2M3		M1	23	M1	M3	M2
10	M1	M2M3		24	M2	M1	M3
11	M2	M1M3		25	M2	M3	M1
12	M3	M2M1		26	M3	M1	M2
13	M1		M2M3	27	M3	M2	M1
14	M2		M1M3				

$$\frac{(C-1)^M}{C^M}=\left(1-\frac{1}{C}\right)^M \tag{31}$$

M을 CA_cD_0으로 대체한다면 수율은 단 하나의 결함도 가지지 않는 칩들의 개수와 같고 이것은 다음과 같다.

$$Y=\lim_{C\to\infty}\left(1-\frac{1}{C}\right)^{CA_cD}=\exp\left(-A_cD_0\right) \tag{32}$$

하나의 결함도 가지지 않는 N개의 칩을 고려한다면 위의 식은 다음과 같이 된다.

$$Y=\exp(-A_cD_0)^N=\exp(-NA_cD_0) \tag{33}$$

포아송 모델은 단순하여 유도해 내기가 어렵지 않다. 임계 영역이 넓지 않다면, 아주 좋은 추정값을 제공한다. 그러나 작은 칩 상에서 계산한 D_0을 넓은 칩에서의 수율을 계산할 때 사용한다면 이 경우 실제 측정된 수율과 비교해서 전반적으로 수율을 나쁘게 예측하게 된다.

머피의 수율 적분

머피(B. T. Murphy)는 처음으로 결함 밀도(D)가 상수일 필요가 없다는 것을 제안하였다.[8] 그는 대신에 D는 정규화된 확률 밀도 함수[$f(D)$]를 사용하여 기판과 모든 회로들에 걸쳐 합산되어야 한다고 판단했다. 이 경우에 수율은 다음과 같은 적분을 이용해 구할 수 있다.

$$Y=\int_0^\infty e^{-A_cD}f(D)\,dD \tag{34}$$

분석적인 수율 모델들 사이의 차이는 기본적으로 서로 다른 $f(D)$의 형태를 사용하는 것이다. 포아송 모델은 $f(D)$가 델타 함수라고 가정한 것이고 다음과 같다.

$$f(D)=\delta(D-D_0) \tag{35}$$

여기서 D_0은 평균 결함 밀도(그림 10.22*a*)이다. 이 밀도 함수를 사용하면, 수율은 식 (34)로부터 구해지는데 다음과 같다.

$$Y_{\text{Poisson}}=\int_0^\infty e^{-A_cD}f(D)\,dD=\exp\left(-A_cD_0\right) \tag{36}$$

위 식 (36)은 식 (32)와 동일함을 알 수 있다.

머피는 초기에 그림 10.22*b*와 같이 균일한 농도 함수를 연구하였다. 이 함수의 경우 수율 적분의 계산은 다음과 같이 나타난다.

$$Y_{\text{uniform}}=\frac{1-e^{-2D_0A_c}}{2D_0A_c} \tag{37}$$

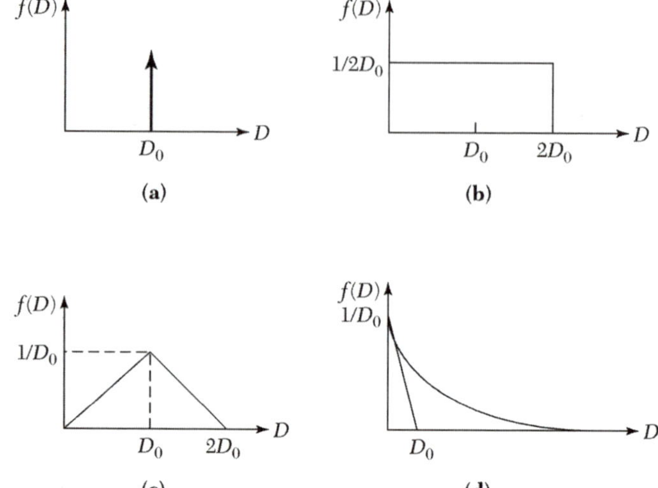

그림 10.22 확률 밀도 함수. (*a*) 포아송 모델. (*b*) 균일한 머피 모델. (*c*) 삼각형의 머피 모델. (*d*) 지수적 시즈 모델.[7]

후에 머피는 델타 함수보다 가우스(Gaussian) 분포 함수가 실제 결함 농도 함수를 더 잘 반영한다고 생각하였다. 그러나 그는 가우스 분포 함수를 적분할 수 없었기 때문에 그림 10.22*c*에서처럼 삼각형 함수를 사용하여 가우스 분포를 근사화하였다. 이 함수의 결과로 다음의 수율 함수를 도출하였다.

$$Y_{\text{triangular}} = \left(\frac{1 - e^{D_0 A_c}}{2 D_0 A_c} \right)^2 \qquad (38)$$

오늘날 산업 현장에서는 공정 과정의 결함 밀도에 대한 효과를 밝히는 데 삼각형의 머피 수율 모델을 주로 사용한다.

시즈(R. B. Seeds)는 처음으로 머피의 가정[9]을 증명하였다. 그러나 시즈는 불량을 일으키지 않을 정도의 낮은 결함 밀도를 갖는 큰 모집단과 불량을 일으키는 정도의 높은 결함 밀도를 갖는 작은 모집단에서 높은 수율이 발생한다는 것을 이론화하였다. 그 결과, 그는 그림 10.22*d*에 나타낸 다음과 같은 지수 밀도 함수를 제안하였다.

$$f(D) = \frac{1}{D_0} \exp\left(\frac{-D}{D_0} \right) \qquad (39)$$

이 함수는 낮은 결함 밀도를 발견할 확률이 높은 결함 밀도를 발견할 확률보다 훨씬 크다는 것을 의미한다. 이 지수 함수로 머피의 적분을 계산하면, 수율은 다음과 같다.

$$Y_{\text{exponential}} = \frac{1}{1 + D_0 A_c} \qquad (40)$$

시즈 모델은 단순하지만, 넓은 기판에 대한 수율 예측이 너무 좋게 나오기 때문에 널리 사용되지는 않는다.

Okabe, Nagata, 그리고 Shimada는 결함 분포의 물리적 특성을 알아냈고, 감마 확률 밀도 함수[10]를 제시하였다. 그리고 Stapper는 감마 밀도 함수[11]를 사용하여 수율 모델에 적용하고 수율 모델을 발전시켰다. 감마 분포 함수는 다음과 같다.

$$f(D) = \left[\Gamma(\alpha)\beta^{\alpha}\right]^{-1} D^{\alpha-1} e^{-D/\beta} \tag{41}$$

여기서 α와 β는 분포 매개 변수이고, $\Gamma(\alpha)$는 감마 함수이다. 그림 10.23에서 몇 개의 α값에 따른 감마 함수의 형태를 볼 수 있다. 이 분포에서 평균 결함 농도 $D_0 = \alpha\beta$이다.

식 (41)을 대입하여 머피의 적분을 계산한 결과 수율 모델은 식 (42)와 같다.

$$Y_{\text{gamma}} = \left(1 + \frac{A_c D_0}{\alpha}\right)^{-\alpha} \tag{42}$$

이 모델은 **음의 이항 모델**(negative binomial model)이라고 부른다. 매개 변수 α는 경험적으로 결정된다. 일반적으로 α 값은 결함 분포의 분산이 감소함에 따라 증가하므로, 집단 매개 변수(cluster parameter)라고 한다. 만약 α 값이 크다면, 결함의 변화성은 낮다(낮은 집단화). 이런 조건 아래서, 감마 밀도 함수는 델타 함수로 접근해 간다. 그리고 음의 이항 모델은 포아송 모델이 된다. 수학적으로 이것은

$$Y = \lim_{\alpha\to\infty}\left(1 + \frac{A_c D_0}{\alpha}\right)^{-\alpha} = \exp(-A_c D_0) \tag{43}$$

을 의미한다. 반면에 α 값이 작다면, 웨이퍼에 걸친 결함의 변화성은 커지며(높은 집단화), 감마 모델은 시즈 지수 모델로 해석될 수 있다. 이것은 다음과 같이 나타난다.

$$Y = \lim_{\alpha\to 0}\left(1 + \frac{A_c D_0}{\alpha}\right)^{-\alpha} = \frac{1}{1 + A_c D_0} \tag{44}$$

만약 임계 영역과 결함 밀도를 안다면(또는 정확히 측정될 경우), 음의 이항 모델은 다양한 IC 공정 과정에서 훌륭한 일반적 용도의 수율 예측 모델이 된다.

10.5.2 매개 변수상 수율

결함이 존재하지 않는 환경에서조차 임의의 공정 변이 요소들은 시스템 성능을 변화시

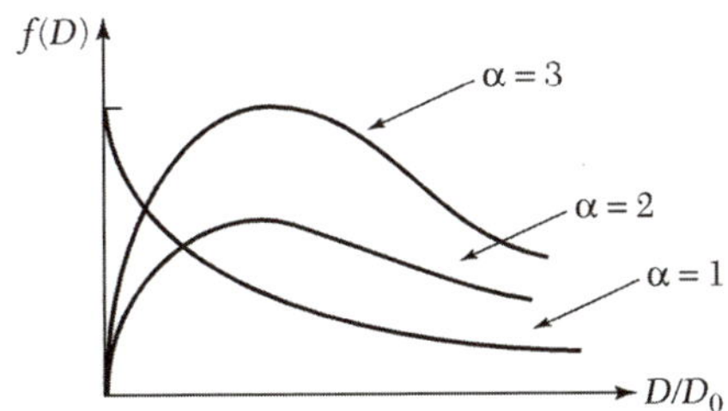

그림 10.23 감마 분포를 위한 확률 밀도 함수.

킬 수 있다. 속도나 잡음 수준과 같은 최종 시스템 성능에 있어서 변이를 일으키는 다양한 물리적, 환경적 매개 변수들(선 길이, 막의 두께, 주위 습기 등)에 의해 위의 변이 요소들이 발생한다. 이러한 성능을 변화시키는 요인들은 약한 불량(soft fault)을 발생시키고 공정 과정의 **매개 변수상 수율**(parametric yield)을 통하여 그 특징이 규정될 수 있다. 기능상의 수율은 공정 과정에 의해 생산된 사양에 맞는 유닛들의 비율이고, 매개 변수의 수율은 사양에 맞게 동작하는 시스템의 질적인 면을 기준으로 하여 측정한 수율이다.

매개 변수상의 수율을 측정하는 방법으로는 **몬테카를로 모의 실험**(Monte Carlo simulation)이 있다. 회로나 시스템에서 매개 변수의 많은 의사난수 세트(pseudo-random set)들은 측정된 데이터로부터 얻어진 표본 평균과 표준 편차를 가진다고 가정된 확률 분포(일반적으로 정규 분포)에 따라 생성된다. 회로나 시스템의 동작을 예측하고 정보를 찾기 위해 각 매개 변수 세트들 상에서 모의 실험을 수행한다. 모의 실험 결과 세트들로부터 전체적 성능 분포를 얻는다.

몬테카를로 법을 설명하기 위해 다음의 경우를 보자. 포화 영역에서의 n 채널 MOSFET의 전류를 성능의 측정 기준으로 생각하자. 여기서 포화 영역의 전류는 식 (45)와 같다.[12]

$$I_{\mathrm{Dsat}} \cong \left(\frac{Z\mu_n C_{\mathrm{o}}}{2L}\right)\left(V_{\mathrm{G}} - V_{\mathrm{T}}\right)^2 \tag{45}$$

여기서 Z는 소자의 폭, L은 채널 길이, μ_{n}은 전자의 채널에서 이동도, C_{o}는 산화막의 단위 면적당 정전 용량, V_{T}는 문턱 전압, V_{G}는 게이트 인가 전압을 나타낸다. 이 식에서 C_{o}는 산화막의 두께(d)의 함수이며, V_{T}는 채널의 도핑 농도와 산화막 두께의 함수이다. 따라서 $I_{\mathrm{Dsat}} = f(C_{\mathrm{o}}, V_{\mathrm{T}})$로서 C_{o}와 V_{T}의 함수라고 할 수 있다. 이 두 양은 제조 공정의 변이 요소들에 의해 지배적으로 영향을 받는다. 따라서 이 매개 변수들은 각각 평균값 μ_c, μ_v와 표준 편차 σ_c, σ_v를 가지는 정규 분포에 따라 변하는 특성을 갖고 있다(그림 10.24).

C_{o}와 V_{T}의 모든 가능한 조합에 따라 계산된 I_{Dsat} 값은 어떤 특정한 범위를 가지며 이런 범위를 가지는 제조 공정에 의해 생산된 MOSFET의 매개 변수의 수율을 몬테카를로 방법을 사용하여 예측할 수 있다. 이런 계산으로 나온 결과는 그림 10.24*b*와 같은 최종 성능 분포가 된다. 주어진 전류 범위를 가지는 트랜지스터의 비율을 계산하는 데 이 확률 밀도 함수를 사용할 수 있다. 예를 들어, I_{Dsat}가 범위 a와 b 사이에서 동작하도록 생산된 MOSFET의 퍼센트를 구하고자 할 때, 다음 식을 사용하면 된다.

$$Y\left(\text{MOSFETs with } a < I_{\mathrm{Dsat}} < b\right) = \int_a^b f(x)\,dx \tag{46}$$

주어진 출력 측정 규준의 전체적 분포를 안다면 어떤 범위 내의 성능을 가지는 생산물의 비율을 추정하는 것이 가능하다. 공정 단계에서의 경계를 정하도록 도와주는 매개 변수상의 수율 추정을 통하여 회로 설계자들은 생산율을 위한 설계를 쉽게 할 수 있게 된다.

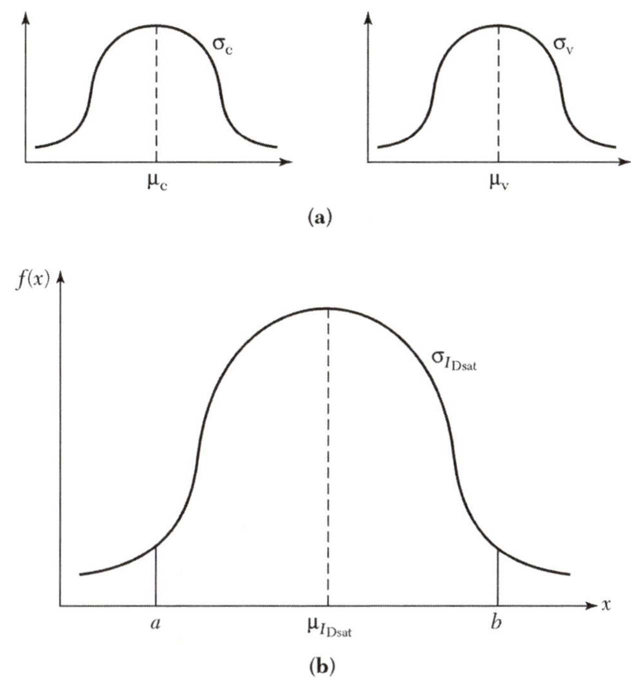

그림 10.24 (*a*) C_o와 V_T를 위한 정규 확률 밀도 함수. (*b*) I_{Dsat}를 위한 전체적 확률 밀도 함수.

10.6 컴퓨터 통합 생산

IC 공정 과정의 양적인 평가는 대부분 손으로 계산하지 않고 컴퓨터로 작업한다. 이것은 더 효율적일 뿐만 아니라, 경제적으로도 중요하다. 집적 회로의 제조 공정에는 비용이 많이 든다. 사실, 전자 부품 제조는 자본 집약적이어서 작은 회사에서 집적 회로의 공정을 수행하기란 자본 측면에서 어렵다는 것을 최근 10년 간의 경험으로 알고 있다. 오늘날, 최신식의 대형 제조 시설은 20년 전의 대응되는 제조 시설보다 금액 면에서 월등히 비싸다. 이에 따라 계약 제조 산업이 급부상하게 되었다.

제조 설비 가격이 상승함에 따라, 제조자들이 해결해야 하는 계속적인 도전 과제는 공정 단계에서의 획기적인 기술 혁신을 이루어 금전적인 어려운 면을 상쇄하는 것이다. 즉, 지금의 목적은 최신의 컴퓨터 하드웨어 기술이나 소프트웨어 기술을 이용하여 지나치게 비싸진 제조 방법을 향상시키는 것이다. **집적 회로의 컴퓨터 통합 생산**(IC-CIM: computer-integrated manufacturing of integrated circuit)에서의 이러한 노력은, **컴퓨터 도움 설계**(CAD: computer-aided design)가 회로 설계의 비용상의 문제를 해결했듯이, 전자 부품의 공정상에서도 최적의 비용 효율을 목적으로 한다.

제조가를 줄이기 위한 전반적인 흐름 아래, 해결해야 하는 몇몇 하위 작업을 알아내게 되었다. 공정상의 수율 증가, 생산품의 사이클 타임 감소(생산 속도 증가), 제품의 성능과 질의 일관된 수준의 유지, 처리 장비의 안정성 향상 등이 그것이다. 제조 공정은 수백 개의 일련의 과정으로 구성되기 때문에 수율의 감소는 매 단계마다 잠재적으로 발생할 가능성이 있다. 결과적으로 전자 제품 제조 설비에서 제품의 질을 유지하는

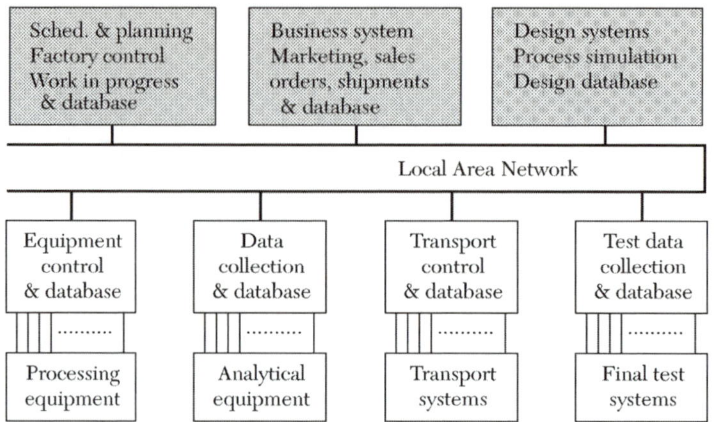

그림 10.25 두 레벨의 CIM 구조.[13]

것은 사실상 수백, 수천의 프로세스 변수의 엄격한 통제를 요구한다. 높은 수율, 높은 품질, 낮은 사이클 타임의 상호 의존적인 이슈들은 최신식의 IC-CIM 시스템에서 몇 가지 중요한 기능들(데이터 획득과 저장, 프로세스 또는 장비의 모델링, 실시간 프로세스 제어, 장비들 간에 정보 교류, 공정상 처리 과정의 모니터링)의 발달에 의해 설명된다. 이 기능들을 강조하는 것은 잠재적으로 나타날 수 있는 잘못된 처리를 막음으로써 수율을 높이고, 처리량을 증가시킨다. 반면에, 각각의 기능은 효율적인 구현과 배치에 있어서 공학적으로 중요한 도전 과제가 된다.

현대의 전형적인 IC-CIM 시스템의 블록 다이어그램은 그림 10.25와 같다. 이 다이어그램은 효율적인 제조 공정의 조작에 있어서 중요한 특징들을 보여 준다.[13] 이 두 레벨의 구조에서 낮은 레벨은 제조 설비의 실시간 제어와 분석을 제공하는 임베디드 제어기(embedded controller)를 포함한다. 이 제어기는 개인용 컴퓨터와 각 장비에서 사용되는 관련된 제어 소프트웨어로 구성된다. 이 IC-CIM 구조의 두 번째 레벨은 공통으로 분포된 데이터베이스에 연결된 파일 서버들과 컴퓨터 워크스테이션의 분포된 국부 지역 네트워크로 구성된다. 호스트 컴퓨터와 장비 간 통신은 **일반적인 장비 모델**(GEM: generic equipment model)이라 부르는 전자 제품 제조 표준에 따라서 설비가 갖추어진다. GEM 표준은 반도체 제작과 PCB(printed circuit board)에서 사용된다. 이 표준은 **반도체 장비 통신 표준**(SECS: semiconductor equipment communications standard) 규약을 기초로 한다.

IC-CIM 구조의 이런 형태는 계속적으로 변하는 요구를 충족시키기 위해 확장되고 순응하는 등 매우 유연하다. 과거 수십 년에 걸쳐, 이런 모델에 기반을 둔 강력하고 융통성 있으며 가격에 있어서 효율적인 정보 시스템들은 IC 제조 사업의 중요한 부분이 되었다.

10.7 요약

이 장에서는 IC 제조와 관련된 이슈들을 개괄적으로 살펴보았다. 전기적 시험과 기본적인 패키징 과정, 통계적 프로세스 제어와 실험 계획법, 수율 모델링을 알아보았고, 끝으로 IC-CIM 시스템을 간략히 소개하였다. IC 제조에서 생산 과정과 장비의 안정도는 직접적으로 작업 처리량이나 수율, 그리고 결과적으로 생산 단가에 영향을 끼친다. 차세대 마이크로전자 소자, 패키지, 시스템에 제시된 목표를 이루기 위해서는 앞으로 몇십 년 동안 제조 공정에 있어서 중요한 진보가 있어야 한다.

참고 문헌

1. Pineda de Gyvez and D. Pradhan, *Integrated Circuit Manufacturability*, IEEE Press, Piscataway, NJ, 1999.
2. A. Landzberg, *Microelectronics Manufacturing Diagnostics Handbook*, Van Nostrand Reinhold, New York, 1993.
3. R. Tummala, Ed., *Fundamentals of Microsystems Packaging*, McGraw-Hill, New York, 2001.
4. W. Brown, Ed., *Advanced Electronic Packaging*, IEEE Press, New York, 1999.
5. R. Jaeger, *Introduction to Microelectronic Fabrication*, 2nd Ed., Prentice-Hall, Upper Saddle River, NJ, 2002.
6. D. Montgomery, *Introduction to Statistical Quality Control*, Wiley, New York, 1985.
7. J. Pineda de Gyvez and D. Pradhan, *Integrated Circuit Manufacturability*, IEEE Press, New York, 1999.
8. B. Murphy, "Cost-Size Optima of Monolithic Integrated Circuits," *Proc. IEEE*, **52**, (12), 1537-1545 (1964).
9. R. Seeds, "Yield and Cost Analysis of Bipolar LSI," *IEEE Int. Electron Devices Meet.*, Washington, DC, October 1967.
10. T. Okabe, M. Nagata, and S. Shimada, "Analysis of Yield of Integrated Circuits and a New Expression for the Yield," in C. Strapper, Ed., *Defect and Fault Tolerance in VLSI Systems*, Vol. 2, Plenum Press, New York, pp. 47-61,1990.
11. C. Stapper, "Fact and Fiction in Yield Modeling," *Microelectronics J.*, 210, 129-151 (1989).
12. S. Sze, *Semiconductor Devices: Physics and Technology*, 2nd Ed., Wiley, New York, 2002.
13. D. Hodges, L. Rowe, and C. Spanos, "Computer Integrated Manufacturing of VLSI," Proceedings of the 11th IEEE/CHMT International Electronics Manufacturing Technology Symposium, September 1989, pp. 1-3.

연습 문제

어려운 문제에는 별표를 하였다.

10.3절: 통계적 공정 변수 제어

1. $n = 10$의 표본 크기를 사용하는 단채널 MOSFET의 문턱 전압에 대하여 $\bar{x}$와 s를 위한 제어 차트를 유지해야 한다. 이 공정은 $\mu = 0.75$ V와 $\sigma = 0.10$ V의 값으로 정규분포를 하는 것으로 알려져 있다. 이런 제어 차트들의 각각의 경우에 중심선과 제어 한계들을 찾으라.

2. 표본 크기가 10인 50개의 관측값을 모았고, μ와 σ의 값은 알지 못한다고 가정할 때, 문제 1을 반복하라. 이 표본들은 0.734 V의 전체 평균값과 0.125 V의 평균 s_i를 가진다.

10.4절: 통계적 실험 계획법

3. 광 노광의 과정을 분석하기 위해 다음의 2^3 인수 실험을 하였다. Yates 알고리즘을 사용하여 실험 결과를 분석하라.

Run	Exposure Dose	Develop Time	Bake Temperature	Yield (%)
1	–	–	–	60
2	+	–	–	77
3	–	+	–	59
4	+	+	-	68
5	–	–	+	57
6	+	–	+	83
7	–	+	+	45
8	+	+	+	85

*4. 서로 다른 5가지 제조 공정(다음의 표에 A～E로 표기되었음)의 처리량(시간당 처리되는 웨이퍼)을 생각해 보자. 각 공정에서 3가지의 다른 데이터가 수집되었다. 공정 과정들과 공정 과정에서 수집된 데이터들이 현저하게 다른지 어떤지 결정하기 위해서 분산을 분석해 보라.

DAY	A	B	C	D	E
1	509	512	532	506	509
2	505	507	542	520	519
3	465	472	498	483	475

10.5절: 수율

5. 포아송 모델을 가정하고 95%의 기능적 수율을 달성하기 위한 100,000개의 NMOS에 허용되는 최대 결함 밀도를 계산하라. 여기서 각 소자의 길이는 1 μm이고, 너비는 10 μm라고 가정한다.

6. 머피의 수율 적분 공식을 이용하여 식 (37), (38), (40)을 유도하라.

7. 주어진 상호 연결의 제조 공정을 위한 결함 밀도의 확률 밀도 함수가 다음과 같다고 가정하자.

$$f(D) = -100D + 10 \qquad 0 \leq D \leq 0.1$$

이 내부 연결의 임계 면적이 100 cm^2일 경우, 결함 밀도가 0.05~0.1 cm^{-2}의 범위에 있기 위한 기능상 수율을 계산하라.

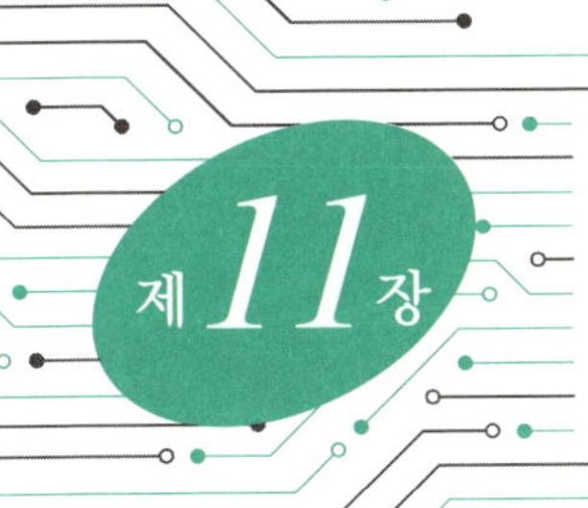

제 11 장 미래의 추세와 도전

Futrue Trends and Challenges

1959년에 집적 회로 시대가 시작된 이후로 **최소 구조 길이**(minimum feature length)라고 부르는 최소 소자 치수(minimum device dimension)는 매년 13%씩(즉, 3년마다 30%) 줄어들었다. **반도체의 국제 기술 로드맵**(International Technology Roadmap for Semiconductors)[1]은 표 11.1에 나타낸 것과 같이 최소 구조 길이는 2002년까지 130 nm(0.13 μm), 2014년까지 35 nm(0.035 μm)로 줄어들 수 있음을 예측하였다. 표 11.1은 DRAM 크기도 보여 주고 있다. 메모리 셀의 정전 용량은 3년마다 4배로 증가했으며 64기가 DRAM은 50 nm 디자인 룰(design rule)을 이용해서 2011년까지 상용화될 것으로 기대되고 있고, 웨이퍼의 크기(wafer size)는 2014년에 450 mm(지름 18 in.)까지 증가할 것으로 보인다. 구조 크기(feature size)의 감소와 함께, 소자 레벨, 재료 레벨, 시스템 레벨 등에서의 도전 과제들을 다음 절에서 설명할 것이다.

11.1 집적화를 위한 시도

그림 11.1은 CMOS 논리 기술(logic technology)[2]에서 채널 길이에 대한 전력 공급 전압(V_{DD}), 문턱 전압(V_T), 산화층 두께(d)의 관계를 보여 준다. 이 그림에서 게이트 산화층 두께는 2 nm의 터널링 전류 제한에 곧 접근함을 알 수 있다. 문턱 이하(subthreshold) 상태의 누설 전류, 회로 잡음 면역 특성으로 인해 최소 약 0.3 V가 되어야 하기 때

표 11.1 1997년에서 2014년까지 나타날 새로운 기술들

Year of the first product shipment	1997	1999	2002	2005	2008	2011	2014
Feature size (nm)	250	180	130	100	70	50	35
DRAM size (bit)	256M	1 G	—	8 G	—	64 G	—
Wafer size (mm)	200	300	300	300	300	300	450
Gate oxide (nm)	3–4	1.9–2.5	1.3–1.7	0.9–1.1	<1.0	—	—
Junction depth (nm)	50–100	42–70	25–43	20–33	15–30	—	—

DRAM, dynamic random access memory.

Source: *International Technology Roadmap for Semiconductors*, Semiconductor Industry Association, San Jose, CA, 1999.

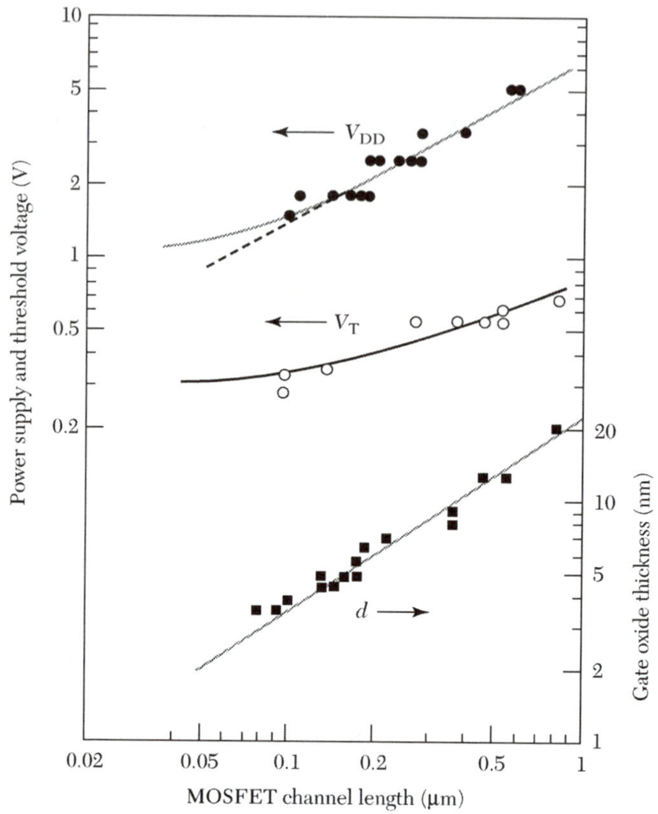

그림 11.1 CMOS 논리 기술에서 채널 길이에 대한 전력 공급 전압 V_{DD}, 문턱 전압 V_T 게이트 산화층 두께 *d*의 추세.[2]

문에 비례 축소될 수 없는 V_T로 인해 V_{DD}의 비례 축소는 어려워질 것이다. 180 nm 기술과 그 이상에 대한 몇몇의 시도를 그림 11.2에 나타내었다.[3] 가장 절실하게 필요한 사안들에 대해 다음 절에서 알아보자.

11.1.1 매우 얕은 접합 형성

채널 길이가 짧아짐에 따라 단채널 효과가 발생한다. 소자 크기가 100 nm까지 작아짐에 따라 이 문제는 더욱 심각해진다. 낮은 박막 저항을 위한 매우 얕은 접합을 만들기 위해 높은 조사량(dosage)을 낮은 에너지(1 keV 이하)로 주입하는 기술(implantation technology)이 필요하다. 표 11.1은 기술의 진보 단계별로 필요한 접합 깊이를 보여 준다. 100 때의 채널 길이를 위해서는 $1 \times 10^{20}/cm^3$의 도핑 농도를 가지는 20~33 nm의 소스, 드레인의 접합 깊이가 필요하다.

11.1.2 극단적으로 얇은 산화막

게이트 길이가 130 nm 이하로 줄어듦에 따라, 게이트 유전체를 산화막으로 했을 때 그 두께는 2 nm까지 줄어들어야 일정한 성능을 유지할 수 있다. 그러나 3.9의 유전 상수를 가지는 실리콘 산화막(SiO_2)만을 사용한다면 게이트를 통한 누설 전류는 직접 터

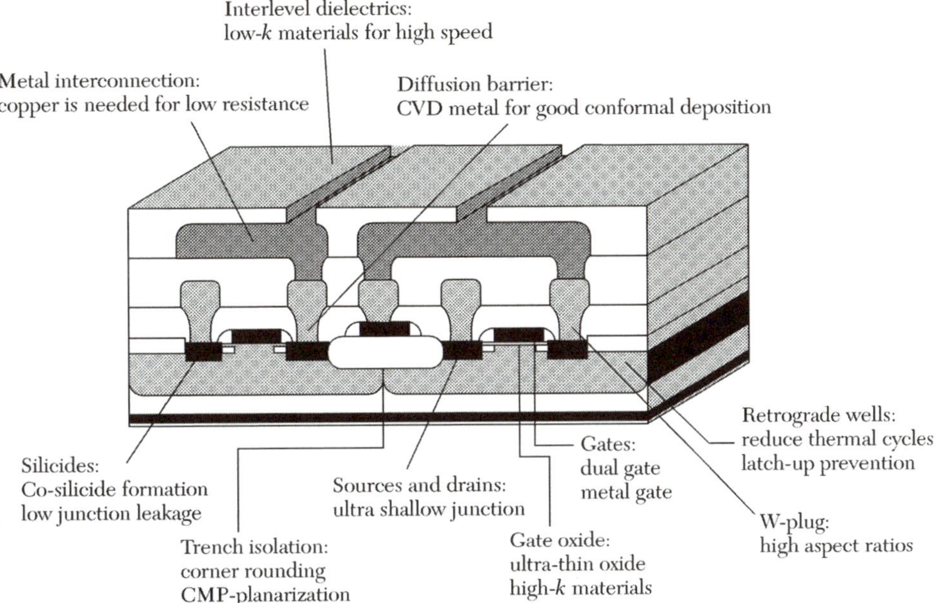

그림 11.2 180 nm 이하 MOSFET에서의 도전 과제들.[3]

널링(direct tunneling)으로 인해 매우 높게 나타난다. 이로 인해 낮은 누설 전류를 가지는 고 유전 상수 물질이 필요하게 된다. 이러한 물질로는 실리콘 질소화물(유전 상수 7), Ta_2O_5(25), TiO_2(60~100) 등이 있다.

11.1.3 규소 화합물 형성

규소 화합물과 관련된 기술은 기생 저항을 줄여서 소자나 회로의 성능을 향상시키는 서브마이크론 소자의 중요한 부분으로 인식된다. 전통적인 Ti-규소 화합물 공정은 350~250 nm 기술에서 널리 사용되었다. 그러나 100 nm와 그 이하의 CMOS 응용에서 선의 길이가 짧아짐에 따라 $TiSi_2$의 박막 저항은 증가하게 되고 $TiSi_2$ 사용이 제한된다. 100 nm 이상의 기술을 위해서는 $CoSi_2$ 또는 NiSi 공정 과정이 $TiSi_2$ 공정 과정을 대체하게 될 것이다.

11.1.4 상호 연결 배선을 위한 새로운 물질

고속 동작을 위해서는 상호 연결 배선의 *RC* 지연 시간을 감소시켜야 한다. 그림 8.14는 지연 시간을 구조 크기에 대한 함수[4]로 보여 준다. 채널 길이가 감소함에 따라 게이트 지연 시간이 짧아지는 것은 분명하다. 이와 동시에 구조 크기가 작아짐에 따라 상호 연결 배선으로 인한 지연 시간은 크게 증가하게 된다. 소자 크기의 치수(dimension)가 250 nm로 작아짐에 따라, 상호 연결 배선으로 인한 지연 시간의 증가는 총 지연 시간의 증가를 유발한다. 결과적으로 높은 전도도를 가지는 금속(Cu)과, 유기 물질(polyimide), 혹은 무기 물질(F로 도핑된 산화물)과 같은 낮은 유전 상수(low-*k*) 절연체들은 중요한 성능 향상을 제공한다. 구리(1.7 μΩ-cm)는 알루미늄(2.7 μΩ-cm)과 비교하여 전기 전도도가 높으며 전자 이탈(electromigration)에 대해 10~100배가량 강한 저항성을 가진다. 전통적인 알루미늄과 산화물의 사용에 의한 지연 시간과 비교하여, 구리와 낮은 유전 상수 물질 사용에 의한 지연 시간은 크게 감소한다. 따라서 낮은 유전 상수 물질과 함께 구리의 사용은 미래의 초미세 기술에서 다중 레벨 상호 연결 배선을 위해 꼭 필요한 부분이다.

11.1.5 전력 제한 요소들

IC에서 회로 노드들을 방전하거나 충전하는 데 필요한 전력은 스위치 속도(클록 주파수)와 게이트의 수에 비례한다. 전력은 $P \cong 1/2CV^2nf$로 표현되는데, C는 각 소자의 정전 용량, V는 인가 전압, n은 칩당 소자의 개수, f는 클록 주파수이다. IC 패키지에서 이 소모 전력에 의한 온도 상승은 보조 냉각액이나 가스가 없다면 순전히 패키지 물질의 열전도도에 의해서 결정되고, 최대로 허용되는 온도 상승은 반도체의 에너지 대역폭(bandgap)에 의해서 제한된다(에너지 대역폭이 1.1 eV인 실리콘의 경우 약 100°C). 이러한 온도 상승에 따른 전형적인 고성능 패키지의 최대 소모 전력은 약 10 W이다. 결과적으로 최대 클록 주파수와 칩의 게이트 수에 제한을 두어야 한다. 예를 들어, 20 GHz의 클록 주파수에서 동작하며 5×10^{-2} fF의 정전 용량을 갖는 100 nm MOS 소자로 이루어진 IC에서 10%의 듀티 사이클(duty cycle)을 고려한다면 최대로 10^7개의 게이트가 가능하다. 이것은 기본 물질 매개 변수에 의해서 고정되는 하나의 설계 제한이다.

11.1.6 SOI 집적

9.2.2절에서 SOI 웨이퍼의 격리(isolation)를 언급했다. 최근에 SOI 기술은 상당히 주목을 받고 있다. SOI 집적화의 장점은 최소 구조 길이가 100 nm로 접근함에 따라 중요해진다. 공정 측면에서 보면, 복잡한 웰 구조와 분리화 공정이 필요하지 않고, 얕은 접합(shallow junction)은 SOI 막 두께를 통하여 직접 얻어진다. 접합 하단의 산화물 분리를 통해 접촉(contact) 부분의 알루미늄과 실리콘의 불균일한 내부 확산의 위험이 없다. 따라서 접합 장벽은 필요하지 않다. 소자의 관점에서 보면, 현대의 벌크 실리콘(bulk silicon) 소자는 단 채널 효과와 펀치스루(punchthrough)를 제거하기 위해서 드레인과 기판에 높은 농도의 도핑이 필요하고 이러한 높은 도핑은 접합 부위의 역 바이어스로 인해 높은 정전 용량을 유발한다. 반면에 SOI 구조에서는 접합부와 기판 사이의 최대 정전 용량이 아래쪽에 묻힌 절연체의 정전 용량이며, 이 절연체의 유전 상수(k = 3.9)는 실리콘(k = 11.9)보다 3배 정도 작다. 고리 발진기(ring oscillator)의 성능을 기본으로 하는 130 nm SOI CMOS 기술은 일반 CMOS 기술[5]에서보다 50% 낮은 전력을 필요로 하며 속도 면에서는 25%의 향상을 볼 수 있다. SRAM, DRAM, CPU, rf CMOS들은 SOI 기술에 의해 성공적으로 제작되었다. 그 결과, SOI 구조는 다음 절에 언급되는 미래의 SOC(system-on-a-chip) 기술에서 중요한 역할을 차지할 후보 기술들 중 하나가 되었다.

▶ 예제 11.1

산화물 두께(1.5 nm)가 균등한 MOS 구조에서, 산화물 대신에 고 유전 상수 물질인 질화물(nitride, $\varepsilon_1/\varepsilon_0 = 7$), Ta_2O_5(25), TiO_2(80) 등을 사용할 때, 같은 정전 용량을 가지는 두께는 얼마나 되는가?

▶ *풀이*

질화물의 경우

$$\left(\frac{\varepsilon_{ox}}{1.5}\right) = \left(\frac{\varepsilon_{nitride}}{d_{nitride}}\right)$$

$$d_{nitride} = 1.5\left(\frac{7}{3.9}\right) = 2.69\,\text{nm}$$

이와 같은 계산 과정을 거치면 Ta_2O_5의 경우에는 9.62 nm, TiO_2의 경우에는 10.77 nm임을 알 수 있다.

11.2 SOC

증가된 소자의 밀도와 향상된 공정 기술은 완전한 전자 시스템을 포함하는 IC 칩인 **SOC**(system-on-a-chip)를 구현하는 데 도움이 되어 왔다. 설계자들은 단일 칩 위의 개인용 컴퓨터(PC), 텔레비전, 라디오, 카메라와 같은 완전한 전자 시스템을 위해 필요한 모든 회로를 설계할 수 있다. 그림 11.3은 PC의 보드(board)를 위한 SOC 응용을 보여 준다. 보드 위의 구성 요소들(이 경우에는 11개의 칩)은 그림 11.3의 오른쪽에서는 가상의 구성 요소가 된다.[6]

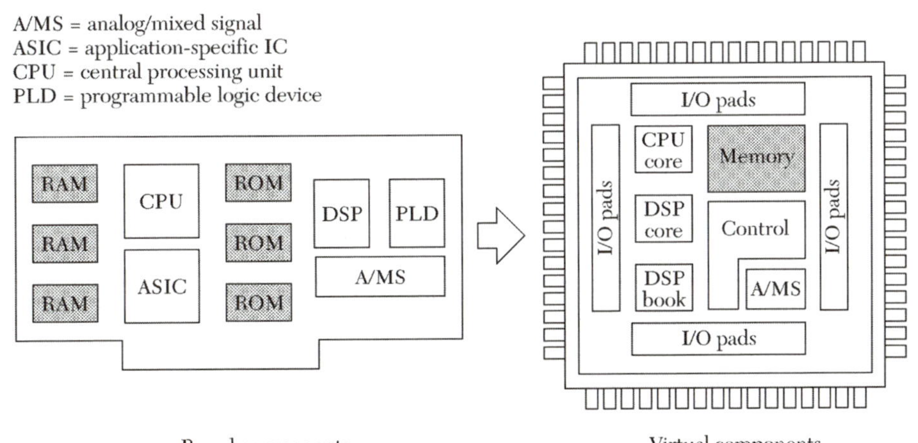

그림 11.3 전통적인 개인 컴퓨터 보드에 해당하는 SOC.[6]

SOC를 구현하는 데에는 2가지 장애물이 있다. 첫 번째는 설계의 복잡성이다. 현재 기판은 많은 다른 회사들에 의해 개발된 다른 설계 도구를 가지고 설계되기 때문에, 하나의 칩 위에 각 구성 요소들을 집적화하는 데 어려움이 있다. 또 다른 어려움은 공정상에서 나타난다. 일반적으로 DRAM 공정 과정은 CPU 같은 논리 IC들의 공정 과정과는 많은 차이점이 있다. 논리 IC들은 속도가 우선시되는 것에 반해 메모리 IC들은 저장된 전하들이 누설되는 것을 막는 것에 우선 순위를 둔다. 속도를 향상시키기 위해 논리 IC에는 5~6개 금속 레벨을 가지는 다중 레벨 상호 연결 설계가 필수적이지만, DRAM의 경우는 단지 2~3개의 금속 레벨이 필요할 따름이다. 더욱이 속도를 향상시키기 위해서는 저항값을 줄이기 위한 규소 화합물 공정을 사용해야 하고, 논리 회로의 전류를 증가시키기 위해서는 초박막 게이트 산화물 층이 필요하다. 이에 반해 메모리 회로의 경우는 이런 것들이 꼭 필요하지는 않다.

SOC의 목표를 이루기 위해서, 호환성 있는 공정들을 가지는 단일 칩 안에 논리 회로나 메모리 소자인 DRAM을 집적화하는 데 내장된(embedded) DRAM 기술이 도입되어 왔다. 그림 11.4는 논리 CMOS 소자와 DRAM 셀을 포함하여 내장된 DRAM의 단면을 보여 준다.[7] 몇몇 공정 과정들은 절충되어 수정된다. 트렌치 형(trench type) 축전기는 DRAM 셀 구조에서 높이 차이가 나지 않기 때문에 적층형(stacked type) 대신 적용된다. 더욱이 다양한 인가 전압들을 견뎌 내고 단일 칩 위에 논리 회로와 메모리를 동시에 구현하기 위하여 여러 가지 게이트 산화물 두께들이 같은 웨이퍼 위에 존재한다.

11.3 요약

채널 길이가 하루가 다르게 빠른 속도로 짧아지기 때문에, 약 20 nm까지 작아진다면

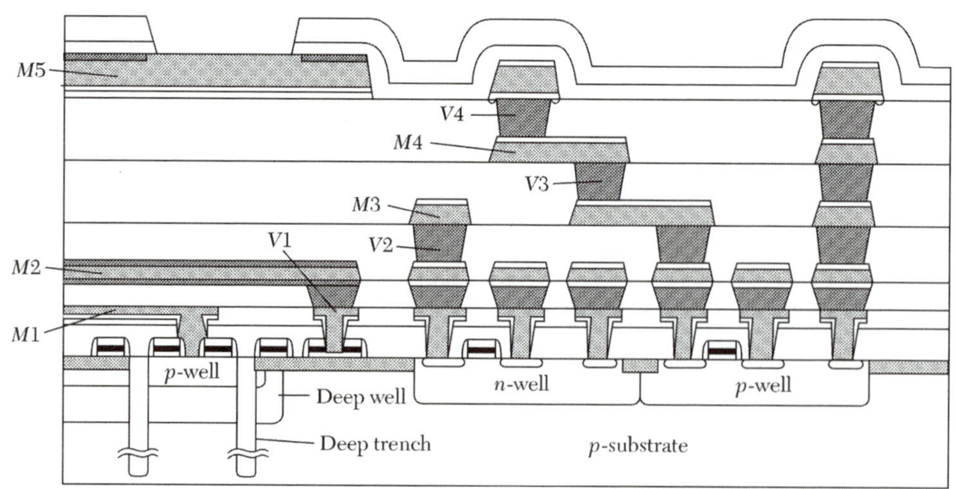

그림 11.4 DRAM 셀들과 논리 MOSFET들은 포함한 내장된 DRAM의 단면도. DRAM 셀의 구조로 인하여 트렌치형 축전기 셀에서 높이 차이가 없다. *M*1~*M*5는 금속 상호 결합이고 *V*1~*V*4는 비어 구멍(via hole)을 나타낸다.[7]

IC 기술은 곧 실질적으로 한계에 부딪치게 될 것이다. IC 기술이 이러한 한계를 넘어설 것인가 하는 질문은 과학자나 연구원들에 의해 제기되는 중요한 물음이다. 주요한 후보 기술은 양자 역학의 효과를 기본으로 하는 획기적인 소자들이다. 왜냐하면 측면 크기가 100 nm 이하로 줄어든다면, 동작 온도나 물질에 따라서 전자적 구조들은 비고전적인(nonclassical) 거동을 보이게 될 것이다. 이들 소자의 동작은 단 한 개 전자의 움직임에 의해 이루어진다. 이런 접근은 단전자 메모리 셀에 의해 구현되었다. 수십억 개의 구성 요소를 지니는 이런 시스템의 구현은 CMOS의 기술을 뛰어넘는 중요한 도전일 것이다.[8]

참고 문헌

1. *International Technology Roadmap for Semiconductors*, Semiconductor Industry Association, San Jose, 1999.
2. Y. Taur and E. J. Nowak, “CMOS Devices below 0.1 μm: How High Will Performance Go?” *IEEE Tech. Dig. Int. Electron Devices Meet.*, p. 215 (1997).
3. L. Peters, “Is the 0.18 μm Node Just a Roadside Attraction?” *Semicond. Int.*, **22**, 46 (1999).
4. M. T. Bohr, Interconnect Scaling—The Real Limiter to High Performance ULSI,” *IEEE Tech. Dig. Int. Electron Devices Meet.*, p. 241 (1995).
5. E. Leobandung, et al., “Scalability of SOI Technology into 0.13 μm 1.2 V CMOS Generation,” *IEEE Int. Electron Devices Meet.*, p. 403 (1998).
6. B. Martin, “Electronic Design Automation,” *IEEE Spectr.*, **36**, 61 (1999).
7. H. Ishiuchi, et al., “Embedded DRAM Technologies,” *IEEE Tech., Dig. Int. Electron Devices Meet.*, p. 33 (1997).
8. S. Luryi, J. Xu, and A. Zaslavsky, Eds., *Future Trends in Microelectronics*, Wiley, New York, 1999.

연습 문제

1. (a) 열적으로 성장된 0.5 μm 두께의 SiO_2 위에 0.5 pm 두께로 형성된 알루미늄 러너(runner)의 *RC* 시상수를 구하라. 여기서 알루미늄 러너의 길이와 폭은 각각 1 cm와 1 μm이다. 이 알루미늄의 저항 값은 10^{-5} Ω-cm이다. (b) 같은 크기로 알루미늄 대신에 다결정 실리콘(R_h = 30 Ω/h)을 사용할 경우 *RC* 시상수는 얼마인가?
2. SOC(system-on-a-chip)에서 왜 다중 산화물의 두께가 필요한가?
3. 일반적으로 고 유전 상수 물질인 Ta_2O_5와 실리콘 기판 사이에 완충층(buffered layer)이 필요하다. 적층된 게이트 유전 물질(stacked gate dielectric)이 질화물(k = 7, 두께 = 10 Å) 완충층 위에 75 Å의 두께를 가지는 Ta_2O_5 (k = 25)일 때, 산화물의 유효 두께(EOT: effective oxide thickness)는 얼마인가? 또한 완충층으로 산화물(k = 3.9, 두께 = 5 A)을 사용했을 때의 EOT를 계산하라.

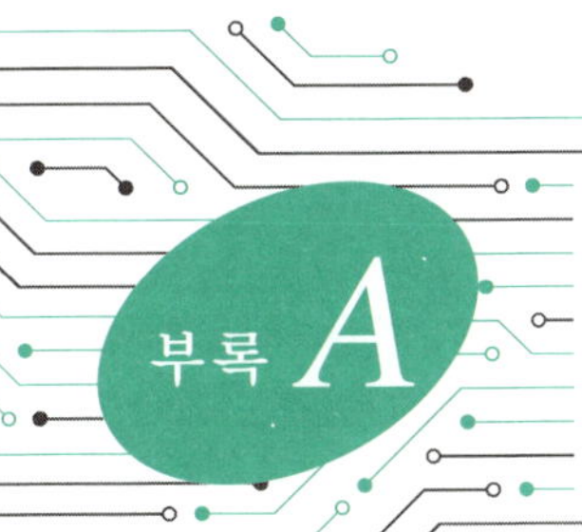

기호 목록

List of Symbols

Symbol	Description	Unit
a	Lattice constant	Å
c	Speed of light in vacuum	cm/s
c	Capacitance	F
D	Diffusion coefficient	cm^2/s
E	Energy	eV
$\mathscr{E}$	Electric field	V/cm
f	Frequency	Hz(cps)
h	Planck constant	J·s
I	Current	A
J	Current density	A/cm^2
k	Boltzmann constant	J/K
L	Length	cm or μm
m_0	Electron rest mass	kg
$\overline{n}$	Refractive index	
n	Density of free electrons	cm^{-3}
n_i	Intrinsic carrier concentration	cm^{-3}
p	Density of free holes	cm^{-3}
P	Pressure	Pa
q	Magnitude of electronic charge	C
Q_{it}	Interface trapped charge	$charges/cm^2$
R	Resistance	Ω
t	Time	s
T	Absolute temperature	K
υ	Carrier velocity	cm/s
V	Voltage	V
ε_0	Permittivity in vacuum	F/cm
ε_s	Semiconductor permittivity	F/cm
ε_{ox}	Insulator permittivity	F/cm
$\varepsilon_s/\varepsilon_0$ or $\varepsilon_{ox}/\varepsilon_0$	Dielectric constant	
λ	Wavelength	μm or nm
ν	Frequency of light	Hz
μ_0	Permeability in vacuum	H/cm
μ_n	Electron mobility	$cm^2/V{\cdot}s$
μ_p	Hole mobility	$cm^2/V{\cdot}s$
ρ	Resistivity	Ω-cm
Ω	Ohm	Ω

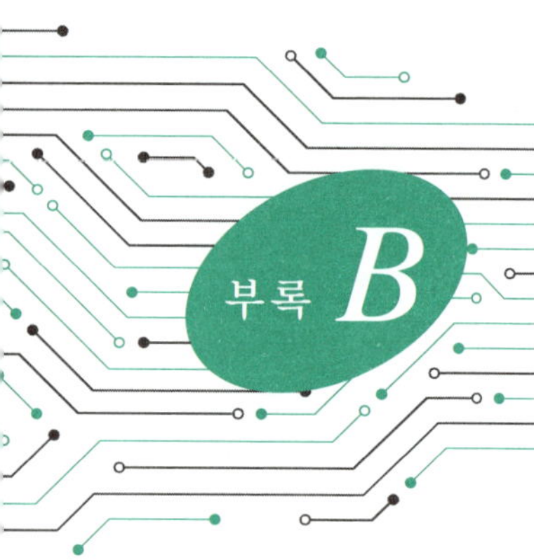

단위 (SI 단위)

International System of Units (SI Units)

Quantity	Unit	Symbol	Dimensions
Length[a]	Meter	m	
Mass	Kilogram	kg	
Time	Second	s	
Temperature	Kelvin	K	
Current	Ampere	A	
Light intensity	Candela	Cd	
Angle	Radian	rad	
Frequency	Hertz	Hz	l/s
Force	Newton	N	$kg\text{-}m/s^2$
Pressure	Pascal	Pa	N/m^2
Energy[a]	Joule	J	N-m
Power	Watt	W	J/s
Electric charge	Coulomb	C	A·s
Potential	Volt	V	J/C
Conductance	Siemens	S	A/V
Resistance	Ohm	Ω	V/A
Capacitance	Farad	F	C/V
Magnetic flux	Weber	Wb	V·s
Magnetic induction	Tesla	T	Wb/m^2
Inductance	Henry	H	Wb/A
Light flux	Lumen	Km	Cd-rad

[a] 반도체 분야에서는 통상적으로 거리의 단위로는 cm를 에너지 단위로는 eV를 사용한다($1\ cm = 10^{-2}\ m$, $1\ eV = 1.6 \times 10^{-19}$).

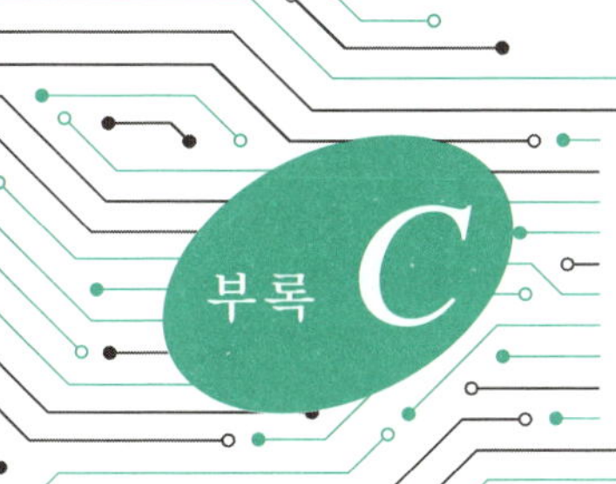

단위용 접두어*

Unit Prefixes

Multiple	Prefix	Symbol
10^{18}	exa	E
10^{15}	peta	P
10^{12}	tera	T
10^{9}	giga	G
10^{6}	mega	M
10^{3}	kilo	k
10^{2}	hecto	h
10	deka	da
10^{-1}	deci	d
10^{-2}	centi	c
10^{-3}	milli	m
10^{-6}	micro	μ
10^{-9}	nano	n
10^{-12}	pico	p
10^{-15}	femto	f
10^{-18}	atto	a

* 세계 중량 및 측정 위원회가 채택함.(접두어를 중복하여 사용하지 않음. 예를 들어 μμ를 사용하지 않고 대신 p를 사용함.)

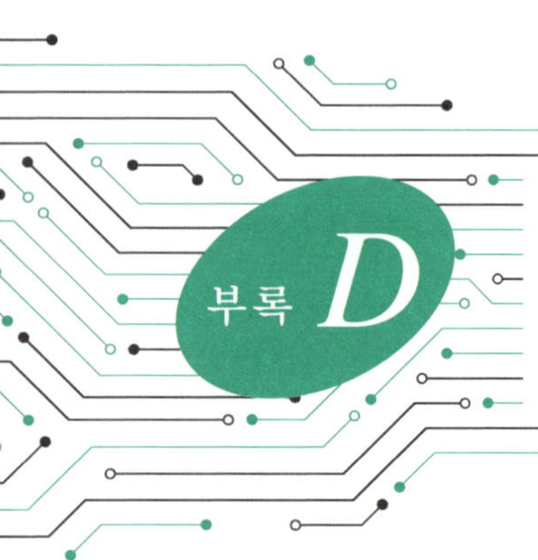

그리스 문자

Greek Alphabet

Letter	Lowercase	Uppercase
Alpha	α	A
Beta	β	B
Gamma	γ	Γ
Delta	δ	Δ
Epsilon	ε	E
Zeta	ζ	Z
Eta	η	H
Theta	θ	Θ
Iota	ι	I
Kappa	κ	K
Lambda	λ	Λ
Mu	μ	M
Nu	ν	N
Xi	ξ	Ξ
Omicron	o	O
Pi	π	Π
Rho	ρ	P
Sigma	σ	Σ
Tau	τ	T
Upsilon	υ	Y
Phi	φ	Φ
Chi	χ	X
Psi	ψ	Ψ
Omega	ω	Ω

물리학적 상수

Physical Constants

Quantity	Symbol	Value
Angstrom unit	Å	10 Å = 1 nm = 10^{-3} μm = 10^{-7} cm = 10^{-9} m
Avogadro constant	N_{av}	6.02214 × 10^{23}
Bohr radius	a_B	0.52917 Å
Boltzmann constant	k	1.38066 × 10^{-23} = J/K (R/N_{av})
Elementary charge	q	1.60218 × 10^{-19}C
Electron rest mass	m_0	0.91094 × 10^{-30} kg
Electron volt	eV	1 eV = 1.60218 × 10^{-19}J = 23.053 kcal/mol
Gas constant	R	1.98719 cal/mol-K
Permeability in vacuum	μ_0	1.25664 × 10^{-8} H/cm (4π × 10^{-9})
Permittivity in vacuum	ε_0	8.85418 × 10^{-14} F/cm ($1/\mu_0 c^2$)
Planck constant	h	6.62607 × 10^{-34} J·s
Reduced Planck constant	$\hbar$	1.05457 × 10^{-34} J·s ($h/2\pi$)
Proton rest mass	M_p	1.67262 × 10^{-27} kg
Speed of light in vacuum	c	2.99792 × 10^{10} cm/s
Standard atmosphere		1.01325 × 10^{5} Pa
Thermal voltage at 300 K	kT/q	0.025852 V
Wavelength of 1 eV quantum	λ	1.23984 μm

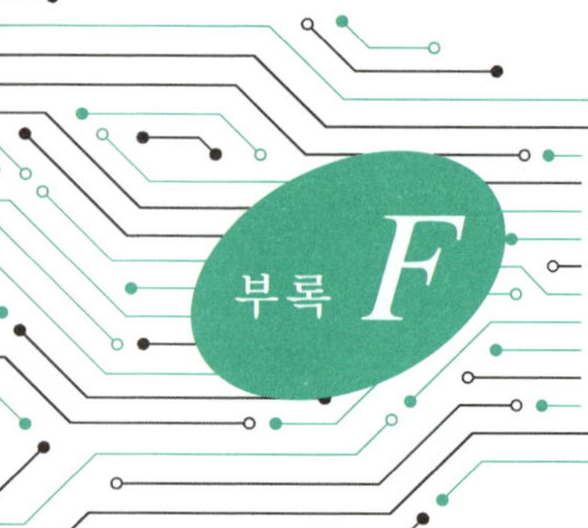

절대 온도 300도에서 Si와 GaAs의 특성

Properties of Si and GaAs at 300 K

Properties	Si	GaAs
Atoms/cm^3	5.02×10^{22}	4.42×10^{22}
Atomic weight	28.09	144.63
Breakdown field (V/cm)	$\sim 3 \times 10^5$	$\sim 4 \times 10^5$
Crystal structure	Diamond	Zincblende
Density (g/cm^3)	2.329	5.317
Dielectric constant	11.9	12.4
Effective density of states in conduction band, N_C(cm^{-3})	2.86×10^{19}	4.7×10^{17}
Effective density of states in valence band, N_V(cm^{-3})	2.66×10^{19}	7.0×10^{18}
Effective mass (conductivity)		
Electrons (m_n/m_0)	0.26	0.063
Holes (m_p/m_0)	0.69	0.57
Electron affinity, χ(V)	4.05	4.07
Energy gap (eV)	1.12	1.42
Index of refraction	3.42	3.3
Intrinsic carrier concentration (cm^{-3})	9.65×10^9	2.25×10^6
Intrinsic resistivity (Ω-cm)	3.3×10^5	2.9×10^8
Lattice constant (Å)	5.43102	5.65325
Linear coefficient of thermal expansion, $\Delta L/L \times T$ (°C^{-1})	2.59×10^{-6}	5.75×10^{-6}
Melting point (°C)	1412	1240
Minority-carrier lifetime (s)	3×10^{-2}	$\sim 10^{-8}$
Mobility (cm^2/V·s)		
μ_n (electrons)	1450	9200
μ_p (holes)	505	320
Specific heat (J/g-°C)	0.7	0.35
Thermal conductivity(W/cm-K)	1.31	0.46
Vapor pressure (Pa)	1 at 1650°C 10^{-6} at 900°C	100 at 1050°C 1 at 900°C

오차 함수 특성

Some Properties of the Error Function

w	erf(*w*)	*w*	erf(*w*)	*w*	erf(*w*)	*w*	erf(*w*)
0.00	0.000 000	0.32	0.349 126	0.64	0.634 586	0.96	0.825 424
0.01	0.011 283	0.33	0.359 279	0.65	0.642 029	0.97	0.829 870
0.02	0.022 565	0.34	0.369 365	0.66	0.649 377	0.98	0.834 232
0.03	0.033 841	0.35	0.379 382	0.67	0.656 628	0.99	0.838 508
0.04	0.045 111	0.36	0.389 330	0.68	0.663 782	1.00	0.842 701
0.05	0.056 372	0.37	0.399 206	0.69	0.670 840	1.01	0.846 810
0.06	0.067 622	0.38	0.409 009	0.70	0.677 801	1.02	0.850 838
0.07	0.078 858	0.39	0.418 739	0.71	0.684 666	1.03	0.854 784
0.08	0.090 078	0.40	0.428 392	0.72	0.691 433	1.04	0.858 650
0.09	0.101 281	0.41	0.437 969	0.73	0.698 104	1.05	0.862 436
0.10	0.112 463	0.42	0.447 468	0.74	0.704 678	1.06	0.866 144
0.11	0.123 623	0.43	0.456 887	0.75	0.711 156	1.07	0.869 773
0.12	0.134 758	0.44	0.466 225	0.76	0.717 537	1.08	0.873 326
0.13	0.145 867	0.45	0.475 482	0.77	0.723 822	1.09	0.876 803
0.14	0.156 947	0.46	0.484 655	0.78	0.730 010	1.10	0.880 205
0.15	0.167 996	0.47	0.493 745	0.79	0.736 103	1.11	0.883 533
0.16	0.179 012	0.48	0.502 750	0.80	0.742 101	1.12	0.886 788
0.17	0.189 992	0.49	0.511 668	0.81	0.748 003	1.13	0.889 971
0.18	0.200 936	0.50	0.520 500	0.82	0.753 811	1.14	0.893 082
0.19	0.211 840	0.51	0.529 244	0.83	0.759 524	1.15	0.896 124
0.20	0.222 703	0.52	0.537 899	0.84	0.765 143	1.16	0.899 096
0.21	0.233 522	0.53	0.546 464	0.85	0.770 668	1.17	0.902 000
0.22	0.244 296	0.54	0.554 939	0.86	0.776 110	1.18	0.904 837
0.23	0.255 023	0.55	0.563 323	0.87	0.781 440	1.19	0.907 608
0.24	0.265 700	0.56	0.571 616	0.88	0.786 687	1.20	0.910 314
0.25	0.276 326	0.57	0.579 816	0.89	0.719 843	1.21	0.912 956
0.26	0.286 900	0.58	0.587 923	0.90	0.796 908	1.22	0.915 534
0.27	0.297 418	0.59	0.595 936	0.91	0.801 883	1.23	0.918 050
0.28	0.307 880	0.60	0.603 856	0.92	0.806 768	1.24	0.920 505
0.29	0.318 283	0.61	0.611 681	0.93	0.811 564	1.25	0.922 900
0.30	0.328 627	0.62	0.619 411	0.94	0.816 271	1.26	0.925 236
0.31	0.338 908	0.63	0.627 046	0.95	0.820 891	1.27	0.927 514

(계속)

(계속)

w	erf(w)	w	erf(w)	w	erf(w)	w	erf(w)
1.28	0.929 734	1.74	0.986 135	2.21	0.998 224	2.67	0.999 841
1.29	0.931 899	1.75	0.986 672	2.22	0.998 308	2.68	0.999 849
1.30	0.934 008	1.76	0.987 190	2.23	0.998 388	2.69	0.999 858
1.31	0.936 063	1.77	0.987 691	2.24	0.998 464	2.70	0.999 866
1.32	0.938 065	1.79	0.988 641	2.25	0.998 537	2.71	0.999 873
1.33	0.940 015	1.80	0.989 091	2.26	0.998 607	2.72	0.999 880
1.34	0.941 914	1.81	0.989 525	2.27	0.998 674	2.73	0.999 887
1.35	0.943 762	1.82	0.989 943	2.28	0.998 738	2.74	0.999 893
1.36	0.945 561	1.83	0.990 347	2.29	0.998 799	2.75	0.999 899
1.37	0.947 312	1.84	0.990 736	2.30	0.998 857	2.76	0.999 905
1.38	0.949 016	1.85	0.991 111	2.31	0.998 912	2.77	0.999 910
1.39	0.950 673	1.86	0.991 472	2.32	0.998 966	2.78	0.999 916
1.40	0.952 285	1.87	0.991 821	2.33	0.999 016	2.79	0.999 920
1.41	0.953 852	1.88	0.992 156	2.34	0.999 065	2.80	0.999 925
1.42	0.955 376	1.89	0.992 479	2.35	0.999 111	2.81	0.999 929
1.43	0.956 857	1.90	0.992 790	2.36	0.999 155	2.82	0.999 933
1.44	0.958 297	1.91	0.993 090	2.37	0.999 197	2.83	0.999 937
1.45	0.959 695	1.92	0.993 378	2.38	0.999 237	2.85	0.999 944
1.46	0.961 054	1.93	0.993 656	2.39	0.999 275	2.86	0.999 948
1.47	0.962 373	1.94	0.993 923	2.40	0.999 311	2.87	0.999 951
1.48	0.963 654	1.95	0.994 179	2.41	0.999 346	2.88	0.999 954
1.49	0.964 898	1.96	0.994 426	2.42	0.999 379	2.89	0.999 956
1.50	0.966 105	1.97	0.994 664	2.43	0.999 411	2.90	0.999 959
1.51	0.967 277	1.98	0.994 892	2.44	0.999 441	2.91	0.999 961
1.52	0.968 413	1.99	0.995 111	2.45	0.999 469	2.92	0.999 964
1.53	0.969 516	2.00	0.995 322	2.46	0.999 497	2.93	0.999 966
1.54	0.970 586	2.01	0.995 525	2.47	0.999 523	2.94	0.999 968
1.55	0.971 623	2.02	0.995 719	2.48	0.999 547	2.95	0.999 970
1.56	0.972 628	2.03	0.995 906	2.49	0.999 571	2.96	0.999 972
1.57	0.973 603	2.04	0.996 086	2.50	0.999 593	2.97	0.999 973
1.58	0.974 547	2.05	0.996 258	2.51	0.999 614	2.98	0.999 975
1.59	0.975 462	2.06	0.996 423	2.52	0.999 634	2.99	0.999 976
1.60	0.976 348	2.07	0.996 582	2.53	0.999 654	3.00	0.999 977 91
1.61	0.977 207	2.08	0.996 734	2.54	0.999 672	3.01	0.999 979 26
1.62	0.978 038	2.09	0.996 880	2.55	0.999 689	3.02	0.999 980 53
1.63	0.978 843	2.10	0.997 021	2.56	0.999 706	3.03	0.999 981 73
1.64	0.979 622	2.11	0.997 155	2.57	0.999 722	3.04	0.999 982 86
1.65	0.980 376	2.12	0.997 284	2.58	0.999 736	3.05	0.999 983 92
1.66	0.981 105	2.13	0.997 407	2.59	0.999 751	3.06	0.999 984 92
1.67	0.981 810	2.14	0.997 525	2.60	0.999 764	3.07	0.999 985 86
1.68	0.982 493	2.15	0.997 639	2.61	0.999 777	3.08	0.999 986 74
1.69	0.983 153	2.16	0.997 747	2.62	0.999 789	3.09	0.999 987 57
1.70	0.983 790	2.17	0.997 851	2.63	0.999 800	3.10	0.999 988 35
1.71	0.984 407	2.18	0.997 951	2.64	0.999 811	3.11	0.999 989 08
1.72	0.985 003	2.19	0.998 046	2.65	0.999 822	3.12	0.999 989 77
1.73	0.985 578	2.20	0.998 137	2.66	0.999 831	3.13	0.999 990 42

(계속)

(계속)

w	erf(w)	w	erf(w)	w	erf(w)	w	erf(w)
3.14	0.999 991 03	3.36	0.999 997 983	3.58	0.999 999 587	3.80	0.999 999 923
3.15	0.999 991 60	3.37	0.999 998 120	3.59	0.999 999 617	3.81	0.999 999 929
3.16	0.999 992 14	3.38	0.999 998 247	3.60	0.999 999 644	3.82	0.999 999 934
3.17	0.999 992 64	3.39	0.999 998 367	3.61	0.999 999 670	3.83	0.999 999 939
3.18	0.999 993 11	3.40	0.999 998 478	3.62	0.999 999 694	3.84	0.999 999 944
3.19	0.999 993 56	3.41	0.999 998 582	3.63	0.999 999 716	3.85	0.999 999 948
3.20	0.999 993 97	3.42	0.999 998 679	3.64	0.999 999 736	3.86	0.999 999 952
3.21	0.999 994 36	3.43	0.999 998 770	3.65	0.999 999 756	3.87	0.999 999 956
3.22	0.999 994 73	3.44	0.999 998 855	3.66	0.999 999 773	3.88	0.999 999 959
3.23	0.999 995 07	3.45	0.999 998 934	3.67	0.999 999 790	3.89	0.999 999 962
3.24	0.999 995 40	3.46	0.999 999 008	3.68	0.999 999 805	3.90	0.999 999 965
3.25	0.999 995 70	3.47	0.999 999 077	3.69	0.999 999 820	3.91	0.999 999 968
3.26	0.999 995 98	3.48	0.999 999 141	3.70	0.999 999 833	3.92	0.999 999 970
3.27	0.999 996 24	3.49	0.999 999 201	3.71	0.999 999 845	3.93	0.999 999 973
3.28	0.999 996 49	3.50	0.999 999 257	3.72	0.999 999 857	3.94	0.999 999 975
3.29	0.999 996 72	3.51	0.999 999 309	3.73	0.999 999 867	3.95	0.999 999 977
3.30	0.999 996 94	3.52	0.999 999 358	3.74	0.999 999 877	3.96	0.999 999 979
3.31	0.999 997 15	3.53	0.999 999 403	3.75	0.999 999 886	3.97	0.999 999 980
3.32	0.999 997 34	3.54	0.999 999 445	3.76	0.999 999 895	3.98	0.999 999 982
3.33	0.999 997 51	3.55	0.999 999 485	3.77	0.999 999 903	3.99	0.999 999 983
3.34	0.999 997 68	3.56	0.999 999 521	3.78	0.999 999 910		
3.35	0.999 997 838	3.57	0.999 999 555	3.79	0.999 999 917		

부록 H 기체의 기본적인 운동 이론

Basic Kinetic Theory of Gases

이상적인 기체의 법칙은 다음과 같다.

$$PV = RT = N_{av}kT \tag{1}$$

이때 P는 압력, V는 1몰 가스의 체적, R은 기체 상수(1.98 cal/mol-K 혹은 82 atm-cm^3/mol-K)이고, T는 절대 온도 K, N_{av}는 아보가드로(Avogadro) 상수(6.02×10^{23} molecules/mole)이고, k는 볼츠만(Boltzmann) 상수(1.38×10^{-23} J/K 혹은 1.37×10^{-22} atm-cm^2/K)이다. 실제 기체들은 압력이 낮아짐에 따라 점점 더 이상적인 기체와 같은 형태로 작용하기 때문에, 식 (1)은 대부분의 진공 공정에 대해 유효하다. 식 (1)을 이용하여 분자 농도 n(단위 체적당 분자 수)을 구할 수 있다.

$$n = \frac{N_{av}}{V} = \frac{P}{kT} \tag{2}$$

$$= 7.25 \times 10^{16} \frac{P}{T} \text{ molecules/cm}^3 \tag{2a}$$

이때 P의 단위는 Pa이다. 기체 밀도 ρ_d는 분자 중량과 분자 농도의 곱으로 주어진다.

$$\rho_d = \text{Molecular weight} \times \left(\frac{P}{kT}\right) \tag{3}$$

기체 분자들은 일정 운동(constant motion)을 하며 이들의 속도는 온도 종속형이다. 속도 분포는 Maxwell-Boltzmann 분포 법칙으로 기술되며, 이는 주어진 속도 υ에 대하여 다음과 같이 표현된다.

$$\frac{1}{n}\frac{dn}{d\upsilon} \equiv f_\upsilon = \frac{4}{\sqrt{\pi}}\left(\frac{m}{2kT}\right)^{3/2} \upsilon^2 \exp\left(-\frac{m\upsilon^2}{2kT}\right) \tag{4}$$

이때 m은 분자의 질량이다. 이 식은 유개의 분자가 체적 내에 있을 경우, 속도가 υ와 $\upsilon + d\upsilon$가 되는 dn 분자가 존재할 수 있음을 보여 준다. 평균 속도는 식 (4)로부터 구할 수 있다.

$$\upsilon_{au} = \frac{\int_0^\infty \upsilon f_\upsilon d\upsilon}{\int_0^\infty f_\upsilon d\upsilon} = \frac{2}{\sqrt{\pi}}\sqrt{\frac{2kT}{m}} \tag{5}$$

진공 기술에 대한 중요 변수는 분자 **충돌 비**(impingement rate), 즉 단위 시간당, 단위 면적당 얼마나 많은 분자들이 충돌하는가를 나타내는 비율이다. 이 변수를 구하기 위하여 x 축 방향에서의 분자 속도에 대한 분포 함수 $f_{\upsilon x}$를 우선적으로 고려한다. 이 함수는 식 (4)와 비슷한 식으로 기술할 수 있다.

$$\frac{1}{n}\frac{dn_x}{d\upsilon_x} \equiv f_{\upsilon_x} = \left(\frac{m}{2\pi kT}\right)^{1/2} \upsilon_x^2 \exp\left(\frac{-m\upsilon_x^2}{2kT}\right) \tag{6}$$

분자 충돌 비 ϕ는 다음과 같이 주어진다.

$$\phi = \int_0^\infty \upsilon_x dn_x \tag{7}$$

식 (6)으로부터 dn_x를 구하여 대입하고 적분하면

$$\phi = n\sqrt{\frac{kT}{2\pi m}} \tag{8}$$

충돌 비와 기체 압력 사이의 관계는 식 (2)를 이용하여 구한다.

$$\phi = P(2\pi mkT)^{-1/2} \tag{9}$$

$$= 2.64 \times 10^{20}\left(\frac{P}{\sqrt{MT}}\right) \tag{9a}$$

이때 P는 압력으로 단위는 Pa이고 M은 분자 중량이다.

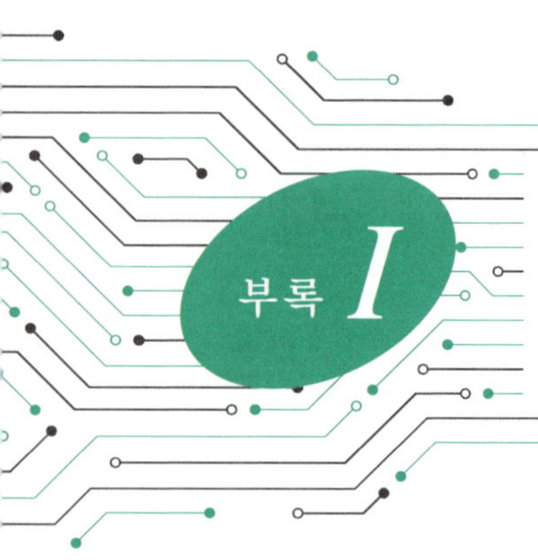

SUPREM 명령문

SUPREM Commands

SUPREM(Stanford University Process Engineering Modeling) 프로그램은 집적 회로 제조에 사용되는 여러 가지 공정 단계를 컴퓨터 모의 실험할 수 있도록 제작된 프로그램이다. SUPREM은 산화, 증착, 식각, 확산, 에피택시얼 성장, 그리고 이온 주입 공정의 결과를 예측할 수 있다. SUPREM III는 위에서 언급한 공정들을 수행하여 얻은 1차원적 반도체 구조에 대한 변화들을 모델링한다. 주요한 결과들은 여러 가지 층들에 대한 두께와 이 층들 내부의 불순물 분포 등이다. 물론 이 프로그램은 실리콘 층 내부에 형성된 확산 영역의 면 저항과 같은 물질 특성 등을 결정할 수 있다.

SUPREM을 수행하기 위하여 입력 덱을 반드시 준비하여야 한다. 이 파일은 일련의 표현(statement)과 주석(comment) 등을 포함하고 있다. 덱은 `TITLE`이라는 표현으로 시작한다. 이때 이 표현은 단지 프로그램 출력의 쪽마다 반복되는 명령문일 뿐이다. 다음 명령문은 `INITIALIZE`로 기판의 종류, 방향, 도핑 정도를 지정해 주는 제어 표현이다. 또한 이 명령문은 모의 실험하고자 하는 영역의 두께를 지정하거나 격자(grid)를 설정하기 위하여 사용할 수 있다. 기판과 물질들을 지정한 후, 사용하고자 하는 공정 단계별 순서에 맞추어 일련의 표현문들이 사용된다. 마지막으로 `PRINT` 혹은 `PLOT` 명령문을 사용하여 모의 실험의 결과들을 인쇄하거나 그림을 그릴 수 있다. `STOP` 표현을 사용하여 모의 실험을 종료할 수 있다. 일반적으로 여러 가지 종류의 `COMMENT` 명령문들이 덱에 나타날 것이다.

SUPREM에서 통상적으로 자주 사용되는 명령문들에 대한 설명이 표 1.1에 수록되어 있다. **이 표의 내용은 완벽한 것이 아니다.** 완벽한 SUPREM 소프트웨어와 이와 관련된 문서들을 얻기 위해서는 아래의 연락처에 문의하면 된다.

Silvaco Data Systems, Inc.
4701 Patrick Henry Drive
Building 2
Santa Clara, CA 95054
Phone: 408-654-4372
Fax: 408-727-5297
www.silvaco.com

SUPREM은 Stanford 대학 이사회의 등록 상표이다.

표 I.1 통상적인 SUPREM 명령문

Name	Description	Basic Syntax	Typical Flags and Parameters
COMMENT	입력 순서를 구분하기 위한 문자열을 출력한다.	COMMENT <*text*>	None
DEPOSITION	현재 구조 상단에 특정 물질을 증착한다.	DEPOSITION <*Material*> Thickness=<*n*> Temperature=<*n*>	Aluminum Nitride Oxide Polysilicon Silicon C.Phosphor (cm^{-3}) C.Arsenic (cm^{-3}) C.Boron (cm^{-3}) Thickness (μm) Temperature (°C)
DIFFUSION	산화 및 비산화 환경에서의 고온 확산을 모델링한다.	DIFFUSION Time=<*n*> Temperature=<*n*> <*Dopant*> <*Ambient*>	Arsenic Boron Dry02 Nitrogen Phosphorus Wet02 Solidsol HCI% (%) T.Rate (°C/min) Temperature (°C) Time (minutes)
ETCH	현재 구조의 상단부로부터 특정 물질을 식각한다.	ETCH <*Material*> Thickness=<*n*>	All Aluminum Nitride Oxide Polysilicon Silicon Thickness (μm)
IMPLANT	불순물 이온 주입을 모의 실험한다.	IMPLANT <*Dopant*> Dose=<*n*> Energy=<*n*>	Arsenic Boron Phosphorus Dose (cm^{-2}) Energy (keV)
INITIALIZE	모의 실험에 사용될 구조와 초기 계수를 지정한다.	INITIALIZE <*Structure*> <*Substrate*> <*Dopant*> Concentration=<*n*> INITIALIZE Structure=<*filename*>	<100> <110> <111> Silicon Arsenic Boron Phosphorus Concentration (cm^{-3})

(계속)

표 I.1 통상적인 SUPREM 명령문

(계속)

Name	Description	Basic Syntax	Typical Flags and Parameters
PLOT	기판의 깊이 방향으로 그림을 그리고자 하는 불순물 농도 혹은 전기적 계산 결과들을 지정한다.	PLOT <*Parameters*> Cmin=<*n*> Cmax=<*n*>	Active Arsenic Boron Chemical Net Phosphorus Cmin (cm^{-3}) Cmax (cm^{-3})
PRINT	모의 실험에 사용되는 구조와 사용된 계수들에 대한 정보를 출력한다.	PRINT <*Parameters*>	Arsenic Boron Chemical Concentration Layers Net Phosphorus
SAVEFILE	공정 처리된 현재의 구조, 사용된 계수들, 혹은 두 가지 모두를 저장한다.	SAVEFILE <*Feature*> Filename=<*Text*>	Structure
STOP	모의 실험을 마친다.	STOP <*Text*>	None
TITLE	다음 입력을 구분하기 위하여 문자열을 입력한다.	TITLE <*Text*>	None

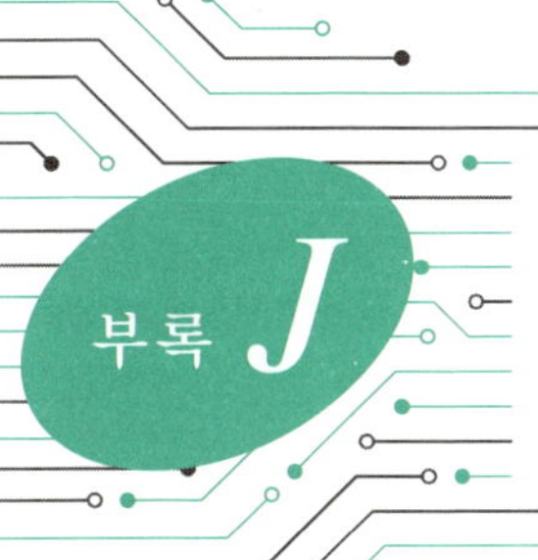

부록 J PROLITH 수행

Running PROLITH

PROLITH는 텍사스 주 Austin에 있는 FINLE Technology 사가 판매하는 Windows를 기본으로 하는 노광 기술에 대한 컴퓨터 모의 실험 프로그램이다. PROLITH는 1차원 및 2차원 광 노광 공정 과정에 대해 공간 영상(aerial image) 형성 과정에서부터 감광막 노출과 현상 과정까지 완벽하게 모의 실험을 수행한다. 프로그램 수행 결과는 폭넓고 다양한 영상들, 그림들, 도표들과 계산 결과들을 나타내는 감광막의 최종 분포를 정확히 예견한다.

PROLITH는 노광 기술에 대한 정보를 데이터 파일과 입력 변수(input parameter) 형태로 받아들이며, 표준적인 노광 공정과 선행적인 노광 공정을 모의 실험하기 위하여 이들 정보를 사용한다. 소프트웨어를 설치한 후, 사용자는 윈도 시작 메뉴의 PROLITH 아이콘을 간단히 선택하여 PROLITH 모의 실험을 수행할 수 있다. 사용 허가 탐색이 이루어진 후에, Imaging Tool 변수 창이 나타난다(그림 4.20 참조). 모의 실험을 수행하기 전에, 사용자는 반드시 모의 실험 선택 사항을 선택하여야 하며 입력 변수들을 입력하여야 한다. 이 과정은 선택 문답(Options dialog)을 열기 위하여 파일 메뉴에서 선택(Options)을 골라내는 것으로 수행된다. 이와 같은 대화 상자 내에서의 지정 작업들은 영상 계산 방식(Image Calculation Mode), 물리적 모델(Physical Model), 속도 인자(Speed Factor) 등과 같은 기본적인 모의 실험 선택 사항들을 규정하는 데 사용된다.

선택 사항들이 규정되고 나면, 사용자는 적절한 변수 창에서 모의 실험용 입력 변수들을 입력할 수 있다. View 메뉴에서 여러 가지 선택 기능을 선택하거나, 혹은 창을 열기 위하여 이에 관련된 툴바 단추를 클릭하여 위에서 언급한 창들을 열 수 있다. 각각의 창에서 점검 상자(checkbox)들이나 선택 단추들을 표시하거나 지워서, 문자 상자(text box)들 내에 값을 입력하여, 목록에서 파일이나 다른 값들을 선택하는 작업을 수행하여 변수들이 입력될 수 있다. 예를 들어, 감광막 변수 창(Resist parameters window)과 같은 여러 가지 변수 창들은 입력된 정보에 대한 즉각적인 모양들을 제공한다.

입력 변수들이 입력된 후에 PROLITH는 Graphs 메뉴를 통하여 모의 실험 결과를 보여 준다. PROLITH는 광 투사 시스템에 의하여 생성되는 마스크 기능에 대한 모의 실험 그림 형상을 만들어 내며, 이 영상을 이용하여 감광막을 노출시키거나 노출된 감광막을 현상한다. 위와 같은 모의 실험 결과를 보여 주기 위하여 Graphs 메뉴(혹은 관련된 툴바 단추들)에서 다음과 같은 선택 기능들을 사용할 수 있다.

- **공간 영상**(Aerial Image): 위치 함수로서의 영상에 대한 상대적 강도
- **감광막 내에서의 영상**(Image in Resist): 노출 시작 단계에서 감광막으로 투사된 영상
- **노출된 잠재 영상**(Exposed Latent Image): 노출 후 굽기 단계(FEB: post-exposure bake) 전의 잠재 영상
- **노출 후 굽기 잠재 영상**(PEB Latent Image): 노출 후 굽기 단계 후의 잠재 영상
- **현상 시간 외곽선**(Develop Time Contours): 감광막 내에서의 위치 함수로서 일정 현상 시간의 외곽선
- **감광막 분포**(Resist Profile): 현상 단계 후의 2차원 감광막 분포

PROLITH 성능에 대한 개요는 완벽한 것이 아니다. 완벽한 PROLITH 소프트웨어 및 이와 관련된 문서들을 얻기 위해서는 아래의 연락처에 문의하면 된다.

FINLE Technologies, Inc.
P. O. Box 162712
Austin, TX 78716
Phone: 512-327-3781
Fax: 512-327-1510
www.finle.com

t 분포의 백분율 소수점

Percentage Points of the t Distribution

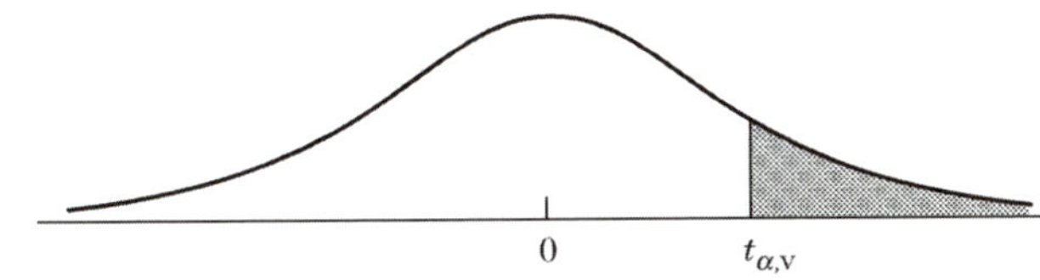

v \ α	**0.40**	**0.25**	**0.10**	**0.05**	**0.025**	**0.01**	**0.005**	**0.0025**	**0.001**	**0.0005**
1	0.325	1.000	3.078	6.314	12.706	31.821	63.657	127.32	318.31	636.62
2	0.289	0.816	1.886	2.920	4.303	6.965	9.925	14.089	23.326	31.598
3	0.277	0.765	1.638	2.353	3.182	4.541	5.841	7.453	10.213	12.924
4	0.271	0.741	1.533	2.132	2.776	3.747	4.604	5.598	7.173	8.610
5	0.267	0.727	1.476	2.015	2.571	3.365	4.032	4.773	5.893	6.869
6	0.265	0.727	1.440	1.943	2.447	3.143	3.707	4.317	5.208	5.959
7	0.263	0.711	1.415	1.895	2.365	2.998	3.499	4.019	4.785	5.408
8	0.262	0.706	1.397	1.860	2.306	2.896	3.355	3.833	4.501	5.041
9	0.261	0.703	1.383	1.833	2.262	2.821	3.250	3.690	4.297	4.781
10	0.260	0.700	1.372	1.812	2.228	2.764	3.169	3.581	4.144	4.587
11	0.260	0.697	1.363	1.796	2.201	2.718	3.106	3.497	4.025	4.437
12	0.259	0.695	1.356	1.782	2.179	2.681	3.055	3.428	3.930	4.318
13	0.259	0.694	1.350	1.771	2.160	2.650	3.012	3.372	3.852	4.221
14	0.258	0.692	1.345	1.761	2.145	2.624	2.977	3.326	3.787	4.140
15	0.258	0.691	1.341	1.753	2.131	2.602	2.947	3.286	3.733	4.073
16	0.258	0.690	1.337	1.746	2.120	2.583	2.921	3.252	3.686	4.015
17	0.257	0.689	1.333	1.740	2.110	2.567	2.898	3.222	3.646	3.965
18	0.257	0.688	1.330	1.734	2.101	2.552	2.878	3.197	3.610	3.922
19	0.257	0.688	1.328	1.729	2.093	2.539	2.861	3.174	3.579	3.883
20	0.257	0.687	1.325	1.725	2.086	2.528	2.845	3.153	3.552	3.850
21	0.257	0.686	1.323	1.721	2.080	2.518	2.831	3.135	3.527	3.819
22	0.256	0.686	1.321	1.717	2.074	2.508	2.819	3.119	3.505	3.792

(계속)

(계속)

α / ν	0.40	0.25	0.10	0.05	0.025	0.01	0.005	0.0025	0.001	0.0005
23	0.256	0.685	1.319	1.714	2.069	2.500	2.807	3.104	3.485	3.767
24	0.256	0.685	1.318	1.711	2.064	2.492	2.797	3.091	3.467	3.745
25	0.256	0.684	1.316	1.708	2.060	2.485	2.787	3.078	3.450	3.725
26	0.256	0.684	1.315	1.706	2.056	2.479	2.779	3.067	3.435	3.707
27	0.256	0.684	1.314	1.703	2.052	2.473	2.771	3.057	3.421	3.690
28	0.256	0.683	1.313	1.701	2.048	2.467	2.763	3.047	3.408	3.674
29	0.256	0.683	1.311	1.699	2.045	2.462	2.756	3.038	3.396	3.659
30	0.256	0.683	1.310	1.697	2.042	2.457	2.750	3.030	3.385	3.646
40	0.255	0.681	1.303	1.684	2.021	2.423	2.704	2.971	3.307	3.551
60	0.254	0.679	1.296	1.671	2.000	2.390	2.660	2.915	3.232	3.460
120	0.254	0.677	1.289	1.658	1.980	2.358	2.617	2.860	3.160	3.373
∞	0.253	0.674	1.282	1.645	1.960	2.326	2.576	2.807	3.090	3.291

υ, degrees of freedom.

Source: Adapted with permission from *Biometrika Tables for Statisticians*, Vol. 1, 3rd ed., by E. S. Pearson and H. O. Hartley, Cambridge University Press, Cambridge, 1966.

F 분포의 백분율 소수점

Percentage Points of the F Distribution

$F_{0.25,\nu_1,\nu_2}$

ν_2 \ ν_1 (Degrees of Freedom for the Numerator)	1	2	3	4	5	6	7	8	9	10	12	15	20	24	30	40	60	120	∞
1	5.83	7.50	8.20	8.58	8.82	8.98	9.10	9.19	9.26	9.32	9.41	9.49	9.58	9.63	9.67	9.71	9.76	9.80	9.85
2	2.57	3.00	3.15	3.23	3.28	3.31	3.34	3.35	3.37	3.38	3.39	3.41	3.43	3.43	3.44	3.45	3.46	3.47	3.48
3	2.02	2.28	2.36	2.39	2.41	2.42	2.43	2.44	2.44	2.44	2.45	2.46	2.46	2.46	2.47	2.47	2.47	2.47	2.47
4	1.81	2.00	2.05	2.06	2.07	2.08	2.08	2.08	2.08	2.08	2.08	2.08	2.08	2.08	2.08	2.08	2.08	2.08	2.08
5	1.69	1.85	1.88	1.89	1.89	1.89	1.89	1.89	1.89	1.89	1.89	1.89	1.88	1.88	1.88	1.88	1.87	1.87	1.87
6	1.62	1.76	1.78	1.79	1.79	1.78	1.78	1.78	1.77	1.77	1.77	1.76	1.76	1.75	1.75	1.75	1.74	1.74	1.74
7	1.57	1.70	1.72	1.72	1.71	1.71	1.70	1.70	1.70	1.69	1.68	1.68	1.67	1.67	1.66	1.66	1.65	1.65	1.65
8	1.54	1.66	1.67	1.66	1.66	1.65	1.64	1.64	1.63	1.63	1.62	1.62	1.61	1.60	1.60	1.59	1.59	1.58	1.58
9	1.51	1.62	1.63	1.63	1.62	1.61	1.60	1.60	1.59	1.59	1.58	1.57	1.56	1.56	1.55	1.54	1.54	1.53	1.53
10	1.49	1.60	1.60	1.59	1.59	1.58	1.57	1.56	1.56	1.55	1.54	1.53	1.52	1.52	1.51	1.51	1.50	1.49	1.48
11	1.47	1.58	1.58	1.57	1.56	1.55	1.54	1.53	1.53	1.52	1.51	1.50	1.49	1.49	1.48	1.47	1.47	1.46	1.45
12	1.46	1.56	1.56	1.55	1.54	1.53	1.52	1.51	1.51	1.50	1.49	1.48	1.47	1.46	1.45	1.45	1.44	1.43	1.42
13	1.45	1.55	1.55	1.53	1.52	1.51	1.50	1.49	1.49	1.48	1.47	1.46	1.45	1.44	1.43	1.42	1.42	1.41	1.40
14	1.44	1.53	1.53	1.52	1.51	1.50	1.49	1.48	1.47	1.46	1.45	1.44	1.43	1.42	1.41	1.41	1.40	1.39	1.38
15	1.43	1.52	1.52	1.51	1.49	1.48	1.47	1.46	1.46	1.45	1.44	1.43	1.41	1.41	1.40	1.39	1.38	1.37	1.36
16	1.42	1.51	1.51	1.50	1.48	1.47	1.46	1.45	1.44	1.44	1.43	1.41	1.40	1.39	1.38	1.37	1.36	1.35	1.34
17	1.42	1.51	1.50	1.49	1.47	1.46	1.45	1.44	1.43	1.43	1.41	1.40	1.39	1.38	1.37	1.36	1.35	1.34	1.33
18	1.41	1.50	1.49	1.48	1.46	1.45	1.44	1.43	1.42	1.42	1.40	1.39	1.38	1.37	1.36	1.35	1.34	1.33	1.32
19	1.41	1.49	1.49	1.47	1.46	1.44	1.43	1.42	1.41	1.41	1.40	1.38	1.37	1.36	1.35	1.34	1.33	1.32	1.30
20	1.40	1.49	1.48	1.47	1.45	1.44	1.43	1.42	1.41	1.40	1.39	1.37	1.36	1.35	1.34	1.33	1.32	1.31	1.29
21	1.40	1.48	1.48	1.46	1.44	1.43	1.42	1.41	1.40	1.39	1.38	1.37	1.35	1.34	1.33	1.32	1.31	1.30	1.28
22	1.40	1.48	1.47	1.45	1.44	1.42	1.41	1.40	1.39	1.39	1.37	1.36	1.34	1.33	1.32	1.31	1.30	1.29	1.28
23	1.39	1.47	1.47	1.45	1.43	1.42	1.41	1.40	1.39	1.38	1.37	1.35	1.34	1.33	1.32	1.31	1.30	1.28	1.27
24	1.39	1.47	1.46	1.44	1.43	1.41	1.40	1.39	1.38	1.38	1.36	1.35	1.33	1.32	1.31	1.30	1.29	1.28	1.26
25	1.39	1.47	1.46	1.44	1.42	1.41	1.40	1.39	1.38	1.37	1.36	1.34	1.33	1.32	1.31	1.29	1.28	1.27	1.25
26	1.38	1.46	1.45	1.44	1.42	1.41	1.39	1.38	1.37	1.37	1.35	1.34	1.32	1.31	1.30	1.29	1.28	1.26	1.25
27	1.38	1.46	1.45	1.43	1.42	1.40	1.39	1.38	1.37	1.36	1.35	1.33	1.32	1.31	1.30	1.28	1.27	1.26	1.24
28	1.38	1.46	1.45	1.43	1.41	1.40	1.39	1.38	1.37	1.36	1.34	1.33	1.31	1.30	1.29	1.28	1.27	1.25	1.24
29	1.38	1.45	1.45	1.43	1.41	1.40	1.38	1.37	1.36	1.35	1.34	1.32	1.31	1.30	1.29	1.27	1.26	1.25	1.23
30	1.38	1.45	1.44	1.42	1.41	1.39	1.38	1.37	1.36	1.35	1.34	1.32	1.30	1.29	1.28	1.27	1.26	1.24	1.23
40	1.36	1.44	1.42	1.40	1.39	1.37	1.36	1.35	1.34	1.33	1.31	1.30	1.28	1.26	1.25	1.24	1.22	1.21	1.19
60	1.35	1.42	1.41	1.38	1.37	1.35	1.33	1.32	1.31	1.30	1.29	1.27	1.25	1.24	1.22	1.21	1.19	1.17	1.15
120	1.34	1.40	1.39	1.37	1.35	1.33	1.31	1.30	1.29	1.28	1.26	1.24	1.22	1.21	1.19	1.18	1.16	1.13	1.10
∞	1.32	1.39	1.37	1.35	1.33	1.31	1.29	1.28	1.27	1.25	1.24	1.22	1.19	1.18	1.16	1.14	1.12	1.08	1.00

Rows: Degrees of Freedom of the Denominator (ν_2)

$F_{0.75,\nu_1,\nu_2} = 1/F_{0.25,\nu_2,\nu_1}$

(계속)

Source: Adapted with permission from Biometrika Tables for Statisticians, Vol. 1, 3rd ed., by E. S. Pearson and H. O. Hartley, Cambridge University Press, Cambridge, 1966.

$F_{0.10, v_1, v_2}$

v_2 \ v_1	1	2	3	4	5	6	7	8	9	10	12	15	20	24	30	40	60	120	∞
1	39.86	49.50	53.59	55.83	57.24	58.20	58.91	59.44	59.86	60.19	60.71	61.22	61.74	62.00	62.26	62.53	62.79	63.06	63.33
2	8.53	9.00	9.16	9.24	9.29	9.33	9.35	9.37	9.38	9.39	9.41	9.42	9.44	9.45	9.46	9.47	9.47	9.48	9.49
3	5.54	5.46	5.39	5.34	5.31	5.28	5.27	5.25	5.24	5.23	5.22	5.20	5.18	5.18	5.17	5.16	5.15	5.14	5.13
4	4.54	4.32	4.19	4.11	4.05	4.01	3.98	3.95	3.94	3.92	3.90	3.87	3.84	3.83	3.82	3.80	3.79	3.78	3.76
5	4.06	3.78	3.62	3.52	3.45	3.40	3.37	3.34	3.32	3.30	3.27	3.24	3.21	3.19	3.17	3.16	3.14	3.12	3.10
6	3.78	3.46	3.29	3.18	3.11	3.05	3.01	2.98	2.96	2.94	2.90	2.87	2.84	2.82	2.80	2.78	2.76	2.74	2.72
7	3.59	3.26	3.07	2.96	2.88	2.83	2.78	2.75	2.72	2.70	2.67	2.63	2.59	2.58	2.56	2.54	2.51	2.49	2.47
8	3.46	3.11	2.92	2.81	2.73	2.67	2.62	2.59	2.56	2.54	2.50	2.46	2.42	2.40	2.38	2.36	2.34	2.32	2.29
9	3.36	3.01	2.81	2.69	2.61	2.55	2.51	2.47	2.44	2.42	2.38	2.34	2.30	2.25	2.25	2.23	2.21	2.18	2.16
10	3.29	2.92	2.73	2.61	2.52	2.46	2.41	2.38	2.35	2.32	2.28	2.24	2.20	2.18	2.16	2.13	2.11	2.08	2.06
11	3.23	2.86	2.66	2.54	2.45	2.39	2.34	2.30	2.27	2.25	2.21	2.17	2.12	2.10	2.08	2.05	2.03	2.00	1.97
12	3.18	2.81	2.61	2.48	2.39	2.33	2.28	2.24	2.21	2.19	2.15	2.10	2.06	2.04	2.01	1.99	1.96	1.93	1.90
13	3.14	2.76	2.56	2.43	2.35	2.28	2.23	2.20	2.16	2.14	2.10	2.05	2.01	1.98	1.96	1.93	1.90	1.88	1.85
14	3.10	2.73	2.52	2.39	2.31	2.24	2.19	2.15	2.12	2.10	2.05	2.01	1.96	1.94	1.91	1.89	1.86	1.83	1.80
15	3.07	2.70	2.49	2.36	2.27	2.21	2.16	2.12	2.09	2.06	2.02	1.97	1.92	1.90	1.87	1.85	1.82	1.79	1.76
16	3.05	2.67	2.46	2.33	2.24	2.18	2.13	2.09	2.06	2.03	1.99	1.94	1.89	1.86	1.84	1.81	1.78	1.75	1.72
17	3.03	2.64	2.44	2.31	2.22	2.15	2.10	2.06	2.03	2.00	1.96	1.91	1.86	1.84	1.81	1.78	1.75	1.72	1.69
18	3.01	2.62	2.42	2.29	2.20	2.13	2.08	2.04	2.00	1.98	1.93	1.89	1.84	1.81	1.78	1.75	1.72	1.69	1.66
19	2.99	2.61	2.40	2.27	2.18	2.11	2.06	2.02	1.98	1.96	1.91	1.86	1.81	1.79	1.76	1.73	1.70	1.67	1.63
20	2.97	2.59	2.38	2.25	2.16	2.09	2.04	2.00	1.96	1.94	1.89	1.84	1.79	1.77	1.74	1.71	1.68	1.64	1.61
21	2.96	2.57	2.36	2.23	2.14	2.08	2.02	1.98	1.95	1.92	1.87	1.83	1.78	1.75	1.72	1.69	1.66	1.62	1.59
22	2.95	2.56	2.35	2.22	2.13	2.06	2.01	1.97	1.93	1.90	1.86	1.81	1.76	1.73	1.70	1.67	1.64	1.60	1.57
23	2.94	2.55	2.34	2.21	2.11	2.05	1.99	1.95	1.92	1.89	1.84	1.80	1.74	1.72	1.69	1.66	1.62	1.59	1.55
24	2.93	2.54	2.33	2.19	2.10	2.04	1.98	1.94	1.91	1.88	1.83	1.78	1.73	1.70	1.67	1.64	1.61	1.57	1.53
25	2.92	2.53	2.32	2.18	2.09	2.02	1.97	1.93	1.89	1.87	1.82	1.77	1.72	1.69	1.66	1.63	1.59	1.56	1.52
26	2.91	2.52	2.31	2.17	2.08	2.01	1.96	1.92	1.88	1.86	1.81	1.76	1.71	1.68	1.65	1.61	1.58	1.54	1.50
27	2.90	2.51	2.30	2.17	2.07	2.00	1.95	1.91	1.87	1.85	1.80	1.75	1.70	1.67	1.64	1.60	1.57	1.53	1.49
28	2.89	2.50	2.29	2.16	2.06	2.00	1.94	1.90	1.87	1.84	1.79	1.74	1.69	1.66	1.63	1.59	1.56	1.52	1.48
29	2.89	2.50	2.28	2.15	2.06	1.99	1.93	1.89	1.86	1.83	1.78	1.73	1.68	1.65	1.62	1.58	1.55	1.51	1.47
30	2.88	2.49	2.28	2.14	2.03	1.98	1.93	1.88	1.85	1.82	1.77	1.72	1.67	1.64	1.61	1.57	1.54	1.50	1.46
40	2.84	2.44	2.23	2.09	2.00	1.93	1.87	1.83	1.79	1.76	1.71	1.66	1.61	1.57	1.54	1.51	1.47	1.42	1.38
60	2.79	2.39	2.18	2.04	1.95	1.87	1.82	1.77	1.74	1.71	1.66	1.60	1.54	1.51	1.48	1.44	1.40	1.35	1.29
120	2.75	2.35	2.13	1.99	1.90	1.82	1.77	1.72	1.68	1.65	1.60	1.55	1.48	1.45	1.41	1.37	1.32	1.26	1.19
∞	2.71	2.30	2.08	1.94	1.85	1.77	1.72	1.67	1.63	1.60	1.55	1.49	1.42	1.38	1.34	1.30	1.24	1.17	1.00

Degrees of Freedom for the Numerator (v_1); Degrees of Freedom of the Denominator (v_2)

$F_{0.90, v_1, v_2} = 1/F_{0.10, v_2, v_1}$

(계속)

$F_{0.05,\nu_1,\nu_2}$

ν_2 \ ν_1 (Degrees of Freedom for the Denominator (ν_2) / Degrees of Freedom for the Numerator (ν_1))	1	2	3	4	5	6	7	8	9	10	12	15	20	24	30	40	60	120	∞
1	161.4	199.5	215.7	224.6	230.2	234.0	236.8	238.9	240.5	241.9	243.9	245.9	248.0	249.1	250.1	251.1	252.2	253.3	254.3
2	18.51	19.00	19.16	19.25	19.30	19.33	19.35	19.37	19.38	19.40	19.41	19.43	19.45	19.45	19.46	19.47	19.48	19.49	19.50
3	10.13	9.55	9.28	9.12	9.01	8.94	8.89	8.85	8.81	8.79	8.74	8.70	8.66	8.64	8.62	8.59	8.57	8.55	8.53
4	7.71	6.94	6.59	6.39	6.26	6.16	6.09	6.04	6.00	5.96	5.91	5.86	5.80	5.77	5.75	5.72	5.69	5.66	5.63
5	6.61	5.79	5.41	5.19	5.05	4.95	4.88	4.82	4.77	4.74	4.68	4.62	4.56	4.53	4.50	4.46	4.43	4.40	4.36
6	5.99	5.14	4.76	4.53	4.39	4.28	4.21	4.15	4.10	4.06	4.00	3.94	3.87	3.84	3.81	3.77	3.74	3.70	3.67
7	5.59	4.74	4.35	4.12	3.97	3.87	3.79	3.73	3.68	3.64	3.57	3.51	3.44	3.41	3.38	3.34	3.30	3.27	3.23
8	5.32	4.46	4.07	3.84	3.69	3.58	3.50	3.44	3.39	3.35	3.28	3.22	3.15	3.12	3.08	3.04	3.01	2.97	2.93
9	5.12	4.26	3.86	3.63	3.48	3.37	3.29	3.23	3.18	3.14	3.07	3.01	2.94	2.90	2.86	2.83	2.79	2.75	2.71
10	4.96	4.10	3.71	3.48	3.33	3.22	3.14	3.07	3.02	2.98	2.91	2.85	2.77	2.74	2.70	2.66	2.62	2.58	2.54
11	4.84	3.98	3.59	3.36	3.20	3.09	3.01	2.95	2.90	2.85	2.79	2.72	2.65	2.61	2.57	2.53	2.49	2.45	2.40
12	4.75	3.89	3.49	3.26	3.11	3.00	2.91	2.85	2.80	2.75	2.69	2.62	2.54	2.51	2.47	2.43	2.38	2.34	2.30
13	4.67	3.81	3.41	3.18	3.03	2.92	2.83	2.77	2.71	2.67	2.60	2.53	2.46	2.42	2.38	2.34	2.30	2.25	2.21
14	4.60	3.74	3.34	3.11	2.96	2.85	2.76	2.70	2.65	2.60	2.53	2.46	2.39	2.35	2.31	2.27	2.22	2.18	2.13
15	4.54	3.68	3.29	3.06	2.90	2.79	2.71	2.64	2.59	2.54	2.48	2.40	2.33	2.29	2.25	2.20	2.16	2.11	2.07
16	4.49	3.63	3.24	3.01	2.85	2.74	2.66	2.59	2.54	2.49	2.42	2.35	2.28	2.24	2.19	2.15	2.11	2.06	2.01
17	4.45	3.59	3.20	2.96	2.81	2.79	2.61	2.55	2.49	2.45	2.38	2.31	2.23	2.19	2.15	2.10	2.06	2.01	1.96
18	4.41	3.55	3.16	2.93	2.77	2.66	2.58	2.51	2.46	2.41	2.34	2.27	2.19	2.15	2.11	2.06	2.02	1.97	1.92
19	4.38	3.52	3.13	2.90	2.74	2.63	2.54	2.48	2.42	2.38	2.31	2.23	2.16	2.11	2.07	2.03	1.98	1.93	1.88
20	4.35	3.49	3.10	2.87	2.71	2.60	2.51	2.45	2.39	2.35	2.28	2.20	2.12	2.08	2.04	1.99	1.95	1.90	1.84
21	4.32	3.47	3.07	2.84	2.68	2.57	2.49	2.42	2.37	2.32	2.25	2.18	2.10	2.05	2.01	1.96	1.92	1.87	1.81
22	4.30	3.44	3.05	2.82	2.66	2.55	2.46	2.40	2.34	2.30	2.23	2.15	2.07	2.03	1.98	1.94	1.89	1.84	1.78
23	4.28	3.42	3.03	2.80	2.64	2.53	2.44	2.37	2.32	2.27	2.20	2.13	2.05	2.01	1.96	1.91	1.86	1.81	1.76
24	4.26	3.40	3.01	2.78	2.62	2.51	2.42	2.36	2.30	2.25	2.18	2.11	2.03	1.98	1.94	1.89	1.84	1.79	1.73
25	4.24	3.39	2.99	2.76	2.60	2.49	2.40	2.34	2.28	2.24	2.16	2.09	2.01	1.96	1.92	1.87	1.82	1.77	1.71
26	4.23	3.37	2.98	2.74	2.59	2.47	2.39	2.32	2.27	2.22	2.15	2.07	1.99	1.95	1.90	1.85	1.80	1.75	1.69
27	4.21	3.35	2.96	2.73	2.57	2.46	2.37	2.31	2.25	2.20	2.13	2.06	1.97	1.93	1.88	1.84	1.79	1.73	1.67
28	4.20	3.34	2.95	2.71	2.56	2.45	2.36	2.29	2.24	2.19	2.12	2.04	1.96	1.91	1.87	1.82	1.77	1.71	1.65
29	4.18	3.33	2.93	2.70	2.55	2.43	2.35	2.28	2.22	2.18	2.10	2.03	1.94	1.90	1.85	1.81	1.75	1.70	1.64
30	4.17	3.32	2.92	2.69	2.53	2.42	2.33	2.27	2.21	2.16	2.09	2.01	1.93	1.89	1.84	1.79	1.74	1.68	1.62
40	4.08	3.23	2.84	2.61	2.45	2.34	2.25	2.18	2.12	2.08	2.00	1.92	1.84	1.79	1.74	1.69	1.64	1.58	1.51
60	4.00	3.15	2.76	2.53	2.37	2.25	2.17	2.10	2.04	1.99	1.92	1.84	1.75	1.70	1.65	1.59	1.53	1.47	1.39
120	3.92	3.07	2.68	2.45	2.29	2.17	2.09	2.02	1.96	1.91	1.83	1.75	1.66	1.61	1.55	1.55	1.43	1.35	1.25
∞	3.84	3.00	2.60	2.37	2.21	2.10	2.01	1.94	1.88	1.83	1.75	1.67	1.57	1.52	1.46	1.39	1.32	1.22	1.00

$F_{0.95,\nu_1,\nu_2} = 1/F_{0.05,\nu_2,\nu_1}$

(계속)

$F_{0.25,\nu_1,\nu_2}$

ν_2 \ ν_1	1	2	3	4	5	6	7	8	9	10	12	15	20	24	30	40	60	120	∞
1	647.8	799.5	864.2	899.6	921.8	937.1	948.2	956.7	963.3	968.6	976.7	984.9	993.1	997.2	1001.0	1006.0	1010.0	1014.0	1018.0
2	38.51	39.00	39.17	39.25	39.30	39.33	39.36	39.37	39.39	39.40	39.41	39.43	39.45	39.46	39.46	39.47	39.48	39.49	39.50
3	17.44	16.04	15.44	15.10	14.88	14.73	14.62	14.54	14.47	14.42	14.34	14.25	14.17	14.12	14.08	14.04	13.99	13.95	13.90
4	12.22	10.65	9.98	9.60	9.36	9.20	9.07	8.98	8.90	8.84	8.75	8.66	8.56	8.51	8.46	8.41	8.36	8.31	8.26
5	10.01	8.43	7.76	7.39	7.15	6.98	6.85	6.76	6.68	6.62	6.52	6.43	6.33	6.28	6.23	6.18	6.12	6.07	6.02
6	8.81	7.26	6.60	6.23	5.99	5.82	5.70	5.60	5.52	5.46	5.37	5.27	5.17	5.12	5.07	5.01	4.96	4.90	4.85
7	8.07	6.54	5.89	5.52	5.29	5.12	4.99	4.90	4.82	4.76	4.67	4.57	4.47	4.42	4.36	4.31	4.25	4.20	4.14
8	7.57	6.06-	5.42	5.05	4.82	4.65	4.53	4.43	4.36	4.30	4.20	4.10	4.00	3.95	3.89	3.84	3.78	3.73	3.67
9	7.21	5.71	5.08	4.72	4.48	4.32	4.20	4.10	4.03	3.96	3.87	3.77	3.67	3.61	3.56	3.51	3.45	3.39	3.33
10	6.94	5.46	4.83	4.47	4.24	4.07	3.95	3.85	3.78	3.72	3.62	3.52	3.42	3.37	3.31	3.26	3.20	3.14	3.08
11	6.72	5.26	4.63	4.28	4.04	3.88	3.76	3.66	3.59	3.53	3.43	3.33	3.23	3.17	3.12	3.06	3.00	2.94	2.88
12	6.55	5.10	4.47	4.12	3.89	3.73	3.61	3.51	3.44	3.37	3.28	3.18	3.07	3.02	2.96	2.91	2.85	2.79	2.72
13	6.41	4.97	4.35	4.00	3.77	3.60	3.48	3.39	3.31	3.25	3.15	3.05	2.95	2.89	2.84	2.78	2.72	2.66	2.60
14	6.30	4.86	4.24	3.89	3.66	3.50	3.38	3.29	3.21	3.15	3.05	2.95	2.84	2.79	2.73	2.67	2.61	2.55	2.49
15	6.20	4.77	4.15	3.80	3.58	3.41	3.29	3.20	3.12	3.06	2.96	2.86	2.76	2.70	2.64	2.59	2.52	2.46	2.40
16	6.12	4.69	4.08	3.73	3.50	3.34	3.22	3.12	3.05	2.99	2.89	2.79	2.68	2.63	2.57	2.51	2.45	2.38	2.32
17	6.04	4.62	4.01	3.66	3.44	3.28	3.16	3.06	2.98	2.92	2.82	2.72	2.62	2.56	2.50	2.44	2.38	2.32	2.25
18	5.98	4.56	3.95	3.61	3.38	3.22	3.10	3.01	2.93	2.87	2.77	2.67	2.56	2.50	2.44	2.38	2.32	2.26	2.19
19	5.92	4.51	3.90	3.56	3.33	3.17	3.05	2.96	2.88	2.82	2.72	2.62	2.51	2.45	2.39	2.33	2.27	2.20	2.13
20	5.87	4.46	3.86	3.51	3.29	3.13	3.01	2.91	2.84	2.77	2.68	2.57	2.46	2.41	2.35	2.29	2.22	2.16	2.09
21	5.83	4.42	3.82	3.48	3.25	3.09	2.97	2.87	2.80	2.73	2.64	2.53	2.42	2.37	2.31	2.25	2.18	2.11	2.04
22	5.79	4.38	3.78	3.44	3.22	3.05	2.93	2.84	2.76	2.70	2.60	2.50	2.39	2.33	2.27	2.21	2.14	2.08	2.00
23	5.75	4.35	3.75	3.41	3.18	3.02	2.90	2.81	2.73	2.67	2.57	2.47	2.36	2.30	2.24	2.18	2.11	2.04	1.97
24	5.72	4.32	3.72	3.38	3.15	2.99	2.87	2.78	2.70	2.64	2.54	2.44	2.33	2.27	2.21	2.15	2.08	2.01	1.94
25	5.69	4.29	3.69	3.35	3.13	2.97	2.85	2.75	2.68	2.61	2.51	2.41	2.30	2.24	2.18	2.12	2.05	1.98	1.91
26	5.66	4.27	3.67	3.33	3.10	2.94	2.82	2.73	2.65	2.59	2.49	2.39	2.28	2.22	2.16	2.09	2.03	1.95	1.88
27	5.63	4.24	3.65	3.31	3.08	2.92	2.80	2.71	2.63	2.57	2.47	2.36	2.25	2.19	2.13	2.07	2.00	1.93	1.85
28	5.61	4.22	3.63	3.29	3.06	2.90	2.78	2.69	2.61	2.55	2.45	2.34	2.23	2.17	2.11	2.05	1.98	1.91	1.83
29	5.59	4.20	3.61	3.27	3.04	2.88	2.76	2.67	2.59	2.53	2.43	2.32	2.21	2.15	2.09	2.03	1.96	1.89	1.81
30	5.57	4.18	3.59	3.25	3.03	2.87	2.75	2.65	2.57	2.51	2.41	2.31	2.20	2.14	2.07	2.01	1.94	1.87	1.79
40	5.42	4.05	3.46	3.13	2.90	2.74	2.62	2.53	2.45	2.39	2.29	2.18	2.07	2.01	1.94	1.88	1.80	1.72	1.64
60	5.29	3.93	3.34	3.01	2.79	2.63	2.51	2.41	2.33	2.27	2.17	2.06	1.94	1.88	1.82	1.74	1.67	1.58	1.48
120	5.15	3.80	3.23	2.89	2.67	2.52	2.39	2.30	2.22	2.16	2.05	1.94	1.82	1.76	1.69	1.61	1.53	1.43	1.31
∞	5.02	3.69	3.12	2.79	2.57	2.41	2.29	2.19	2.11	2.05	1.94	1.83	1.71	1.64	1.57	1.48	1.39	1.27	1.00

Degrees of Freedom for the Numerator (ν_1); Degrees of Freedom for the Denominator (ν_2)

$F_{0.975,\nu_1,\nu_2} = 1/F_{0.25,\nu_2,\nu_1}$

(계속)

$F_{0.25,v_1,v_2}$

v_2 \ v_1	1	2	3	4	5	6	7	8	9	10	12	15	20	24	30	40	60	120	∞
1	4052.0	4999.5	5403.0	5625.0	5764.0	5859.0	5928.0	5982.0	6022.0	6056.0	6106.0	6157.0	6209.0	6235.0	6261.0	6287.0	6313.0	6339.0	6366.0
2	98.50	99.00	99.17	99.25	99.30	99.33	99.36	99.37	99.39	99.40	99.42	99.43	99.45	99.46	99.47	99.47	99.48	99.49	99.50
3	34.12	30.82	29.46	28.71	28.24	27.91	27.67	27.49	27.35	27.23	27.05	26.87	26.69	26.00	26.50	26.41	26.32	26.22	26.13
4	21.20	18.00	16.69	15.98	15.52	15.21	14.98	14.80	14.66	14.55	14.37	14.20	14.02	13.93	13.84	13.75	13.65	13.56	13.46
5	16.26	13.27	12.06	11.39	10.97	10.67	10.46	10.29	10.16	10.05	9.89	9.72	9.55	9.47	9.38	9.29	9.20	9.11	9.02
6	13.75	10.92	9.78	9.15	8.75	8.47	8.26	8.10	7.98	7.87	7.72	7.56	7.40	7.31	7.23	7.14	7.06	6.97	6.88
7	12.25	9.55	8.45	7.85	7.46	7.19	6.99	6.84	6.72	6.62	6.47	6.31	6.16	6.07	5.99	5.91	5.82	5.74	5.65
8	11.26	8.65	7.59	7.01	6.63	6.37	6.18	6.03	5.91	5.81	5.67	5.52	5.36	5.28	5.20	5.12	5.03	4.95	4.86
9	10.56	8.02	6.99	6.42	6.06	5.80	5.61	5.47	5.35	5.26	5.11	4.96	4.81	4.73	4.65	4.57	4.48	4.40	4.31
10	10.04	7.56	6.55	5.99	5.64	5.39	5.20	5.06	4.94	4.85	4.71	4.56	4.41	4.33	4.25	4.17	4.08	4.00	3.91
11	9.65	7.21	6.22	5.67	5.32	5.07	4.89	4.74	4.63	4.54	4.40	4.25	4.10	4.02	3.94	3.86	3.78	3.69	3.60
12	9.33	6.93	5.95	5.41	5.06	4.82	4.64	4.50	4.39	4.30	4.16	4.01	3.86	3.78	3.70	3.62	3.54	3.45	3.36
13	9.07	6.70	5.74	5.21	4.86	4.62	4.44	4.30	4.19	4.10	3.96	3.82	3.66	3.59	3.51	3.43	3.34	3.25	3.17
14	8.86	6.51	5.56	5.04	4.69	4.46	4.28	4.14	4.03	3.94	3.80	3.66	3.51	3.43	3.35	3.27	3.18	3.09	3.00
15	8.68	6.36	5.42	4.89	4.36	4.32	4.14	4.00	3.89	3.80	3.67	3.52	3.37	3.29	3.21	3.13	3.05	2.96	2.87
16	8.53	6.23	5.29	4.77	4.44	4.20	4.03	3.89	3.78	3.69	3.55	3.41	3.26	3.18	3.10	3.02	2.93	2.84	2.75
17	8.40	6.11	5.18	4.67	4.34	4.10	3.93	3.79	3.68	3.59	3.46	3.31	3.16	3.08	3.00	2.92	2.83	2.75	2.65
18	8.29	6.01	5.09	4.58	4.25	4.01	3.84	3.71	3.60	3.51	3.37	3.23	3.08	3.00	2.92	2.84	2.75	2.66	2.57
19	8.18	5.93	5.01	4.50	4.17	3.94	3.77	3.63	3.52	3.43	3.30	3.15	3.00	2.92	2.84	2.76	2.67	2.58	2.59
20	8.10	5.85	4.94	4.43	4.10	3.87	3.70	3.56	3.46	3.37	3.23	3.09	2.94	2.86	2.78	2.69	2.61	2.52	2.42
21	8.02	5.78	4.87	4.37	4.04	3.81	3.64	3.51	3.40	3.31	3.17	3.03	2.88	2.80	2.72	2.64	2.55	2.46	2.36
22	7.95	5.72	4.82	4.31	3.99	3.76	3.59	3.45	3.35	3.26	3.12	2.98	2.83	2.75	2.67	2.58	2.50	2.40	2.31
23	7.88	5.66	4.76	4.26	3.94	3.71	3.54	3.41	3.30	3.21	3.07	2.93	2.78	2.70	2.62	2.54	2.45	2.35	2.26
24	7.82	5.61	4.72	4.22	3.90	3.67	3.50	3.36	3.26	3.17	3.03	2.89	2.74	2.66	2.58	2.49	2.40	2.31	2.21
25	7.77	5.57	4.68	4.18	3.85	3.63	3.46	3.32	3.22	3.13	2.99	2.85	2.70	2.62	2.54	2.45	2.36	2.27	2.17
26	7.72	5.53	4.64	4.14	3.82	3.59	3.42	3.29	3.18	3.09	2.96	2.81	2.66	2.58	2.50	2.42	2.33	2.23	2.13
27	7.68	5.49	4.60	4.11	3.78	3.56	3.39	3.26	3.15	3.06	2.93	2.78	2.63	2.55	2.47	2.38	2.29	2.20	2.10
28	7.64	5.45	4.57	4.07	3.75	3.53	3.36	3.23	3.12	3.03	2.90	2.75	2.60	2.52	2.44	2.35	2.26	2.17	2.06
29	7.60	5.42	4.54	4.04	3.73	3.50	3.33	3.20	3.09	3.00	2.87	2.73	2.57	2.49	2.41	2.33	2.23	2.14	2.03
30	7.56	5.39	4.51	4.02	3.70	3.47	3.30	3.17	3.07	2.98	2.84	2.70	2.55	2.47	2.39	2.30	2.21	2.11	2.01
40	7.31	5.18	4.31	3.83	3.51	3.29	3.12	2.99	2.89	2.80	2.66	2.52	2.37	2.29	2.20	2.11	2.02	1.92	1.80
60	7.08	4.98	4.13	3.65	3.34	3.12	2.95	2.82	2.72	2.63	2.50	2.35	2.20	2.12	2.03	1.94	1.84	1.73	1.60
120	6.85	4.79	3.95	3.48	3.17	2.96	2.79	2.66	2.56	2.47	2.34	2.19	2.03	1.95	1.86	1.76	1.66	1.53	1.38
∞	6.63	4.61	3.78	3.32	3.02	2.80	2.64	2.51	2.41	2.32	2.18	2.04	1.88	1.79	1.70	1.59	1.47	1.32	1.00

Column header: Degrees of Freedom for the Numerator (v_1); row header: Degrees of Freedom of the Denominator (v_2)

$F_{0.99,v_1,v_2} = 1/F_{0.01,v_2,v_1}$

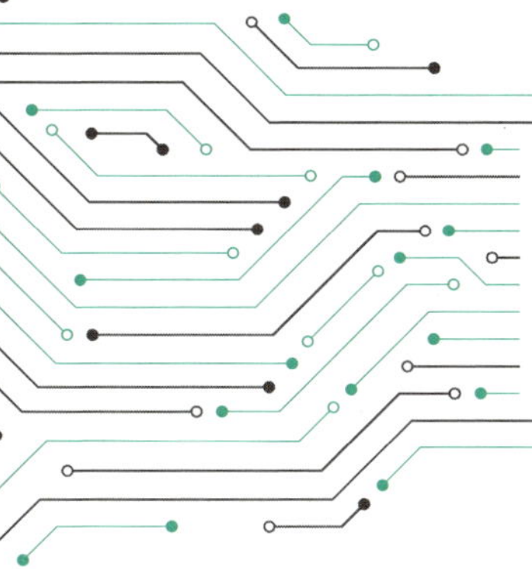

찾아보기
Index

가

다

라

마

바

사

아

자

차

카

타

파

하

기타